图3-3 杜甫草堂

图3-8 勺园修禊图（局部）

图3-11 大戏楼

图3-14 休园图

图3-16 园门

图3-19　复道回廊

图3-21　狮子林图（明　倪瓒）

图3-25　（拙政园）中部荷花池

图3-26　小飞虹

图3-28　网师园中部水景

图3-31　留园冠云峰

图3-36　郭庄

图4-1　洛阳白马寺

图4-5　大慈恩寺大雁塔

图4-12　黄龙洞

图4-14　布达拉宫

图5-4　秦始皇陵兵马俑

图5-10　石牌坊

图5-13　长陵

图6-1　应天书院

图6-17　圣母殿

图6-19　胡氏宗祠

图7-2　中央公园兰亭八柱和兰亭碑

图7-3　天坛公园祈年殿

图7-4　北海公园琼华岛

图7-5　北海公园九龙壁

图8-42　孚·勒·维贡府邸花园鸟瞰图

图8-55　无忧宫

图8-59　纽约中央公园鸟瞰图

图8-63　黄石公园地热奇观

图8-62　黄石国家公园峡谷瀑布

图9-13　胡马雍陵

图9-14　泰姬陵

图9-17　桃金娘宫庭院

图10-2　京都平等院

图10-12　无邻庵庭园

图10-24　灯笼周边配置役石和役木

"十三五"职业教育国家规划教材

"十三五"江苏省高等学校重点教材

"十四五"职业教育国家规划教材

高职高专园林专业系列教材

中外园林史

主　编　姚　岚　张少伟

副主编　雍东鹤　胡　莹

参　编　陈　菲　方　庆

王　珂　孔俊杰

孙陶泽　万俊丽

主　审　潘文明

机械工业出版社

本书依据高职高专园林工程技术专业和相关专业的教学基本要求，在广泛吸收国内外园林史学术成果的基础上编写而成。

本书以文化地域划分为纲，以类型体系划分为目，共分10章。第1章绪论，主要对园林的定义内涵、形成背景、性质功能、构成要素等基本概念进行界定，对世界园林体系类型体系、历史进程和总体特点进行概括和描述。第2章~第7章为中国园林史，分别是皇家园林、私家园林、寺观园林、陵寝园林、其他园林及造园家、中国近现代园林发展。第8章~第10章是外国园林史，分别是欧美园林、西亚及伊斯兰园林、日本园林。在每章中，重点介绍每种园林类型体系的社会文化背景、历史发展进程、主要风格特征，并附该类型典型的园林实例介绍。每章后面均附有思考与练习。

本书适合高职高专院校、应用型本科院校、成人高校及二级职业技术院校、继续教育学院和民办高校的园林类、园艺类、旅游类、建筑类等专业的老师和学生使用，也可以作为园林、园艺、旅游等相关从业人员的培训教材。

图书在版编目（CIP）数据

中外园林史/姚岚，张少伟主编. —北京：机械工业出版社，2017.6（2025.1重印）
高职高专园林专业系列教材
ISBN 978-7-111-56953-4

Ⅰ.①中… Ⅱ.①姚…②张… Ⅲ.①园林建筑—建筑史—世界—高等职业教育—教材 Ⅳ.①TU-098.4

中国版本图书馆CIP数据核字（2017）第115684号

机械工业出版社（北京市百万庄大街22号 邮政编码100037）
策划编辑：时 颂 责任编辑：时 颂 於 薇
责任校对：炊小云 封面设计：张 静
责任印制：刘 媛
涿州市京南印刷厂印刷
2025年1月第1版第18次印刷
184mm×260mm · 20.25印张 · 4插页 · 478千字
标准书号：ISBN 978-7-111-56953-4
定价：52.00元

电话服务
客服电话：010-88361066
010-88379833
010-68326294

网络服务
机 工 官 网：www.cmpbook.com
机 工 官 博：weibo.com/cmp1952
金 书 网：www.golden-book.com
机工教育服务网：www.cmpedu.com

高职高专园林专业系列教材
编审委员会名单

关于“十四五”职业教育
国家规划教材的出版说明

为贯彻落实《中共中央关于认真学习宣传贯彻党的二十大精神的决定》《习近平新时代中国特色社会主义思想进课程教材指南》《职业院校教材管理办法》等文件精神，机械工业出版社与教材编写团队一道，认真执行思政内容进教材、进课堂、进头脑要求，尊重教育规律，遵循学科特点，对教材内容进行了更新，着力落实以下要求：

1. 提升教材铸魂育人功能，培育、践行社会主义核心价值观，教育引导学生树立共产主义远大理想和中国特色社会主义共同理想，坚定“四个自信”，厚植爱国主义情怀，把爱国情、强国志、报国行自觉融入建设社会主义现代化强国、实现中华民族伟大复兴的奋斗之中。同时，弘扬中华优秀传统文化，深入开展宪法法治教育。

2. 注重科学思维方法训练和科学伦理教育，培养学生探索未知、追求真理、勇攀科学高峰的责任感和使命感；强化学生工程伦理教育，培养学生精益求精的大国工匠精神，激发学生科技报国的家国情怀和使命担当。加快构建中国特色哲学社会科学学科体系、学术体系、话语体系。帮助学生了解相关专业和行业领域的国家战略、法律法规和相关政策，引导学生深入社会实践、关注现实问题，培育学生经世济民、诚信服务、德法兼修的职业素养。

3. 教育引导学生深刻理解并自觉实践各行业的职业精神、职业规范，增强职业责任感，培养遵纪守法、爱岗敬业、无私奉献、诚实守信、公道办事、开拓创新的职业品格和行为习惯。

在此基础上，及时更新教材知识内容，体现产业发展的新技术、新工艺、新规范、新标准。加强教材数字化建设，丰富配套资源，形成可听、可视、可练、可互动的融媒体教材。

教材建设需要各方的共同努力，也欢迎相关教材使用院校的师生及时反馈意见和建议，我们将认真组织力量进行研究，在后续重印及再版时吸纳改进，不断推动高质量教材出版。

机械工业出版社

丛 书 序

为了全面贯彻国务院《关于大力推进职业教育改革与发展的决定》，认真落实教育部《关于全面提高高等职业教育教学质量的若干意见》，培养园林行业紧缺的工程管理型和技术应用型人才，依照高职高专教育土建类专业教学指导委员会规划园林类专业分指导委员会编制的园林专业的教育标准、培养方案及主干课程教学大纲，我们组织了全国多所在该专业领域积极进行教育教学改革，并取得了许多优秀成果的高等职业院校的老师们共同编写了本套“高职高专园林专业系列教材”。

本套教材包括园林专业的《园林绘画》《园林设计初步》《园林制图（含习题集）》《园林测量》《中外园林史》《园林计算机辅助制图》《园林植物》《园林植物病虫害防治》《园林树木》《花卉识别与应用》《园林植物栽培与养护》《园林工程计价》《园林施工图设计》《园林规划设计》《园林建筑设计》《园林建筑材料与构造》等16个分册，较好地体现了园林类高等职业教育培养“施工型”“能力型”“成品型”人才的特征。本着遵循专业人才培养的总体目标和体现职业型、技术型的特色，以及反映课程改革新成果的原则，整套教材在体系的构建、内容的选择、知识的互融、彼此的衔接和应用的便捷上不但可为一线老师的教学和学生的学习提供有效的帮助，而且必定会有力推进高职高专园林专业教育教学改革的进程。

教学改革是一项在探索中不断前进的过程，教材建设也必将随之不断革故鼎新，希望使用本系列教材的院校，以及老师和同学们及时将意见和要求反馈给我们，以使本系列教材不断完善，成为反映高等职业教育园林专业改革新成果的精品系列教材。

高职高专园林专业系列教材编审委员会

前　言

习近平总书记在党的二十大报告中指出："中华优秀传统文化源远流长、博大精深，是中华文明的智慧结晶"，并强调"我们必须坚定历史自信、文化自信，坚持古为今用、推陈出新"。

园林的历史，就是一部人类的文明史。园林是一种文化，最能反映一个时代的环境与精神文化需求，每一时代、每一地域的园林又通过对前人文化的继承和对其他优秀地域文化的借鉴，发展成为特有的园林景观。因此，学习中外园林史，一方面是要了解、认识和把握古今中外园林出现、发展、变迁的历史规律，数古鉴今，推陈出新，为今后的园林建设提供重要的历史借鉴，另一方面是要在学习中外园林历史过程中坚定文化自信，增强文化自觉，推动中华优秀传统文化创造性转化、创新性发展。在数千年的造园历史进程中，中国、西亚和古希腊是三大源头和动力，也分别形成了不同特色、不同风格的园林体系。本教材打破了以往教材中单一以中外园林发展的历史阶段划分为纲目的叙述结构，而是在世界三大园林体系基础上，把世界园林体系进一步细分为中国园林、欧美园林、西亚及伊斯兰园林、日本园林四大内容。每个体系又根据不同历史阶段、不同风格特征进行分类阐述，介绍每一类型体系的社会文化背景、历史发展进程、主要艺术风格特征、园林历史地位以及具有代表性的园林实例，将中外园林发展演变的历史脉络和园林艺术文化清晰地展示在读者面前，方便读者生动有序地掌握中外园林发展的历史进程，掌握不同地域、不同类型的园林鲜明而重要的艺术风格和主要特征，从而提高园林从业人员的素质和借鉴应用水平。

本书自 2017 年出版以来，受到广大读者的喜爱，尤其是在高职院校和应用型本科院校得到广泛使用。本书被评为"十三五"职业教育国家规划教材和"十三五"江苏省高等学校重点教材。本书在每章设置了"思政箴言"，使学生在学习专业知识的过程中接受中国优秀传统文化的熏陶以及社会主义核心价值观的教育，培养学生职业能力的同时也促成其职业素养的养成。

本书由姚岚、张少伟担任主编，雍东鹤、胡莹担任副主编，万俊丽、方庆、王珂、孙陶泽、孔俊杰、陈菲参编。全书由姚岚负责统稿，潘文明负责审稿。章节具体分工如下：绪论（姚岚）；皇家园林（雍东鹤、万俊丽）；私家园林（胡莹）；寺观园林（张少伟）；陵寝园林（方庆）；其他园林及造园家（张少伟）；中国近现代园林发展（王珂）；欧美园林（姚岚、孙陶泽）；西亚及伊斯兰园林（姚岚、陈菲）；日本园林（孔俊杰）。我们在编写过程中，力求做到概念明确、文字简练、资料可靠、通俗易懂。

本书的编写得到了苏州农业职业技术学院、河南农业职业学院、商丘职业技术学院、甘肃农业职业技术学院、湖北城市建设职业技术学院等院校领导和老师的大力支持与关心，在此表示感谢。

本教材内容全面、体例清晰、简明实用，可用于高职高专院校、应用型本科院校、成人高校及二级职业技术院校、继续教育学院和民办高校的园林类、园艺类、旅游类、建筑类等专业教学，也可以作为园林、园艺、旅游等相关从业人员的培训教材。

由于编者的经验、水平有限，时间仓促，书中难免出现疏漏和不妥之处，诚恳希望广大读者和专家不吝指正。

目　录

第1章 绪论

思政箴言

党的二十大报告中指出："坚守中华文化立场，提炼展示中华文明的精神标识和文化精髓。"中国园林历史悠久，特色鲜明，是思想、艺术和技术的结合，被誉为"世界园林之母"。中国园林是中华优秀传统文化的有机组成部分，蕴含着中华民族独特的宇宙观、社会观和价值观，是中华优秀传统文化的重要载体和文化标识，承载着中华民族的基因和血脉，是不可再生、不可代替的优秀文明资源，也是当代中国最为深厚的文化软实力。我们要在深刻把握园林的内涵和发展体系中，激发对中华优秀传统文化的自信心和自豪感，把中华优秀园林文化发扬光大。

1.1 园林概述

1.1.1 园林的概念

我国"园林"一词出现于魏晋南北朝时期。陶渊明曾写下"静念园林好，人间良可辞"的佳句，多指那些具有山水园林风光的乡间庭园。在园林历史发展中，"园林"与"园"的概念是混同的，因此有广义和狭义之分。

从古典园林的狭义角度看，园林是指在一定的地段范围内，利用、改造天然山水地貌或人工开辟山水地貌，遵循艺术规律，运用造园要素，从而构成一个文化美学意味浓、视觉景观美、物质功能全的游憩和居住环境。从现代园林发展角度看，广义上的园林早已发展成为概念更为宽泛且深远的现代景观、环境设计，不仅包括各类公园、城镇绿地系统、自然保护区等，还包括人类有形环境和无形环境的活动，集自然生态、风景与人文历史、科技艺术于一体，为人类社会提供自然生态的、文明的生存环境。

"园林"一词在西方译为Garden、Gārden、Jardon等，源出于古希伯来文的Gen和Eden两字的结合。前者意为界墙、藩篱，后者即乐园，也就是《旧约·创世纪》中描述的充满着果树鲜花，潺潺流水的"伊甸园"。如今，"园林"一般被译为garden and park，即"花园及公园"的意思。garden一词在现代英文中意为"花园"，还有菜园、果园、草药园、猎园等意；Park一词为"公园"之意，是指向全体公众开放的园林。

1.1.2 园林的形成背景

从世界园林发展的共性视角来看，园林的形成离不开大自然的造化、社会历史的发展和人们的精神需要等三大背景。

1.1.2.1 自然造化

伟大的自然具有移山填海之力、鬼斧神工之技，既为人类提供了花草树木、鱼虫鸟兽等多姿多彩的造园材料，又为人类创造了山林、河湖、峰峦、深谷、瀑布、热泉等壮丽秀美的景观，具有很高的观赏价值和艺术魅力，这就是所谓的自然美。自然美是不同国家、不同民族的园林艺术共同追求的东西，每个优秀的民族似乎都经过自然崇拜——自然模拟与利用——自然超越这三个阶段，达到自然超越阶段时，具有本民族特色的园林也就完全形成了。但不同地域、不同民族对自然美或自然造化的认识存在着较显著的差异，对自然美和自然造化利用方式的认识也各不相同，因此也造就风格不一、多姿多彩的世界园林艺术体系。

1.1.2.2　社会历史发展

园林的出现是社会财富积累的反映，也是社会文明的标志，必然与社会历史发展的一定阶段相联系；同时，社会历史的变迁也会导致园林种类的更新换代，推动新型园林的诞生。

人类社会初期，人类主要以采集、渔猎为主，经常受到寒冷、饥饿、野兽、疾病的威胁，生产力十分低下，当然不可能出现园林。直到原始农业出现，开始有了村落，附近有种植蔬菜、水果的园圃，有圈养驯化野兽的场所，虽然是以食用和祭祀为目的，但客观上也具有观赏的价值，因此开始产生了原始的园林，如中国的苑囿、古巴比伦的猎苑等。生产力进一步发展以后，财富不断地积累，出现了城市和集镇，又随着建筑技术、植物栽培技术、动物繁育技术和文化艺术等人文条件的发展，园林经历了由萌芽到形成的漫长的历史演变阶段，在长期发展中逐步形成了各种时代风格、民族风格和地域风格，如古埃及园林、古希腊园林、古巴比伦园林、古波斯园林等。后来，又随着社会的动荡、野蛮民族的入侵、文化的发展、宗教改革、思想解放等发展变化，各个民族和地域的园林类型、风格也随之变化。因此，园林是时代发展和社会文明的标志，随着社会历史的变迁而变迁，随着社会文明的进步而发展。

1.1.2.3　人们的精神需要

园林的形成又离不开人们的精神追求，这种精神追求来自神话仙境，来自宗教信仰，来自文艺浪漫，来自对现实田园生活的回归。古希腊神话中的爱丽舍乐园和基督教的伊甸园，曾为人们描绘了天使在密林深处，在山谷水涧无忧无虑地跳跃、嬉戏的欢乐场景；中国先秦神话传说中的黄帝悬圃、王母瑶池、蓬莱琼岛，也为人们绘制了一幅山岳海岛式云蒸霞蔚的风光；佛教的净土宗描绘了一个珠光宝气、莲池碧树、重楼架屋的极乐世界；伊斯兰教的《古兰经》提到“天园”。这些神话与宗教信仰表达了人们对美好未来的向往，也对园林的形成有深刻而生动的启示。

中外文学艺术中的诗歌、故事、绘画等是人们抒怀的重要方式，文学艺术的创造方法对园林设计、艺术装饰和园林意境的深化等都有极高的参考价值。园林还可以看作人们为摆脱日常烦恼与失望的产物，当现实社会充满矛盾和痛苦，难以使人的精神得到满足时，人们便沉醉于园林构成的理想生活环境中。田园生活就是人们躲避现实的最佳场所。古罗马诗人维吉尔（Virgile，公元前 70 年 ~ 公元前 19 年）就曾竭力讴歌田园生活，推动了古罗马时代乡村别墅的流行；我国秦汉时期的隐士多喜田园育蔬垂钓，使得魏晋时期归隐田园成为时尚。

1.1.3　园林的性质功能

1.1.3.1　园林的性质

（1）社会属性。社会属性又分为私有属性和公有属性。古代园林大多是皇室贵族和高级僧侣们的奢侈品，是供少数富裕阶层游憩、享乐的花园或别墅庭园，普通民众可享用的公共园林很少。而近现代园林是为满足社会全体居民游憩娱乐需要而建设的公共场所。园林的社会属性从私有性质到公有性质的转化，从为少数贵族享乐到为全体社会公众服务的转变，必然会影响到园林的表现形式、风格特点和功能等方面。

（2）自然属性。无论古今中外，园林都是表现美、创造美、实现美、追求美的景观艺术环境。园林中浓郁的林冠、新鲜的花朵、明媚的水体、动人的鸣禽、俊秀的山石、优美的建筑及栩栩如生的雕像艺术等都是令人赏心悦目、流连忘返的艺术景观。园因景胜，景以园异。虽然各园的景观千差万别，但是都改变不了美的本质。然而，由于自然条件和艺术文化的不同，各民族对园林美的认识有很大的差异。欧洲古典园林以规则、整齐、有序的景观为美；英国自然风景式园林以原始、淳朴、逼真的自然景观为美；而中国园林追求自然山水与精神艺术美的和谐统一，使园林具有诗情画意之美。

1.1.3.2 园林的功能

回顾古今中外的园林类型，其功能主要有：

（1）狩猎。主要是在郊野的皇室宫苑进行，供皇室成员观赏，兼有训练禁军的目的；此外还在贵族的庄园或山林进行。

（2）游玩。任何园林都有这一功能。中国人所说的“游山玩水”，实际上与游览山水园林分不开；欧洲园林中的迷园，更是专门的游戏场所。

（3）观赏。对园林及其内部各景区、景点进行观赏。当然，因观赏者的角度不同，会产生不同的感受，正所谓“横看成岭侧成峰，远近高低各不同”。

（4）休憩。古代园林中往往设有居住建筑，供园主、宾客居住或休息；现代园林一般结合宾馆等设施，以接纳更多的游客，满足游人驻园游憩的需求。

（5）祭祀。古代的陵园、庙园或众神祇的纪念园皆供人祭祀；近现代，这些园林则具有凭吊、怀古、爱国教育、纪念观瞻等功能。

（6）集会、演说。古希腊时期，人们聚集在神庙园林周围举行发表政见、演说等活动。西方更是具有在园林中议论国事、发表演说的传统。所以，后来欧洲有些公园会专辟一角，供人们集会、演说。

（7）文体娱乐。古代园林中有很多娱乐项目，在中国有琴棋书画、蹴鞠、博弈，甚至斗鸡斗狗等活动；欧洲则有骑马、射箭、斗牛等活动。近现代园林为了更好地为公众服务，增加了文艺、体育等大型的娱乐活动。

（8）饮食。在以人为本思想的指导下，近现代园林为了方便游客或吸引游客，还增加了饮食服务，进一步拓展了园林的服务功能。

1.1.4 园林的基本要素

1.1.4.1 建筑

建筑除满足居住休息或游乐等需要外，还与山池、花木共同组成园景的构图中心，创造了丰富多样的空间环境和建筑艺术。园林建筑种类繁多，有着不同的功能用途和取景特点。计成所著《园冶》中就有门楼、堂、斋、室、房、馆、楼、台、阁、亭、轩、卷、广、廊等 14 种之多。它们都是一座座独立的建筑，都有自己多样的形式，甚至本身就是一组组建筑构成的庭院，各有用处，各得其所。园景可以入室、进院、临窗、靠墙，还可以在厅前、房后、楼侧、亭下，建筑与园林相互穿插、交融，你中有我，我中有你，不可分离。在欧洲园林和伊斯兰园林体系中，园林建筑往往是园景的构图中心，园林建筑密集高大，讲究对称，装饰豪华，建筑造型和风格因时代和民族的不同而变化较大。

1.1.4.2 山石

中国园林讲究无园不山、无山不石，早期利用天然山石，而后注重人工叠山技术。叠山是中国造园的独特传统，其形象构思取材于大自然中的真山，如峰、岩、峦、洞、涧、坡等，然而它实际上是造园家再创造的“假山”。堆石为山、置石为峰、垒土为岛，莫不模拟自然山石峰峦。峭立者取黄山之势，玲珑者取桂林之秀，使人有虽在小天地，如临大自然的感受。欧洲园林和伊斯兰园林中没有中国园林那样的叠山置石技艺，主要依靠选择天然石材进行人工改造，将巨石或者加工成建筑石材，或者打造成栩栩如生的人物雕塑等。

1.1.4.3 水体

园林无水则枯，得水则活。理水与建筑气机相承，使得水无尽意、山容水色、意境幽深、形断意连，给人以绵延不尽之感。中国的山水园林皆离不开山，更不可无水。我国山水园中的理水手法和意境，无不来源于自然风景中的江湖、溪涧、瀑布，虽源于自然，而又高于自然。在园景的组织方面，多以湖池为中心，辅以溪涧、水谷、瀑布，再配以山石、花木和亭、阁、轩、榭等园林建筑，形成园林空间中一幅幅优美的画面。园林中偶有半亩水面，天光云影、碧波游鱼、荷花睡莲，为园林艺术增添无限生机。欧洲园林中的人工水景丰富多样，而以各种水喷为胜。伊斯兰园林中往往在十字形道路交叉点上安排水池以象征天堂，四周再安排水体分别象征乳河、蜜河、酒河和水河。另外，伊斯兰园林中的涌泉和滴灌亦是颇有特色的水景。

1.1.4.4 植物

园林植物是指在根、茎、叶、花、果、种子的形态、色泽、气味等方面有一定欣赏价值的植物，又称观赏植物。中国素有“世界园林之母”的盛誉，观赏植物资源十分丰富。《诗经》曾记载了梅、兰草、海棠、芍药等众多花卉树木。数千年来，人们通过引种、嫁接等栽培技术培育了无数芬芳绚烂、争奇斗艳的名花、芳草、秀木，把一座座园林打扮得万紫千红、格外娇美。园林中的树木花草既是构成园林的重要因素，又是组成园景的重要部分。树木花草不仅是组成园景的重要题材，而且园林中的“景”还有不少都以植物命名。

我国历代文人、画家常把植物人格化，并从植物的形象、姿态、明暗、色彩、音响、色香等方面进行直接联想、回味、探求、思索，以产生某种情绪和境界，趣味无穷。在欧洲园林和伊斯兰园林中，有些园林植物早期被当作神灵加以膜拜，后期往往要整形修剪、排行成队，使其成为各种几何图案或动物形状，妙趣横生，赏心悦目。

园林中的建筑与山石是形态固定不变的实体，水体则是整体不动、局部流动的景观，植物则是随着季节、年龄而变的生命体。植物的四季变化与生长发育，不仅使园林建筑空间形象在春、夏、秋、冬四季产生相应的变化，还可产生空间比例上的时间差异，使固定不变的静观建筑环境具有生动活泼、变化多样的季候感。此外，植物还可以起到协调建筑与周围环境的作用。

1.1.4.5　动物

进入农牧时代，人们驯养野兽，把一部分驯化为家畜，另一部分圈养于山林中，供四季田猎和观赏，这便是最初的园林——囿。在古巴比伦、古埃及也称猎苑。秦汉以来，中国园林进入自然山水阶段，聆听虎啸猿啼，感受鸟语花香，寄情于自然山水，是皇室贵族适情取乐的享乐之所，也是文人士大夫追求的自然无为的仙境。欧洲中世纪的王宫、贵族宫室和庄园中普遍饲养许多珍禽异兽，阿拉伯国家中世纪宫室中亦畜养有大量动物。这些动物只是用来满足皇室和贵族享乐或腐朽生活的宠物，一般平民是不能观赏的。直到资产阶级革命成功后，西方的皇室和贵族将曾经专有的动物开始对平民开放观赏，开始设立专门的动物观赏区。古代园林与动物相伴相生，直到近代园林兴起后，才把它们真正分开。

1.1.5　园林的类型划分

1.1.5.1　按园林构园方式区分

按园林构园方式园林可分为规则式、自然式、混合式三种类型。

（1）规则式园林。又称整形式、建筑式、几何式、对称式园林，整个园林及各景区景点皆表现出了人为控制下的几何图案美。园林题材的配合在构图上呈几何体形式，在平面规划上多依据一个中轴线，在整体布局中前后左右对称。园地划分多采用几何形；园线、园路多采用直线形；广场、水池、花坛多采取几何形；植物配置多采用对称式，株、行距明显均齐，花木整形修建成一定图案，园内行道树整齐、端直、美观，有发达的林冠线。

（2）自然式园林。园林题材的配合，在平面规划或园地划分上随形而定、景以境出。园路多采用弯曲的弧线形；草地、水体等多采取起伏曲折的自然状貌；树木株距不等，栽植时，丛、散、孤、片植并用，如同天然播种；畜养鸟兽虫鱼以增加天然野趣；叠山理水顺乎法则。所以自然式园林是一种全景式仿真自然或浓缩自然的构园方式。

（3）混合式园林，是把规则式和自然式两种构园方式结合起来，扬长避短的造园方式。一般在园林的入口，即建筑物附近采用规则式，而在园林周围采用自然式。

1.1.5.2　按园林的从属关系区分

按园林的从属关系园林可以分为皇家园林、寺观园林、私家（贵族）园林、陵寝（寝庙）园林和公共园林等类型。

（1）皇家园林。皇家园林为皇帝个人和皇室私有，中国古籍里称之苑、宫苑、苑囿、御苑等。皇家园林一般规模宏大，占据大片土地，非私家园林可比拟。世界各国每个朝代几乎都有皇家园林的建置，著名的有古埃及的宫苑园林、古巴比伦的空中花园、法国凡尔赛宫苑、英国的宫室花园等。皇家园林数量的多寡、规模的大小，也在一定程度上反映了一个王朝国力的盛衰。中国皇家园林有大内御苑、行宫御苑、离宫御苑之分，外国皇家园林也有类似的划分。大内御苑建置在皇城或宫城之内，即是皇帝的宅院，个别的也有建置在皇城以外、都城以内的。行宫御苑和离宫御苑建置在都城近郊和远郊的风景地带，前者供皇帝游憩和短期驻跸之用，后者则作为皇帝长期居住、处理朝政的地方，相当于一处与皇宫相联系着的政治中心。此外，在皇帝巡察外地需要经常驻跸的地方，也视其驻跸时间的长短而建置离宫御苑或行宫御苑。通常，行宫御苑和离宫御苑被统称为离宫别馆。

（2）寺观园林。寺观园林即各种宗教建筑的附属园林，也包括宗教建筑内外的园林化环境。在中国古代，寺观内一般建置独立的小园林，也很讲究内部庭院的绿化，多以栽培名贵花木而闻名于世。郊野的寺观大多修建在风景优美的地带，周围向来不许伐木采薪，因而古木参天、绿树成荫；再以小桥流水和少许亭榭做点缀，又形成寺、观外围的园林化环境。正因为这类寺观园林及其内外环境雅致幽静，因此历来的文人名士都喜欢借住其中读书养性，帝王以之作为驻跸行宫的情况亦屡见不鲜。在古时的欧洲和伊斯兰世界，宗教神学盛行，且长期实行政教合一制度，因而反映在寺观园林中，从设计规划、布局、造园要素、指导思想到建筑壁画、装饰、雕刻等无不渗透着虔诚的信仰色彩，和中国寺观园林的风格有较大差异。另外，古人有时还通过选取远离人烟的山水环境和大面积的植树绿化，来创造寂寞山林、清净修持的宗教环境，颇有天然野趣。

（3）私家（贵族）园林。私家（贵族）园林是相对于皇家的宫廷园林而言，一般属于官僚、贵族、文人、地主、富商所私有，中国古籍里称之为园、园亭、园墅、池馆、山池、山庄、别墅、别业等。私家园林亦包括皇亲国戚所属的园林。在欧洲和伊斯兰世界，私家园林多以皇亲国戚及富商大贾园林为主，主要形式有庄园和花园。

（4）陵寝（寝庙）园林。陵寝园林是为埋葬先人，纪念先人实现避凶就吉之目的而专门修建的园林。中国古代社会，上至皇帝，下至皇亲国戚、地主官僚、富商大贾，皆非常重视陵寝园林。陵寝园林包括地下寝宫、地上建筑及其周边园林化环境。中国历来崇尚厚葬。生前的身份越尊贵、社会地位越高，死后营造的陵园越讲究，帝王、贵族、大官僚的陵园更是豪华无比。陵寝园林仍然具有中国风景式园林所特有的山、水、建筑、植物、动物等五大要素；在陵寝选址上，以古代阴阳五行、八卦及风水理论为指导，所选山水地理多为天下名胜，风景如画，客观上具备了观赏游览的价值。在欧洲和伊斯兰世界，陵寝园林没有中国那样的讲究排场，但在埃及和印度的中世纪后期出现过举世瞩目的陵寝园林，如胡夫金字塔、泰姬陵等。与此同时，由于对天体、土地、五谷和树木的敬畏而兴造神苑、圣林的传统，在欧洲和阿拉伯世界却长久不衰，这些神苑、圣林除本身的敬仰、崇拜、纪念意义外，亦具有很高的观赏和游览价值。

（5）公共园林。公共园林的雏形可以上溯到古希腊时期的圣林和竞技场。古希腊由于民主思想发达，公共集会及各种集体活动频繁，因此出现了很多建筑雄伟、环境美好的公共场所，即为后世公园的萌芽。英国工业革命时期，欧洲各国资产阶级革命掀起高潮，导致封建君主专制彻底覆灭，许多从前归皇室或贵族所有的园林逐步收为政府管理，开始向平民开放。这些园林成为当时上流社会不可或缺的交际环境，也成为一般平民聚会的场所，起着类似公众俱乐部的作用。和过去皇室或贵族花园仅供少数人享乐比较，园林转变为全体居民游憩娱乐和聚会的场所，谓之公园。公园还包括城市公园、专业公园（如动物园、植物园等）、公共绿地和主题公园。当生态环境问题受到广泛关注以后，又产生了自然保护区公园（美国最先创立，称为国家公园）。

中国早在西周初期就有向平民开放的灵囿、灵沼和灵台，唐代的曲江池、芙蓉苑亦定期向市民开放。而近代意义上的公园是在 19 世纪末期由西方殖民者在上海、广州等地兴建的。辛亥革命后，先后出现了广州的越秀公园、南京的中央公园、北京的中山公园等公共园林。

1.1.5.3　按园林功能用途区分

按园林功能用途园林可以划分为综合性园林、专门性园林、专题园林、纪念性园林、自然保护区园林等。

（1）综合性园林。是指造园要素完整，景点丰富，游憩娱乐设施齐全的大型园林，如北海公园、巴黎公园、纽约中央公园、拙政园等。

（2）专门性园林。是指造园要素有所偏重，主要侧重于某一要素观赏的园林，如植物园、动物园、水景园、石林园等。

（3）专题园林。是指围绕某一文化专题建立的园林，如牡丹园、民俗园、体育园、博物园等。

（4）纪念性园林。是指为祭祀、纪念民族英雄或祖先之灵，参拜神庙等而建立的集纪念、怀古、凭吊和爱国主义教育于一体的园林，如埃及金字塔、明十三陵、孔林、武侯祠等。

（5）自然保护区园林。是指为保护天然动植物群落、保护有特殊科研与观赏价值的自然景观和有特色的地质地貌而建立的各类自然保护区园林，可以有组织、有计划地向游人开放，如森林公园、沙漠公园、火山公园等。

此外，园林类型还可以按国别划分，如中国园林、英国园林、法国园林、日本园林、印度园林等，不胜枚举。

1.2 世界园林体系

1.2.1 世界园林发展的历史进程

纵观世界园林历史，数万年来，经历了原始文明、农业文明、工业文明和信息文明四大文明阶段。

1.2.1.1 原始文明孕育了园林

人类社会的原始文明大约持续了 200 多万年。人类最初树巢而居、茹毛饮血，如同鸟兽，后来巢穴而居，采集渔猎，艰苦度生。在这种文明条件下，人类处于对大自然环境的被动适应状态，饥饿和死亡常常逼近人类，所以人类不可能产生更高的精神享受要求，因而也就不可能产生园林。然而在采集渔猎过程中，人类被动植物的形态、色泽等外观特征所吸引而逐渐有了动植物崇拜。原始文明后期，出现了原始的农业公社和人类聚居的部落，人们把采集到的植物种子选择园圃种植，把猎获的鸟兽围起来养殖。于是在部落附近及房前屋后有了果园、菜园、畜养鸟兽的场所。这些人工管理的果园、菜圃、兽场等在逐渐满足了人们祭祀温饱需要之后，其中某些动植物的观赏价值日益突出，于是园林由此得到孕育，进入萌芽状态。

1.2.1.2 农业文明形成世界三大园林体系

人类进入以农耕为主的农业文明阶段后，生产力的进一步发展，产生了城镇、国都和手工业、商业，从而使建筑技术不断提高，为大规模兴造园林提供了必要条件。原来寻求祭祀温饱与观赏的果园、菜圃、兽场亦分化为供生产为主的果蔬园圃和供观赏为主的花园。以花园、猎苑等供人们观赏的精神场所成为贵族在繁忙的社会政治活动之余用以休闲放松的地方。故而，花园、猎苑多保留在城市或郊区，设在宫室周围或庭院旁。

在农业文明初期，古埃及出现了宫苑、圣林和金字塔，古希腊出现了庭院、圣林和竞技场，古巴比伦出现了猎苑、圣苑和“空中花园”，我国出现了宫室和用于田猎、祭祀和训练军队的囿。这些园林的形式、风格和内容随着各民族文化的传播及自然地理环境的变迁而不断交流、融合，或得以丰富发展，或者灭绝，而个别形式与风格或者被其他园林吸收，或者融合形成新型园林。最后终于三分天下，形成了具有一定的国家地域范围、一定的造园思想与规划方式、一定的园林类型和形式。风格特征彼此各异的世界三大园林体系即中国园林、欧洲园林、伊斯兰园林。而在同一园林体系之内，又由于各民族历史文化的差异和自然地理环境的不同，形成了丰富多彩的时代风格、民族风格和地方风格。

1.2.1.3 工业文明促进了现代园林的发展

18 世纪中叶，第一次工业革命的产生，使人类经济呈现跨越式发展。然而，经济发展中的盲目性、有序性和掠夺性对自然资源和自然环境造成了严重破坏。另外，城市的不断扩大膨胀，人口密集、工业相对集中又造成城市大气污染和环境恶化。为了解决这些问题，人们提出各种理论学说和改造方案，其中就有自然保护的对策和城市园林化的探索。美国园林学家奥姆斯特德则开创了自然保护区和城市园林化的先河。于是，由美国率先，欧洲并起，大兴城市园林化，实行街道、广场、公共建筑、校园、住宅区的园林绿化一体化，并建立起各种自然保护区园林。

1.2.1.4 信息文明确立了生态园林的目标

第二次世界大战以后，人类进入了现代文明阶段，尤其是 20 世纪 60 年代以来突变为信息时代。一些发达国家和地区的经济高速发展，人们的物质生活和精神生活极大丰富。但是，由于没有处理好经济建设、生态环境与自然资源的可持续发展问题，带来了严重的后果，如人口爆炸、粮食短缺、能源枯竭、环境污染、温室效应、自然灾害频发等。人类逐渐认识到在利用、改造、开发大自然的时候，必须要有计划、有步骤地进行，以利于自然资源的恢复、更新和再生，使社会经济走上可持续发展的轨道。园林是生态环境中的一个重要组成部分，也是可持续发展中的重要环节。因此，在信息文明时代确立生态园林目标、维护生态平衡，也成为建设新型园林的必由之路。

1.2.2 世界园林体系的类型划分

1.2.2.1 欧洲园林

欧洲园林是以古埃及和古希腊园林为渊源，以法国古典主义园林和英国风景式园林为优秀代表，以规则式和自然式园林构图为造园流派，分别追求人工美和自然美的情趣，艺术造诣精湛独到，为西方世界喜闻乐见的园林。欧洲园林的两大流派都有自己明显的风格特征。规则式园林以恢宏的气势，开阔的视线，严谨、均衡的构图，丰富的花坛、雕像、喷泉等装饰，体现出一种庄重典雅、雍容华贵的气势。自然式园林取消了园林与自然之间的界限，亦不考虑人工与自然之间的过渡，将自然作为主题引入到园林中，并排除一切不自然的人工艺术，体现一种自然天成、返璞归真的艺术境界。

1.2.2.2 伊斯兰园林

伊斯兰园林属于规则式园林范畴，是以古巴比伦和古波斯园林为渊源，以十字形庭院为典型布局方式，封闭建筑与特殊节水灌溉系统相结合，富有精美建筑图案和装饰色彩的阿拉伯园林。伊斯兰园林跨越的地域广大，它以两河流域及美索不达米亚平原为中心，以

阿拉伯世界为范围，横跨欧、亚、非三大洲，对世界各国园林艺术风格的变迁有很大的影响，尤其以印度、西班牙的中世纪园林风格最为典型。伊斯兰园林通常面积较小，建筑也较封闭，十字形的林荫路构成中轴线，将全园分割成四区。在园林中心，十字形道路交汇点布设水池，以象征天堂。园中沟渠明暗交替，盘式涌泉滴水，既表示对水的珍视，又分出很多的几何形小庭园，每个庭园的树木尽可能相同。彩色陶瓷马赛克图案在庭园装饰中广泛应用。

1.2.2.3　中国园林

中国园林属于山水风景式园林范畴，是一种以非规则式园林为基本特征，园林建筑与山水环境有机结合，蕴含诗情画意的写意山水园林。中轴对称的规整式构图，多见于宫室寺观建筑，为中国园林建筑的特殊形式。中国园林自诞生以来，在自己特殊的国情和历史文化背景下自我发展。从夏、商、周代时期的囿，到秦汉时期的苑，魏晋南北朝的自然山水园林，唐宋时代的全景式写意山水园林，最后达到明清时代浓郁的自然山水、以小见大的高度象征性写意园林阶段。由于我国幅员辽阔、气候多样、物产各异，加之各地政治、经济、文化发展的不平衡，从明朝中期开始，私家园林逐渐分化，先有江南园林脱颖而出，北方园林接踵其后，岭南园林增其华丽。三大区域园林相互影响、相互兼容，使中国园林的类型和风格不断拓展与深化。

1.3　中国园林体系

1.3.1　中国园林历史发展进程

中国园林是世界三大园林体系之一，中国园林史当然符合世界园林史发展演进的总规律和总趋势。但是中国是地理环境比较封闭的国家，也是一个以农业文明作为文化主流，持续统治长达数千年的国家。因而，一部中国园林史实际上就是一部农业文明条件下的园林史。中国园林在漫长的历史进程中，不像欧洲园林那样的风格剧烈、复合变异，而是不断传承、缓慢发展、自我完善，形成自我发展、自成一体的局面，国外两大园林体系对中国园林发展并没有什么冲击。中国园林只是在园林的某些要素，如植物、动物种类方面受到外来园林文化的影响，因而表现出稳定的、缓慢的、持续不断的历史演进风格。从这个视角出发，一般将中国园林分为两大部分：中国古典园林和中国近现代园林。其中，中国古典园林历史发展漫长，我们习惯从园林从属关系对中国古典园林进行分类，并将其分为皇家园林、私家园林、寺观园林、陵寝园林、坛庙祠馆园林、书院园林等类型。

1.3.2　古典园林的整体艺术特点

1.3.2.1　本于自然、高于自然

园林匾额楹联

山、水、植物是构成自然风景的基本要素，但中国古典园林不是简单地模仿这些构景要素的原始状态，而是有意识地加以改造、调整、加工、剪裁，从而表现一个精炼的自然、典型化的自然，已达到本于自然、高于自然的创作主旨。这样的创作又必须合乎自然之理，方能获天成之趣。

1.3.2.2 建筑美与自然美的融糅

中国古典园林中，建筑都力求与山、水、花木这三个造园要素有机地组织在一系列风景画面之中，使建筑美与自然美融糅起来，处处洋溢着大自然的盎然生机，达到一种人工与自然高度协调的境界——天人和谐的境界。这在一定程度上反映了中国传统的"天人合一"的哲学思想，体现了道家对待大自然的"为而不持，主而不宰"的态度和"道法自然"的哲理。

1.3.2.3 诗画的情趣

文学是时间的艺术，绘画是空间的艺术。园林的景物既需"静观"，又要"动观"，即在游动、行进中领略观赏，因此园林是时空结合的艺术。园林从总体到局部都包含着浓郁的诗画情趣。诗情，不仅是把前人诗文的某些境界、场景在园林中以具体的形象复制出来，或者运用景名、匾额、楹联等文学手段对园景做直接的点题，还在于借鉴文学艺术的章法、手法使规划设计较为类似于文学艺术的结构。因此，人们游览中国古典园林所得到的感受，往往如朗读诗文般酣畅淋漓，这也是园林所包含的"诗情"。中国园林是把对大自然进行概括和升华的山水画，又以三度空间的形式复现到人们的现实生活中。中国绘画与造园之间关系十分密切，这种关系历经长久的发展而形成"以画入园，因画成景"的传统，能够予人以置身画境、如游画中的感受。中国古典园林就是凝固的音乐、无声的诗歌，就是可游、可居的立体图画。

1.3.2.4 意境的蕴含

意境是中国艺术创作和鉴赏方面一个极重要的美学范畴。简单说来，意即主观的理念、感情，境即客观的生活、景物。意境产生于艺术创作中此两者的结合，即创作者把自己的感情、理念熔铸于客观生活和景物之中，从而引发鉴赏者类似的情感激动和理念联想。中国的传统哲学在对待"言""象""意"的关系上，都把"意"置于首要地位。意境表述的方式大体上有三种。其一，借助于人工的叠山理水，把广阔的大自然山水风景缩移模拟于咫尺之间。其二，预先设定一个意境的主题，然后借助于山、水、花木、建筑所构图配成的物境把这个主题表述出来，从而给观赏者传达以意境的信息。此类主题往往来源于古人的文学艺术创作、神话传说、遗闻轶事、历史典故，乃至对风景名胜的模拟等。其三，意境并非预先设定，而是在园林建成之后再根据现成物境的特征做出文字的"点题"——景题、匾题、对联、刻石等。园林内的重要建筑物上一般都悬挂匾和联，它们的文字点出了景观的精粹所在；同时，文字作者的借景抒情也感染游人，从而激起他们的各种浮想。

综上所述，这四大特点是中国古典园林在世界上独树一帜的重要标志。它们的成长至最终形成，与中国传统的"天人合一"的哲理以及重整体观照、重直觉感觉、重综合推衍的思维方式的主导有着直接的关系。可以说，四大特点本身正是这种哲理和思维方式在园林艺术领域内的具体表现。

1.3.3 中国近现代园林

中国近代史始自 1840 年中英鸦片战争爆发，止于 1949 年中华人民共和国成立，是中国半殖民地半封建社会逐渐形成到彻底瓦解的历史。

这一时期，不但结束了中国最后的封建王朝，而且走向共和、走向民主，最终迎来了中华人民共和国的诞生。这一时期，一方面中国人蒙受着封建主义、殖民主义的巨大灾难：

八国联军、英法联军、日本帝国主义的烧杀抢掠，使园林，特别是皇家园林，如圆明园遭到了惨绝人寰的破坏；另一方面马列主义思潮和以自由、平等、博爱以及民主、民权、民生为旗帜的资产阶级民主思想在乱世中萌动，发育并推动着社会的进步。沿海一些港口城市在这一时期有了较快的发展，上海、广州、天津、青岛、大连、厦门都出现了不少洋街、洋房、洋花园，而北京、上海、南京等几大城市又不断孕育出各种新思想、新思潮和新文化。上海从一个默默无闻的小县城一跃发展成为远东第一大城市，还出现了近代中国史上的第一个公园——“公共花园”（今上海外滩公园，始建于 1868 年）。

1.4　园林史

1.4.1　园林史定义

园林史是记录和论述园林的渊源替嬗、发展演变、形式体系、风格类型等一般规律及其特征，为现代园林建设提供历史借鉴的一门园林理论。

1.4.2　学习园林史的目的与意义

简单来说，学习园林史就是要以史为鉴，建设有中国特色的新园林。探索古今中外园林特点，借鉴国外优秀园林建设的先进经验，创造性地发展中国园林事业，已成为我国园林工作者的共识。对于我国园林事业来说，借鉴中外园林历史发展的基本经验与教训，继承弘扬人类创造的一切优秀园林文化，建设有中国特色的新型园林，具有重要的理论价值与实践意义。然而，如何借鉴中外园林史为我国园林建设提供科学的理论和实践依据，是园林建设中的一个急需解决的重大课题。

我们必须明白，借鉴中外园林史的公正态度应该是因地制宜、因时制宜、因园制宜，在批判性地继承古今中外园林艺术精华的基础上，设计出富有中国特色、符合时代需求、体现人文关怀的园林景观。只有有了生机盎然的绿色空间，才会有充足的阳光、空气和水，才能构建人与自然和谐相处的社会。

思考与练习

1. 简述园林的概念及其内涵。
2. 试述园林产生的背景及其性质功能。
3. 简述园林的类型划分与构成要素。
4. 世界园林发展有哪几个阶段，各阶段的特点是什么？
5. 中国古典园林的艺术特征有哪些？

第2章 皇家园林

思政箴言

中国园林艺术具有高度的精神境界，这源自于中国传统哲学思想的博大精深。中国园林是中国哲理与文化的浓缩载体，皇家园林更是其中非常重要的组成部分。它蕴含的神化思想、和谐思想、礼制思想、仁学思想和教化理念全面深入、含蓄生动地展现着中华传统人文思想与哲学内涵，为我们留下了极为丰富的文化遗产。我们必须站在历史自信、文化自信的立场上，顺应时代发展的要求，汲取皇家园林造园艺术的精华和其中体现的工匠精神，使现代文明和传统经典完美融合，延续中华文化的灿烂与辉煌。

2.1 皇家园林发展概述

皇家园林是指建造费用均由国库支出，且归属于皇帝个人、皇室或诸侯所私有的园林，是供皇帝居住、娱乐、祭祀，以及召见大臣、举行朝会和休养生息的场所。古籍里面称之为“苑”“苑囿”“宫苑”“御园”“御苑”等，是中国古典园林的基本类型之一。

中国自奴隶社会到封建社会连续几千年的漫长历史，形成了皇帝一人的独夫统治，即使皇亲国戚和贵族，相对于皇帝的政治地位而言也都是臣民。皇帝为君，号称天子，奉天承运，代表上天来统治寰宇。他的地位至高无上，是人间的最高统治者。严密的封建礼法和森严的等级制度构筑成了一个统治权力的金字塔，皇帝居于这个金字塔的顶峰，皇权成为绝对的权威。像古代西方那样震慑一切的神权，在古代中国，相对皇权而言始终是处于次要的、从属的地位。因此，凡属与皇帝有关的起居环境，诸如宫殿、坛庙、园林乃至都城等，皆利用其建筑形象和总体布局以显示皇家气派和皇权的至尊。皇家园林虽是模拟山水风景的，也要在不悖于风景式造景原则的情况下尽显皇家气派。同时，又不断向民间汲取造园艺术的养分来丰富皇家园林的内容，提高皇家园林的艺术水平。皇帝利用自己政治上的特权和经济上的优势，占据大片的土地营造园林供一己享用，无论是人工山水园还是天然山水园，规模之大远非私家园林所能比拟。从公元前 11 世纪周文王时代的灵囿，到 19 世纪末慈禧太后重建颐和园，历史上每个朝代建造的皇家园林既是庞大的艺术创作，又是一项耗资甚巨的土木工事。因此，皇家园林的规模大小和数量多寡都在一定程度上反映了一个朝代国力的盛衰。

皇家园林按其不同的使用情况分为大内御苑、行宫御苑和离宫御苑。大内御苑一般建在首都的宫城和皇城里面，与皇宫相毗邻，相当于私家的宅园，便于皇帝日常临幸游憩。行宫御苑大多数建在都城近郊风景优美、环境幽静的地方，供皇帝偶一游憩或短期驻跸之用。离宫御苑建造在远离都城的风景地带，一般与行宫相结合，作为皇帝长期居住并处理朝政的地方，相当于与大内联系的政治中心。

皇家园林作为中国园林的主体、造园活动的主流和园林艺术的精华荟萃，代表着中国古

典园林发展的演变过程，经历了生成期、转折期、全盛期、成熟时期和成熟后期等五个阶段。殷周时期是园林生成期的初始阶段，天子、诸侯、卿士大夫等大小贵族奴隶主所拥有的“贵族园林”相当于皇家园林的前身，但不是真正意义上的皇家园林。到了秦汉时代，开始出现真正意义上的“皇家园林”，这时的皇家园林是当时造园活动的主流，著名的上林苑囊括了长安城的东、南、西的广阔地域，关中八水流经其中，建宫、苑数量不下 300 处，其规模虽然极其宏大，却比较粗犷，殿宇台观只是简单地铺陈罗列，并不结合山水的布局。此时的皇家园林尚处于发展成型的初期阶段。魏晋南北朝时期，战争频繁，士大夫玄谈玩世、崇尚隐逸、寄情山水。受到这种时代美学的浸润，宫苑的规模虽不及秦汉，但在内容上却有着更严谨的规制，表现出一种人工构建结合自然山水之美，标志着皇家园林的发展已升华到了较高的艺术水平。隋唐时期是我国封建社会统一鼎盛的黄金时代，皇家园林的发展也相应地进入了一个全盛时期，注重建筑美与自然美两者的协调统一，洛阳的“西苑”和骊山的“华清宫”是这个全盛时期的代表作。到了宋代，北宋东京、南宋临安和金朝中都都有皇家园林建置，虽然规模远逊于唐代，但艺术与技法的紧密细致则有过之，其中东京的御苑“艮岳”是这个时期最杰出的作品。元、明两代，皇家造园活动相对处于迟滞局面，除元朝大都御苑“太液池”在明代扩建为“西苑”外，鲜有其他建设。直至清代皇家造园方才兴起一个新的高潮，这个高潮奠定于康熙，完成于乾隆。由于清朝定都北京后，完全沿用明代的皇城宫殿，皇家建设的重点很自然地转到了园林方面，加之王公贵族很不习惯于北京城内的炎夏溽暑之苦，于是提出择地另建“避暑宫城”的拟议。待到康熙中叶政局稳定、国力稍裕时，便在北京西北郊和热河相继经营皇家园林。到乾隆盛世，进一步扩建、新建，在北京西北郊最后建成三山五园，在承德建成避暑山庄，集中体现了皇家园林的主要特色。

作为中国古典园林的主流的皇家园林，与私家园林、寺观园林、衙署园林等相比，有自己独特的“皇家气派”特点。具体而言，大致有以下五点：

（1）规模宏大。皇帝利用其政治上的特权和经济上的优势，占据大片疆土营造园林而供自己享用，故其规模之大，远非私家园林所可比拟。我国早期的皇家园林周文王的灵囿，方圆 35 千米。秦汉的上林苑，广 150 余千米。隋唐的洛阳西苑，周 100 千米；其内为海，周 5 千米。唐朝长安宫城北面的禁苑，南北长 16.5 千米、东西宽 13.5 千米。北宋徽宗时的东京艮岳，是在人造山系万岁山基础上改建而成，“山周十余里”，北侧俯瞰，有“长波远岸，弥十余里”的景龙江。元代大都西御苑太液池，“广可五六里，驾飞桥于海中，起瀛洲之殿，绕以石城”，明代在此基础上，扩建成南海、北海、中海。清代所建避暑山庄，其围墙周长 10 千米，内有 564 公顷的湖光山色；圆明园占地面积 200 多公顷，长春、万春二园占地面积 133 多公顷；最晚建成的颐和园，占地面积约 287 公顷。显而易见，皇家园林的规模是寺观园林和私家园林所望尘莫及的。而且其规模大小，基本上与历史的向后延续成反比。

（2）选址自由。皇家园林既可包罗原山真湖，如清代避暑山庄，其西北部的山是自然真山，东南部的湖景是天然塞湖改造而成；亦可叠砌开凿，宛若天然的山峦湖海，如宋代的艮岳、清代的清漪园（北部山景系人工堆叠而成）。总之，凡是皇家看中的地域，皆可构造成皇家园林。

（3）建筑豪华。秦始皇所建阿房宫区“五步一楼，十步一阁”，汉代未央宫“宫馆复道，兴作日繁”。到清代，更增加园内建筑的数量和类型，凭借皇家手中所掌握的雄厚财力，加重园内的建筑分量，突出建筑的形式美因素。作为体现皇家气派的一个最主要的手段，将园林建筑的审美价值推到了无与伦比的高度。论其体态，雍容华贵；论其色彩，金碧辉煌，充分体现出浓郁的、华丽高贵的宫廷色彩。如颐和园中的十七孔桥为古典园林中最长的桥，廓如亭为古典园林中最大的亭，长廊为古典园林中最长的廊。

（4）皇权至上。在古代，凡是与帝王有直接关系的宫殿、坛庙、陵寝，莫不利用其布局和形象来体现皇权至尊的观念。皇家园林作为其中的一项重要营建，也概莫能外。到了清代雍正、乾隆时期，皇权的扩大达到了中国封建社会前所未有的程度，这在当时所建的皇家园林中也得以充分体现，其皇权的象征寓意，比以往范围更广泛、内容更驳杂。例如圆明园后湖的九岛环列，象征“禹贡九州”，东面的福海，象征东海；西北角上的全园最高土山“紫碧山房”，象征昆仑山；整个园林布局象征全国版图，从而表达了“普天之下，莫非王土”的皇权寓意。

（5）吸取精华。北方园林模仿江南这一点，早在明代中叶已见端倪。康熙年间，江南著名造园家张然奉诏为西苑的瀛台、玉泉山静明园堆叠假山，稍后又与江南画家叶洮共同主持畅春园的规划设计，江南造园技艺开始引入皇家园林。对江南造园技艺进行更完全、更广泛的吸收，则是在乾隆时期。乾隆在位年间，六下江南，由于他“艳羡江南，乘兴南游”，凡他所中意的园林，均命随行画师摹绘成粉本，作为皇家建园的参考，从而促成了自康熙以来皇家造园之模拟江南、效法江南的高潮。他们把北方和南方、皇家与民间的造园艺术来了一个大融汇，使其造园技艺达到了前所未有的广度和深度。这主要表现在以下三个方面：①广泛引进江南园林的造园技艺。在保持北方建筑传统风格的基础上，大量采用游廊、水廊、爬山廊、拱桥、亭桥、平桥、舫、榭、粉墙、漏窗、洞门等江南常见的园林建筑形式。在讲究工整格律、精致典丽、庄严肃穆的宫廷色彩中，融入了江南文化园林的自然质朴、清新素雅的诗情画意。②再现江南园林的主题。在皇家园林内再现江南园林主题，成为某些江南名园在皇家园林中的变体。如圆明园内的坐石临流，是直接摹写绍兴兰亭的崇山峻岭、茂林修竹、曲水流觞的构思。③仿制复制名园，即在皇家园林中具体仿建复制江南名园。例如圆明园内的安澜园系仿海宁陈氏偶园，长春园内的茹园系仿江宁瞻园，清漪园内的惠山园系仿无锡寄畅园，长春园与避暑山庄的狮子林系再现苏州狮子林。

2.2 皇家园林发展历程

2.2.1 殷周苑囿

2.2.1.1 背景概况

大约公元前 21 世纪，夏王朝建立，标志着中国奴隶制国家的诞生。夏代铜业、农业、畜牧业和手工业相当发达，商业交易和城市建筑业也开始发展，出现了宫殿建筑，有了前庭绿地，并开始将珍禽异兽作为观赏游乐的主要内容，有了囿的雏形。大约在公元前 16 世纪，成汤灭夏建商，进一步发展了奴隶制，其首都五次迁移，最后于公元前 11 世纪建都于“殷”，因而商王朝的后期又称为殷商。商共历时 600 年，当时商朝国势强大，经济也发展较快。炼铜和铜制品的发展及手工业的发展，进一步促进了农业、畜牧业和商业的发展，社会财富有了更大的积累，文化也进一步发展，不仅发明了以象形为主的文字，还有会意、形声、假借等字，我国有文字记载的历史从此开始。

周武王于公元前 1046 年灭商建周，经历西周、东周，存在约 800 年。西周建都于镐京，历 300 多年时受国内动乱和外族侵扰，被迫于公元前 770 年迁都到洛邑，史称东周。东周前半期为春秋时代，后半期为战国时代，也是奴隶制经济崩溃、封建制经济代之而兴的时代。周时冶铁业得到大发展，推广铁犁牛耕，兴修水利，农业、手工业、畜牧业更加发达。春秋战国时期既经历了长期战乱，又造就了大批的历史名人，其文化、艺术较发达，思想活跃，出现了墨家、法家、儒家、道家、兵家等百家争鸣。文学上出现了以屈原为代表的诗人，绘画也有所发展，有壁画、帛画、版画等，主要绘人物、鸟、兽、云、龙和神仙等。由于春秋战国时期的文化、艺术比较发达，表现在建筑上也有很大的进步，出现了以伍子胥和鲁班为代表的建筑家，建材上出现了砖和瓦，宫室建筑下有台基、梁柱，上面都有装饰，墙壁上也有了壁画，砖瓦表面有精美的图案花纹和浮雕图画。如《诗经》中对当时宫殿形式的描述是“如翚斯飞”，这说明我国古典建筑屋顶造型上出檐伸张和屋角起翘。

周朝时已经知道了庭院栽花种树的好处，注意到建筑庭院的花木布置。春秋战国时期，由于城市商品经济发展，果蔬纳入市场交易，民间经营的园圃相应普遍起来，带动了植物栽培技术的提高和栽培品种的多样化，也从单纯的经济活动逐渐渗入到生活领域，许多食用、药用的植物被培育为供观赏为主的花卉，人们看待花草树木也越来越重视观赏的用意。根据《诗经》等文字记载，到西周时，观赏树木有栗、梅、竹、松、柏、杨、柳、榆、栎、桑、梓、槐、枫、桂等，花卉有芍药、茶花、女贞、兰、菊花、荷花等。在公元前 600 多年，就有在过境道路两旁种植行道树的做法，并把它作为一项治国的必要措施。同时，植物不仅取其外貌形象之美姿，人们还注意到了其象征性的寓意，如《论语》中就有“岁寒然后知松柏之后凋”的记载。

在中国古代园林发展过程中，在殷商时期深受天人合一、君子比德思想的影响。天人合一作为传统哲学思想的主旨，早在西周时已出现，丰富于春秋战国，原本为古代人政治伦理主张的表述：“夫大人者，与田地合其德，与日月合其明，与四时合其序，与鬼神合其吉凶；先天而天弗违，后天而奉天时。”孔子主张“尊天命”“畏天命”，人为天命不可抗拒。老庄主张“自然无为”，认为人应该顺应大自然的法则。孟子加以发展，将天道与人性合而为一，寓天德于人心，把封建社会制度的纲常伦纪外化为天的法则，主张“敬天忧民”，主张人应该尊重大自然，对待自然应该持和谐的态度。秦汉时期又衍生为“天人感应”说，认为天象和自然界的变异能够预示社会人事的变异；反之，社会人事的变异也可以影响天象和自然界的变异，两者之间存在相互感应的关系。这种思想深刻地影响着人们的自然观，即人应该如何对待大自然的问题。答案不言而喻，就是要做到人与自然的协调，保持两者之间亲和的关系。因而作为人所创造的“第二自然”的园林，里面的山水树石、禽鸟鱼虫当然要保持顺乎自然的“纯自然”状态，不可能是欧洲“有序的，理性的自然”。

君子比德思想导源于儒家，流行于春秋战国时期，它从功利、伦理的角度认识大自然，认为大自然的山川河流、花木鸟兽之所以会引起人们的美感，在于它们的形象能够表现出与人的高尚品德相类似的特征，从而将大自然的某些外在形态、属性与人的内在品德联系起来。孔子云：“智者乐水，仁者乐山，智者动，仁者静。”把理想的君子德行赋予大自然而形成山水的风格，必然导致人们对山水的尊重。水的清澈象征人的明智，水的流动表现智者的探索，山的稳重与仁者的敦厚相似，山中蕴藏万物可施惠于人，正体现仁者的品质。把理想的君子德行赋予大自然而形成山水的风格，这种“人化自然”的哲理必然会导致人们对山水的崇拜和尊重，因而山水成了自然风景的代称。园林从一开始便重视筑山理水，甚至台也是对山的模拟，园林向风景式方向发展是不言而喻的。

2.2.1.2 发展过程及成就

最早见于文字记载的园林形式就是“囿”，园林里面的主要建筑物是“台”，中国古典园林的雏形产生于囿和台的结合，时间在公元前 11 世纪，即奴隶社会后期的殷末周初。在商朝的甲骨文中有了园、圃、囿等字，甲骨文中囿写为□、□、□，即成行成畦栽植树木的象形，从字面可以想象出群兽奔跑与林间，众鸟飞翔于树梢或栖息于水面，一派宛若大自然生态之景观。在《说文解字》中，囿写作□，像一个人手持武器，挑着一块猎物，表明囿是供人们养殖禽兽和狩猎的场所，并解释：“园，树果。圃，树菜也。囿，养禽兽也。”从它们的活动内容可以看出，园和圃是农业栽培果树和蔬菜的场所，而囿是繁殖和放养禽兽，以供狩猎、游乐的场所，因此最具有园林的性质，说明从此期开始出现的囿内容较为丰富，猎、游、观、息等功能具备。因此，囿的建置与帝王的狩猎活动有着直接的关系，也可以说囿是起源于狩猎。

从各种史料记载中可以看出商朝的囿，多是借助于天然景色，建立在自然山水秀丽和林木水草丰盛之地，让自然环境中的草木鸟兽及猎取来的各种动物滋生繁育，加以人工挖池筑台、掘沼养鱼、种植花木蔬菜。囿的范围宽广、工程浩大，一般都是方圆几十里或上百里，周围以土墙或篱笆加以范围。囿内的主要建筑为台，台上有屋，供仅隶主在其中游猎、礼仪，成为奴隶主娱乐和欣赏的一种精神享受。囿不只是供狩猎，同时也是欣赏自然界动物活动的一种审美场所。同时，囿还为王室提供祭祀、丧纪所用的牺牲，供应宫廷宴会的野味，无疑是一座多功能的大型天然动物园。

台是用土堆筑而成的方形高大的建筑物，《说文解字》中解释道：“台、观，四方而高者也。四方独出而高者，谓之台，高而不四方者，则谓之观，谓之阙也。”故台一般采用方形平面，上面建有木结构的房屋称为“榭”。台大多修建得很高，象征巍峨神秘的山岳，其原始的功能是登高以观天象、通神明，因而具有浓厚的神秘色彩。台还可以登高远眺，观赏风景。到了周代，台的游观功能逐渐上升，成为一种主要的宫廷建筑物，并结合绿化种植而形成以它为中心的空间环境，并逐渐影响着向园林雏形的方向上转化。

因此，囿和台是中国古典园林的两个源头，前者关涉栽培、圈养，后者关涉通神、望天。而这四者是园林雏形的源初功能，游观尚在其次，以后尽管游观的功能上升了，但其他的源初功能一直沿袭到秦汉时期的大型皇家园林中。

园林经历夏代的孕育，在商代开始创造和发展，虽然比较粗糙简单，但对以后园林的发展起到了很好的启发和促进作用。到商的后期，囿到处可见，诸侯王也有，各有其规格要求，并且向苑囿方向发展。周朝发展较快，规定了囿的等级，天子有囿百里，诸侯有囿四十里。最初的囿除了夯土筑成台和掘土形成的池沼外，主要为自然生长的景物和野生动植物，形式较为朴素，西周时期出现了具有划时代意义的周文王的灵台、灵沼、灵囿，融山水、建筑、植物和动物为一体，精心设计，开创了园林发展的新阶段，对我国后世园林的发展具有很大影响。

春秋战国时期，诸侯国势力强大，周天子的地位相对势弱，诸侯国君摆脱宗法等级制度的约束，在竞相争霸的同时，也大兴土木，掀起了我国园林建造史上第一个历史高潮。此段时期，由简单的囿、苑囿发展到了离宫别馆，形成了城外建园、苑中筑囿、苑中造台的形式，以筑高台、筑亭榭来显其壮丽，集宫殿建筑和风景于一体，修建了庞大豪华的园林，游憩观赏的功能逐渐加强。作为敬神通天的台，此时也增强了登高赏景的游憩娱乐功能，尺度比商代末期更大，以逐层收分的夯土为核心，外围重重叠叠地建造多层华丽的楼阁，非常壮观，成为当时皇家园林的主流。苑囿内依旧圈养着很多动物，栽种着各种花草树木，可举行狩猎、通神等活动。如秦国有凤台、具囿，赵国有丛台，楚国有章华台、荆台，吴国有姑苏台、梧桐园、会景园，齐国有琅琊台，燕国有黄金台等。因此，这个时期的苑囿虽然还保留着上代沿袭的栽培、圈养、通神、望天的功能，但游赏和宴饮的功能已明显上升到了主要地位，花草树木成为造园要素，建筑物结合自然山水地貌发挥出观赏作用，更加强调园林的景观属性。

2.2.1.3　园林实例

1. 鹿台与沙丘苑

鹿台。公元前 11 世纪，商朝最后一个帝王辛（商纣王）下令建造，在今河南省安阳县以南的淇县境内。商纣王曾大兴土木，修建规模庞大的宫室，“南据朝歌，北据邯郸及沙丘，皆为离宫别馆”。鹿台就在朝歌城内，“其大三里，高千尺，临望云雨”，这个形容虽不免夸张，但台的体量确实十分庞大，据说花费了 7 年的时间才完成，它的遗址在北魏时期还能看到。鹿台还存储着政府的税收钱财，因此，除了通神、游赏功能之外，还兼有国库的性质。

沙丘苑亦为商纣王时所建，位于今河北省广宗县大平台。《史记·殷本纪》中记载：“（纣王）好酒淫乐……益收狗马奇物，充牣宫室，益广沙丘苑台，多取野兽蜚鸟置其中……乐戏于沙丘。”由此推出，沙丘苑不仅是圈养、栽培、通神、望天之处，还是略具园林雏形格局的游观、娱乐场所，内有供休息、娱乐的宫殿，还有观赏动植物的台榭，其功能开始增强，向苑囿方向发展。

2. 灵台、灵沼、灵囿

大约与商纣王同时期的周文王于公元前 11 世纪在都城镐京城郊建造了著名的灵台、灵沼、灵囿。根据《三辅黄图》记载：“灵台在长安西北四十里，灵沼在长安西三十里，灵囿在长安西四十二里。”相传今陕西户县东面秦渡镇北约 1 千米处的大土台是灵台的遗址（见图 2-1）。

图 2-1　周文王灵台、灵沼、灵囿

周文王的灵囿有划时代的意义。《诗经・大雅》中的“灵台”篇记载，开始修筑灵台时，庶民就像儿子替父亲做事一样，积极踊跃参加，很快就筑成了。挖土筑台，台成池也成。周文王在游赏时，看见了体态肥美的母鹿，有的在悠然走动，有的伏卧，有的在饮水，有的在洗澡、游玩、戏耍，满眼多种活生生的活动情态。周文王还看见了洁白肥泽的白鸟在空中起落，池水中的鱼儿在水中游动。周文王在辟雍观看

盲乐师们鸣钟击鼓的精彩演奏以及击鼓以祭祀祖先和娱神的热闹场面。

从中可以看出，灵台、灵沼、灵囿经人工开凿后修建而成，面积广阔，设有灵台、灵沼、灵囿及辟雍四大区，周围圈围，其内放养珍禽异兽，以供观赏，四时花木繁茂，水中鱼跃，景色优美。在高处，突出的有灵台，台高仅二丈，与商纣王的高耸的鹿台形成鲜明对比，彰显出周文王的仁厚爱民。灵台周围 120 步，宫室罗列其上，可观景、观气象、骑射，周文王曾经在台上举行祭祖、祭神的典礼。灵沼是一处很大的水面，在灵台周围，内养许多游鱼和水鸟用于观赏，是自然的低洼水塘经人工开掘而成。辟雍的形状是犹如小山丘的土台，周围环绕着犹如圆璧的水池。周文王的灵台、灵沼、灵囿除周文王及众臣游玩观赏外，还能定期容许老百姓入内割草、猎兔，但要交一定数量的收获物，可见其内以观赏动物为主；植物重在实用，观赏为辅。

周文王的灵台、灵沼、灵囿主题明确、能游能赏，游赏的对象有动物、植物、水池、阜原、景点建筑，这些都是人为加工创造的，融山水、建筑、动物、植物为一体，精心设计与配置，可以说是人为艺术与自然风景的结合， 开创了园林发展的新阶段，标志着我国古典园林的真正开始。

3. 章华台与姑苏台

章华台又名章华宫，始建于东周列国时楚灵王六年（公元前 535 年），历时 6 年完工，经过考古发现，其遗址在湖北省潜江县境内，范围很大，东西长约 2000 米、南北宽约 1000 米，总面积达 220 万平方米。在遗址范围内，有若干个大小不等、形状各异的台，还有大量宫、室、门、阙的遗址。其主体建筑章华台更是壮丽非凡，其方形台基长 300 米、宽 100 米，其上四台相连。其中最大的一号台长 45 米、宽 30 米、高 30 米，分为 3 层，每层台基上均有残存的建筑物柱基，每次登临需休息三次，故又称“三休台”。台上的建筑装饰更是富丽堂皇、雕镂精美，为当时宫苑中台榭的典型，也由此可推断出当年楚灵王每次率领众臣在此游赏及畋猎时的盛况。台的三面被人工开凿的水池环抱着，临水成景；水源引自汉水，同时还提供水运交通，是我国园林中开凿大型水体工程的首例（见图 2-2）。

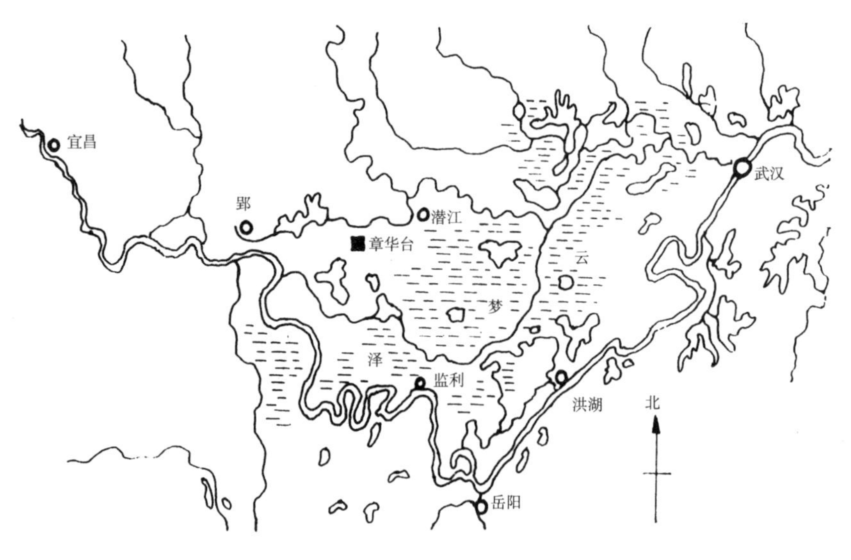

图 2-2　章华台位置图

姑苏台。姑苏台位于今苏州西南 12.5 千米的姑苏山上，开始建造于吴王阖闾十年（公元前 505 年），后其子夫差续建了 5 年，至今尚保留有古台遗址十余处。这座宫苑完全建造在山上，因山成台，联台为宫，规模极其宏大，建筑极其华丽，除了一系列台之外，还有许多宫、馆及小品建筑物，并开凿山间水池，水池可蓄、可游、可运，在我国园林中史无前例。姑苏台总体布局因山就势、曲折高下，观赏太湖之景最为赏心悦目。姑苏台还专门有栽植花卉的地段，以供观赏，其中还有海灵馆（相当于水族馆）观赏鱼类。姑苏台内容之博彩、景观之壮丽，使我国的皇家园林又前进了一大步，在造景上对后世园林建设有很大的启发（见图 2-3）。

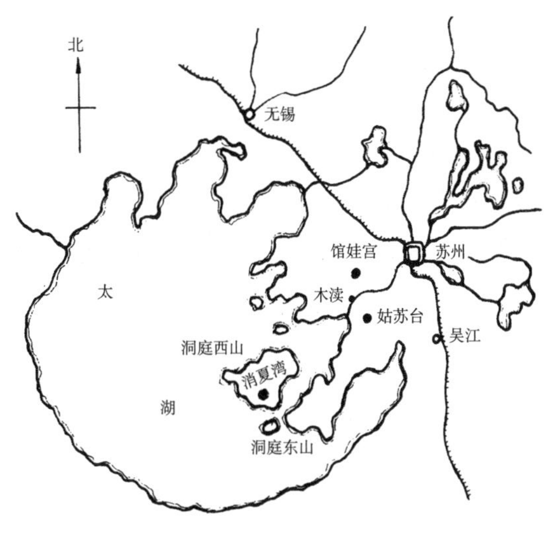

图 2-3　姑苏台位置图

章华台和姑苏台的选址和建筑经营都能够利用大自然山水环境的优势，并发挥其成景的作用。园林里面的建筑物比较多，包括台、宫、馆、阁等多种类型，以满足游赏、娱乐、居住、朝会等多方面的功能需要，里面人工开凿水体，创设了因水成景的条件。它俩代表着上代的囿与台相结合的进一步发展，是过渡到秦汉宫苑的先型。

2.2.2　秦汉御苑

2.2.2.1　背景概况

秦原为周的一个诸侯国，到春秋时称霸西陲，成为当时的“五霸”之一。秦孝公时任用商鞅为相，进行了历史上著名的“商鞅变法”，一跃成为强国。公元前 221 年，秦始皇实现了“六王毕，四海一”的宏愿，建立了中国历史上第一个统一的、中央集权的封建王朝，建都咸阳，并将传说中的三皇五帝的尊号合在一起，自称“始皇帝”。

秦始皇统一中国后，实行中央集权，并在物质、经济、思想制度等方面进行了一系列规模空前的改革，推动了经济发展。改分封制为郡县制，改革田赋，统一法规、文字、度量衡、货币，修建弛道、直道，加强陆路交通；工业上积极发展冶金和金属加工；农业上兴修水利；在城市发展和建筑上，迁徙六国贵族和豪富 12 万户于咸阳及南阳、巴蜀等地。同时，秦始皇还聚敛天下财富，大力营造国都咸阳，大修林苑，起骊山陵园，开创了我国造园史上一个辉煌的章篇。

由于秦朝大力推行苛法，急征猛敛，大兴土木，并采取严法重刑来推行，终于官逼民反，很快灭亡。后经过 4 年的楚汉战争，刘邦打败项羽，建立西汉王朝。西汉建初，秦旧都咸阳被项羽焚毁，于是在咸阳东南，渭水之南岸，建立了新都长安，在政治、经济方面基本上承袭了秦王朝的制度。从“文景之治”到汉武帝时期是中国封建社会的经济发展最快、最活跃的时期之一，农业有了空前的发展，打通了丝绸之路，促进了与西域各国及欧洲国家的友好往来和经济往来。25 年，远支皇族刘秀起兵反抗王莽篡权，夺回汉室，在洛阳建东汉。后曹操挟持汉献帝，最终导致了东汉的灭亡。

秦汉时期，神仙思想十分流行，对园林发展的影响也十分深远。神仙思想产生于周末，盛行于秦汉。在战国时期，燕、齐一带便已出现了方士鼓吹的神仙方术。方士鼓吹的神仙是一种不受现实约束的飘忽于天空、栖息于高山的“超人”，还虚构出种种神仙境界。神仙思想产生有两个原因。一是时代苦闷感。由于战国处于奴隶制转化为封建制的大变动时期，人们对现实不满，于是企求成为超人得到解脱。二是思想解放。由于旧制度、旧信仰解体，形成百家争鸣的局面，最大可能地激发出了人们的幻想能力，人们借助于神仙这种浪漫主义幻想方式来表达破旧立新的愿望。可以说，神仙思想是原始的神灵山岳崇拜与道家老庄学说融糅混杂的产物。到秦汉时期，民间已广泛流传着许多神仙传说，其中以东海仙山神话体系（对水的崇拜）和昆仑山神话体系（对山的崇拜）最为神奇，流传最广。

东海仙山神话体系（又称蓬莱神话体系）思想认为，大海中有三座神山，蓬莱、方丈和瀛洲，其山高下周旋三万里，顶平旷达九千里，山之中间相去七万里，洪波万丈的黑色圆海成为天然的护山屏障。当年，秦始皇很迷信人可不死的仙话，出游名山大川，东巡到碣石拜海求仙，因而碣石得名“秦皇岛”，还派山东商人徐福带领童男童女数千人到海上寻找神话中的神山，日本至今尚留有徐福庙。

在原始先民眼中，神秘化的“天帝”掌握整个神灵世界，而天帝和群神在人间的住所为巍峨的高山，因而神话中的昆仑山成为仙居环境，“方八百里，高万仞，以玉为槛，四面有九门，守门神为开明兽”，位置在“西海之南，流沙之滨，赤水之后，黑水之前”。外围环山的有弱水，连鸟的鸿毛这样轻的东西都要下沉；弱水外还有火焰山围绕着，任何东西碰上都要燃烧，人若登临山顶便能长生不老。这种山水围绕的昆仑山模式成为中国园林文化中仙境神域景观模式之一。这对于园林向着风景式方向发展也起到了一定的促进作用。

汉代在思想、文学、绘画、雕塑、舞蹈、杂技等文化艺术和科技方面有了很大的发展，也是我国建筑业发展较快的时期。砖瓦在汉代已具有了一定的规格，除一般的筒板瓦、长砖、方砖外，从汉代的石阙、砖瓦、明器、画像等图案来看，说明框架结构在汉代已经达到了完善的地步。屋顶形式，如悬山、硬山、歇山、四角攒尖、卷棚等，在汉代已经出现。屋顶上的直搏脊、正脊，正脊上有各种装饰。用斗拱组成的构架也出现了，而且斗拱本身不但有普通简便的式样，还有曲拱柱头的式样等。建筑上已经有柱形、柱础、门窗、拱券、栏杆、台基等多变的形式。汉代建筑艺术的形成、发展、变化为我国木结构建筑打下了深厚的基础，形成了中华民族独特的建筑风格。这些丰富多彩的建筑形式也直接为园林建筑形式的多样化创造了有利条件。

2.2.2.2 发展过程及成就

秦汉时期在我国园林史上是由囿向苑转变发展的阶段，也是皇家园林建设的又一个高潮。古代的囿基本上以自然环境为主，稍加人工成分，而秦汉时期的苑除了继承古代囿的传统特点，继续建造高大的台榭外，还建造了大量的宫殿、观、阙等园林建筑，形成有苑中有苑、苑中有宫、苑中有观的格调。苑规模浩大，建筑壮观严整、装饰穷极华丽，以显示帝王的至高无上。“一池三山”苑池结构的样式、形制几乎形成，虽然无“假山”之名词，但已开前例，建筑雕刻艺术已经非常精巧发达。花草树木种植种类多，草木名称达 4000 余种，并有专门饲养禽兽而修建的苑。东汉后期，皇家苑囿由崇尚建筑逐渐转向推崇山水林木，这一转变虽不明显，但确实是在变化。苑囿建设趋向小型化，并受文士的影响。园中布景、

题名已经开始出现诗画意境，隐士和隐逸思想开始对园林有所影响。

由此可见，秦汉时期的皇家园林在内容、形式、构思、立意、造园手法、技术、材料等方面都达到了一个新的水平，并真正具有了我国园林艺术的性质。但园林的内容驳杂，园林的概念也比较模糊，对山水的欣赏还处于朦胧的非自觉状态，苑囿的形制较自然，无定规、无拘束，企求长生成仙的意念在宫苑中时有反映。

2.2.2.3 典型实例

1. 秦皇宫室

秦始皇统一中国后，建立了中央集权的封建帝国，园林的发展也与此政治体制相适应，开始出现了真正意义上的“皇家园林”。秦始皇在征伐六国中，每消灭一国，必派人将该国宫殿苑囿绘制成图，然后仿建在咸阳北阪，使得渭河北岸一带逐渐成为荟萃六国地方建筑风格、特殊而庞大的宫苑群，可说是集中国建筑之大成，使建筑技术和艺术有了进一步发展。

信宫。秦始皇以“咸阳人多，先王之宫廷小”为由，大扩城郭，先建信宫作为朝宫，后建北宫作为正寝，保持了西周以来“前朝后寝”的格局。遵循取法于天的思想，整体格局模仿天象，修建了许多宫室和苑台，其中渭河南岸的信宫地处高亢地势，起主导地位，有统摄全局的作用，为天帝居住的“紫宫”星座的象征。以信宫象征北极星，以渭水象征银河，体现了一种人间皇帝的至高至尊。按天上星座布列来安排地上皇家宫苑的布局，其实是天人合一思想在帝都规划上的具体表现。利用桥、复道、阁道、甬道等交通道路的联系手段，参照天空星象，形成一个以信宫为中心，具有南北中轴线的庞大的“宫苑集群”（见图 2-4）。

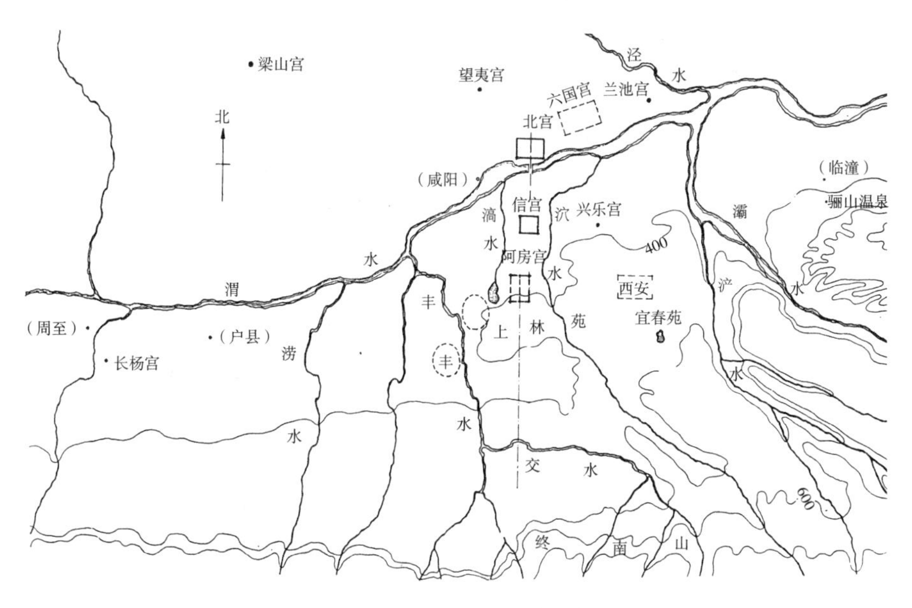

图 2-4 秦咸阳主要宫苑分布图

（1）阿房宫。秦始皇还打算建造比信宫更大的朝宫阿房宫，来代替信宫作为天极的象征。阿房宫早在秦蕙王时已草创，秦始皇三十五年（公元前 212 年）在原址上扩大，动用了几十万人，是一组以“东西五百步，南北五十丈，上可坐万人，下建五丈旗”的前殿为主体的宫殿建筑群，周围缭以城墙，相当于一座宫城。前殿是一个阶梯状的大夯土台，上分层，做外包式的建筑，体量巨大而形象简单，按照《史记》所记载的尺寸折合，长为 750 米，宽为 116.5 米，高 11. 5 米。阿房宫是秦始皇日常起居、视事、朝会、庆典的场所，相当于政治中心。它的总体设计和风格完全符合帝王之都的要求，是秦都宫殿的后起者和最大者。可惜还未完工，秦代就灭亡了。

（2）兰池宫。秦始皇还十分迷信神仙方术，曾多次派方士到东海三仙山求长生不老之药，无结果而求其次，在园林里挖池筑岛，模拟海上仙山的现象以满足自己接近神仙的愿望，这便是修兰池宫的目的。兰池宫在生成期的园林发展史上占有重要的地位，据史料记载，兰池宫位于咸阳东 25 里，所在地域水流曲折，引渭水为池，水域宽广，池东西 200 丈、南北 20 里。池中堆筑岛山，名为蓬莱山，山水相依、宫阁掩映，为一个景观俱佳的水景园。兰池宫是首次见于史载的园林筑山理水之并举首例，堆筑的岛山以模拟神仙境界，开创了宫苑中求仙活动之先河。从此以后，皇家园林又多了一个求仙的功能。

2. 西汉上林苑

汉武帝刘彻在国力强盛之时，政治、经济、军事都很强大。因其本人好大喜功，故在此时大造宫苑。建元三年（公元前 138 年），武帝下令将秦旧苑上林苑加以扩建，形成苑中有宛、苑中有宫、苑中有观的园林。上林苑地跨长安、咸宁、周至、户县、蓝田五县县境，纵横 300 里，有灞、浐、泾、渭、酆、滈、潦、潏八水出入其中，天然湖泊十处。南依终南山，北临渭水，冈峦起伏，泉源丰富，林木蓊郁，鸟兽翔集，自然生态环境异常优美，为当时极为壮观的皇家园林（见图 2-5）。

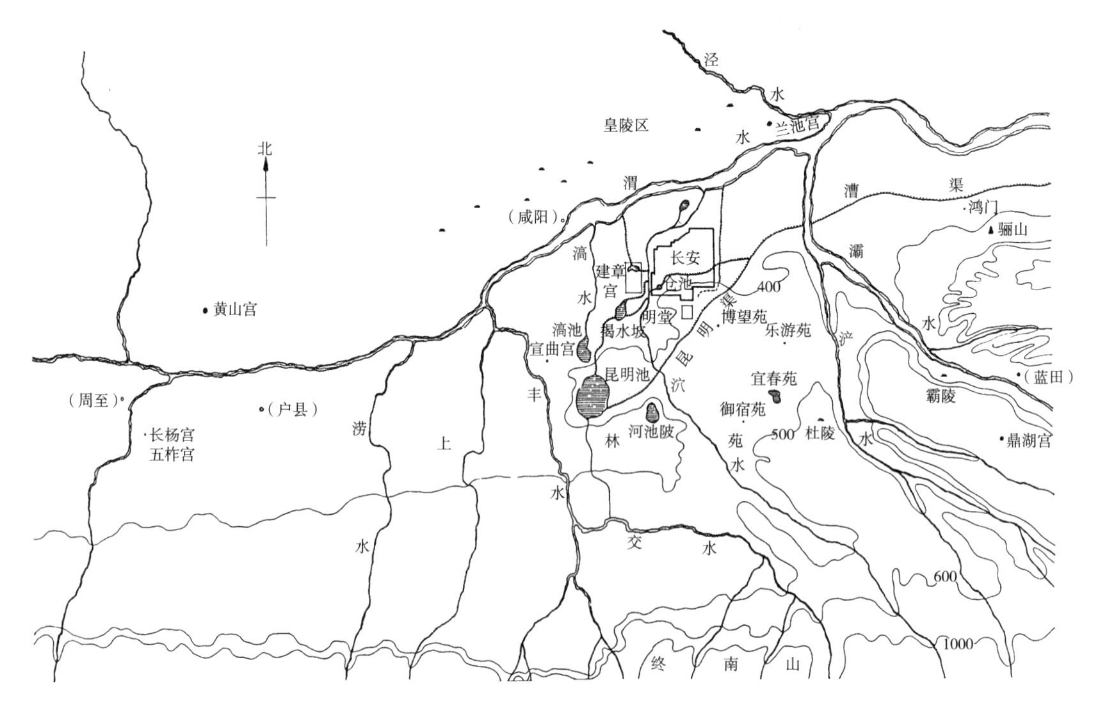

图 2-5　西汉长安及其附近主要宫苑分布图

上林苑有门十二，苑中又有三十六苑，一般建置在风景优美的地段作为游憩的场所，如宜春苑、御宿苑、思贤苑、博望苑、乐游苑等。从各个不同的苑可以看出，上林苑的活动与

使用内容是比较多的，功能也不同，各具特色。如思贤苑是专为招待宾客的，实际上是搜罗人才的地方；御宿苑则是汉武帝的禁苑，是他在上林苑中的离宫别馆；博望苑是为太子而设。上林苑中还有宫十二处，宫指宫殿建筑群，如建章宫、储元宫、包阳宫、望远宫、宣曲宫等。其实上林苑中的宫远远超过此数，如葡萄宫、长杨宫、五柞宫等。在上林苑中还有许多台，依然沿袭了先秦以来在宫苑中筑高台的传统，有的台是利用挖池的土方堆筑而成，如眺瞻台、望鹄台、桂台、商台、避风台等，一般作为登高观景用；有的台是专门为了通神明、查符瑞、候灾变而建造的，如神明台。上林苑中还有 21 个观。观在汉代是体量比较高大的非宫殿建筑的通称，如昆明观、平乐观、远望观、观象观、鱼鸟观等。从以上名称可以看出，观是带有特定功能和用途的建筑物。这里可以看出，上林苑中分布着相当数量的苑、宫、观、台等，说明当时造园者在总体布局与空间处理上，把全园划分成了若干景区和空间，使各个景区都有景观主题和特点。后来我国历代皇帝所造园林都师承了上林苑的活动内容，并有所发展。

上林苑中还有各种各样的水景区，如昆明池、影娥池、琳池、建章宫的太液池等。据说汉武帝按照昆明滇池在长安西南开凿了一池，周长 40 里，以教水战，称为昆明池，起初着眼于军事目的，后来变为皇帝泛舟览胜的场所。据《三辅故事》记载："昆明池盖三百二十顷，池中有豫章台及石鲸，刻石为鲸鱼，长三丈。每至雷雨，常鸣吼，鬣尾皆动。"池的东西两岸各立牵牛、织女两石雕像，至今尚完整保存，当地人称谓石爷、石婆。"池中有龙首船，常令宫女泛舟池中，张凤盖，建华旗，作櫂歌，杂以鼓吹，帝御豫章观临观焉"。池中出产各种鱼类，种植有荷花等水生植物，风光壮观秀丽，情趣盎然。

建章宫是上林苑中最重要的宫城。建章宫的布局来看，从正门圆阙、玉堂、建章前殿和天梁宫形成一条中轴线，其他宫室分布在左右，全部围以阁道。宫城内北部为太液池，筑有三神山，宫城西面为唐中庭、唐中池。中轴线上有多重门、阙，正门曰阊阖，也叫璧门，高 25 丈，是城关式建筑。后为玉堂，建台上。屋顶上有铜凤，高 5 尺，饰黄金，下有转枢，可随风转动。在璧门北，起圆阙，高 25 丈，其左有别凤阙，其右有井干楼。进圆阙门内 200 步，最后到达建在高台上的建章前殿，气魄十分雄伟。宫城中还分布众多不同组合的殿堂建筑。璧门之西有神明，台高 50 丈，为祭金人处，上有承露盘，有铜仙人舒掌捧铜盘玉杯，以承云表之露（见图 2-6）。

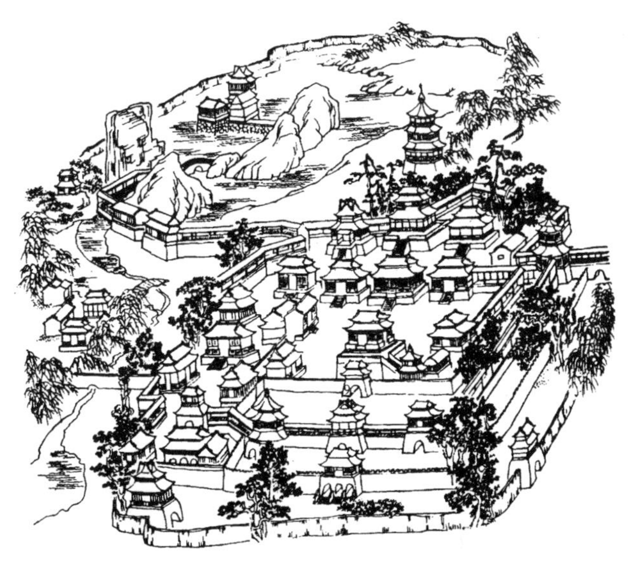

图 2-6　建章宫图

传说汉武帝迷信方士说教，认为东海有神山，神山上有仙草，是神仙常住的地方，故在建章宫北凿池堆山，仿效秦始皇的兰池宫，并取名"太液池"，以顶阴阳津液之说。太液池中筑有高达 20 丈的渐台，并在池中堆出蓬莱、瀛洲、方丈三座海上的神山。这三座神山的出现，形成了后世皇家园林中被奉为经典并为历代仿效的"一池三山"的皇家园林模式，成为皇家园林最常见的造园主题。太液池的岸边还用玉石雕琢鱼龙、奇禽、异兽，如北岸的石鱼长2丈、宽5尺，西岸的石龟长6尺，使仙山更具有神秘色彩。

上林苑地域辽阔、地形复杂，既有郁郁苍苍的天然植被，又有人工栽培的树木花草，植物配置相当丰富，其配置花木、植树的工程也日臻完善，上林苑树木种类之多在当时可以称为世界之最，特别是远近群臣各献奇树异果，单是朝臣所献就有3000多种。见于文献记载的有松、柏、杨、柳、梓、桐、榆、槐、桃、柞、竹、李、杏、枣、栗、柑橘、桑、漆等。其中的许多建筑物甚至因为周围的种植情况而得名，如长杨宫、五柞宫、葡萄宫、棠梨宫、青梧观、细柳观、樛木观、椒唐观等。苑内还有好几处面积甚大的竹林，谓“竹圃”。

在上林苑中还养百兽放逐各处，天子秋冬射猎取之。为了防止猛兽伤人故圈养，苑中建有许多兽圈，如虎圈、狼圈等。一些珍稀动物或家畜，为了饲养方便也建有专用兽圈。因此上林苑中既有大量的一般动物，又有不少珍禽异兽，如白鹦鹉、紫鸳鸯、牦牛等，还有许多西域及东南亚的动物。

上林苑是一座多功能的皇家园林，具备生成期古典园林的全部功能，如游憩、居住、朝会、娱乐、狩猎、通神、求仙、生产、军训等。上林苑本身存在了100年左右，到了西汉末年，王莽曾拆用了其中的建筑，后刘秀迁都洛阳，这座规模宏伟、功能齐全的宫苑才逐渐被废弃。但其中的景物规制又被历代所模仿。如果以1894年清代最后一座皇家园林颐和园的建成作为皇家园林兴建的终结，那在差不多2000年中，汉武帝上林苑的影子一直笼罩着皇家园林，并伴随着朝代的更替，不仅在园林、建筑史上，而且在政治、经济、文化等各方面都产生了重要影响。

3. 东汉广成苑

东汉于26年定都洛阳后，在洛阳城北建有广成苑，是一座兼有狩猎和生产基地性质的园林。广成苑地域辽阔，四周山岭起伏、河流纵横，山侧有泉水涌出，还有美丽奇特的池潭，芳草嘉树丰茂挺拔，各种花卉遍布山野。苑内的动物有虎、兕、熊、狶、玄猿、游雉等，还有大量的水禽和鱼类。广成苑内还有“禁苑”，禁苑内有“昭明之观”“高光之榭”，有宏池、瑶台，池内可以行大船、荡轻舟，水面广阔浩渺、天地一色，水边有坚实的大堤，种植着婀娜的蒲柳和大面积翠绿的莎草。

2.2.3 魏晋南北朝皇家园林

2.2.3.1 背景概况

220年，东汉灭亡以后，军阀、豪强相互兼并，形成魏、蜀、吴三国鼎立的局面。263年魏灭蜀，265年司马氏篡魏建立晋王朝，280年吴亡，结束了分裂局面，中国复归统一，史称西晋。西晋开国之初，采取了不少措施使社会得到暂时的安定，但很快就陷入了皇家、外戚、士族争权夺利的局面。从304年匈奴族的刘渊起兵反晋开始，黄河流域完全陷入匈奴、羯、氐、羌、鲜卑等5个少数民族豪酋相继混战、政权更迭的局面。西晋末年，一部分士族和大量汉族劳动人民迁移到了长江中下游，于317年建立了东晋王朝。东晋在维持了103年后，宋、齐、梁、陈4个政权在南方相继更迭代兴，史称南朝，前后共169年。而在北方，5个少数民族先后建立了16个政权，史称五胡十六国。其中，鲜卑族拓跋部的北魏势力最强大，于386年统一了整个黄河流域，为北朝，并一度统治出了安定繁荣的局面。从此形成了南北

朝对峙的局面。但北魏很快在统治阶级内部开始倾轧，分裂为东魏和西魏，后又分别被北齐和北周所代替。589 年，隋文帝杨坚灭陈，开国建隋，定都长安，结束了三国两晋南北朝 300 多年来的分裂局面，重新建立了统一的封建帝国。

在魏晋南北朝持续的 300 多年中，社会一直处于大分裂、大动荡、人口大迁移的状态，从而促进了民族大融合，思想十分活跃，儒家的纲纪观念和法家的法理观念逐渐减弱了对人们的影响，人们敢于突破儒家思想的桎梏，藐视正统儒学制定的礼法和行为规范，向非正统的和外来的种种思潮探索人生的真谛。思想解放促进了艺术领域的开拓，也给园林发展造成了很大的影响，因而是中国古典园林发展史上的一个转折时期。

由于社会混乱、动荡不安，社会上普遍流行着消极悲观的情绪，因而滋长了及时行乐的思想。知识分子的玩世不恭大多是出于愤事嫉俗，即对政治的厌恶和对现实的不满。不满现实的情绪促成了新兴佛教的重来生不重现实学说的流行。老庄、佛学与儒学相结合形成玄学。玄学重清淡，玄学家们由此逃避现实，寻求个性的解放，表现为寄情山水和崇尚隐逸的思想作风。在文人士大夫中也出现了相当数量的名士，以纵情放荡、玩世不恭的态度来反抗礼教的束缚，寻求个性的解放，最理想的精神寄托莫过于置身到远离人世红尘的大自然环境中。当时有不少名士辞官为隐士，如陶渊明。玄学的返璞归真和佛家道家的出世思想都在一定程度上激发了人们对自然山水的向往之情，启导着知识分子阶层对大自然山水去进行再认识，从审美的角度去亲近它、理解它。借于此，人们逐渐揭开了大自然披覆的神秘面纱，使它摆脱了儒家“君子比德”的单纯功利、伦理附会，让大自然以一个广阔无垠、奇妙无比的生态环境和审美对象呈现在人们面前。一方面，人们通过寄情山水的实践活动取得了与大自然的自我协调，并对之倾诉纯真的感情；另一方面又结合理论的探索去深化对自然美的认识，去发掘感知自然风景构成的内在规律。于是人们对大自然风景的审美观念因进入了更高级的阶段而成熟起来，其标志就是山水风景的大开发和山水艺术的大兴盛。

此期山水风景艺术的各个门类都表现出了很好的发展势头，包括山水文学、山水画、山水园林。因文人名士游山玩水，终日徜徉于林泉之间，对大自然的审美感受日积月累，所以以完全不同于上代的崭新的眼光来看待大自然的山水风景，把它们作为有灵性、人格化的对象，相应地，人们对自然美的鉴赏逐渐取代了过去对自然所持的神秘、功利和伦理的态度而成为后世的传统美学思想的核心。文人士大夫们通过直接鉴赏大自然或者借助于山水艺术的间接手段来享受山水风景乐趣，也就成了他们精神生活的一个主要内容。从曹操父子及建安七子情调慷慨、语言刚健、俊爽豪迈的“建安文学”，到谢灵运、陶渊明等人清丽委婉、真切感人、恬然自然的山水田园诗文，成为对中国文学的一个巨大贡献，同时对我国古典园林艺术也有着直接影响。陶渊明的《桃花源记》就描写了一个环境优美、丰衣足食、不纳苛税的处于世外桃源的理想生活。而桃花源所处的意境，也成为造园家们创作“山重水复疑无路，柳暗花明又一村”的园林艺术空间的依据。

此时的山水已经摆脱了作为人物画背景的状态，开始出现独立的山水画。东晋的顾恺之，南朝的宗炳、王徽都总结出他们的创作经验而著为山水画论，这些主张在一定程度上影响了人们对大自然本身的美的鉴赏，多少启发了人们以自然界的山水风景作为“畅神”和“移情”的对象。山水画的成长意味着绘画艺术向自由创作方面转化，也标志着文人参与绘画的开始。于是，花鸟画、山水画开始涌现，人物画、神仙佛像壁画渐次繁荣、人才辈出，不仅对当时的文化艺术产生了革故鼎新的影响，同时对中国的园林艺术表现也有重大影响。

此期活跃的思想也促进了农业、科技、建筑等方面的进步，出现了杰出的农学家贾思勰、数学家祖冲之、发明家马钧等。贾思勰用了 11 年的时间写出了我国最早、最完整的农学巨著《齐民要术》，极大地促进了农牧业的发展。观赏植物普遍栽培，又为造园的兴旺发达提供了物质和技术上的保证。花卉树木作为观赏的对象，在当时文人的诗文吟咏中已经很多了，如竹、杨柳、梅、桑、松、茱萸、槐、樟、枫、桂、芍药、海棠、茉莉、栀子、木兰、百合、水仙、莲花、菊花、鸡冠花等，其中竹特别为文人所喜爱。

建筑技术方面，木结构的梁架、斗拱趋于完备，木结构建筑已经完全取代了两汉的夯土台榭建筑，房顶出现了举折和起翘，增加了轻盈感，宫殿的屋面也开始使用琉璃瓦。砖结构也大规模地运用到了地面上，砖塔便是砖结构技术进步的标志。石工的技术也达到了很高的水准，如河北赵县的安济桥，无论是工程结构还是艺术造型，都是世界第一流的杰作。

2.2.3.2 发展过程与成就

从魏晋南北朝开始，在以自然美为核心的时代美学思潮的直接影响下，中国风景式园林由再现自然到表现自然，由单纯的模仿自然山水进而适当地加以概括、提炼、抽象化、典型化，开始在如何本于自然而又高于自然方面有所探索。中国的皇家园林也由秦汉时期的以宫苑为主向自然山水园林发展。

此期皇家园林中的宫苑形式被扬弃，而园林中的狩猎、求仙、通神的功能已基本消失或者仅仅保留象征意义，游赏活动成为主导功能甚至是唯一的功能。同时，古代苑囿中山水的处理手法被继承，以山水为骨干成为园林的基础。构山要重岩覆岭、深溪洞壑、崎岖山路、涧道盘纡，合乎山的自然形势；山上要有高林巨树、悬葛垂萝，使山林生色；置石构山要有石洞，能潜行数百步，好似进入天然的石灰岩洞一般；同时又经构楼馆，列于上下，半山有亭，便于憩息；山顶有楼，远近皆见，跨水为阁，流水成景。这样的园林创作方能达到妙极自然的意境，由此萌生出一种新的园林形态——自然山水园，标志着我国园林艺术的发展发生了根本性转折，并为后来唐、宋、明、清时期的园林艺术打下了深厚的基础。

此时皇家园林的规模比较小，不再追求高大和规模雄伟，在规划设计上趋于精密细致和精巧雅致，增加了较多的自然色彩和写意成分。筑山理水的技艺达到了一定水准，已有用石堆叠为山的做法，山石一般会选择稀有的石材。水体的形象多样化，理水与园林小品的雕刻物相结合，再运用机枢创作出各种特殊的水景。植物配置多为珍贵的品种，动物的放逐与圈养仍占有一定比重。建筑作为造园要素，与其他要素之间取得了较为密切的协调关系，内容多样、形象丰富。楼、阁、观等多层建筑物及飞阁、复道都沿袭秦汉传统而又有所发展。台已不多见，佛寺和道观等宗教建筑在皇家园林中偶有建置。原本在汉代作为驿站建筑的亭开始引进宫苑，改变为点缀园景的园林建筑。

园林景观的重点从模拟神仙境界转化为世俗题材的创作，更多地以人间的现实取代仙界的虚幻。园林造景的主流仍然是追求“镂金错彩”的皇家气派，但在时代美学思潮的影响下，皇家气派中或多或少地透露出一种“天然清纯”之美。同时，皇家园林开始受到民间私家园林的影响，甚至个别御苑由文人参与经营，一些民间的游憩活动如曲水流觞、修禊也被引入宫廷，类似的流杯渠、流觞池、禊堂、禊坛的建置成为皇家园林的特有景观，使皇家园林中也带有文人园林的气息。

魏晋南北朝相继建立的大小政权都在各自的首都进行宫苑建置，其中建都比较集中的几

个城市有关皇家园林的文献记载也比较多，北方为邺城和洛阳，南方为建康（南京）。这三个地方的皇家园林大抵都经历了若干朝代的踵事增华，规划设计上达到了这一时期的最高水平，也具有一定的典型意义。

2.2.3.3 典型实例

1. 邺城铜雀园

铜雀园又名铜爵园，是曹操于建安十五年（210 年）在当时的都城邺城（今河北省临漳县的漳水北岸）西北部建的大型禁苑，毗邻宫城之西。铜雀园长 3 里、宽 2 里，其西北角以西城墙的北段以墙为基垒筑了三个高台：铜雀台、金虎台、冰井台，宛如三峰秀峙，台上设有精美的朱雀、凤凰等雕塑品。其中铜雀台居中，“高十丈，有屋一百二十间”，上建有 5 层阁楼，楼顶有 5 米高的铜雀装饰。北面为冰井台，“高八丈，上建殿宇一百四十间”。冰井台下建有冰室三间，室内有数井，井深 15 丈，专为存储冰块、粮食、食盐、煤炭等物资，具有战备意义。南为金虎台，“高八丈，上建殿宇一百零九间”。三台之间相距各 60 步，上有飞阁连接，凌空而起宛如长虹。三台之间和台基上下都有阁道相通。金虎台的台基遗址如今尚能见到，台基高大，呈长方形，南北长约 120 米，东西宽约 70 余米，高约 9 米。

铜雀园毗邻宫城，已经略具“大内御苑”的性质。长明沟之水由铜雀台和金虎台之间引入园内，并凿有湖池，池中有鱼池塘、皇兰渚、石濑、钓台等，园内还有许多果树和其他树木，竹园和葡萄园单有分区。除了宫殿建筑外，还有储藏军械的武库，而冰井台进可以攻，退可以守，因而从内容上看，不仅有生活、休憩、游览和观赏功能，同时还具有一定的实用功能，是一座兼有军事坞堡功能的皇家园林。铜雀园建成之际，曹植曾写《登台赋》：“建高门之嵯峨兮，浮双阙乎太清。立中天之华观兮，连飞阁乎西城。临漳水之长流兮，望园果之滋荣。仰春风之和穆兮，听百鸟之悲鸣。”（见图 2-7）

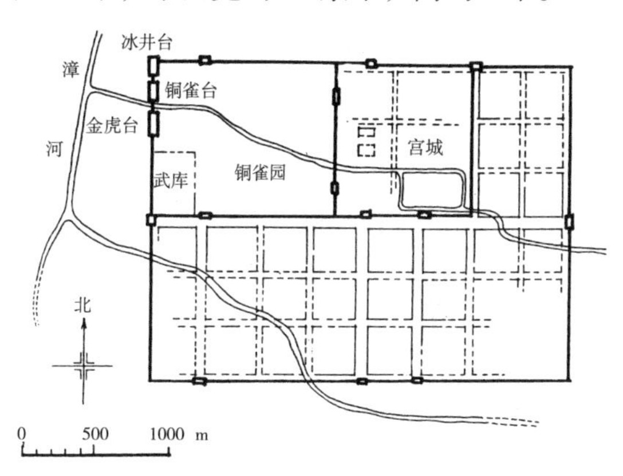

图 2-7 曹魏邺城平面图

据载，后来邺城被北齐政权占领，齐王对铜雀台进行了大规模的建造，重建了铜雀三台，并改名为金凤、圣应和崇台。北周灭北齐时，邺城遭到破坏，铜雀园遭废弃。

2. 洛阳芳林园（华林园）

洛阳是东汉、魏、西晋、北朝历代的首都，城址在今洛阳市区东面约 15 千米。东汉末年，在洛阳已有皇家园林十余所之多，魏、晋时期在汉旧有的基础上又加以扩建，芳林园就是其中之一。

芳林园在洛阳城内北偏东，汉之旧苑，魏文帝曹丕黄初元年（220 年）开始建筑，位于当时洛阳城内东北隅，是当时最重要的一所“大内御苑”，是魏文帝以洛阳为都城不久即开始营建的，驱使了数万人大兴土木，公卿贵族也竭尽全力负土筑山，魏文帝还亲临掘土推车。魏明帝时加以扩建并起名为芳林园，后因避齐王曹芳讳改名为华林园。

芳林园可以说是仿写自然、人工为主的一个皇家园林。园内的西北角堆筑了一座土石山，名为“景阳山”，从各地采集的奇石把景阳山点缀得光彩照人。山上广种松竹，东南面引来榖水开凿水池，名为“天渊池”，池中筑有九华台，台上建清凉殿。天渊池水绕过主要殿堂，形成园内完整的水系。沿水系创设各种水景，供龙舟游览之便，并有雕刻精致的禽鸟小品与流水结合而做成各式小戏。这样的人为地貌基础显然已经有全面缩移大自然景观的意图。又有各种动物漫步其中并种植树木花草，春李、西王母枣、羊角枣、勾鼻桃和安石榴等为比较名贵的果树。园内还辟有足够大的场地进行上千人的活动和表演。

从布局和使用内容来看，曹魏芳林园既保留了东汉苑囿的遗风，又开创了“景阳山与天渊池”这一新的御苑格局，浓缩了自然山峰和湖泊之景，用景阳山象征中国版图西北部的高山峻岭，用天渊池象征中国版图东南部的大海，与模拟仙境的“一池三山”模式有所不同，同样被以后的皇家园林所模仿。明帝时在天渊池做流杯沟，在此宴饮群臣。“曲水流觞”的设计手法，在后世的园林设计中也时常可见。“华林园”也因此成为之后几百年里南北政权所建皇家园林的通用名称。

西晋建都洛阳后，主要的御苑仍为芳林园，到了北魏继续沿用并加以扩建。在天渊池中堆叠了一座蓬莱山，山上修建了仙人馆和钓鱼殿，并在两者之间架了一座彩虹般的霓虹阁。历经 200 余年的不断建设，芳林园成为当时北方一座著名的皇家园林，其造园艺术的成就在中国古典园林史上也占有一定地位（见图 2-8）。

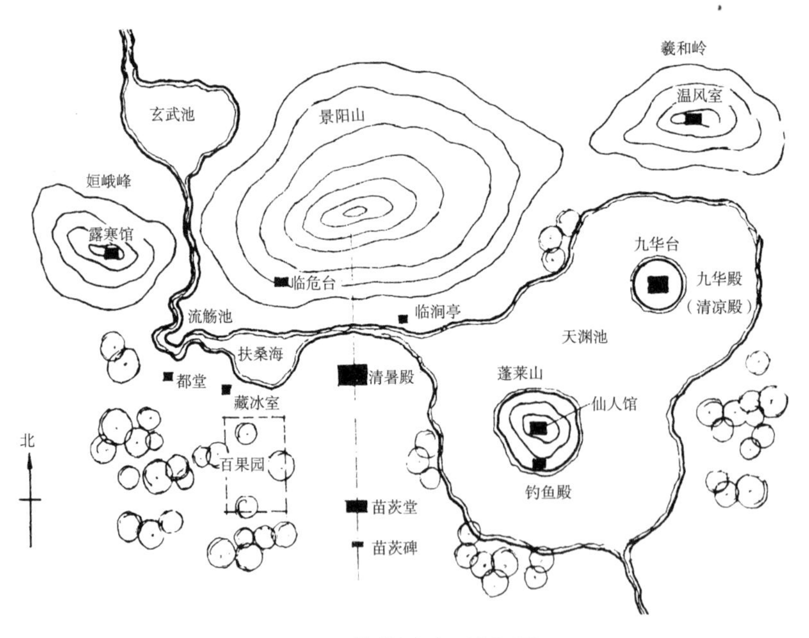

图 2-8　芳林园平面设想图

3. 仙都苑

北齐后主高纬，在武平五年（574 年）在邺城西部建造宫苑，史称仙都苑。据史料记载，仙都苑周围数十里，苑墙设三门、四观。苑中封土堆筑了 5 座山，象征五岳。五岳之间，引来漳河之水分流为四海，即东海、南海、西海和北海；后又汇为大池，叫大海，此水系可通行舟船的水程达 25 里。大海之中有连璧洲、杜若洲、靡芜岛、三休山，还有万岁楼建在水中央。中岳之北有平头山，山的东、西两侧为轻云楼、架云廊。中岳之南有峨眉山，

东有绿色瓷瓦顶的鹦鹉楼，西有黄色瓷瓦顶的鸳鸯楼。北岳之南有玄武楼，楼北为九曲山。北海附近还有两处特殊的建筑群，一处是城堡，可供鼓噪攻城取乐；另一处是“贫儿村”，仿效城市贫民居住区的景观，可装扮店主、伙计及顾客往来交易。仙都苑规模宏大，总体布局之象征五岳四海、四渎，乃是继秦汉宫苑式皇家园林之后象征手法的发展。

4. 北魏洛阳城（洛阳）

魏文帝曹丕迁都洛阳以后，修复并新建了宫苑城池。西晋仍以洛阳为都城，沿袭了曹魏旧制。鲜卑族建立的北魏政权自平城迁都洛阳后，开始了大规模的改造、整理和扩建工程。

北魏洛阳城在中国城市建设史上具有划时代的意义，它的功能区分比汉、曹魏、西晋时期更为明确，格局规划更趋完备。内城在其中央的南半部纵贯着一条南北向的主要干道铜驼大街，大街以北是政府机构所在的衙署区，衙署以北为宫城（包括外朝与内廷），再往北是御苑华林园，基本靠近内城的北墙。干道、衙署、宫城、御苑从南向北构成城市的中轴线，这条中轴线设计为政治活动中心，利用建筑群的布局和建筑体型的变化，形成一个具有强烈节奏感且完整的空间序列，并以此突出皇权至上的寓意，开创了我国皇都规划的新格局。大内御苑在宫城之北，既便于帝王的游赏，也具有军事防卫“退足以守”的用意。洛阳城这种成熟的中轴线规划体制，奠定了中国封建时代都城的规划基础，确立了以后皇都布局的模式，内城以外为外廓城，构成宫城、内城和外城三套城垣的形制。外城大部分为居民坊里，洛阳城整个外廓城“东西二十里，南北十五里”，比隋唐时期的长安城还要大一些（见图2-9）。

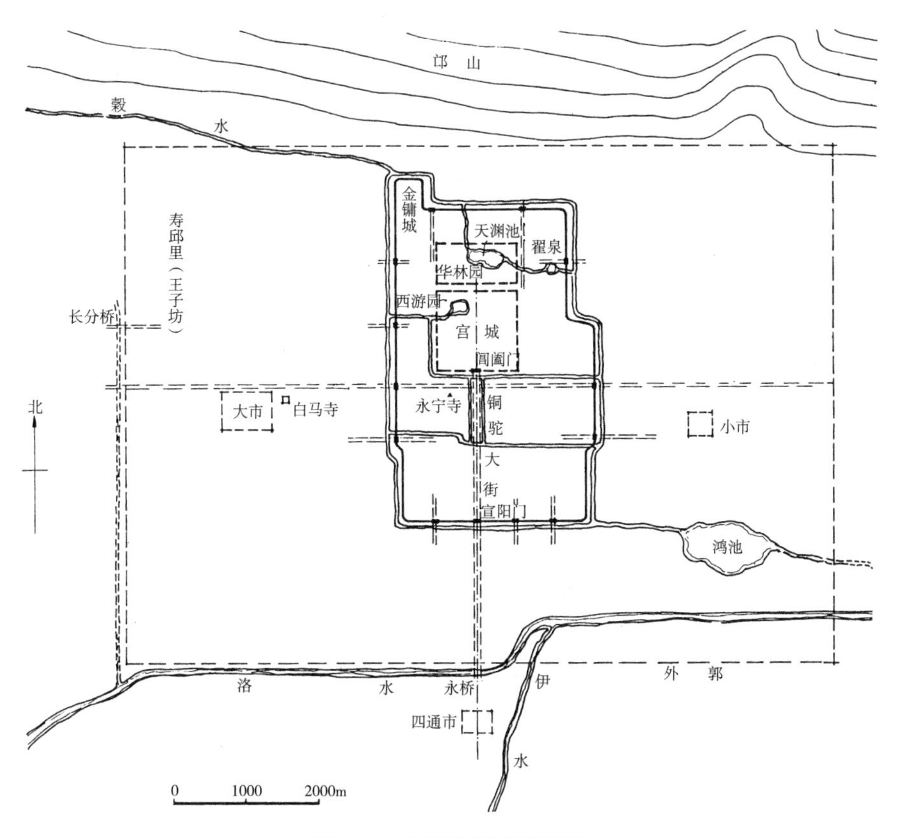

图2-9　北魏洛阳城平面图

5. 建康华林园

建康即今南京，是魏晋南北朝时期的吴、东晋、南朝（包括宋、齐、梁、陈）总计六个朝代的都城，作为都城共计历时320年。建康华林园位于玄武湖南岸，建康宫以北，始建于吴，历经东晋、宋、齐、梁、陈的不断经营，成为南方一座重要的皇家园林，与南朝历史相始终。

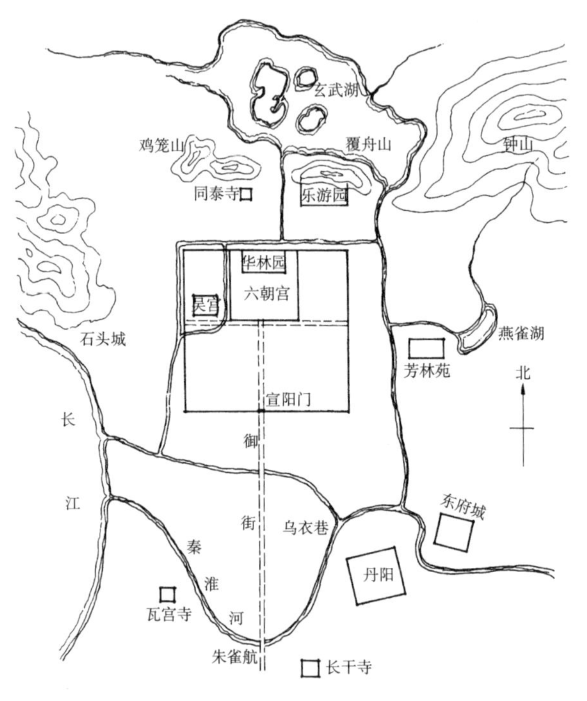

图 2-10　六朝建康平面图

东吴时，引玄武湖之水入华林园，东晋在此基础上开凿天渊池，堆筑景阳山，修建了景阳楼，园林初具规模。到刘宋时大加扩建，保留景阳山、天渊池、流杯渠等山水地貌，并整理水系，利用玄武湖的水位高差进入天渊池，在流入台城南部的宫城之中，绕经太极殿及其他诸殿，由东西掖门之下注入宫城的南护城河。园内的建筑物除保留上代的仪贤堂、祓禊堂、景阳楼之外，又先后兴建了建琴室、日观台、清暑殿、光华殿、朝日明月楼等，开凿了花萼池，堆筑了景阳东岭。梁代为华林园的鼎盛时期，因梁武帝礼贤下士，笃信佛教，在园内还修建了“重云殿”作为皇帝讲经、舍身之处，还在景阳山上修建“通天观”，以观天象，还有观测日影的日观台。后侯景叛乱时华林园尽毁，陈代又予以重建（见图 2-10）。

2.2.4　隋唐皇家园林

2.2.4.1　背景概况

589 年，隋文帝杨坚灭陈，开国建隋，定都长安，结束了三国两晋南北朝 300 多年来的分裂局面，重新建立了统一的封建帝国。隋文帝称帝后实行了一系列的社会改革，爱惜民力，勤俭治国，革除弊政，使隋朝很快就在社会经济、文化事业上获得了空前的发展，呈现出百姓安居乐业、国势强盛的局面。

隋文帝的儿子隋炀帝杨广，一反其父作风，是我国历史上最荒唐残暴的皇帝之一。他当了皇帝后，穷奢极侈地营建宫苑、游幸江南，还多次发动对外侵略战争。称帝后的第一件大事就是立即向全国大批征发民工，大兴土木，迁东都洛阳，并大造宫廷苑园。第二件大事就是开凿大运河，乘船到江南游玩，曾三下扬州，沿河各地建行宫 40 余座。这些都给人民带来沉重的负担。结果国力耗尽、民怨沸腾，终于酿成了隋朝末期的农民大起义，各地的官僚、豪强乘机叛乱、割据一方。

618 年，唐高祖李渊太原起兵，很快削平割据势力，统一了全国，建立了唐王朝，立都长安。唐朝初期，汲取隋灭亡的教训，实行轻徭薄赋政策，励精图治，历经“贞观之治”和“开元盛世”，开创了中国历史上空前繁荣兴盛的局面。天宝末年（755 年）发生“安史之乱”，长达 8 年，

后虽被平定，但从此国势衰落。唐末年，权臣乱政，军阀割据，长安城大将朱全忠（朱温）于 907 年废哀皇自立为帝，改国号为梁，史称后梁。不久又出现了后唐、后晋、后汉、后周，混战了 50 年，史称五代十国。五代十国末期，后周帝柴荣病死，年仅 8 岁的恭帝继位。节度使赵匡胤率军返回都城，驻军陈桥，发动兵变，于 960 年自称皇帝，改国号为宋。

唐王朝是我国封建社会的全盛时期，也是中国封建社会历史上贡献最大、国力最强的王朝，其中近一半时间处于黄金时代，从唐太宗李世民在位的“贞观之治”到唐玄宗李隆基时的“开元盛世”，唐王朝版图辽阔、社会安定、经济繁荣、文化艺术昌盛、民族和睦、中外交流频繁，成为古代中国继秦汉之后的又一个昌盛时代。文学艺术方面，诸如诗歌、绘画、雕塑、音乐、舞蹈等，在弘扬汉民族优秀传统的基础上又汲取其他民族甚至外国的文化，呈现出群星灿烂、盛极一时的局面。

在文化方面，实行兼容并包的文化政策，唐代的诗歌在中国文化史上是一个伟大的里程碑，使唐诗成为中国古典诗歌发展达到高峰的体现。仅据《全唐诗》所收录，诗人就达 2200 余人，诗歌近五万首。李白、杜甫、白居易是唐代最著名的三大诗人。唐诗的内容涉及唐代社会生活的各个方面，根据作者生活经历、作品题材和艺术风格的不同，又分为田园诗和边塞诗。王维便是有代表性的山水田园诗人，对后来的山水诗和山水画有深远的影响。山水诗、山水游记已成为重要的文学题材，表明人们对大自然山水风景和自然美又有了更深一层的把握和认识。

在绘画方面，国家的统一为南北画风的相互影响和绘画艺术的发展提供了极为有利的条件，使我国古代绘画史达到了一个高峰。绘画的领域大为开拓，除了宗教画之外，还有直接表现生活和风景、花鸟的世俗画。山水、人物、花鸟、神佛、鞍马均成独立的画科，并取得了卓越的成就。山水画已经脱离在壁画中作为背景处理的状态而趋于成熟，山水画家辈出，开始有工笔和写意之分。无论是工笔还是写意，都既重客观物象的写生，又能注入画家的主观意念和感情，所谓“外师造化，内法心源”，确立了中国山水画创作的准则。通过对自然界山水形象的观察、概括，再结合毛笔、绢素等工具而创造出了皴擦、泼墨等特殊技法。

唐朝文人画家以风雅高洁自居，而且在唐朝已出现诗和画互渗的艺术风格，许多诗人、画家如王维、杜甫、白居易等直接参与造园活动，他们将表现于画论的观念也用于园林设计汇总，园林艺术开始有意识地融糅诗情画意，这在私家园林里尤为明显。大诗人王维的诗生动描写了山野、田园如画的自然风光，他的画同样饶有诗意，可谓是“诗中有画，画中有诗”。由于诗文、绘画、园林艺术门类的相互渗透，中国园林从仿写自然美到掌握自然美，由掌握到提炼，进而把它典型化，使我国古典园林逐步发展成写意山水园林。

观赏植物栽培的园艺技术有了很大的进步，在唐代的大城市及其周围，出现了靠种植花卉为生的花农，都市中出现了专门售花的花市，花卉种植和花卉业有了很大的发展，培育出了许多珍稀的花卉品种。在唐朝的花卉栽培中，牡丹因受武则天、唐玄宗的赏识而成为社会上最为名贵的花卉。除了栽培以外，唐朝已经能够引种、驯化和移栽异地花木。在一些文献中还提到嫁接、灌浇、催花等栽培技术被应用于对植物的改良和控制上。根据《全唐诗话》记载，武则天在冬天曾下诏“花须连夜发”，结果次日“凌晨名花布苑”。所载的花在冬天开放，应该是施用了催花之法。此外，盆景艺术在唐朝开始出现。

传统的木构建筑无论是在技术上还是在艺术方面均已完全成熟，建筑物的造型丰富，形式多样，从迄今保留的一些殿堂、佛塔、石窟、桥梁、壁画以及山水画等文物中都可以看出。

唐朝兴建的诸多宏伟单体建筑和规模宏大的建筑群组，标志着唐朝木构建筑技术达到了高度水平。建筑群在水平方向上仍然遵循沿着中轴线左右对称的原则，使院落延伸表现出深远的空间层次。建筑群在垂直方向上以台、亭、楼、阁的穿插来显示丰富的天际线。木构建筑在尺度规模、柱列布局、材分制度、斗拱形制等方面均达到了成熟阶段。建筑上的彩画和雕刻是古代建筑装饰艺术的重要组成部分。唐朝建筑上的油漆彩画的部位不断扩大，色彩和图案更为丰富，技艺也日趋成熟。唐朝有许多登楼凭栏、浮思感慨的诗句，反映出了当时一个重要的建筑艺术形象，即楼、台、亭、阁建在“山水佳丽处”。楼借景扬名，景借楼增色，如黄鹤楼、滕王阁、鹳雀楼、岳阳楼等，建筑与山水风景相结合，构成了千古江山的胜景。

2.2.4.2 发展过程及成就

隋唐的皇家园林集中分布在两京——长安和洛阳，数量之多，规模之宏，远超秦汉及魏晋南北朝，显示了泱泱大国的气概。皇家园居生活多样化，大内御苑、行宫御苑和离宫御苑这三个类别的区分更为明显，它们各自的规划布局特点也更为突出。这时期的皇家造园以初唐、盛唐最为频繁，掀起皇家园林建设的第三个高潮。天宝以后，随着唐王朝国势衰落，许多宫苑毁于战乱，皇家园林的全盛局面逐渐消退，一蹶不振。

隋文帝勤俭治国，将皇宫大兴宫的北部设为后苑，在城外北侧兴建了大兴苑，到晚年在关中平原上修建了仁寿宫和仙游宫，趋于奢华。隋炀帝则大肆营建东都洛阳，开辟陶光园，在长安和洛阳周围以及关中、中原、江南等地修建了若干离宫和行宫御苑，如西苑、江都宫、晋阳宫等。唐代将大兴城改为长安，继续进行首都建设，东都洛阳也得到进一步发展，两京内外以及其他地方分布着大量御苑。长安城分布着太极宫、大明宫、兴庆宫、禁苑四大宫苑，长安近郊建有玉华宫、九成宫、翠微宫、华清宫。在洛阳改隋西苑为东都苑，兴建了上阳宫等。

此期皇家园林的皇家气派已经完全形成，这个园林类型所独具的特征，不仅表现为园林规模的宏大壮丽，呈现出雄健豪放的气度，还反映在园林总体的布置和局部的设计处理上面，有了秀丽精雅的构思。皇家气派是皇家园林的内容、功能和艺术现象的综合，予人一种整体的审美感受，其形成标志着皇权的神圣独尊和封建经济、文化的繁荣。同时，皇家园林还不断吸取各家园林所长，尤其是文人园林的诗情画意，呈现出文人化园林风格的倾向，在整体上不再建造商周以来流行的高台建筑，而是出现了形式更为丰富的殿堂亭馆，筑山理水和植物配置的手法也更为高超，园林的风格也趋于多元化。

2.2.4.3 典型实例

1. 隋西苑

西苑，又称显仁宫、会通苑，是隋炀帝大业元年（605 年）在洛阳城西侧与洛阳城同时兴建的，是仅次于汉武帝上林苑的又一座豪华壮丽的特大型皇家园林。从文献记载来看，西苑的南、西、北三面临山，洛水和穀水从中流过，是一座人工山水园，园内的筑山、理水、植物配置和建筑营造的工程极其浩大，都是按照既定的规划进行。

总体布局以人工开凿的最大水域“北海”为中心，北海周长十余里，水深数丈，海中筑蓬莱、方丈、瀛洲三座岛山，相去各三百步，高出水面百余尺。山上分别建有习灵台、通真观、总仙宫。北海的北面有人工开凿的龙鳞渠，渠宽二十步，曲折萦行后又注入海中。沿着水渠建置十六院，均穷极华丽，院门皆临渠。北海之南还有 5 个人工开凿的小湖，每湖方 40 里，东曰翠光湖，南曰迎阳湖，西曰金光湖，北曰洁水湖，中曰广明湖。湖中积土为山，构筑亭殿，

屈曲环绕。

西苑中分布有十六院，《大业杂记》中记有延光院、明彩院、合香院、承华院、凝辉院、丽景院、飞英院、流芳院、耀仪院、结绮院、百福院、资善院、长春院、永乐院、清暑院、明德院。每院开东、西、南三门，门开皆临龙鳞渠，上跨飞桥，过桥百步即杨柳修竹，四面郁茂，名花异草，隐映轩陛。花树在其中点缀着各式小亭。十六院相互仿效，每院置一屯，屯用院名。屯内有宫人管理，穿池养鱼，备养刍豢，种蔬菜瓜果等无所不有。由此可见，十六院相当于十六座苑中之园，它们之间以水道串联为一个有机的整体。另外还筑有数十处供游赏的景点，如曲水池、曲水殿、冷泉宫、青城宫、凌波宫、积翠宫、显仁宫等，或泛轻舟画舸，习采菱之歌；或升飞桥阁道，奏游春之曲。

西苑总的布局大体上沿袭了汉朝的"一池三山"的宫苑模式，但山上的道观建筑只有求仙的象征，实为游玩的景点。以五湖的形式象征帝国版图，可能渊源于北齐的仙都苑。西苑是以人工叠造山水并以山水为苑内的主要脉络，特别是龙鳞渠为全园的一条主要水系，贯通十六个苑中之园，使每个庭院三面临水，因水而活，并跨飞桥，丰富了园景。苑内的多数景点以建筑为中心，用十六组建筑群结合水道的穿插构成园中之园的小园林集群，则是一种创新的规划方式。就园林整体而言，龙鳞渠、北海、曲水池和五湖构成一个完整的水系，模拟天然河湖的水景，开拓水上游览的内容，这个水系又与山石相结合构成丰富而多层次的山水空间，这些都是经过精心安排的。苑内植物绿化布置不仅范围广泛、品种极多，而且隐映园林建筑，隐露结合，非常注意造园的意境。所有这些都足以说明西苑不仅是复杂的艺术创作，还是庞大的土木工程和绿化工程，它在规划设计方面的成就具有里程碑意义，其建成标志着中国古典园林全盛期的到来，对以后的唐代宫苑有着较大的影响。

2. 唐长安四大宫苑

长安四大宫苑是指唐代建成的太极宫、大明宫、兴庆宫、禁苑。

（1）太极宫。太极宫由隋代的大兴宫改建而成，位于长安城中轴线的北端，东西四里，南北二里二百七十步，面积约 4.2 平方千米。太极宫东有日营门，西有月营门，北面有重玄门和鱼粮门，正门为太极门。苑内以太极殿为正殿，是三大内苑中规模最宏伟的宫殿建筑，皇城承天门正对着太极殿。太极殿北有延嘉殿，南有金水河，东北有景福台，西有汉云亭，西北有假山。山前开辟有东海池、南海池、西海池和北海池四座大水池，彼此之间有河流相通，建有凝云阁、咸池殿、承香殿、昭庆殿、凝香殿、鹤羽殿、紫云阁等建筑。还有一座凌烟阁，专门供设唐代开国功臣的画像。东部设有打马球的球场，附近还有一个相对独立的院落，里面布置山水楼阁，自成天地，是一个园中之园。纵观太极宫，殿堂建筑较多，且不同类别的建筑划分为不同区域而建，或组合成院落，或与水池相间，构成楼阁亭台花园。

（2）大明宫。唐代贞观八年（634 年），太宗李世民为供其父李渊避暑，于长安宫城东南角龙首原高地上修建永安宫，次年改名大明宫。龙朔二年（662 年）高宗李治加以扩建，一度改名蓬莱宫，后成为唐代帝王在长安居住、朝会和听政的主要场所，神龙元年（705 年）又恢复大明宫之名。唐末毁于战乱。

大明宫是一座相对独立的宫城，长 1800 米，宽 1080 米，占地面积大约 32 公顷，平面接近梯形。南半部为宫殿区，北半部为苑林区，是典型的宫苑分置的格局。沿宫墙共设宫门 11 座，南面正门为丹凤门。宫殿区的丹凤门内为正殿含元殿，雄踞龙首原最高处，殿前玉阶三级，一级高丈许，二三级各高五尺。其后为宣政殿，再后为内廷正殿紫宸殿，之后为蓬莱殿。这些宫殿与丹凤门均位于大明宫的南北中轴线上，这条中轴线往南一直延伸，正对慈恩寺内的大雁塔。苑林区地势陡然下降，龙首之势至此降为平地，中央为大水池“太液池”，分为东西两个水面，西大东小，西池中耸立蓬莱山，山顶建亭，山上遍植花木，尤以桃花为盛。沿太液池岸边建有殿堂和游憩建筑，如长安殿、仙居殿、拾翠殿、含冰殿、承香殿等，还建有佛寺明德寺、道观大角观与三清观、浴室浴堂殿、花房温室殿、讲堂、学舍等。其中，麟德殿是皇帝饮宴群臣、观看杂技舞乐和进行佛事的地方。根据挖掘的遗址判断，由前、中、后三座殿阁组成，面阔11间、进深17间，面积相当于北京明清故宫太和殿的3倍，足见其规模之宏大（见图2-11）。

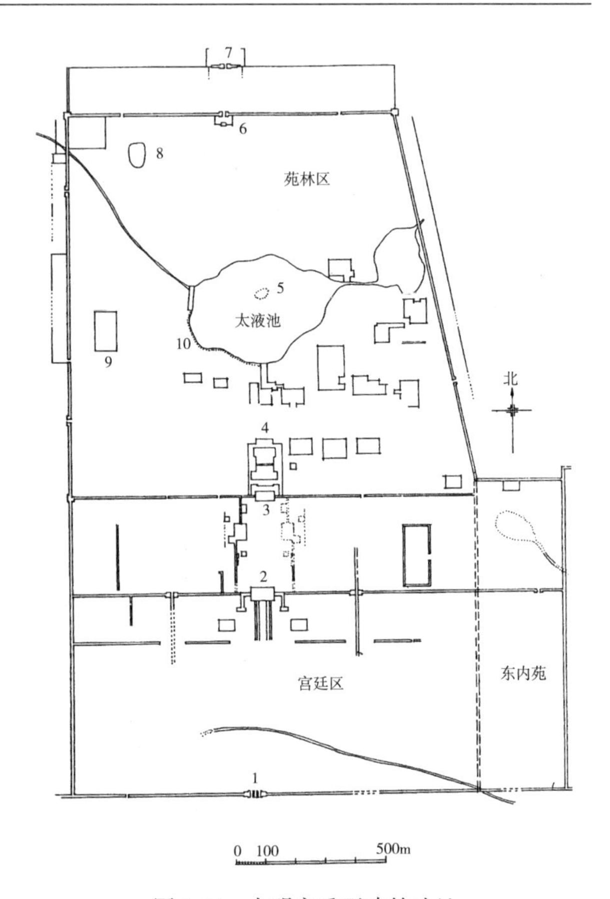

图2-11 大明宫重要建筑遗址

1—丹凤门 2—含元殿 3—宣政殿 4—紫宸殿 5—蓬莱山 6—玄武门 7—重玄门 8—三清观 9—麟德殿 10—沿池回廊

（3）兴庆宫。开元二年（714年）由唐玄宗当皇太子时的旧居隆庆坊扩建而成。宫殿为非对称布局，南部有较大的园林区，具有离宫性质。开元十六年（728年）玄宗移住兴庆宫听政。兴庆宫东西宽约二里，南北长三里有余，以一道东西横墙隔为南北两部分。兴庆宫北部为宫殿区，正门兴庆门在西墙，内有中、东、西三路跨院，中路正殿为南薰殿，西路正殿兴庆殿，东路正殿为大同殿，龙首渠横贯宫殿区，在瀛洲门东侧穿越东西横墙注入园林区的龙池。兴庆宫南部为园林区，面积稍大，东面通过夹城与大明宫连通，以龙池为中心。龙池又称兴庆池、隆庆池，略近椭圆形，池的遗址东西长914米、南北宽214米，面积约为1.8公顷，由龙首渠引来浐水之活水接济，池中种植荷花、菱角、鸡头米及藻类等水生植物，绕岸则杨柳婆娑。南岸有草数丛，叶紫而心殷名“醒酒草”，池的西南方有“勤政务本楼”和“花萼相辉楼”，是园林区主要的两座殿宇，勤政务本楼以百废待兴、励精图治自勉，花萼相辉楼象征兄弟手足情深。这两座楼也是唐玄宗宣布大赦、改元、受降、受贺、接见、宴饮、策试举人的地方。楼前围合的广场遍植柳树，广场上经常举行乐舞、马戏等表演。龙池的东北角堆筑土山，上建有沉香亭，亭用沉香木构筑。周围的土山遍种红、紫、淡红、纯白等诸色牡丹，是兴庆宫内的牡丹观赏区，兴庆宫也因牡丹花之盛而名重京华。在龙池之东南面为另一组建筑群，包括翰林院、长庆殿、长庆楼。

兴庆宫规模虽小，但建筑之精为其他两宫所不及。整座宫殿没有一条全局的中轴线，也没有硬套传统的“前朝后寝”，这在古代宫殿建筑中是罕见的；呈不规则状，颇类似于后来的自由式建筑布局，如正门在西面，正殿与正门不对直，偏居于宫城的西北隅。主要处理

政务的勤政务本楼和花萼相辉楼却偏于宫城的西南隅，煞是清幽，其他殿、阁均分布得不拘一格，未采取左右对称的排列格局（见图 2-12）。

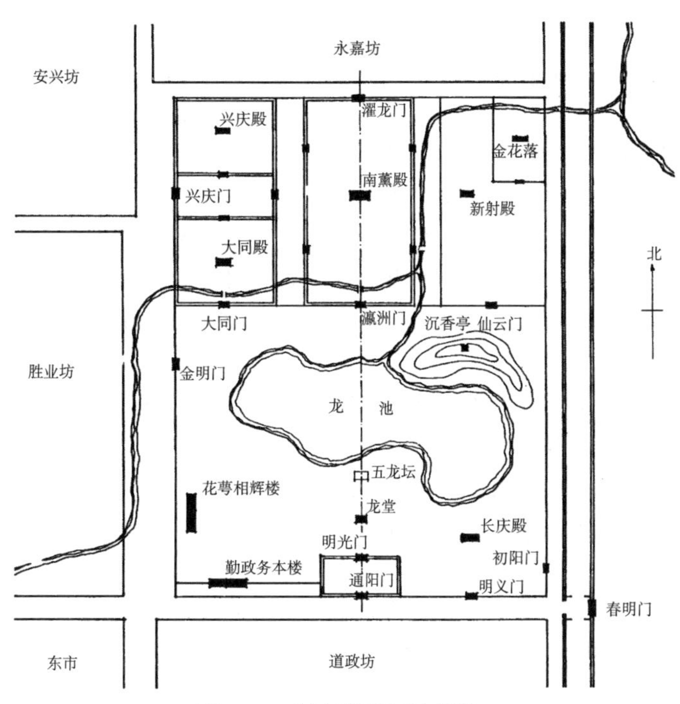

图 2-12　兴庆宫平面示意图

（4）禁苑。禁苑在长安宫城之北，原为隋代的大兴苑，位于长安宫城之北，与太极宫和大明宫相邻。禁苑范围辽阔，东西二十七里，南北二十三里，南面的苑墙即为长安城的北城墙，设有三个门，东西苑墙各设有二门，北苑墙设有三门。地势南高北低，水源丰富，水系设置合理。内建有宫殿亭阁二十四所，有鱼藻池、九曲池、未央宫、望春宫、南望春亭、北望春亭、蚕坛亭、临渭亭、葡萄园、梨园、芳林园等，因占地面积大、树林茂密、建筑疏朗而故显空旷。除供游憩和娱乐活动之外，还兼作驯养野兽和马匹的场所，也是供应宫廷果蔬禽鱼的生产基地，还是皇帝狩猎、放鹰的猎场，同时是捍卫都城的一个重要的军事防区（见图 2-13）。

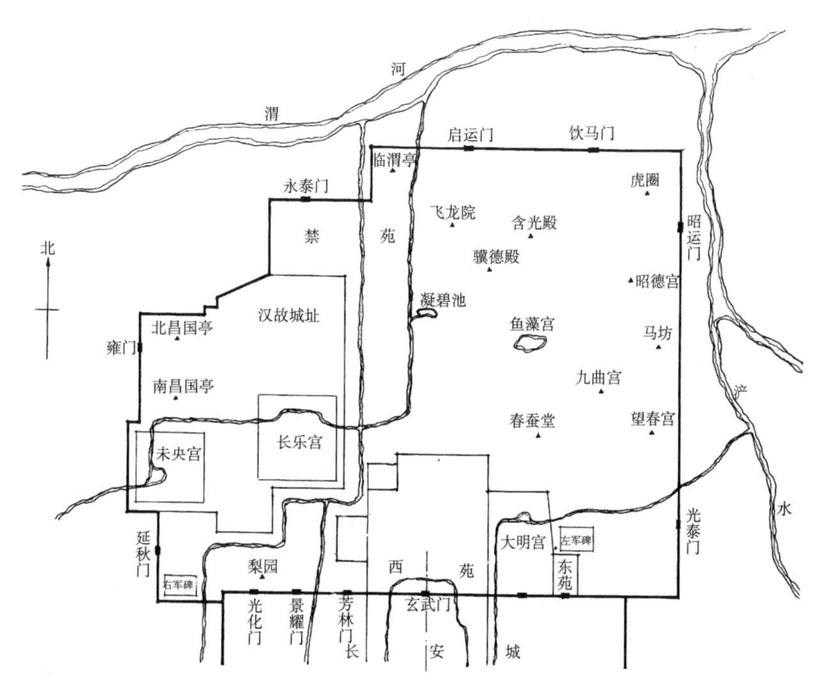

图 2-13　禁苑平面示意图

3. 芙蓉苑

芙蓉苑在曲江，又名为曲江池，原为隋代的一处御苑，位于长安城东南隅。贞观年间赐给魏王泰，泰死后又赐给东宫。开元年间，唐玄宗又重新改建为御苑。苑内垂柳成荫、繁花似锦，楼台殿阁参差错落其间。登上高楼，南可以遥望终南青山，北可以俯瞰曲江碧水。据记载，曲江池周长七里，占地面积 12 公顷。池型南北长、东西短，池水曲折优美，池两岸楼阁起伏、绿树环绕、水色明媚，景色绮丽动人。每当新科进士及第，总要在曲江赐宴。新科进士在这里乘兴作乐，放杯至盘上，放盘于曲流上，盘随水转，轻漂漫泛，转至谁前，谁就执杯畅饮，遂成一时盛事，“曲江流饮”由此得名。

4. 华清宫

华清宫位于今陕西西安临潼区，在西安东约 35 千米的骊山之麓，因骊山脚下涌出的温泉而得天独厚，是唐朝所建的著名园林之一，至今保存比较完整。华清宫在规划布局上基本上以长安城为蓝本，其宫廷区平面略成梯形，坐南朝北。中央为宫城，东部和西部为行政、宫廷辅助用房以及随驾前来的贵族、官员府邸之所在地。北面设正门津阳门，南门为昭阳门，往南通往登往骊山的苑林区。宫廷区除了少数殿宇外，主要分布 8 处温泉汤池，自东往西分别为九龙汤、贵妃汤、星辰汤、太子汤、少阳汤、尚食汤、宜春汤和长汤。苑林区包括骊山的东绣岭和西绣岭北坡的山岳风景地，以建筑物结合山麓、山腰、山顶的不同地貌规划为各具特色的许多景区和景点，其中朝元阁是苑林区的主体建筑物，从这里修筑御道循山而下，可直达朝阳门。

华清宫的最大特点是体现了我国早期出现的自然山水园林的艺术特色，随地势高下曲折而筑，是因地制宜的造园佳例。尤其是华清宫的苑林区在天然植被的基础上，还进行了大量的人工绿化种植，不同的植物配置更突出了各景区和景点的风景特色，所用品种见于文献记载的有松、柏、槭、梧桐、柳、榆、梅、李、海棠、枣、榛、芙蓉、石榴、紫藤、芝兰、竹子、旱莲等将近 30 多种，还生产各种果蔬供应宫廷（见图 2-14）。

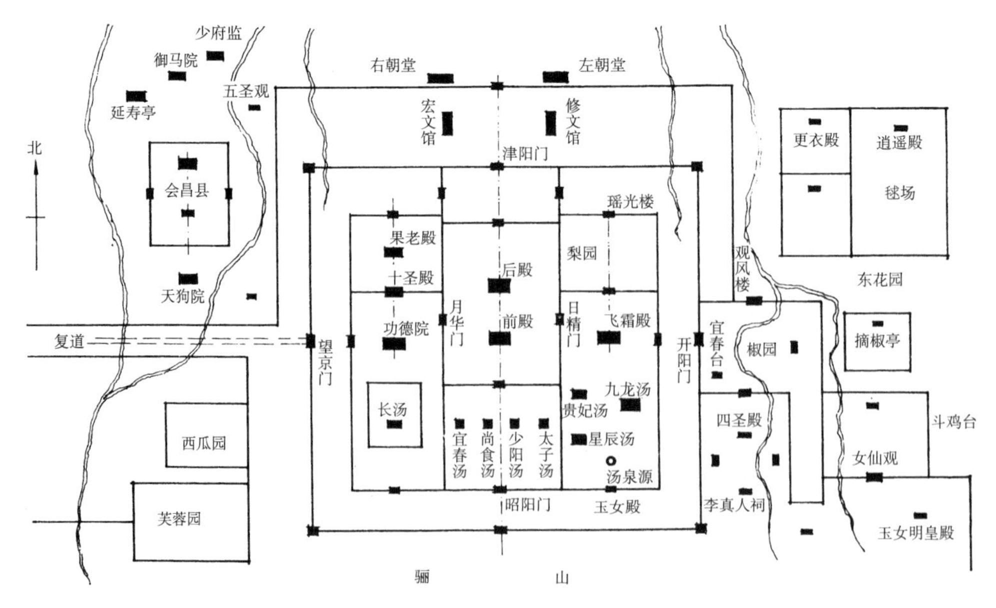

图 2-14　华清宫平面设想图

2.2.5　两宋皇家园林

2.2.5.1　背景概况

960 年，节度使赵匡胤率军返回都城，驻军陈桥，发动兵变，黄袍加身，自称皇帝，改国号为宋，建都开封（汴梁），改名东京。北宋建国初期，国泰民安，经济繁荣。到了北宋末期，少数民族辽、金和西夏兴起，不断向宋进犯，1126 年，金军攻下东京，掳去徽宗和钦宗，北宋灭亡。康王赵构（宋高宗）逃往江南，于 1127 年建立了半壁江山的南宋王朝，建都临安（杭州）。1279 年，蒙古帝国灭了南宋，元朝取而代之。

宋代在经济、文化、科技方面正处于中国历史的鼎盛时期，城市商业和手工业空前繁荣，资本主义因素已在封建经济内部孕育。像东京、临安这样的繁华都城，传统的坊里制已经名存实亡，高墙封闭的坊里被打破形成繁华的商业大街，张择端的《清明上河图》所描绘的就是这种繁华景象。而宋代又是一个国势羸弱的朝代，处于隋唐鼎盛之后的衰落之始，北方和西北的辽、金、西夏相继崛起，一方面是城乡经济的高度繁荣，另一方面是长期处于国破家亡忧患意识的困扰中。社会的忧患意识固然能激发有志之士奋发图强、匡复河山的行动，相反也能滋长部分人沉湎享乐、苟且偷安的心理，形成了浮华奢靡、讲究饮食服舆和游赏玩乐的社会风气，上自帝王，下至富豪，无不大兴土木、广营园林。

宋朝的诗词失去了唐朝闳放、波澜壮阔的气度，而主流转向缠绵悱恻、空灵婉约的风格，其思想境界进一步向纵深挖掘。宋朝是历史上以绘画艺术为重的朝代，其绘画艺术在中国绘画史上占有重要地位。政府特设“画院”罗织天下画师，兼采选考的方式培养人才，考试常以诗句为题，因而促进了绘画与文学的结合。画坛上呈现以人物、山水、花鸟鼎足三分的兴盛局面，山水画因尤其受到社会上的重视而达到最高水平，以写意和写实相结合的方法表现了“可望、可行、可游、可居”的士大夫心目中的理想境界。另外，文人画家异军突起，造就了一批广征博涉、多才多艺，集哲理、诗文、绘画、书法诸艺于一身的文人画家。这些都意味着诗文与绘画在更高层次上的融糅以及诗画作品对意境的执着追求。在这种情况下，士流和文人广泛参与园林规划设计，园林中熔铸诗画意趣比唐朝更为精致，讲究以画设景、以景入画、寓情于景、寓意于形，显得清新雅致。山水诗、山水画、山水园林相互渗透的密切关系到宋朝已经达到诗、画、园三位一体的艺术境界。

宋代的科技成就在当时居于世界领先地位，在世界文明史上占有极重要地位的四大发明火药、指南针、印刷术、造纸术均完成于宋代，并得到广泛运用和发展。农业、手工业、商业都有了较大发展，贸易发达，市场繁荣，出现了许多商业城市，造纸、造船、瓷器、酿造等行业都十分兴盛。在数学、天文、地理、地质、物理、化学、医学、生物等自然科学方面有许多开创性的探索，或总结为专论，或散见于当时的著作中。

宋代在建筑技术方面日趋成熟，有不少砖、石、木结构的建筑一直保存到今天。园林建筑的造型到了宋代，几乎可以说是达到了完美的程度，木构建筑相互之间的恰当比例关系，并用预先制好的构件成品，采用安装的方法，是宋代了不起的成就，形成了木构建筑的顶峰时期。李戒的著名建筑工程典籍《营造法式》，总结了宋代及以前造园的实际经验和建筑成果，集中了当时工匠的技巧和自己的实践经验，从简单地测量方法、圆周率等释名开始，介绍了基础、石作、大小木作、竹瓦泥砖作、彩雕等具体的法制及功限、材料制度等，并附有各种构件的详细图样，制定的设计模数和工料的定额制度为以后的建筑业确定了标准，是我国古代建筑营造史上最详尽、最科学、最系统的建筑学手册，也是世界上最早最完备的建筑学著作。还有喻培的《木经》，是对当时发达的建筑工程技术实践经验的理论总结。宋代的建筑虽然没有唐代的规模大，但由于手工业的发展，建筑材料的多样化，建筑技术进一步提高，建筑的形式、装修、装饰和色彩更富于变化，逐渐形成了精致秀丽的风格，园林建筑的个体、群体形象以及建筑小品的形式和风格也呈现丰富多样的特点，更注重与周围自然环境的结合。

园林中注重石的品玩鉴赏，品山已成为普遍使用的造园素材，江南地区尤甚。不仅有了这种理论与实践经验的总结，还有了专门造假山的“山匠”。园林置石的技艺水平大为提高，人们更重视石的鉴赏品玩，刊行和出版了多种石谱。这些都为园林的繁荣昌盛和发展提供了技术上的保证。

园林观赏树木和花卉栽培技术在唐朝的基础上又有所提高，已出现嫁接和利用实生变异发现新种的繁育方式，培育出了许多新的花木品种。宋代的种花人通过种植大量的花木，认识到环境条件对生物变异的作用，知道了变异是形成新物种类型的事实。刘蒙的《菊谱》中定名了 35 种菊花品种，还记载了当时的种花人每年把形态和花色经常发生变异的牡丹新品种保存下来，继续培植，就可以培育出新的牡丹花品种。周师厚的《洛阳花木记》记载了近 600 个品种的观赏花木，还分别介绍了许多具体的栽培方法。还出版了许多花木的专著，如范成大的《梅谱》、王学贵的《王氏兰谱》、刘蒙的《菊谱》、王观的《扬州芍药谱》、欧阳修的《洛阳牡丹记》、陆游的《天彭牡丹记》。太平兴国年间由政府编纂的《太平御览》共登录了果、树、草、花近 410 种。到了宋代，造园中已非常注意利用绚丽多彩、千姿百态的植物，并注意四季的不同观赏效果。乔木以松、柏、杉、桧等为主，花果树以梅、李、桃、杏等为主，花卉以牡丹、山茶、琼花、茉莉等为主。临水植柳，水面植荷渠，竹林密丛等植物配置，不仅起到绿化的作用，更多的是注意观赏和造园的艺术效果。

2.2.5.2　发展过程与成就

北宋的皇家园林主要集中在东京城内外，数量不及隋唐众多，在园林的规模和造园的气魄上也远不如隋唐，但在景物规划设计上的精致却有过之而无不及，使园林的内容比隋唐少了许多皇家气派，更多地接近于私家园林。东京的皇家园林只有大内御苑和行宫御苑，前者包括艮岳、后苑和延福宫三处，尤其艮岳和延福宫堪称两宋皇家园林的巅峰之作。后者包括城内的景华苑，城外的琼林苑、宜春园、玉津园、金明池、瑞圣园、牧苑等。

与此同时，在北方，947 年契丹耶律德光称帝，改国号为辽，建都幽州（今北京），在宫城西部建御苑，在皇城东门内建内果园，在外城北部建粟园，郊外建有长春宫。这些御苑的景致大多简单，建筑数量稀少，以成片的花木为主景。金灭辽后，迁都至幽州，更名为中都，继承了辽的旧苑，并扩建和创建了一些新苑，数量和质量胜于辽代。皇城内设有东、西、南、北四大御苑，南郊建有离宫建春宫，东北郊建有离宫大宁宫。中都西北郊群山起伏，河流和泉眼众多，在玉泉山、香山和妙高峰一带均建有行宫御苑。

南宋建都临安，皇家园林也只有大内御苑和行宫御苑。大内御苑只有位于宫城的后苑，行宫御苑较多，外城兴建有德寿宫和樱桃园。临安城西有西湖和重重山岭，景色绝佳，因此大多数行宫御苑均位于风景优美西湖岸边，占尽得天独厚的湖山胜景，有些是将臣下的私园

收归皇家作为御苑，有时也将行宫御苑赏赐给臣下。西湖北岸有集芳园、玉壶园，湖东岸有聚景园，湖南岸有屏山园、南园，东岸有聚景园，南岸南屏山下有南屏园，湖中小孤山上有延祥园、琼华园、下天竺御园，北山的梅冈园、桐木园等。还有一些分布在城郊钱塘江畔和东郊风景地带，如玉津园、富景园等。

两宋是中国皇家园林发展过程中比较特殊的时期，因文化发达，造园的思想完全成熟，技艺高超，不再追求规模宏大，而是强调精致清雅，风格上明显向写意发展，叠山理水直接以自然界的名山名水为蓝本进行再创作，对奇石的欣赏水平提升，花木的种类和配置方式更为丰富多彩。园林的功能趋于多样化，尤其重视举办各种形式的游乐活动，具有浓郁的文化气息，受到后世皇家园林的推崇。

2.2.5.3　典型实例

1. 艮岳

宋徽宗赵佶笃信道教，听信道士关于他膝下多女少子是因为京师东北地势太低所至，在京城内筑山则皇帝必多子嗣之言，于政和七年（1117 年）仿余杭凤凰山在汴梁修建，号曰万岁山，即成后更名艮岳，又叫寿山、艮岳寿山。以后又继续凿池引水，建造亭阁楼观，栽植奇花异木，直到宣和四年（1122 年）终于建成了这座历史上最著名的括天下之美、藏古今之胜的写意山水式的皇家园林 。园门的匾额题名“华阳”，故又称为“华阳宫”，华阳象征道教所谓的洞天福地。

寿山艮岳是先构图立意，然后根据画意施工建造的，而设计者就是宋徽宗赵佶本人。喜好游山玩水的宋徽宗虽然在政治上很平庸，但精于书画，是一位素养极高的艺术家，更喜欢造园，甚至达到玩物丧志的地步。具体主持修建工程的宦官梁师成博雅忠荩、思精志巧、多才可属。两人珠联璧合，经过周详的规划设计，然后制成图样，按图度地，使艮岳具有浓郁典雅的文人园林意趣。宋徽宗经营此园，不惜花费大量财力、人力和物力，为了广事搜求江南的石料和花木，特设专门机构“应奉局”，命专人收集江浙一带奇花异石进贡，号称“花石纲”，载以大舟，挽以千夫，凿河断桥，运送汴京，营造艮岳。

艮岳建成后宋徽宗亲自撰写了《艮岳记》，介绍艮岳的全貌及其布局的大致情况，并夸耀此园的假山囊括了天台山、雁荡山、凤凰山、庐山的奇伟壮丽，水系堪比黄河、长江、三峡、云梦泽的旷荡秀美。综合各类文献可获知，园林的东半部以山为主，西半部以水为主，山体从北、东、南三面包围着水体，整体呈现左山右水的布局。全园以山石奇秀、洞空幽深的主峰万岁山为构图中心，“山周十余里，其最高一峰九十步，上有介亭，分东西二岭，直接南山”。

万岁山的叠山雄壮敦厚，整体形态模仿杭州的凤凰山，为整个山岭中高而大的主岳，是先筑土、后加石料堆叠而成的大型土石山。介亭建于万岁山的最高峰，成为群峰之主，是全园的主要景观。万松岭模仿了杭州西湖边的名山万松岭，与寿山并列为宾辅，形成主从关系，这就是我国造园艺术中“山贵有脉”“岗阜拱状”“主山始尊”的造园手法。万松岭上建有巢云亭，与介亭东西呼应，形成对景。万松岭的东南侧连接小山芙蓉城，南面遥对寿山，彼此脉络连贯，形成了一个有机整体。叠山的用石也有许多独到之处。石料都是从各地运来的瑰奇特异之石，以太湖石、灵璧石之类为主，均按照图样的要求选择加工成型。经过优选的石料千姿百态，故艮岳大量运用单块特置，重要的石头均有题名。艮岳无论石的特置或者置石为山，其规模均为当时最大者，体现了颇高的艺术水平。

从园的西北角引来景龙江之水，入园后有一小型水池“曲江”，池中筑岛，岛上建有蓬莱堂。水系流向东后又回折向西南，曰“回溪”，沿河道建有漱玉轩、清澌阁、高阳酒肆、胜筠庵、萧闲阁、蹑云台、飞岑亭等建筑物。河道至万岁山东南麓分为两股，一股绕过万松岭注入“凤池”后再东流进入“大方沼”，另一股沿万岁山与万松岭之间的“濯龙峡”则流入“大方沼”。池中筑有二岛，东北角的曰“芦渚”，上建浮阳亭；西南角的曰“梅渚”，上建雪浪亭。大方沼水东流进入园中最大的水池“雁池”后，从东南角流出园外，构成一个完整的水系。艮岳的水系几乎包罗了内陆天然水体的全部形态：河、湖、泉、沼、溪、涧、瀑、潭等，水系与山系配合而形成山嵌水抱的态势，这种态势是大自然山水成景最理想的地貌概括，符合上好风水之说，体现了儒家、道家思想的最高哲理：即阴阳、虚实相生互补、统一和谐。

艮岳的营建成为我国园林史上的一大创举，它不仅有万岁山这座全用太湖石叠砌而成的园林假山之最，更有众多反映我国山水特色的景点，既有山水之妙，又有众多的亭、台、楼、阁的园林建筑，几乎包罗了当时的全部建筑形式。建筑的布局绝大部分均从造景的需要出发，充分发挥其“点景”“引景”“观景”的作用。山顶制高点和岛上多建亭，水畔多建台、榭，山坡上多建楼阁。楼阁建筑的形象也更为精致，是重要的点景、引景建筑物，同时也提供观景的场所。除了游赏性的园林建筑外，还有道观、庙、藏书楼、水村、野居以及模仿民间镇集市肆的“高阳酒肆”等，可谓集大宋建筑艺术之大成。虽为皇家园林，建筑却不施五彩，追求清淡脱俗、典雅宁静的风格。作为一个典型的山水宫苑，成为宋以后元、明、清宫苑的重要借鉴，而元、明、清的宫苑也是在继承这一传统的山水宫苑形成的基础上进一步发展而成的。

艮岳的动植物珍奇丰富，且成为景题对象，使皇家园林平添诗情画意。园内植物已知70余种，包括乔木、灌木、果树、藤本植物、水生植物、药用植物、草本花卉、木本花卉以及农作物等，其中不少是从南方的苏、浙、荆、楚、湘、粤等地引种驯化的，主要有枇杷、橙子、柚、柑橘、荔枝等之木，金蛾、玉羞、凤尾、素馨、茉莉、含笑等之花。它们有的种在栏杆下，有的种在石隙里，漫山遍野，沿溪傍陇，连绵不断，几乎到处为花木所淹没。植物的配置方式有孤植、对植、丛植、混交，大量的则是成片种植。林间放养珍禽异兽不下数十万，仅大鹿就有数千头，设有专人饲养，另有仙鹤、孔雀等珍禽饲养区，园内还有受过特殊训练的鸟兽，能在宋徽宗游幸时列队接驾。

宋徽宗崇佞道教，艮岳景观以道骨仙风为基本格调，如华阳宫、凝真观、介亭、老君洞、蓬壶等充满道教洞天仙地的意境。但是宋徽宗毕竟是一国之君，又是集文学、书画、造园艺术于一身的艺术大师，因此，通过造园创设了多样意境。因而艮岳称得起是一座掇山、理水、花木、鸟兽、建筑完美结合的具有浓郁诗情画意而较少皇家气派的人工山水园林。它把大自然生态环境和山水风景加以高度的概括、提炼和典型化，汲取了私家园林，尤其是文人写意园林的创作，把皇家园林艺术提高到了前所未有的水平（见图2-15）。

艮岳建成不过十年，金兵就攻陷京城，时值严寒，大雪盈尺，成千上万的老百姓涌入艮岳，把建筑物全部拆毁作为取暖的柴薪，一代名园自此沦为衰败。艮岳虽然保留的时间短暂，却对后世园林艺术产生了极重要的影响。艮岳之后，造园先构图立意，然后据图施工几乎成了惯例，不仅景点布置、建筑样式，甚至假山堆叠的形象气势也完全依赖于图画中的各种笔

法，尤其它的叠山置石艺术所采取的源于自然、高于自然的概括手法，一直为后世所称道。其后，金代建都燕京，就模仿艮岳，并移艮岳之石在京城的北海中建了琼华岛，景山和清漪园中的万寿山也借鉴了艮岳的万岁山。

2. 东京四苑

东京四苑是指北宋初年陆续建成的琼林苑、玉津园、金明池和宜春苑。

（1）琼林苑。琼林苑在东京的外城西南，乾德二年（964 年）始建，是一座以植物为主体的园林，人称“西青城”。入苑门，道路两旁种植古松古柏，浓荫蔽日，两旁有石榴园、樱桃园等园圃，圃内建有亭榭，以便观花赏景。苑之东南隅筑约十丈高的“华觜冈”，上有多层楼阁，富丽堂皇，气势非凡；山下有锦石铺成的小径通向池塘，并种植有各类名花，大部分为广闽、二浙所进贡，如素馨、茉莉、瑞香、含笑等，花间点缀梅亭、牡丹亭等小亭兼作赏花之用。因此，此园除了殿亭楼阁、池桥画舫等建筑外，更以树木及南方的花草取胜。

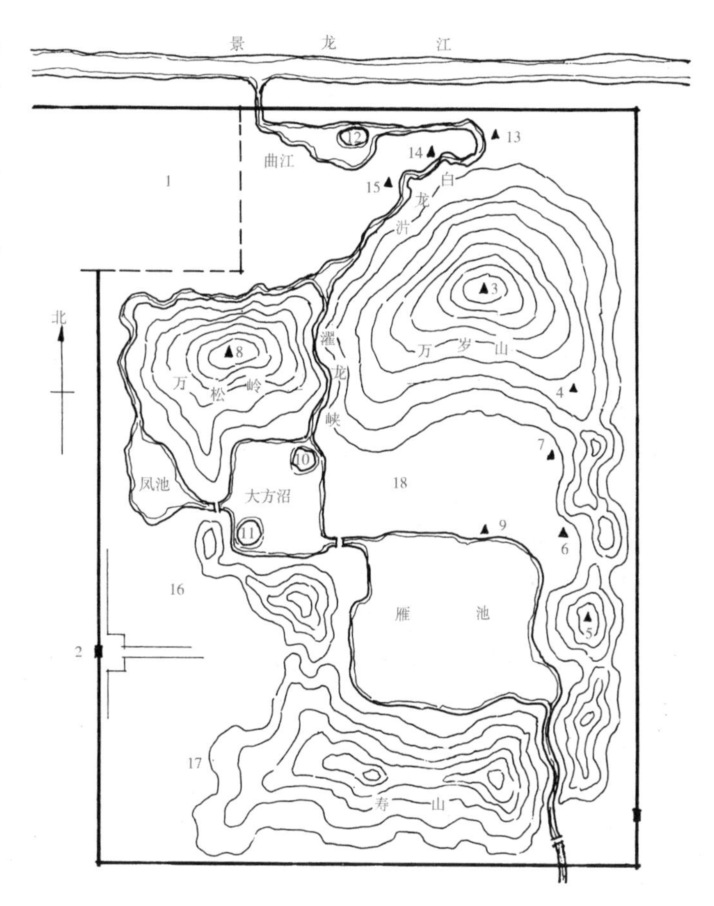

图 2-15　艮岳平面设想图

1—上清宝箓宫　2—华阳门　3—介亭　4—萧森亭　5—极目亭
6—书馆　7—萼绿华堂　8—巢云亭　9—绛霄楼　10—芦渚
11—梅渚　12—蓬壶　13—消闲馆　14—漱玉轩　15—高阳酒肆
16—西庄　17—药寮　18—射圃

（2）玉津园。玉津园在东京南熏门外，原为后周的旧苑，宋初加以扩建。园内建筑物甚少，环境比较幽静，林木特别茂盛。空旷地段则“半以种麦，岁时节物，进供入内”。每年夏天，皇帝临幸观看刈麦。在苑的东南隅还有专门饲养远方进贡的珍禽奇兽的动物园，如大象、麒麟、神羊、灵犀、孔雀、白鸽、吴牛等。北宋前期，玉津园每年春天也定期开放供东京人踏春游赏。

（3）金明池。金明池位于东京城外西南、琼林苑之北。后周世宗显德四年（957 年）欲讨伐南唐，在此开凿水池，引来汴河之水，用于教习水军。北宋太平兴国七年（982 年），宋太宗曾临幸观水戏。政和年间，开始兴建殿宇、植树种花，遂成一座皇家园林，周长九里三十步。金明池平面近正方形，园中央为近方形的水池，池南岸筑有高台，上建“宝津楼”，从楼上可俯瞰全园景色，楼之南为“宴殿”，楼之东为“射殿”。射殿之北临水建有“临水殿”，是皇帝观看争标、水嬉的地方。宝津楼下为开阔的广场，过广场北行穿过棂星门，为一架拱桥，名为“仙桥”，桥中央隆起，状如飞虹，人称“骆驼虹”。拱桥连接水中央的“水心殿”，池北建有“奥屋”，是停泊龙舟的船坞。环池均为绿化地带，别无其他建置，其规划不同于一般园林，呈规整的类似宫廷的格局（见图 2-16）。

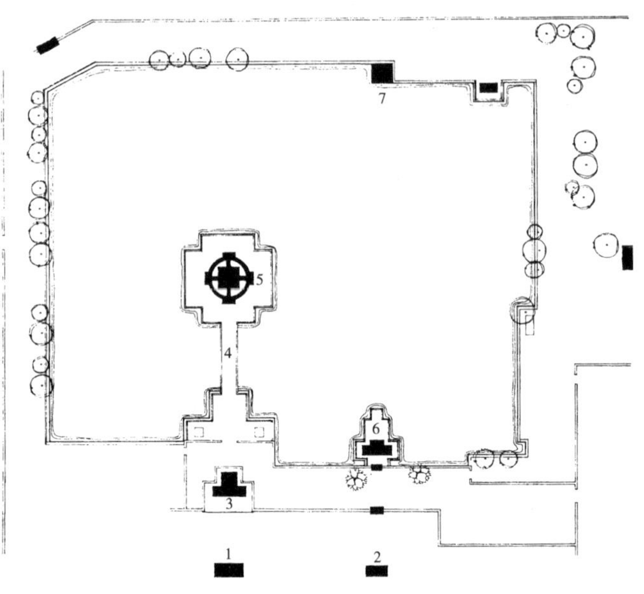

图 2-16　金明池平面设想图

1—宴殿　2—射殿　3—宝津楼　4—仙桥　5—水心殿　6—临水殿　7—奥屋

金明池于每年三月初一至四月初八定期开放，任人参观游览，并开展龙舟竞赛的斗标表演，宋人称之为“水嬉”，东京居民常倾城来此观看，宋代画家张择端的名画《金明池夺标》生动地描绘了这个热闹场面。琼林苑与此同时开放，两座皇家园林之内百戏杂陈，并允许老百姓设摊做买卖，所有殿堂均可入内参观。金明池东岸地段广阔、树木茂密、游人稀少，则开辟为安静的垂钓区域，于池苑所买牌子方许捕鱼，游人得鱼，倍其价买之。

（4）宜春苑。宜春苑位于东京城外东南，原为宋太祖三弟秦王之别墅园，秦王贬官后收为御苑。此园以栽培花卉之盛而闻名京城。每值内苑赏花，诸苑均要进贡牡丹及缠枝杂花。诸苑所进之花，以宜春苑的最多最好。宋初，每年新科进士在此赐宴，故又称迎春苑，以后逐渐荒废。

3. 德寿宫

位于临安外城东部望仙桥之东。宋高宗晚年倦勤，不治国事，于绍兴三十二年（1162 年）将原秦桧府邸扩建为德寿宫，并移居于此。宋人称之为“北内”，与宫城大内相提并论，可见其规模和身份不同于一般的行宫御苑。其后苑按照景色不同分为东、西、南、北四个景区：东区将建筑与观赏植物相结合，以观赏各种名花为主，如香远堂赏梅花、清深堂赏竹、清妍堂赏酴醾、清新堂赏木樨、松竹三径布置松竹梅和菊花等。南区布置各种游乐建筑，为各种文娱活动场所，如宴请大臣的载忻堂、观射箭的射厅、骑马的跑马场以及球场等，还设有金鱼池观赏游鱼。西区比较空旷，以山水风景为主调，回环萦绕的小溪沟通大的水池，筑有假山，并种有梅花、牡丹和海棠。北区则建置各式亭榭，如用日本椤木建造的绛华亭、茅草顶的倚翠亭、观赏桃花的春桃亭和周围植满苍松的盘松亭等。后苑四个景区的中央为人工开凿的大水池，引西湖水注入，池中遍植荷花，可乘坐画舫水上游；并把西湖的一些风景缩移仿照入园，故又称“小西湖”。园内还有一置石大假山极为精致，又名“飞来峰”，是模仿西湖灵隐的飞来峰，假山有一山洞可容纳百余人。

南宋咸淳年间，德寿宫闲置，遂一半改建为道观宗阳宫，一半改为民居。直到清末光绪年间尚能见到大假山的残存部分及山洞的一角。当年德寿宫内一些特置的峰石也有保留下来的，其中高丈许的峰石“芙蓉石”在清乾隆皇帝南巡时见到后便移送到北京，置于圆明园的朗润斋，改名为“青莲朵”，现存北京中山公园。

2.2.6　元明皇家园林

2.2.6.1　背景概况

1206 年，铁木真统一蒙古诸部，建立了版图辽阔、幅员广大的蒙古帝国，尊称成吉思汗。1260 年，忽必烈继大汗位，号为大元，次年以大都（今北京）为都城。1276 年元军攻入临安，俘宋恭宗，南宋灭亡，元朝统一中国，结束了长达 300 年的分裂割据局面。元朝的统一虽然是空前罕见的伟大事业，但是由于频频外征而荡尽国力，于是加重聚敛苛捐杂税，实行民族压迫之政策，终于招致国家紊乱。元朝末年，阶级矛盾和民族矛盾加剧，各地纷纷起义反抗元朝统治。1368 年，起义军首领朱元璋建立明朝，定都金陵（南京），朱元璋为明太祖，年号洪武。同年，明军北伐，攻克大都，元朝灭亡。

明朝初期，朱元璋休养生息，轻徭薄赋，积极发展经济，使国力大增。明成祖以后，经历仁宗而至宣宗，纲纪修明，天下大治，国富民强，史称“洪宣之治”。明中期以后，君王疏于朝政，宦官专政，迫害异己，朝廷开始混乱，国力衰退。明末，天灾频频发生，百姓困苦，阶级矛盾异常尖锐，导致各地农民纷纷起义。1644 年，李自成率领起义军攻入北京。明崇祯皇帝于景山自缢而亡，明朝灭亡。

元朝统一中国后，随着农业、手工业的恢复和发展，商品生产逐渐兴盛。在国内市场上，北至益兰州（今蒙古乌鲁克木河流域），南至海南诸岛，东达东海滨，驿站邮传遍布全国，商队往来络绎不绝，陆运、河运、海运畅通无阻。而在国际市场上，元大都成为世界著名的经济中心之一。从欧洲、中亚到非洲海岸，从日本、朝鲜到南洋各地都有商队前来贸易，而元朝管辖或控制的地区，遵奉统一的政令，使用统一的货币，且纸币的价值与纯金相等。国内城乡消费市场扩大，国际贸易开拓，为商业资本的积累和更广泛的商业活动带来了新的机遇。

明代开始在一些发达地区出现了资本主义，一大批半农半商的工商地主和阶层崛起。经济实力的急剧膨胀使得商人的社会地位比起宋代大为提高。他们中的一部分向士流靠拢，从而出现了“儒商合一”，反过来更有助于商人地位的提高。因此，以商人为主体的市民作为一个新的阶层，对社会的风俗习尚、价值观念等的转变产生了明显的影响。从宋代开始出现的具有人本主义色彩的市民文化，到明朝初期加快了发展的步伐，明中叶以后随着商品经济的发展而大为兴盛起来。诸如小说、戏曲、说唱等通俗文化和民间的木刻绘画等十分流行，民间的工艺美术，如家具、陈设、器玩、服饰等也都争放异彩。市民文化的兴盛必然会影响民间的造园艺术，给后者带来了一种前所未有的变化。如果说宋代的民间造园活动尚以文人、士大夫的文人、士流园林为主，那么到了明中叶以后这种垄断地位已逐渐被冲破，从而出现以生活享乐为主要目标的市民园林与重在陶冶性情的文人、士流园林分庭抗礼的局面，同时也在一定程度上刺激了有关造园技术的发展。

元朝在绘画上所表现的就是借笔墨以鸣高雅，仍以山水画为主流，在继承宋派的基础上又创立了新派，他们对景物的描写更加提炼和概括，其作品不讲形似，专讲意境、寄兴，这一画派对明清画风有很大的影响。

建筑方面，木结构技术在宋代的基础上继续完善，装修装饰趋于精致，匠师的技术成就偶见于文字流传，如《鲁班经》《工段营造录》等。叠山方面园林使用的石材多样化，技法也趋于多样化，还出现了不同地方风格和匠师的个人风格。观赏植物方面，陆续刊行了许多经过文人整理的专著，如明代王象晋的《群芳谱》。

2.2.6.2 发展过程与成就

元朝统治不过百年，园林建树虽不多，但也有特殊的贡献。皇家园林主要集中在大都的皇城内，皇城的中部为太液池和琼华岛，宫城的北面修建了御苑、隆福宫、兴圣宫，宫城的西面修建了西御苑，可见建设的宫殿和御苑数量有限，不及金代。因辽、金、元均为少数民族执政，都以北京为都城，成为皇家园林的新的兴盛之地，所建园林既积极学习汉族文化的精华，又融入一些游牧少数民族质朴率直的气质，达到一个新的境界。

明代皇家园林的建设重点亦在大内御苑。朱元璋统一全国定都于南京后，修建了南京城，包括外城、应天府城和皇城三重城，为巩固统治，并没有建大型的宫苑建筑。明成祖迁都北平后，在元大都的基址上改建了北京城，对建苑的态度依旧持反对态度，因此这一时期仍少有苑囿的建设。明代皇家园林少数建置在紫禁城的内廷，大多数建置在紫禁城以外、皇城以内的地段，以便皇帝经常游幸，同时也为防御外敌、加强安全。其大内御苑共有 6 处，即位于紫禁城内廷中路、中轴线北段的御花园，位于紫禁城内廷西路的慈宁宫花园，位于皇城北部中轴线的万岁山（清初改为景山），位于皇城西部的西苑，位于西苑之西的兔园，位于皇城东南部的东苑。明代的皇家园林因社会发展、经济进步，注重风格大气和气势磅礴，又复转向表现皇家气派，规模趋于宏大，与北宋时写意的皇家园林有所不同。

2.2.6.3 典型实例

1. 元大都与大内御苑

元灭金后，筹划将都城从塞外的上都迁移到中都，但中都一大半被毁，只有地处东北郊的大宁宫得以幸免。至元四年（1267 年）遂以大宁宫为中心另建了都城“大都”。大都城略近方形，建设继承了历代都城“筑城以卫君，造郭以为民”的城市格局，为外城、皇城和宫城三重环套配置、中轴对称的形制。外城东西 6.64 千米、南北 7.4 千米，共有 11 个城门，城周约 30 千米。大都的中轴线布局尤其突出，它南起外城的丽正门，穿过御道正对皇城的棂星门，向北又正对宫城的承天门和厚载门。城四角建有角楼，城墙外有护城河。皇城位于外城内之南部偏西，周围约 10 千米。皇城中部为太液池，池之东为宫城（大内）。宫城的朝、寝两大宫殿呈工字形。元大都的总体规划继承和发展了唐宋以来皇城模式，即三套方城、宫城居中、中轴对称的布局，又突出了《周记》所规定的“宫城居中，前朝后市，左祖右社”的古制，将社稷坛建在了城西的平则门内，太庙建在了城东的齐化门内（见图 2-17）。

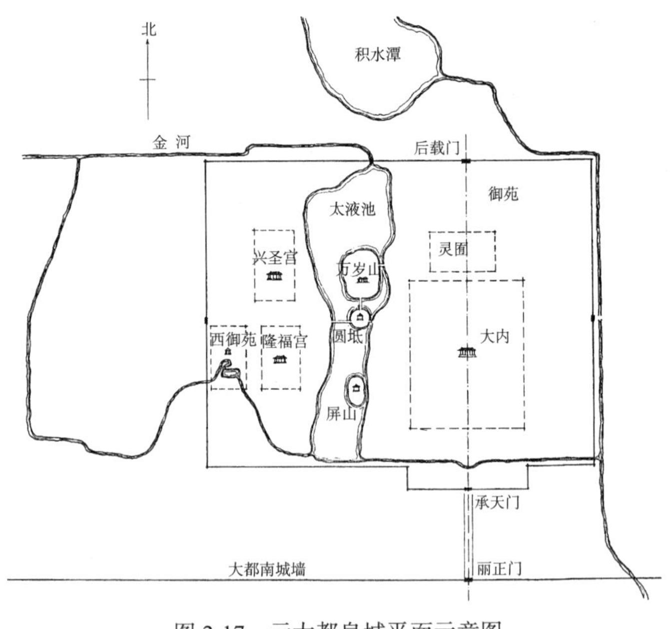

图 2-17　元大都皇城平面示意图

元代皇家园林均在皇城范围内，主要的一处是在金代大宁宫的基址上拓展的大内御苑，占去皇城北部的大部分地段，十分开阔平坦。据记载，大内御苑的主题为开拓后的太液池，池中三个岛屿呈南北一线排列，沿袭了历代皇家园林“一池三山”的传统模式。北岛是最大的岛屿即金代的琼华岛，改名为万岁山，山的外貌依然保持着金代模拟艮岳万岁山的旧貌，山上布满了奇巧玲珑的山石，山顶建广寒殿，与南侧山坡上的仁智殿形成一条中轴线，左右大致对称布置介福殿和延和殿、荷叶殿和温泉浴室、方壶亭和瀛洲亭、金露亭和玉虹亭等建筑。太液池中其余二岛较小，中间名曰“圆坻”，南边名曰“犀山”。圆坻为夯土筑成的圆形高台，上建仪天殿，北面为通往万岁山的石桥，东、西亦有桥连接太液池两岸。犀山体量最小，岛上主要种植芍药。太液池的水面遍植荷花，沿岸没有殿堂建置，为一派林木葱郁的自然景观，显得疏朗清幽。太液池的西面，自南至北分建有隆福宫、兴圣宫，这两组大建筑群分别为皇后和皇太子的寝宫。太液池东面为圈养动物的灵囿，内有狮子、老虎和豹子等猛兽以及临近各国使节、各地诸侯、少数民族部落首领进贡的珍禽，名目繁多。

2. 明西苑

明代西苑（见图 2-18）是在元代太液池的基础上加以发展而成的，是明代大内御苑中规模最大的一处。明代初期，西苑大体上仍然保持着元代太液池的规模和格局。到天顺年间（1457 年—1464 年）进行了第一次扩建。扩建工程包括了三部分：一是填平了圆坻、犀山与东岸之间的水面，使圆坻和犀山由水中的岛屿变成了突出于东岸的半岛，并把原来的土筑高台改为了砖砌城墙的“团城”，横跨团城与西岸之间的水上木吊桥改建为大型的石拱桥“玉河桥”；二是往南开凿出了南海，扩大了太液池的水面奠定了北、中、南三海的布局。玉河桥以北为北海，北海与南海之间的水面为中海，使得西苑的水面大约占了园林总面积的一半。在南海中新筑

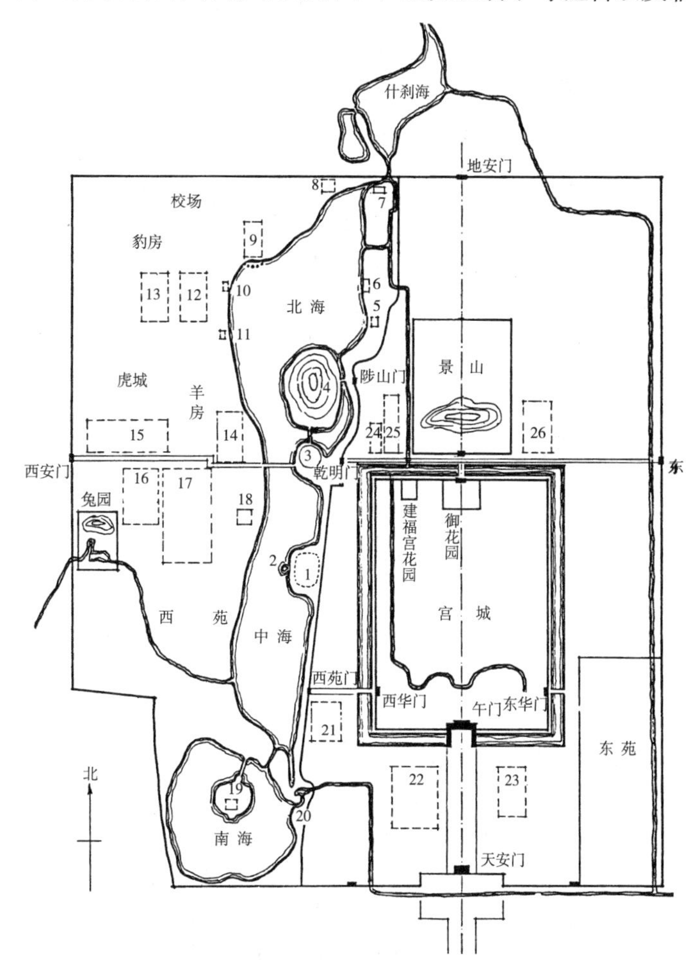

图 2-18 明北京皇城的西苑及其他大内御苑分布图

1—焦园 2—水云榭 3—团城 4—万岁山 5—凝和殿 6—藏舟浦 7—西海神祠、涌玉阁 8—北台 9—太素殿 10—天鹅房 11—凝翠殿 12—清馥殿 13—腾禧殿 14—玉熙阁 15—西十库、西酒房、西花房、果园厂 16—光明殿 17—万寿宫 18—平台（紫光阁） 19—南台 20—乐成殿 21—灰池 22—社稷坛 23—太庙 24—元明阁 25—大高玄殿 26—御马苑

一个小岛，上建南台，台上建有昭和殿；三是在琼华岛和北海北岸增建了建筑物，改变了景观特点。以后在嘉靖（1522 年—1566 年）、万历（1573 年—1620 年）两朝，又陆续在中海和南海一带增建了新的建筑物，开辟了新的景点，使太液池的天然野趣增添了人工点染。

至此，西苑已经形成了琼华岛、团城、东岸和北岸的大致布局，景物主要集中在琼华岛和团城，既有仙山楼阁的境界，又有江南水乡的野趣。整个水域约占园林总面积的一半，建筑疏朗，树木蓊郁，成为一座自然生态气息极其浓郁的皇家御苑。

2.2.7 清代皇家园林

2.2.7.1 背景概况

明末，女真族的杰出人物努尔哈赤起兵于建州，经过多年奋斗而建立后金国，于 1616 年称汗，定都盛京（沈阳）。1627 年努尔哈赤去世后，其子皇太极继承皇位，于 1636 年改国号为清。1644 年皇太极逝世后，世祖顺治嗣位。后顺治皇帝入关，坐收明朝天下。清王朝随即迁都北京，并收复了台湾，加强了对西藏的管辖，实现了全国统一。

清统一中国后，满族皇室“以汉治汉”，基本沿袭明朝之法理、哲理制定了建国方略。皇帝尊儒好学，体恤民情，重科举，起用汉人为官，鼓励民族融合，奖励学艺，振兴武备，推动了科技文化、农业工业、园林的大发展，创造了中国封建社会最后一个灿烂辉煌的太平盛世，史称“康乾盛世”。乾隆晚年，安享祖业，闭关自守，倦于朝政，吏治腐败，致使清朝开始滑坡，国力渐衰。从这个时代起，欧洲诸国锐意向东方强制通商，实行侵略。英国殖民印度，进而威胁中国。清政府政治上的软弱无力致使在鸦片战争中失败，又经过第二次鸦片战争、中法战争、中日甲午战争、八国联军侵华，清政府不断丧师失地，与法国、英国、日本、俄国、意大利等列强签订了一系列不平等条约。此期虽先后发生了太平天国、戊戌变法、义和团等救亡运动，但由于帝国主义和封建顽固派的联合剿杀都归于失败。民主革命的先行者孙中山先生，提出“驱逐鞑虏，恢复中华，建立民国，平均地权”等战斗号召，掀起了轰轰烈烈的武装推翻满清王朝的斗争。1911 年 10 月，辛亥革命爆发，皇帝溥仪宣布退位，清王朝至此灭亡。

清朝作为一个少数民族统治的统一多民族国家，理所当然地也加强了各民族的文化联系，因而明清的换代并没有造成文化艺术传统的中断。就艺术各门类而言，园林建筑不仅在程式化与规范化的总的趋势下，继承了前代的传统，而且获得了一些前所未有的成就，人物、山水、花鸟绘画方面等都取得了长足进步。但清朝统治者大兴文字狱，造成知识界不敢议论政治、研究现实的沉闷局面，文人醉心于园林的更多。加之清朝前中期社会安定、科技发达、商业兴旺、经济繁荣，文化联络加强，各行各业名家辈出，涌现出了一批具有理论和个性的园林美学家、思想家、造园家和造园理论著作。

康熙、乾隆之际，中、西园林文化交流得到一定发展。秦、汉以来，历代皇家园林都曾经引进国外园林花木、鸟兽，乃至建筑、装饰等技艺。与此同时，中国造园艺术亦远播海内外。乾隆年间，供职内廷如意馆的欧洲籍传教士主持修造了圆明园内的西洋楼，西方的造园规划艺术首次全面进入中国宫廷。一些对外贸易的商业城市，华洋杂处、私家园林由于园主人的赶时髦和猎奇心理而多模拟西方。东南沿海地区因地缘关系，大量华侨到海外谋生，致富后在家乡修造邸宅或园林，其中便掺杂不少西洋的因素。同时，中国园林通过来华商人

和传教士的介绍而远播欧洲，在当时的欧洲宫廷和贵族中甚至掀起了一股“中国园林热”。在英国，促进了英国风景式园林的发展；在法国则形成了独特的“英中式”风格，成为冲击当时流行于欧洲大陆规整式园林的一股强大潮流。

2.2.7.2　发展过程及成就

清代定都北京后，基本没有破坏和改变明代原有的都城和宫殿，沿用了旧的建筑和苑囿，并无多少皇家园林的建设活动，而是对都城进行了改造和调整，对御花园和西苑进行了整修，对南苑做了较大规模的修缮和改建。一直到康熙中叶以后才逐渐兴起了一个皇家园林的建设高潮，这个高潮奠基于康熙，完成于乾隆，在乾隆、嘉庆年间达到了全盛局面，成为皇家园林发展史中第四个建设高潮。清代的皇家园林数量颇为众多，规模大小不一，不仅全面继承了皇家园林的文化传统，并受到了江南私家园林的深刻影响，全面借鉴和模仿了江南名园，此外还受到了西方园林艺术的影响。

康熙二十六年（1687 年），皇家第一个离宫御苑畅春园建成。康熙四十二年，始建承德避暑山庄。雍正即位后扩建了圆明园。乾隆时期国力鼎盛，加上乾隆皇帝本身热爱园林艺术，曾六下江南，对江南山水景观及私家园林有极深的印象，所以在他当政的 60 年里几乎没有停止过对园林的营造，使得御苑的建设空前鼎盛。他在紫禁城里新建了宁寿宫，并将西路开辟为独立的花园；对西苑三海做了全面改建；对香山行宫进行重修，更名为静宜园；圆明园经历两次大规模的修建，在旁边扩建出长春园、绮春园、熙春园、春熙院，拥有 100 多个景区；将煤山改名为万岁山，创建了清漪园等，最终形成了以圆明园为核心的“三山五园”，即香山静宜园、玉泉山静明园、万寿山清漪园、圆明园和畅春园。此外，乾隆还对北京南郊的南苑进行了扩建，成为围猎和演武活动的重要场所；对避暑山庄两次扩建，在蓟县修建静寄山庄，还在北狩、南巡及拜谒皇陵、赴五台山礼佛的线路上修建了许多规模较小的行宫御苑，数量十分惊人（见图 2-19）。

作为中国古典园林最为辉煌时期的顶峰，清代皇家园林的风格与布局已经离秦汉时期广袤千里的苑囿越来越远，园林的内容上已经包含了观赏、游乐、休憩、居住、朝会等多种功能，完成了由宏大到精致的发展，园林建筑精益求精，园林布局自然和谐，园林内容丰富多样，造园手法趣味更多。以圆明园、承德避暑山庄和清漪园为代表的皇家园林，显

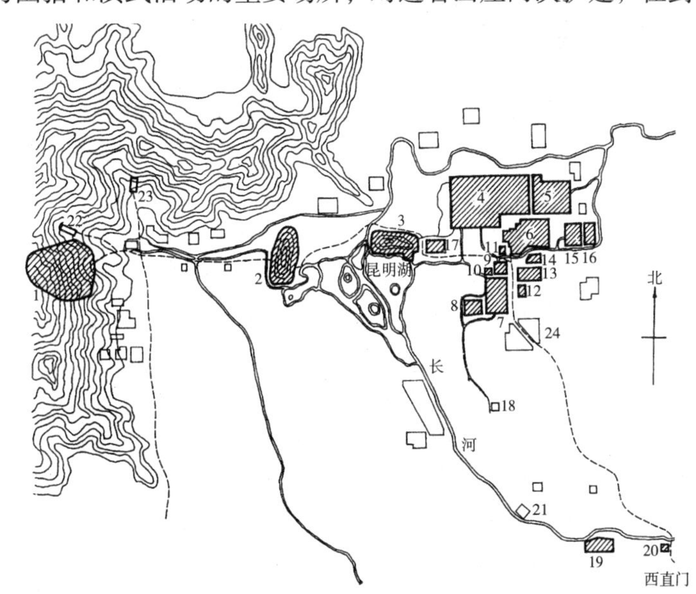

图 2-19　乾隆时期北京西北郊主要园林分布图

1—静宜园　2—静明园　3—清漪园　4—圆明园　5—长春园　6—绮春园　7—畅春园　8—西花园　9—蔚秀园　10—承泽园　11—翰林花园　12—集贤院　13—淑春园　14—朗润园　15—迎春园　16—熙春园　17—自得园　18—泉宗庙　19—乐善园　20—倚虹园　21—万寿寺　22—碧云寺　23—卧佛寺　24—海淀

示出了中国古代皇家园林的最高艺术成就。

从嘉庆、道光时期开始，清代的皇家园林建设活动逐渐转弱，熙春园和春熙院分别赐予惇亲王和庄静公主，道光不再去避暑山庄巡幸。咸丰十年（1860年），英法联军攻入北京，对圆明三园、畅春园、清漪园、静明园和静宜园进行了大规模焚掠，使清代的皇家园林遭受到巨大劫难。光绪十二年（1886年）开始对清漪园全面重建，并更名为颐和园，成为慈禧和光绪的离宫御苑，同时对西苑也加以整修，新建了一些殿堂建筑和游乐设施。光绪二十六年（1900年），八国联军侵入北京，颐和园再次受到破坏。不久后，清代灭亡，中国彻底结束了皇家园林的建设历史。

2.2.7.3 典型实例

1. 大内御苑——西苑

西苑是清代皇帝的大内御苑，位于紫禁城西侧。清代在明西苑的基础上进一步进行了改建和兴建，顺治八年（1651年）毁琼华岛南坡诸殿宇改建为佛寺“永安寺”，在山顶广寒殿旧址建喇嘛塔“小白塔”。南海的南台一带环境清幽空旷，顺治年间曾稍加修葺；康熙则选中此地，进行了较大规模的改建和扩建，作为日常处理政务、接见臣僚、耕作“御田”的地方，增建了许多宫殿、园林及辅助用房，改南台为瀛台，在南海的北堤上加筑宫墙，把南海分割成为一个相对独立的地方。最大的一次改建是乾隆时期完成的，改建重点在北海，除重修、增建琼华岛半月城、智珠殿之外，又在北海的东岸建画舫斋等，在北岸修建静心斋、天王殿、琉璃阁、万佛楼等。由于西苑紧靠宫殿，景物优美，所以成为清代帝王居住、游憩、处理政务、召见大臣、宴会王公卿士、接见外蕃、召见与慰劳出征将帅、武科校技等的重要场所，冬天还在西苑举行“冰嬉”。

西苑三海布局的成功之处主要把狭长的水面处理的灵活生动、各有姿态。其水面大约占园林总面积的1/2，是南北长2000米、东西宽200多米的长袋状水域，两座石桥分成三个水面。北海在三海中面积最大，形状不规则。琼华岛突出于水中，岛的面积较大，周长973米，高为32.6米，有峰石奇秀、林壑之美。整个三海布局以琼华岛为中心，形成湖中有山的四面景观。从白塔山顶俯瞰，春天繁花似锦，杨柳依依；夏日，北海水面上莲叶一片，荷花映日；秋来，枫叶等树木的色彩绚丽多彩；冬天，整个北海成了一片雪海，湖山银装素裹，使人耳目清新。岛上的白塔高35.9米，是全岛和全园的最高点，构成北海整个园林区的中心，对整个北海起到收敛凝聚的作用，增加了层次感和秩序感。

在总体布局上，西苑继承了中国古代造园艺术的传统：水中布置岛屿，用桥、堤同岸边相连，在岛上和沿岸布置建筑物和景点，更与东面的景山、故宫互相辉映。借景山、故宫于北海，构成了一幅景色壮丽的园林画面。站在北海的西岸向东望去，远借景山五亭，倒映水中，暗影浮动，为北海大为增色。白塔山之北，临水有双层的游廊，东起倚晴楼，西至分凉阁，共六十楹，中部有漪澜堂、道宁斋二阁，从上层两侧之廊折下，是一组节奏韵律极好的独特建筑。在此处看山时，山坡上点缀假山、亭阁错叠、洞室相通、高下曲折。北瞰碧波，视野开阔。这种远眺近览借景等手法，正是我国园林艺术中优秀传统手法的运用。

北海西岸建筑物很少，东岸看到一些土山与树木，北岸有几组宗教建筑，如西天、阐福寺等，使得西苑三海的整个布局重点集中在琼华岛上，重点突出，主次分明。

中海是南海和北海联系过渡的狭长水面，两岸树木茂密，园林建筑较少，仅在东岸露出万寿殿一角并在水中立一小亭，西岸也只露出紫光阁片段。南海水面比较小而圆，水面却

十分清幽，在碧波清清的湖水中，构置圆形岛屿“瀛台”，主要景物分布在其上，岛上建筑物都比较低平，远远看去，虽高出水面却十分协调。岛上林木蓊郁、殿宇辉煌、交相辉映，远远望去如同仙境一般。

光绪二十六年（1900 年），八国联军入侵北京时，西苑三海遭受洗劫，破坏严重，园中许多珍贵文物遭到偷窃与毁坏。1925 年，西苑的北海部分改为公园。西苑的中海和南海部分先后为袁世凯、冯国璋、曹锟所占有，1928 年改为公园。中华人民共和国成立后，中南海成了中央政府的驻地，北海则作为公园开放（见图 2-20）。

2. 行宫御苑

清初，康熙、乾隆等皇帝均在北京近郊修建了行宫御苑，其中最为著名的是香山静宜园和玉泉山静明园。

（1）香山静宜园。静宜园位于山势陡峭、林木葱郁、溪流环绕的香山东坡，是典型的行宫御苑。早在金代，香山就开始开发，1186 年建有大永安寺和行宫，元明两代仍有营建，康熙时修缮了佛殿并扩建，建立香山行宫。乾隆十年（1745 年）大兴土木，于山间林隙增置殿台亭阁，设立宫门朝房，围起了一道长 5 千米的外垣，将这座规模宏丽的皇家园林改名为“静宜园”。扩建完工后的静宜园，面积约为 153 公顷，园内不仅保留着许多历史上著名的古刹和人文景观，而且保持着大自然生态的深邃幽静和浓郁的山林野趣，最盛时园内大小建筑群有 50 余处，经乾隆命名题署的有“二十八景”。依据地势全园分为“内垣”“外垣”和“别垣”三部分（见图 2-21）。

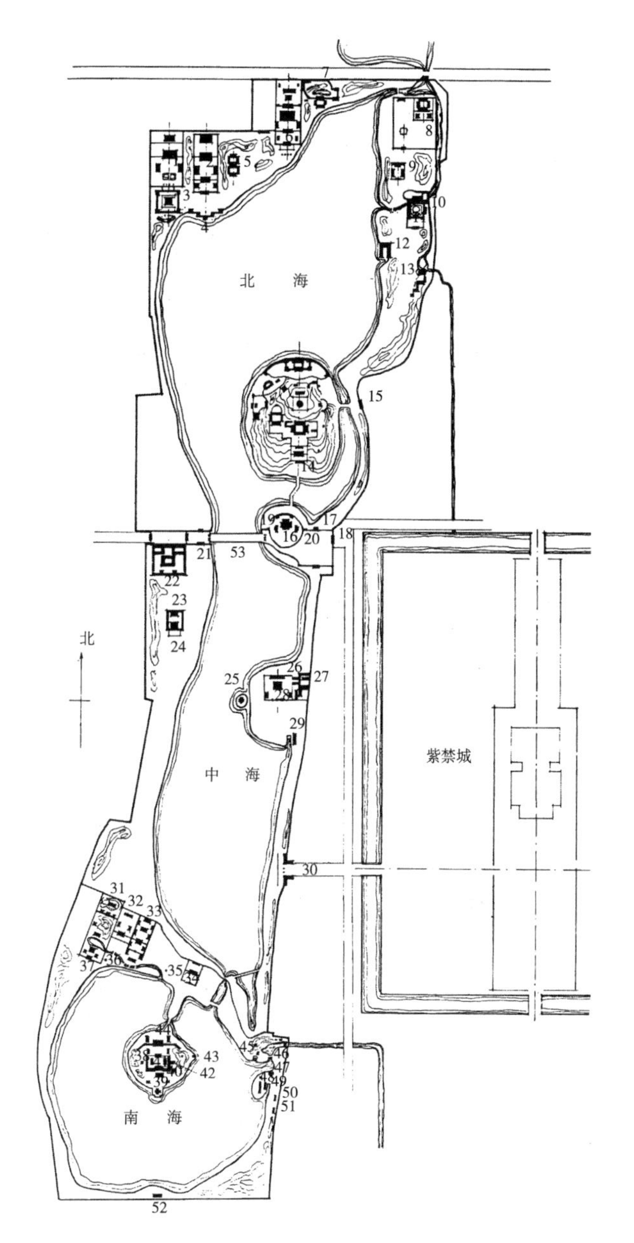

图 2-20　乾隆时期西苑平面图

1—万佛楼　2—阐福寺　3—极乐世界　4—五龙亭　5—澄观堂　6—西天梵境　7—静清斋　8—先蚕堂　9—龙王庙　10—古柯亭　11—画舫斋　12、29、49—船坞　13—濠濮间　14—琼华岛　15—陟山门　16—团城　17—桑园门　18—乾明门　19—承光左门　20—承光右门　21—福华门　22—时应宫　23—武成殿　24—紫光阁　25—水云榭　26—千圣殿　27—内监学堂　28—万善殿　30—西苑门　31—春藕斋　32—崇雅殿　33—丰泽园　34—勤政殿　35—结秀亭　36—荷风蕙露　37—大园镜中　38—长春书屋　39—迎熏亭　40—瀛台　41—涵元殿　42—补桐书屋　43—牣鱼亭　44—翔鸾阁　45—淑清院　46—日知阁　47—云绘楼　48—清音阁　50—同豫轩　51—鉴古堂　52—宝月楼

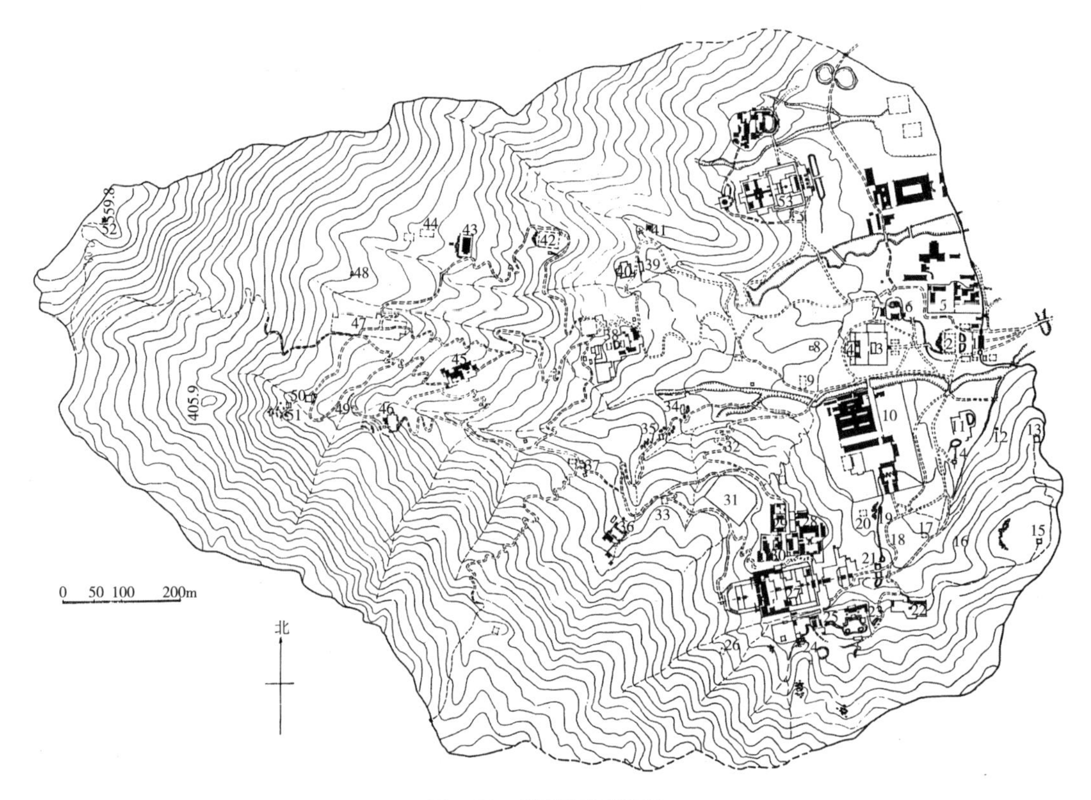

图 2-21 静宜园平面图

1—东宫门 2—勤政殿 3—横云馆 4—丽瞩楼 5—致远斋 6—运琴斋 7—听雪轩 8—多云亭 9—绿云舫 10—中宫 11—屏水带山 12—翠微亭 13—青未了 14—云径苔菲 15—看云起时 16—驯鹿坡 17—清音亭 18—买卖街 19—璎珞寺 20—绿云深处 21—知乐濠 22—鹿园 23—欢喜园（双井） 24—蟾蜍峰 25—松坞山庄（双清） 26—唳霜皋 27—香山寺 28—来青轩 29—半山亭 30—万松深处 31—宏光寺 32—霞标磴（十八盘） 33—绚秋林 34—罗汉影 35—玉乳泉 36—雨香馆 37—阆风亭 38—玉华寺 39—静含太古 40—芙蓉坪 41—观音阁 42—重翠亭（颐静山庄） 43—梯云山馆 44—洁素履 45—栖月岩 46—森玉笏 47—静室 48—西山晴雨 49—晞阳阿 50—朝阳洞 51—研乐亭 52—重阳亭 53—见心斋

内垣在园的东南部，接近山麓，是静宜园内的主要景点和建筑荟萃之地，包括宫廷区和著名的古刹香山寺、宏光寺。各类建筑物如宫殿、梵刹、厅堂、轩榭、庭院等依山就势，成为自然风景的点缀，“二十八景”中有 20 景在此。外垣是静宜园的高山区，虽然面积辽阔，但景点疏朗，约 15 处，“二十八景”中有 8 景在此。其中大部分景观属于纯自然景观性质，其建筑物的设置多为观景，因此更具有山岳风景名胜区的意味。别垣建置稍晚，垣内有两大组建筑群“昭庙”和“正凝堂”。昭庙全名为“宗镜大昭之庙”，是一座汉藏混合样式的大型佛寺，坐西朝东，依次分布着琉璃牌坊、山门、前殿、清净法智殿、藏式大红台四层、六面七层琉璃塔。昭庙建成于乾隆四十七年（1782 年），为了纪念班禅额尔德尼来京为皇帝祝寿这一有关民族团结的政治事件，模仿了西藏日喀则的扎什伦布寺而建置。正凝堂早先是明代的一座私家别墅园，乾隆利用其废址扩建而成，是一座典型的园中之园，总体布局顺应地形，分为东西两部分，东半部以水面为中心，以建筑围合的水景为主体，西半部的地势较高，以建筑结合山石的庭院山景为主体。

静宜园景观布局以山为主，景点散布于山野丘壑之中，充分利用了山岩、洞溪，巧妙配置林木花卉，其间点缀亭台楼阁，展现了山林苑囿的特点，风景如画。经咸丰年间和光绪年间外

国侵略军的两度焚掠破坏，建筑大部分被毁，基本处于半荒废状态。新中国成立后，政府对静宜园加以保护和修整，恢复了部分景点和建筑物，开辟为香山公园，向游人开放。

（2）玉泉山静明园。静明园位于玉泉山，是清代的行宫御苑之一。玉泉山山形秀丽、林木蓊郁，多奇岩幽洞，到处泉流潺潺，寺庙众多。金章宗时期就建有行宫芙蓉殿，康熙、雍正年间开始修建静明园。乾隆十五年（1750 年）进行了大规模扩建，乾隆二十四年（1759 年）基本建成，乾隆亲题园景有 16 处。乾隆五十九年（1794 年）再次修建，达到建设的鼎盛。

全盛时期的静明园南北长 1350 米、东西宽 590 米，面积约 65 公顷，园内有大小建筑群 30 余组，其中寺庙 11 所。因皇帝并不在此长期居住，故居住建筑很少，辅助建筑也不多，建筑物的体量一般也不大，尺度亲切近人，外观朴素无华。在总体规划布局中，以山景为主、水景为辅，五个小湖萦绕于玉泉山的东、南、西三面，因山的坡势不同，五个小湖形状各异，结合建筑布局和花木配置，又构成五个不同的水景园（见图 2-22）。

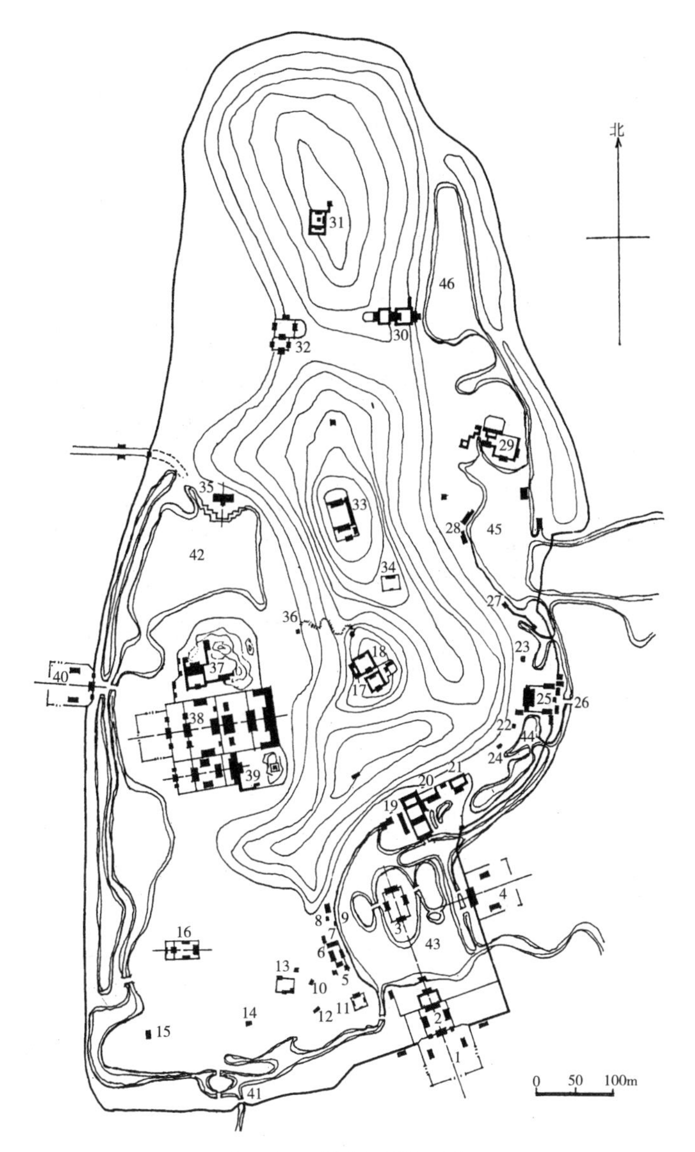

图 2-22　静明园平面图

1—南宫门　2—廓然大公　3—芙蓉晴照　4—东宫门　5—双关帝庙　6—真武祠　7—竹垆山房　8—龙王庙　9—玉泉趵突　10—绣壁诗态　11—圣因综绘　12—福地幽居　13—华藏海　14—漱琼斋　15—溪田课耕　16—水月庵　17—香岩寺　18—玉峰塔影　19—翠云嘉荫（华滋馆）　20—甄心斋　21—湛华堂　22—碧云深处　23—坚固林　24—裂帛湖光　25—含晖堂　26—小东门　27—写琴廊　28—镜影涵虚　29—风篁清听　30—书画舫　31—妙高寺　32—崇霭轩　33—峡雪琴音　34—从云室　35—含远斋　36—采香云径　37—清凉禅窟　38—东岳庙　39—圣缘寺　40—西宫门　41—水城关　42—含漪湖　43—玉泉湖　44—裂帛湖　45—镜影湖　46—宝珠湖

依地貌环境，静明园大体分为三个景区：南山景区、东山景区和西山景区。南山景区较为开阔，包括玉泉山主峰及西南面的侧峰和沿山南麓的平地区域，布列着玉泉湖、裂帛湖以及迂曲萦回的河道，是全园建筑精华荟萃的地方。玉泉湖近似方形，湖中三岛鼎立，沿袭了皇家园林“一池三山”的传统格局，是南山景区的中心。雄踞玉泉山主峰之顶的香岩寺和普门观是南山景区最主要的景区，居中而建的八面七层琉璃砖塔玉峰塔是全园的制高点，园内院外随处可见“玉峰塔影”之景。东山景区包括玉泉山东坡及其山麓，重点景观是南北狭长形的影镜湖，建筑沿湖环列且朝向湖面，楼阁错落有致，回廊曲折围合，植物的配置以竹为主题。宝珠湖位于镜影湖的北面，沿湖循山道可登山顶，在此可俯瞰清漪园昆明湖的景色。西山景区包括玉泉山山脊以西的区域，这里全部是平坦地形，在开阔平坦的地段上建有园内最大的一组建筑物，包括道观、佛寺和小园林。

咸丰十年（1860 年）北京西北郊诸皇家园林遭受英法侵略军的焚掠时，静明园也未能幸免，园中大部分建筑物被毁。

3. 离宫御苑（畅春园、避暑山庄、圆明园、清漪园）

畅春园、避暑山庄和圆明园是清初的三座大型离宫御苑，也是中国园林成熟时期的三座著名皇家园林，它们代表着清初宫廷造园活动的成就，集中反映了清初宫廷园林艺术的水平和特征，这三座园林经过乾隆、嘉庆两朝的增建和扩建，成为北方皇家园林空前全盛局面的重要组成部分。

（1）畅春园。畅春园是明清以来第一座离宫御苑，是康熙二十三年（1684 年）在北京西北角的东区、明神宗外祖父李伟的别墅“清华园”的废址上修建而成，历时三年竣工，由供奉内廷的江南籍山水画家叶洮参与规划，聘江南叠山名家张然主持叠山工程，使畅春园成为明清以来首次全面引进江南造园艺术的一座皇家园林。如今园已尽毁，遗址也夷为平地。

畅春园东西宽约 600 米、南北长约 1000 米，面积约 60 公顷，设园门 5 座。宫廷区在园的南面偏西，外朝为三进院落：大宫门、九经三事殿、二宫门，内廷为两进院落：春晖堂、寿萱春永殿，呈中轴线左右对称的布局。大宫门及两厢朝房均为卷棚硬山顶灰瓦屋面，体量矮小，宫墙为普通的虎皮石墙，整个建筑风格朴素无华。

苑林区为水景园，水面以岛堤划分为前湖和后湖两个水域，外围环绕设萦回的河道，万泉庄之水从园西南角引入，再从东北角流出，形成一个完整的水系。建筑及景点的安排按照纵深三路布置。畅春园建筑疏朗，大部分园林景观以植物为主调，明代旧园留下的古树不少，从三道大堤和一些景点的命名来看，园中花木十分茂盛。西花园是畅春园的附园，园内大部分为水面，穿插大小岛堤，主要建筑是讨源书屋和承露轩两组，完全呈现一派清水涟漪、林茂花繁的自然景观（见图 2-23）。

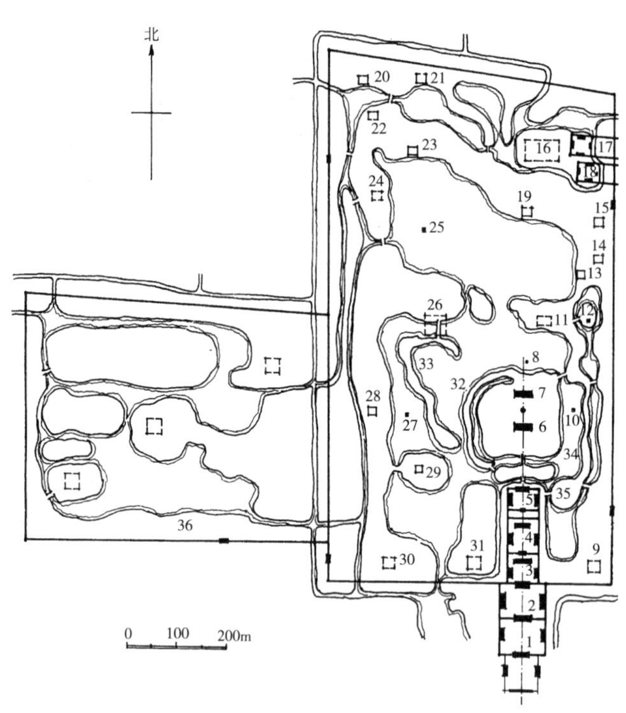

图 2-23　畅春园平面图

1—大宫门　2—九经三事殿　3—春晖堂　4—寿萱春永殿　5—云涯馆　6—瑞景轩　7—延爽楼　8—鸢飞鱼跃亭　9—澹宁居　10—藏辉阁　11—渊鉴斋　12—龙王庙　13—佩文斋　14—藏拙斋　15—疏峰轩　16—清溪书屋　17—恩慕寺　18—恩佑寺　19—太仆轩　20—雅玩斋　21—天馥斋　22—紫云堂　23—观澜榭　24—集凤轩　25—蕊珠院　26—凝春堂　27—娘娘庙　28—关帝庙　29—韵松轩　30—无逸斋　31—玩芳斋　32—芝兰堤　33—桃花堤　34—丁香堤　35—剑山　36—西花园

（2）圆明园。在北京的西北郊有西山、香山、玉泉山、万寿山等。在这一带山岭的东南则是沃野平畴，又有玉泉水流经其间，因此风景佳丽，气候宜人，为建筑苑园提供了良好的自然条件。所以清代帝王的苑囿多向这一带发展，于是就有了圆明园、长春园和万春园组成的圆明三园。

早先是明代这里就建有一座私家园林，清初收归内务府，康熙四十八年（1709 年）赐给皇四子作赐园。初建成后，康熙赐名叫圆明园。雍正三年（1725 年）开始扩建，乾隆时期再度扩建，于 1744 年竣工。乾隆在《圆明园图咏》后记中曾得意地写道："规模之宏敞，丘壑之幽深，风土草木之清佳，高楼邃室之具备，亦可观止……"到过圆明园的一位法国天主教士曾称赞圆明园为"万园之园"。可惜这座世界上无与伦比的、宏伟壮丽的园林艺术杰作，世界上最豪华的瑰丽宫苑，却在咸丰十年（1860 年）10 月被英法侵略者闯进后进行了疯狂的抢劫。1860 年 10 月 18 日清晨，英国的一个骑兵加强团进园纵火，全园顿成火海，火势三日不止。在短时间内，这个应用了无数的工匠、人力修建而成的千姿百态、美不胜收的圆明园，被焚掠殆尽。宏伟美丽的园林变成了灰烬，不仅是损失了园中所藏中国历代珍传的文物和各种金器珠宝，更重要的是毁坏了世界上独一无二的明园。

圆明园共占地 2500 亩，作为一座大型皇家园林，三园的外围宫墙全长约 10 千米，设园门 19 个，成为我国园林艺术史上的罕世珍品，也是我国园林艺术历史发展到清代时期一个综合的杰作。圆明园既是皇帝避暑、游憩的胜地，也是皇帝用于较长时间理政、居住的地方，在园林前部建有"外朝内寝"制的宫廷区，兼备苑囿和宫廷双重功能。圆明园内造景繁多，有 48 景，万春园和长春园各有 30 景，三园共 108 景。每一景由亭、台、楼、阁、殿、廊、榭、馆等组成。

圆明园全部由人工平地起造，造园匠师运用中国古典园林叠山和理水的各种手法，创造出一个完整的山水地貌作为造景的骨架，园中之景都以水为景，因水而成趣，利用泉眼、泉流开凿的水体占全园面积的一半以上。大水面，如福海，宽 600 多米，中等水面如后湖宽 200 多米，众多的小型水面宽 40 ~ 50 米，作为水景近观的小品。而回环萦绕的河道又把这些大大小小的水面串联为一个完整的河湖水系，构成全园的脉络和纽带；并以福海和后湖作为造园的中心，沿着水面的岸边构置建筑景观，形成波光浩渺、景色优美的重要水区。福海沿历代皇家园林"一池三山"的造园传统，设置瀛洲、蓬莱和方丈三座岛屿，加以置石而成的假山、聚土而成的冈阜以及岛、屿、洲、堤等分布于园内，约占全园面积的 1/3。它们与水系相结合，构成山重水复、层叠多变的数十处园林空间。

圆明园大致可分为五个重要的景区。一区为宫廷区，有朝理政务的正大光明殿、勤政亲贤殿、保合太和殿等；二区为后湖区，乾隆六下江南时把当时国内四大名园（海宁安澜园、江宁瞻园、苏州狮子林、无锡秦园）及西湖等江南名景，画图以归，将它们的精华仿制于园中；三区有西峰秀色、问乐园、坐石临流等，其中有一景叫舍己城，城中置佛殿，城前还有买卖街，仿苏州街道建成，是皇帝后妃们买东西的地方。福海则为第四区，中心为蓬岛瑶台，福海周围建有湖山在望、一碧万顷、南屏晚钟、别有洞天、平湖秋月等景点共十多处；第五区有关帝庙、清旷楼、紫碧山房等。

乾隆时的圆明园除了将苏杭等处的许多风景名胜仿建于园内外，出于猎奇心理，在西洋教士朗世宁、蒋友仁等的耸动下，还仿照欧洲的"洛可可"式建筑，修建了有西欧建筑风格的谐奇趣、蓄水楼、万花楼、方外观、海宴堂、远瀛观、大水法等石构建筑。其中以远瀛观最为宏伟，观前有用西方水法所建的喷水池。西洋建筑最大的特点就是高大的立柱和拱券门，墙身和柱身遍布由圈线和曲面构成的花纹图案，雕刻精致，西洋建筑风格浓郁。其中也有中国传统建筑手法的运用，并非对西洋建筑的完全照搬，如海晏堂顶上的小殿宇就是采用的中国式的坡顶，建筑的屋顶也均采用中国式的琉璃瓦的铺设，雕刻装饰细部也杂有中国传统花纹，并有写意手法的雕刻图案。

圆明园的建筑颇有特色，大部分为中国传统建筑形式，又创造了更为新颖的样式。其园内的木构建筑多是青瓦、卷棚顶，显得比较素雅，园内各组建筑可分为许多单体，有三间、五间，或出廊，或工字形，或乙字形，式样繁多，变化多样，内部装修较之宫殿更为精致。以装修取胜，也是圆明园建筑的一个重要特色。在园林景观的组织上有三个建筑区：福海四周建筑区、后湖以北的建筑区和前湖周围的建筑区，这三个建筑区结合地形和水系，将天工的造化与人工相结合，巧妙布置，注重与环境的和谐协调，在红花、绿树、湖光、碧池、溪涧、山色、曲径、白云、蓝天之中，点缀着亭、台、楼、阁的建筑，整个布局毫无生硬拼凑的感觉，园林建筑与环境气氛和谐，景物协调，符合清代帝王的“宁神受福，少屏烦喧”及“而风上清佳，惟园居为胜”的思想要求（见图 2-24）。

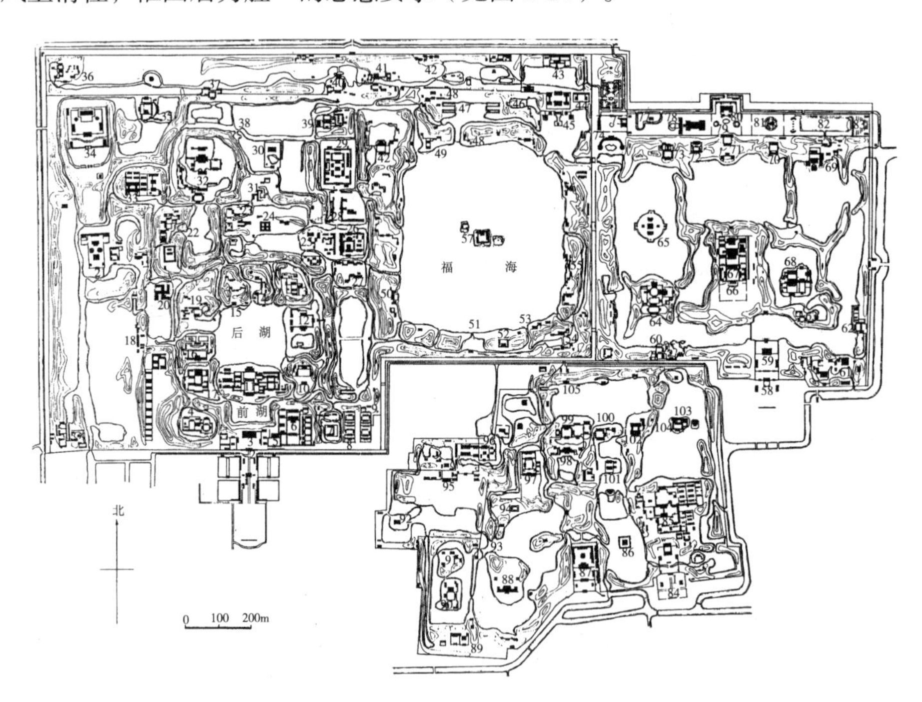

图 2-24 乾隆时期圆明园平面图

1—大宫门 2—出入贤良门 3—正大光明 4—长春仙馆 5—勤政亲贤 6—保和太和 7—前垂天贶 8—洞天深处 9—如意馆 10—镂月开云 11—九洲清晏 12—天然图画 13—碧桐书院 14—慈云普护 15—上下天光 16—坦坦荡荡 17—茹古涵今 18—山高水长 19—杏花春馆 20—万方安和 21—月地云居 22—武陵春色 23—映水兰香 24—澹泊宁静 25—坐石临流 26—同乐园 27—曲院风荷 28—买卖街 29—舍卫城 30—文源阁 31—水木明瑟 32—濂溪乐处 33—日天琳宇 34—鸿慈永祜 35—芳书院 36—紫碧山房 37—多稼如云 38—柳浪闻莺 39—西峰秀色 40—鱼跃鸢飞 41—北远山村 42—廓然大公 43—天宇空明 44—蕊珠宫 45—方壶胜境 46—三潭印月 47—大船坞 48—双峰插云 49—平湖秋月 50—藻身浴德 51—夹镜鸣琴 52—广育宫 53—南屏晚钟 54—别有洞天 55—接秀山房 56—涵虚朗鉴 57—蓬岛瑶台（以上为圆明园） 58—长春园大宫门 59—澹怀堂 60—茜园 61—如园 62—鉴园 63—映清斋 64—思永斋 65—海岳开襟 66—含经堂 67—淳化轩 68—玉玲珑馆 69—狮子林 70—转香帆 71—泽兰堂 72—宝相寺 73—法慧寺 74—谐奇趣 75—养雀笼 76—万花阵 77—方外观 78—海晏堂 79—观水法 80—远瀛观 81—线法山 82—方河 83—线法墙(以上为长春园) 84—绮春园大宫门 85—敷春堂 86—鉴碧亭 87—正觉寺 88—澄心堂 89—河神庙 90—畅和堂 91—绿满轩 92—招凉榭 93—别有洞天 94—云绮馆 95—含晖楼 96—延寿寺 97—四宜书屋 98—生冬室 99—春泽斋 100—展诗应律 101—庄严法界 102—涵秋馆 103—凤麟洲 104—承露台 105—松风梦月（以上为绮春园）

（3）避暑山庄。避暑山庄位于今河北省承德市北部，也称热河行宫，是康熙皇帝为了笼络蒙古贵族以及避暑的需要，于康熙四十二年（1703 年）兴建的行宫，于 1708 年建成，初步完成了 16 个景点的建设。康熙五十年（1711 年）新建成了 20 个景点，均以四字为景题。乾隆六年（1741 年）又开始扩建，直到乾隆五十五年完成，历时 39 年，完成了三字题名的 36 景，足见工程之大。从初建直到清朝末年，皇帝后妃每逢夏天常来这里避暑，或在秋初时在避暑山庄之北的木兰围场打猎，并会见蒙古贵族们。承德由此成为打猎出发和归途的中间站，因此更增加了它的重要性。

避暑山庄从康熙年间至乾隆年间先后经历了 80 多年的时间营建，形成了不同时期的艺术构思和意趣。在康熙年间，避暑山庄以自然山水景观为主，突出了自然山水之美，将素雅的建筑物与纯朴的自然环境和谐统一。乾隆年间增建的建筑物则多数使用了琉璃瓦顶，对栋梁和楹柱进行了装饰，形成了与先前朴素自然截然不同的格调。此外，建筑物的形象更为精巧，欣赏性和游憩性更为突出，布局新颖，错落有致，富有变化，艺术构思颇具匠心。

避暑山庄的总面积约为 564 公顷，它的特点是园内围进了许多山岭，只有五分之一左右的平地，而平地内又有许多水面，这与圆明园、颐和园的布局上有所不同。园的周围绕以防御性的砖石构筑的宫垣，似宫城一般，宫垣高约 1 丈、厚约 5 尺、长达 10 千米。四周设 6 个门，南面有丽正门、德汇门、碧峰门，东边及东北、西北各有一门，形成与一般皇家园林的不同特点。整个山庄西北高、东南低，东南有泉水聚集的湖泊和平地，西部及北部是地势起伏的山丘，林木茂密。山庄的湖水总称塞湖，在广阔的湖水区四周，群山环抱，宛如天然画屏，长年不断的河水滋润着漫山的林木花草，寒冬不结冰，夏日则凉爽宜人。

清代皇帝选择这块山常绿、水常清、天常蓝的地方做园址，充分利用热河泉源和数条山涧，因地就势，加以人工穿凿。当游人循径登高立于山巅，鸟瞰山庄园林时，但见由杨柳依依的岛洲堤桥，将镜湖、澄湖、上湖、下湖、如意湖等分割成若干水景区，形成水面的深远、曲折、含蓄、多变的园林艺术意境。又置石叠山于湖中，构成了月色江声洲、如意洲、金山洲等众多的洲与岛，丰富了水面的变化与层次。随着水面的曲折变化，楼、台、亭、榭等，或倚岸临水，或深入水际，或半抱水面，或掩映于绿树鲜花丛中，皆因水成景、因水而秀。湖水清波荡漾，万树成园，水面植荷，亭台楼阁隐露其间，涧泉潺潺，长流不断，山光水色，竞秀争奇。由行宫区、湖洲区、谷原区、山岭区组成的山庄园林凭着这一带的天然胜地，人工为之，巧夺天工，妙极自然。

整个避暑山庄不仅有园内丰富的景观，还与园外巍峨的山岭及园外东、北两面的外八庙，构成多样统一而辽阔的风景区，成为避暑山庄的一大特点。外八庙共有 12 座寺庙，包括溥仁寺、溥善寺、普乐寺、安远庙、普宁寺、曾佑寺、须弥福寿庙、普陀宗乘庙、殊象寺、广安寺、罗汉堂等，所有这些寺庙均规模宏大，豪华壮丽，建筑风格严格吸收了西藏、蒙古等许多著名建筑的特征，集中了各式佛寺的建筑风格，具有浓郁的民族特色，如普陀宗乘庙是仿造布达拉宫，须弥福寿庙是仿扎什伦布寺，普宁寺是仿桑耶寺等。这些寺庙建筑在总体布局上巧妙地利用了地形地貌，各具异态，蔚为壮观，使山庄得以借景，成为山庄设计成功之处，为山庄大为增色（见图 2-25）。

（4）清漪园（颐和园）。清漪园位于北京西北郊，在 1000 多年前，这里还只是一座荒山，山前的湖泊在元代疏浚后成为通惠河的一个水源。明代，人们在这里开辟田垅，种植水稻和菱、莲等水生植物，为原来的荒山、水源增添了一点景色，始有北国水乡风景之感。为此，有人把这里比作杭州西湖，曾在此建圆静寺。到了清代，乾隆皇帝看上了这一带的自然山水，于乾隆十五年（1750年）开始建园。挖湖堆山，两年后初具规模，将此湖命名为“昆明湖”；为庆祝皇太后的六十大寿，将原来的瓮山命名为万寿山；在圆静寺旧地建大报恩延寿寺，又置亭、台、楼、阁、轩、榭之后，易名清漪园。该园至1764年完全竣工，历时15年，共动用白银448万两，深受乾隆喜爱，并给予“何处燕山最畅情，无双风月属昆明”的评价。1860年英法联军入侵，清漪园几乎全部焚毁，光绪十四年（1888年），慈禧挪用海军军费重修之后，改名颐和园，取“颐养冲和，安享康乐”之意。1900年，在“八国联军”侵占时，颐和园又遭到极大的破坏，直到1903年才修复成我们现在所见到的情景。

图2-25 避暑山庄平面图

1—丽正门 2—正宫 3—松鹤斋 4—德汇门 5—东宫 6—万壑松风 7—芝径云堤 8—如意洲 9—烟雨楼 10—临芳墅 11—水流云在 12—濠濮间想 13—莺啭乔木 14—莆田丛樾 15—苹香沜 16—香远益清 17—金山亭 18—花神庙 19—月色江声 20—清舒山馆 21—戒得堂 22—文园狮子林 23—殊源寺 24—远近泉声 25—千尺雪 26—文津阁 27—蒙古包 28—永佑寺 29—澄观斋 30—北枕双峰 31—青枫绿屿 32—南山积雪 33—云容水态 34—清溪远流 35—水月庵 36—斗老阁 37—山近轩 38—广元宫 39—敞晴斋 40—含青斋 41—碧静堂 42—玉岑精舍 43—宜照斋 44—创得斋 45—秀起堂 46—食蔗居 47—有真意轩 48—碧峰寺 49—锤峰落照 50—松鹤清越 51—梨花伴月 52—观瀑亭 53—四面云山

清漪园的面积约为285公顷，其中水面约占五分之四。乾隆时期，园内的建筑物和建筑共有108处，总体布局是根据所处的自然地势条件和使用要求，因地制宜地划分成四个景区：东宫门和万寿山东部的宫廷区、万寿山的前山部分、后湖及万寿山的后山部分、昆明湖区。

宫廷区的建筑群为前朝后寝式，采用了堆成和封闭的院落组合，平面布局严谨，装修富丽堂皇，彰显了皇权的威严和神圣。但作为园林的组成部分，建筑物的屋顶使用了朴素的青灰瓦，屋顶也采用了柔和优美的卷棚顶，未施琉璃。庭院内夹栽绿树、种植花卉，从而使其与园林区域的风格统一起来。

万寿山前山区空间豁然开朗，以体量高大的排云殿、佛香阁和智慧海形成中轴线，周围布置了10多组建筑群，屋顶则以黄绿两色的琉璃瓦覆盖，色彩炫目华丽，形象十分突出。万寿山也在这组建筑的点缀下，成为全园的构图中心，山脚下为连绵的长廊和沿湖设置的汉白玉栏杆。佛香阁为园中的主体建筑，是仿黄鹤楼设计修建的，阁基为八方式，阁高达38米，仰之弥高，气魄雄伟，富丽堂皇居全园建筑之冠，起到控制全园的作用。

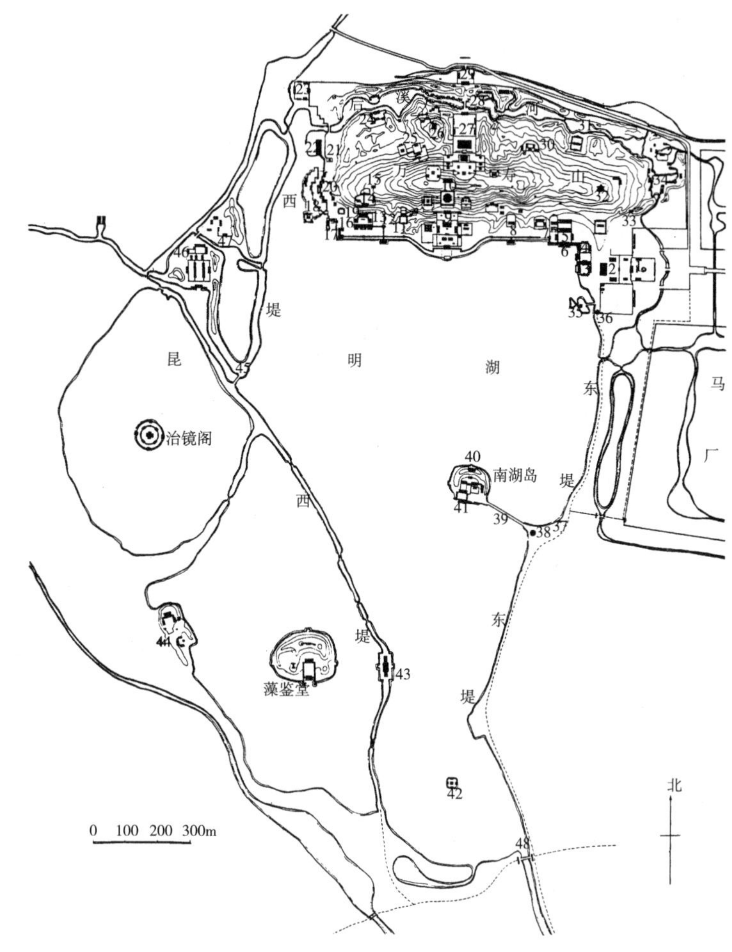

图 2-26　乾隆时期清漪园平面图

1—东宫门　2—勤政殿　3—玉澜堂　4—宜芸馆　5—乐寿堂　6—水木自亲　7—养云轩　8—无尽意轩　9—大报恩延寿寺　10—佛香阁　11—云松巢　12—山色湖光共一楼　13—听鹂馆　14—画中游　15—湖山真意　16—石丈亭　17—石舫　18—小西泠　19—蕰古室　20—西所买卖街　21—贝阙　22—大船坞　23—西北门　24—绮望轩　25—赅春园　26—构虚轩　27—须弥灵境　28—后溪河买卖街　29—北宫门　30—花承阁　31—澹宁堂　32—昙华阁　33—赤城霞起　34—惠山园　35—知春亭　36—文昌阁　37—铜牛　38—廓如亭　39—十七孔长桥　40—望蟾阁　41—鉴远堂　42—凤凰礅　43—景明楼　44—畅观堂　45—玉带桥　46—耕织图　47—蚕神庙　48—绣绮桥

万寿山后山以一组藏式风格的佛寺建筑须弥灵境覆盖了整个山坡，坡下绕山脚为曲折蜿蜒的后河。后河东尽头是仿江苏无锡寄畅园而建的惠山园（嘉庆十六年重建时改名为谐趣园），为颐和园中最典型的园中之园。园内以水池为中心，周围布置亭、台、楼、榭，用游廊和小桥相连，配以古树修竹、满池荷花，自成一格宁静的小天地。

昆明湖区水面开阔，为乾隆皇帝仿汉武帝上林苑中的昆明湖，并依照杭州西湖而建，依旧沿袭了“一池三山”模式，用堤与岛将湖面分隔成四个湖区，沿湖堤种植垂柳碧桃，湖中广莳荷花。沿西堤建有形态各异的西堤六桥，尤以玉带桥为冠。东堤建有长达 150 米的十七孔桥与南湖岛连接，十七孔桥模仿卢沟桥，每个石栏杆顶部都雕刻有石狮子，姿态各异。这种水面分割的办法增加了湖面的空间层次和深远感，使宽阔的昆明湖更加明媚秀丽。

清漪园的总体布置是继承了中国造园的传统手法，是以山水风景为主的山水宫苑，辽阔的湖跟巍峨的山既是平面和立面的对比，又是动和静的对比；成为对比的湖和山又互相借鉴，从而呈现了湖光山色的多种形态。荡舟湖上时，万寿山及其豪华壮丽的建筑群是视景的焦点；身在山上时，昆明湖水与堤桥辉映又成为风景的焦点。清漪园中也运用了中国造园中巧妙的借景手法，如布置了一些适当的眺望点，使西山、玉泉山诸峰的景色融会到园里来。至于园内各组景色，则通过曲径、高台、游廊、亭阁串联系起来，互相衬托，极尽变幻之能事。如今，颐和园是中国现存古代园林中规模大、最华丽、保存比较完整的一个例子，尤其是园内建筑物有很高的创造性，体现了我国几千年来造园技术和艺术传统的积累（见图 2-26）。

2.3 皇家园林的艺术特征

中国的皇家园林经过3000多年的发展与继承，在选址、布局、叠山、理水、植物、动物、小品、匾额、楹联等方面取得了很大的成就，也形成了自身的艺术特征。与其他类型的古典园林相比，既有共性，又有个性，一方面要充分体现皇权至上的尊崇和皇家气派，另一方面也要表现出自然山水园林雅致、疏朗的艺术特色。

2.3.1 壮观的总体规划

皇家园林往往因地域宽广而形成大型园林，无论是利用天然山水施以局部加工改造而成的天然山水园林，还是完全平地而造的人工山水园林，在建设之初都要进行精心的选址和总体规划。由于建园基址的不同，山水地貌与建筑、植物的组合、布局的形式不同，也相应采取了不同的总体规划方式。

天然山水园林对建园基址的原始地貌往往要进行精心的加工改造，调整山水的比例、连属、嵌合的关系，突出地貌景观幽邃、开阔的穿插对比，保持并发扬山水植被所形成的自然生态环境的特征，并且力求把我国传统风景名胜区的以自然景观之美兼人文景观之胜的意趣再现出来，将天然景观与人工景观有机地融为一体，以达到更高的艺术水准。从商代和周代的囿开始，天然山水园林中的建筑布局就与地形地貌结合得比较紧密；从隋唐时期开始，因布局要求，往往会适当地改造地形；到了清朝，地形条件更加优越，园林布局表现出更强的整体性，如承德避暑山庄的山区、平原区和湖区分别把北国山岳、塞外草原、江南水乡的风景名胜汇集于一园之中。

人工山水园林一般横向延展面极广，而人工筑山又不可能太高，所以这种纵向起伏很小的尺度与横向延展面极大的尺度之间很不协调，往往会造成园景过分空疏、散漫和平淡，因此在园林的总体规划上多运用化整为零、集零成整的方式，在不同的地段划分出许多小的、景观相对独立的、幽闭的景区或景点，每个小景区、小景点均自成单元，各具不同的景观主题及不同的建筑形象。这些小景区、小景点既是大园林的有机组成部分，又是相对独立、完整小园林的格局，因此形成了大园含小园，园中又有园的“集锦式”规划方式，如清代的圆明园、畅春园、南苑等。

2.3.2 精美绝伦的园林建筑

凝固乐章
建筑艺术

皇家园林往往具有宫殿的属性，因此其中的建筑占有重要的地位，随着皇家园林功能的转变，皇帝在郊外御苑中居住的时间越来越长，活动内容也越来越广泛，相应地就需要增加园内建筑的数量和类型，利用园内建筑分量的加重而有意识地突出建筑的形式美，也成为造景和表现皇家气派的一种手段，并将园林建筑的审美价值推向新的高度。皇家园林中的建筑类型丰富、形式多样、制作精湛，代表了每一朝代建筑的最高水平，建筑也往往成为许多局部景观甚至全园的构图中心，成为最重要的审美对象，如颐和园中的佛香阁。

建筑形象的造景作用，主要通过建筑个体和群体的外观、群体的平面和空间组合而显示出来。尤其到了清代，皇家园林建筑呈现出多样化，几乎包罗了中国古典建筑的全部个体、群体的形式，甚至为了适应特殊的造景需要创造出了多种变体。除了早期的台，历代皇家园林中的建筑类型包括殿堂、寺庙、佛塔、楼阁、轩馆、水榭、画舫、书斋、城关、亭子、游廊、牌坊等，根据山水地貌和植物的不同，展现出不同的形式变化。从营造的角度看，历代皇家园林中的建筑都讲究规制、造型端庄，虽富丽堂皇的程度不及正式的大内宫殿，但整体上依旧带有华丽的特点。

建筑布局也很重视选址、相地，讲究隐、显、疏、密的安排，务求构图的协调、亲和，充分发挥其“点景”和“观景”的作用。凡属园内重要部位，建筑群的平面和空间组合一般均运用严整的轴线对称和几何格律，个体建筑则多采用“大式”的做法，以此来强调园林的皇家肃穆气氛。其余地段的建筑群则因地制宜，做自由随意的布局，个体一律为“小式”做法，不失园林的婀娜多姿。如颐和园万寿山前山和后山的中央建筑群一律为“大式”做法，其他地段多为皇家建筑中最简朴的“小式”做法，以及与民间风格相融糅的变体，使整个园林在典丽华贵中增添了不少朴素、淡雅的民间乡土气息。

2.3.3　娴熟精辟的造园手法

皇家园林在发展中，不断融汇着南方和北方的造园艺术，尤其到清代，更是将皇家园林和私家园林的造园艺术的融汇达到了前所未有的广度和深度，因而极大地丰富了皇家园林的内容，更是提高了宫廷造园的技艺水平。

皇家园林中大多由尺度很大的山水景观构成。早期的苑囿中经常堆筑巨大的土山，汉代上林苑建章宫太液池中的三岛上的假山、曹魏华林园的景阳山都很巨大。隋唐时期，筑山手法演化为两种：一种是直接依托真山展开，如华清宫依靠着骊山，将名山群峰的风光纳入园林景观范围；另一种是人工堆筑假山，但尺度上明显减小，追求浓缩的象征性效果，如大明宫中的蓬莱山。北宋开始，按照山水画的画理，将最典型的自然山岳的面貌进行概括、提炼、升华，然后表现出来，艮岳的万岁山、万松岭和寿山成为筑山的巅峰之作。清代则全面继承了筑山的传统，并有所创新，如避暑山庄、静宜园和静明园依托真山，与自然山体巧妙地融合；清漪园的万寿山则将开挖昆明湖的土方堆在山的东半部，改善了山的形状，并在前山和后山局部加以人工置石，以此增加山势的陡峭程度；圆明园和西苑三海的假山则有分割景区的作用，大多以土山为主，局部点缀山石，仿佛连绵的大山余脉；也有以石头为主的假山，一般形成峰岭峦谷等微缩山景，时常设置山洞。

历代的皇家园林也大多辟有复杂的水系，表现长河、湖泊、溪流、水潭、山涧、瀑布、池塘等不同的水体形态，为园林增添了无限的生机和活力，同时通过水边的驳岸、码头、水湾、石矶、岛屿等，增加地形的起伏变化。在周文王的灵囿中就开辟有“灵沼”，吴王的姑苏台开辟有山间的水池，秦代的兰池宫开始开辟大面积的水池，汉代上林苑中人工开挖的昆明湖则面积超过 100 公顷。从隋西苑、北宋艮岳一直到清代的西苑三海、圆明园、畅春园、静明园、颐和园等，无不以水景取胜，沿水系营造变化多端的山水景观。因中国的大江大河多数从西北高原地区发源，最终流向东南方的大海，因此皇家园林的水系通常也遵循这一原理，其源头往往也从西北部流入，在中部汇成大水池，再由东南方流出。在很多园中之园，也大多辟有池沼之景，尺度虽小，但精巧灵活，以此增加空间层次的变化。

皇家园林在造园中，还经常“写仿”现实存在的名园胜景。早在秦始皇统一六国时，就派人将各国宫殿苑囿的样式画下来，仿建在渭水北岸。北宋艮岳筑山时模仿了杭州的凤凰山和万松岭。到了清代，皇家园林更是将这一手法发扬光大，成为造景中主要的方式。清代皇家园林中的许多造景皆模仿江南山水，吸取江南园林的特点。如圆明园中有仿海宁陈氏园的安澜园、仿江宁瞻园的如园、仿扬州趣园的鉴园；清漪园中有仿无锡寄畅园的惠山园（后改名为谐趣园），后湖的苏州街则是模仿苏州江南水乡风光，昆明湖上西堤六桥是模仿杭州西湖苏堤六桥，景明楼是模仿了湖南的岳阳楼；在长春园和避暑山庄中有仿建的狮子林；避暑山庄的小金山模仿了镇江金山寺的金山亭，烟雨楼是模仿嘉兴南湖的烟雨楼，文津阁是仿宁波天一阁等。圆明园中的许多景点与题名也多直接套用苏杭的园林景观题名，如“平湖秋月”“三潭印月”“雷峰夕照”“曲院风荷”等。

2.3.4 复杂多变的象征寓意

在古代，凡是与皇帝有直接关系的营建皆利用它们的形象和布局作为一种象征性的艺术手段，通过人们审美活动中的联想意识来表现天人感应和皇权至尊的观念，从而达到巩固帝王统治地位的目的，这种情况随着封建制度的发展而日益成熟、严谨。因此在皇家园林中，许多景观都是以建筑形象结合局部景域而构成五花八门的模拟：蓬莱三岛、仙山琼阁、梵天乐土、文武辅弼、龙凤配列、男耕女织、银河天汉等，寓意于历史典故、宗教和神话传说，还有许多借助于景题命名等文字手段直接表达出对帝王德行、哲人君子、太平盛世的歌颂赞扬，象征寓意甚至扩大到了整个园林或主要景区的规划布局。

秦始皇在渭水两岸建造的宫苑总体规划模仿了天象，表现出包容宇宙、四海一家的寓意；从曹魏华林园的“景阳山与天渊池”模式到隋代西苑的“五湖”，再到圆明园后湖景区的九岛环列象征“禹贡九州”，集中展现中国版图的地形地貌，皆间接表达了“普天之下，莫非王土”的寓意。

许多皇家园林采用“宫苑合一”的形制，相对独立的宫廷区是帝王举行朝仪、处理政务的地方，通常采用规整的格局，秩序感强，并时常体现出治国安邦的思想。如圆明园外朝区的“正大光明殿”寓意朝政清明，“出入贤良门”和“勤政亲贤殿”寓意亲近贤臣、勤于政务；西苑、圆明园、避暑山庄、清漪园、静宜园中都有“勤政殿”，寓意勤政务本、勤于思政。

自秦汉以来，在皇家园林中以东海神话体系为蓝本的仙境之景就成为最富有特点的景观。从秦始皇的兰池宫中凿池筑岛模仿海上仙山开始，汉武帝建章宫太液池中的“一池三山”模式的定形，一直到清代的西苑三海、清漪园、圆明园，历代皇家园林中都有类似的“一池三山”的景象。岛上多建有楼阁高台，色彩绚丽，与假山、水面呼应，显示出一种玉宇凌波、巍峨富丽的“仙居之地”，体现出历代帝王向往仙境，祈求长生不老的心理。

皇家园林内还大量建置寺观，尤以佛寺为多。几乎每一座大型的园林内都不止一座佛寺，其规模之大、规格之高，并不亚于当时的名刹，有的佛寺成为一个景域或主要景区内的主景，甚至是全园的重点和构图中心。这也是一种象征的造景手法，是统治者标榜崇弘佛法来拉拢人心、巩固统治地位。

思考与练习

1. 简述灵囿的功能和特点。
2. 天人合一、君子比德、神仙思想对皇家园林发展的影响表现在哪里？
3. 结合园林实例，简述秦汉宫苑的形成背景与风格特征。

4. 魏晋时期皇家园林与之前相比，有哪些变化？
5. 简述隋唐皇家园林的发展成就与艺术特点。
6. 试述艮岳的历史背景、总体布局与艺术成就。
7. 结合园林实例，试述清代皇家园林中主要类型特点。
8. 简述圆明园、颐和园的形成背景与风格特点。
9. 简述中国皇家园林的整体艺术特征。

第3章　私家园林

思政箴言

中国古典私家园林“诗情画意”，集文人精神与匠人技艺于一堂，体现了中国传统的人文精神、道德追求和审美情趣，具有丰富的美学价值和技术价值，也是传承中华文脉、中华匠心及中华之美的重要媒介。党的二十大报告强调必须坚持守正创新，守正才能不迷失方向、不犯颠覆性错误，创新才能把握时代、引领时代。我们必须坚持守正创新，汲取私家园林的造园智慧和工匠精神，弘扬园林文化精髓，并不断创新，把中国传统造园技艺推向新的高度。

3.1　基本概述

中国古代园林，除皇家园林外，还有一类属于王公、贵族、地主、富商、士大夫等私人所有的园林，称为私家园林。私家园林是相对于皇家的宫廷园林而言，中国古籍里面称之为园、园亭、园墅、池馆、山池、山庄、别墅、别业等，是中国古典园林的基本类型之一。

私家园林发端于秦汉，受皇家园林启发而产生。私家园林的产生既是经济社会发展的产物，又是古代儒家思想、道家思想和佛学思想以及隐逸思想相互融合、相互影响的产物，实际上反映了中国士大夫阶层与君主权力之间持久的冲突与融合。中国的士大夫受儒家人格思想的影响，追求理想人格与审美人格的交融：一方面，强调以天下为己任；另一方面，当仕途不畅，处在困境时，强调体现自身的高尚品格。所谓“得志，泽加于民；不得志，修身见于世。穷则独善其身，达则兼善天下”。他们总是在现实社会与理想世界间徘徊，既想在仕途上飞黄腾达，又希望自己不失文人的气质和理想，体现自身的完美。在对世事的不满表现出无能为力或在仕途上受到打击和挫折后，士大夫阶层往往会将自己隐身于精神世界，通过诗歌、绘画以及居住的环境来抒发自己的感慨和志向，寄托自己的追求。因此，追求“乐逸无忧患”的理想生活成为古时文人雅士的理想境界；而陶渊明式的生活模式在现实生活中似乎又是不现实的，因此更多地偏向于城市山林的现实建构。这种时代和社会背景极大地推动了私家园林的兴盛和发展。

文人士大夫大多希望造山理水以配天地，以寄托自己的政治抱负。一部分士大夫受老庄思想的影响，崇尚自然，形成与儒家五行学说相对立的，以自然无为为核心的天地观念，因此园林中的山水不再局限于茫茫九州、东海三山；又由于封建权力和礼制的打压，私家园林的规模与建筑样式受到诸多限制，这正好又与庄子思想中万物的相对主义思想相吻合。于是从南北朝时期起，私家园林就开始往小巧而精致的方向发展。一些知识分子甚至借方士们编造的故事而将园林称作“壶中天”，要人们在小中见大。儒家知识分子虽不像道家知识

分子那样消极遁世，却也有了“道不明则隐”的清醒选择。于是，他们开始追求拥有一个能与封建权力分庭抗礼的环境，这个环境无须很大，无须奢侈，无须过多的建筑，只要能在城市的喧闹中造就一种隐居的氛围，使他们在简朴的生活中继续磨炼自己的意志和德行即可。当世道一旦清明，明君一旦出现，他们就会即刻复出。更重要的是，在园林中，他们也可直接与天道相通。这无疑是他们的人生社会理想的好去处。他们以孔子对颜回的赞誉为鉴，在小小的园林（“勺园”“壶园”“芥子园”“残粒园”等）中“一瓢饮，一箪食”，乐而不改其志，坚定地等待着。正所谓“身在山林，心存魏阙”。这时的半亩方园就成了“孔颜乐处”，失意的士大夫们便可在其间“文酒聚三楹，晤对间，今今古古；烟霞藏十笏，卧游边，山山水水”了。

当私家园林发展到宋元时期，受写意山水画的影响，园林造园技法也趋向写意风格了，此风一直延续到清代并走向高潮。这个时期的园林大多数为人们所熟知，如拙政园、休园、影园等。建筑类型已经很完善了，厅堂斋馆、楼榭台阁等一应俱全。而明末出现的《园冶》则标志着明代文人园的兴盛和其理论与实践成就，并促使清代私家园林进一步繁荣。清代开始，经济繁荣，特别是江南地区，土地富庶、气候温暖、文化发达，具备造园的极佳条件。这个时期的苏州园林无论在质量上还是数量上均为全国之冠，留园、退思园均为这个时期的佳作。这一时期的园林在人工雕琢修饰的方面更胜于明代，私家园林显然也已经达到了高潮。与此同时，也最终形成了江南、北方、岭南三大地方风格鼎峙的百花争艳的局面。

私家园林的建造大多与享乐生活有密切关系，作为一种生活方式，也必然要受到封建礼法的制约。私家园林在规模、尺寸、造型、风格、外观等方面受到限制，而且随着封建制度的发展，这种限制的内容越来越多，程度越来越严格。因此，私家园林在内容和形式方面都表现出许多不同于皇家园林之处。

在功能用途上，私家园林主要是以起居生活、修身养性、闲适自娱为主要功能的“宅园”。在建造规模上，私家园林规模不大，一般只占地几亩至十几亩，更有小的仅有半亩或者一亩而已。在空间布局上，建造在城镇的私家园林一般呈前宅后园的格局，即花园紧邻邸宅的后部，或位于邸宅的一侧而成跨院。宅园依附于邸宅作为园主人日常游憩、宴乐、会友、读书的场所，大多以水面为中心，四周散布建筑，构成一个景点或几个景点。建在郊外山林风景地带的私家园林大多数是“别墅园”，供园主人避暑、休养或短期居住之用。别墅园不受城市用地的限制，规模一般比宅园大一些。在艺术审美上，私家园林外观朴实清新、内敛素雅，屋面常用灰瓦卷棚顶，装饰简洁，不施彩画，不追求富丽堂皇、色彩鲜明，然而它们的意境深邃、淡雅精深，充满诗情画意，其中的文学艺术作品（匾额、楹联、勒石、诗词书画）之多和寓意之深刻，是皇家建筑所不能比的。唐代以前，私家园林的园主大多是皇亲国戚、贵族官僚、豪强富商，掌握大量的土地和财富。隋唐之后，科举制度盛行，门阀制度衰落，知识分子的数量增多，文人学子出身的官员大量参与造园活动，文人山水园和士流园林逐渐兴盛，并一直占据着私家园林的主导地位。在地理分布上，留存至今的私家园林集中在北京、南京、苏州、无锡及岭南各地。现今保存下来的园林大多属于明清时期，经过了历代匠师的创造，在设计并建造天然优美的景色方面积累了丰富的经验，形成了独具风格的文化艺术特色。

3.2 发展历程

3.2.1 汉代私家园林

3.2.1.1 发展概况

西汉初期，朝廷崇尚节俭，私人造园的情况并不多见。汉武帝之后，贵族、官僚、地主和富商大贾广置田产，拥有大量奴婢，过着奢侈的生活，关于私家园林的情况也屡见于文献记载。所谓“宅”“第”，即包括园林在内，也称为“园”“园池”，其中尤以建置在城市和近郊的居多。如武帝时丞相田蚡、大将军霍光，以及贵戚王氏五侯的宅第园池，均规模宏大、楼观壮丽。同时，地方上的大地主和大商人也在民间进行造园，如茂陵袁广汉园、董仲舒的舍园等。

东汉时期，私家园林更加普遍，除了建在城市及其近郊的宅、第、园池之外，随着庄园经济的发展，郊野的一些庄园也掺入了一定分量的园林化经营，表现出了一些朴素的园林特征。特别是到了东汉中后期，吏治腐败，外戚、宦官操纵政权、聚敛财富，追求奢侈生活，因而竞相营建宅第、园池。如东汉顺帝时的大将军梁冀就在洛阳城内外及附近千里范围之内大量修建宅园供己享用。梁冀所营建的诸园在一定程度上反映了当时贵戚官僚的营园情况。

东汉时期，私家园林内建置高楼的情况十分普遍，当时的画像石、画像砖都有具体的形象表现（见图 3-1）。这与秦汉时期盛行的“神仙好楼居”的思想固然有着直接的联系，另外也是出于造景、成景的考虑。楼阁高耸的形成可以丰富园林总体的轮廓线，人们似乎已经认识到了楼阁所特有的“借景”功能。

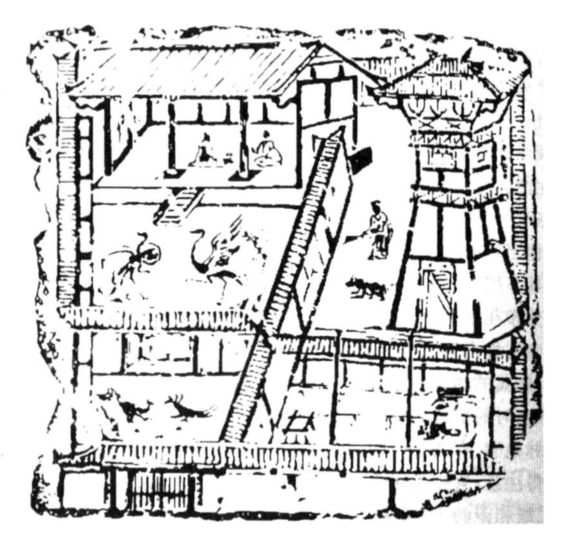

图 3-1　四川出土的东汉汉砖像

3.2.1.2 园林实例

1. 兔园（梁园）

兔园，又名梁园、梁苑，由西汉梁孝王刘武所建，故址在今河南省商丘市东南。梁孝王是汉武帝刘彻的叔叔，深受窦太后喜爱，好宾客。据《西京杂记》记载：“梁孝王好营宫室苑囿之乐。作曜华之宫，筑兔园。园中有百灵山，山有肤寸石……其诸宫观相连，延亘数十里，奇果异树，珍禽怪兽毕至。”可见兔园规模宏大，宫室相连属，继承了苑囿的造景手法。梁孝王在园内建造了许多亭台楼阁，以及百灵山、落猿岩、栖龙岫、雁池、鹤洲、凫渚等景观，种植了松柏、梧桐、青竹等奇木佳树。建成后的梁园周围三百多里，宫观相连，奇果佳树错杂其间，珍禽异兽出没其中，可供游赏驰猎，使这里成了景色秀丽的人间天堂。梁园七台八景之一的“梁园雪霁”即是此所指。梁孝王在其中广纳宾客，当时的名士司马相如、枚乘、邹阳等均为座上客。

2. 袁广汉园

袁广汉园系西汉茂陵富人袁广汉所筑私园。据历史记载，袁广汉是汉武帝时人，家巨富，有家僮八九百人。于北邙下筑园，东西四里，南北五里。激流水注其内，构石为山，高十余丈，连延数里。养白鹦鹉、紫鸳鸯、牦牛、青兕，奇禽怪兽，委积其间。积沙为洲屿，激水为波潮，其中置江鸥、海鸥，孕雏产，延漫林池，奇树异草，靡不具植。屋皆徘徊连属，重阁修廊，行之，移晷不能遍也。后广汉有罪诛，没入为官园，鸟兽树木，皆移植于上林苑中矣。此园面积虽远不及汉梁孝王的兔园，但其布点置景以建筑与山水林木景物并重，又多有人工构作，如石山、沙洲及激水为波等。园中所构佳妙景物与所集珍贵花木禽兽均属上乘，否则也不致在人诛园没后转送于上林苑。此外，园内构建有高十余丈、长数里的石山，表明当时在中国的园林构景中，人工造山技术已达到了相当高的水平。此园虽然不过"东西四里，南北五里"，但也是"奇树异草，糜不培植"，再加上激水为波、构石为山、重阁修廊，因此可以说已经完全具备了现代意义上的园林诸要素。在这样的自然环境中，"白鹦鹉、紫鸳鸯、牦牛、青兕，奇兽珍禽，委积其间"，体现了中国园林尊崇自然、师法自然的指导思想。可谓是我国私家园林的鼻祖。

3. 梁冀私园

梁冀为东汉开国元勋梁统的后人，家世显赫，顺帝时官拜大将军，历事顺、冲、质、桓四朝。梁冀一人拥有的园林数量之多、分布范围之广，均前所未有。其园林规模可比拟皇家苑囿，可谓是中国历史上规模最大、最豪华的私家园林。其中"园圃"和"菟园"两处私园是东汉私家园林的精品。

据记载，园圃"采土筑山，十里九坂，以象二崤（崤山，又名崤陵在河南）。深林绝涧，有若自然，齐秦驯兽，飞走其间……"可见具有浓郁的自然风景的意味。园林中以构筑假山的方式堆置了形似二崤绵延起伏的山丘，山上有大片树林，山下有深陡的溪涧，山林间放养着奇禽驯兽，是模仿崤山形象，是真山的缩移摹写，已经不同于皇家园林虚幻的神仙境界了。这种假山构筑方式，是中国古典园林见于文献记载中最早的例子。

建置在洛阳西郊的菟园"经亘数十里，园内建筑物体量较大，尤以高楼居多"，而且营造规模十分可观。"堂寝皆有阴阳奥室，连房洞户。柱壁雕镂，加以铜漆。窗璐皆有绮疏青琐，图以云气仙灵。台阁周通，更相临望。飞梁石蹬，凌跨水道。"

3.2.2　魏晋南北朝私家园林

3.2.2.1　发展概况

私家园林的兴盛始于魏晋南北朝时期。魏晋南北朝是中国古代园林史上的一个重要转折时期。一度社会经济繁荣、文化昌盛，儒道佛玄诸家争鸣、彼此阐发。此时期，门阀制度盛行，很多门阀士族占有大量的土地和财富，而且他们一般都受过良好的教育，不少成为高官、名流和知识界的精英。与此同时，寄情山水、崇尚自然的风尚，以及老庄无为的哲学思想十分流行，促进了人们对大自然的向往。而且人们敢于突破儒家思想的桎梏，藐视正统儒学制定的礼教和行为规范，从非正统的和外来的种种思潮中探索人生的真谛。思想的解放带来了人性的觉醒，促进了艺术领域的开拓，也给予了园林极大的影响。造园活动向民间普及，而且升华到了艺术创作的境界。

门阀士族和豪富们纷纷建造私家园林，把自然式风景山水浓缩于私家园林中。文人雅士们也隐居山林、玄谈玩世、寄情山水、自居风雅，于是私家园林大为兴盛。既有建在城市里面的城市型私园——宅园、游憩园。据《洛阳伽蓝记》上记载，北魏洛阳城司农张伦的私邸最为豪奢，“诸王莫及”。还有建在郊外，与庄园相结合的别墅园，如西晋石崇在洛阳的金谷园。东晋之后，江南一带由于北方士族的大量迁入而文人荟萃，文化发展得较快。加之当地山水风景钟灵毓秀，出现了文人、名士所经营的风景式园林——别墅园林。谢灵运的庄园别墅就是一个典型例子。谢灵运在《山居赋》中记载，谢家在会稽有一座大庄园，其中有南北两居，南居为谢灵运父、祖卜居之地，北居则是别业；而且还描写了南居的自然景观特色，以及建筑布局如何与山水风景相结合，道路敷设如何与景观组织相配合的情况，叙述了庄园内种植、养殖、手工作坊、水利灌溉等生产情况，勾勒出一幅自给自足的庄园经济图。

就私家园林而言，规模从汉代的宏大变为这一时期的小巧精致，意味着园林内容从粗放到精致的跃进。园林中小而精的布局已经有了小中见大的迹象，而且受到当时美学思想的影响，造园的创作方法从单纯的写实，到写意与写实相结合的过渡，包含着老庄哲理、佛道精义、六朝风流、诗文趣味影响浸润的结果。小园获得了社会上的广泛赞赏，著名文人庾信就曾专门写过一篇《小园赋》，誉之为“一枝之上，巢父得安巢之所；一壶之中，壶公有容身之地”。

另外，在城市私园中，筑山的运作已经比较多样而自如了。除了土山之外，耐人寻味的置石为山也较之前普遍，开始出现单块美石的特置。例如，南梁人到溉的宅园内“斋前山池有奇礓石，长一丈六尺”，这块特置的美石后来被迎置在华林园的宴殿前。宋人刘勔造园于“钟岭之南，以为栖息，聚石蓄水，仿佛丘中”，是最早见于文献记载的用石来砌筑水池驳岸的做法。园林理水的技巧更加成熟，因而园内的水体多样纷呈，丰富的水景起着重要作用。另外，园林植物的品类繁多，专用于观赏的花木也不少，而且能够与山、水合作为分隔空间的手段。园林建筑则力求和自然环境相协调，构成因地制宜的景观，还应有一些细致的“借景”和“框景”手法造景。总之，此时期私家园林的规划设计显然更向精致细密的方向发展，尽管尚处于比较稚嫩的阶段，但在中国古典园林的三大类型中却率先迈出了转折时期的第一步，从早先的以皇家园林为主流，变成了皇家、私家、寺观三大园林类型并行发展。

3.2.2.2 园林实例

1. 金谷园

金谷园（见图 3-2）是西晋石崇的别墅，为当时著名的私家园林。石崇，晋武帝时任荆州刺史，后拜太仆，出为征虏大将军，是当时的豪门大富，因聚敛了大量的财富而广造宅园。石崇建造金谷园主要是为了满足其宴游生活的需要，以及退休后安乡山林之趣的需求。

图 3-2　金谷园图

金谷园的遗址在今洛阳老城东北的金谷涧内，又称河阳别业，是一座临河的庄园。金谷园地形起伏，并且临河而建。它把金谷涧的水引来形成园中水景，河涧可行游船，人坐岸边又可垂钓，岸边杨柳依依，并栽有繁多的树木。园内随地势高低筑台凿池，清溪萦回，水声潺潺。石崇借山形水势筑园建馆、挖湖开塘，周围几十里内，楼榭亭阁高下错落，金谷水萦绕穿流其间，鸟鸣幽村，鱼跃荷塘。石崇派人去南海群岛用绢绸子针、铜铁器等换回珍珠、玛瑙、琥珀、犀角、象牙等贵重物品，把园内的屋宇装饰得金碧辉煌，宛如宫殿。金谷园的景色一直被人们传诵。每当阳春三月、风和日暖的时候，桃花灼灼，柳丝袅袅，楼阁亭树交辉掩映，蝴蝶蹁跹飞舞于花间；小鸟啁啾，对语枝头。所以人们把“金谷春晴”誉为洛阳八大景之一。

2. 张伦宅园

北魏自武帝迁都洛阳后，休养生息，经济和文化逐渐繁荣。洛阳作为首都，人口日增，城市规模不断扩大。内城东西长20里，南北长30里，内城之外又加外廓，共有居住坊里220个，大量的私家园林就散布在这些坊里。洛阳城东“寿丘里”是王公贵族私邸和园林集中的地区，民间称之为王子坊。其中，大官僚张伦的宅园就是代表之一。

据《洛阳伽蓝记》：“惟伦最为豪侈，斋宇光丽，服玩精奇，车马出入，逾於邦君。园林山池之美，诸王莫及。伦造景阳山，有若自然。其中重岩复岭，嵚相属；深溪洞壑，逦迤连接。高林巨树，足使日月蔽亏；悬葛垂萝，能令风烟出入。崎岖石路，似壅而通，峥嵘涧道，盘纡复直。是以山情野兴之士，游以忘归。”可见，此时期建筑物为飞馆、重楼等，已有类似后世的亭桥和廊桥的做法。园林中已有用石材堆叠的假山，特别是以大假山景阳山作为园林的主景，已经能够将自然山岳的形象的主要特征比较精炼而集中地表现出来了。园内高树成林，畜养多种珍贵的禽鸟，尚保持着汉代遗风。同时，由于城市土地面积的限制，宜采用小中见大的规划设计，体现出从写实过渡到了写意与写实相结合。

3. 湘东苑

湘东苑是梁元帝萧绎还未即位时所筑的城市私园。当时，他被封为“湘东王”，因此自筑园林取名“湘东苑”。这个园林构思非常巧妙，山水主题格外鲜明。首先是借景园外，依山临水；其次是园内依然构山凿水，绵长达数百丈。园内园外，山水相接。更令人称绝的是，园内叠山中凿石洞，入内，可宛转潜行200余步，虽怪石嶙峋，却辗转自如，这也许是最早的也是最长的叠山穿洞。值得一提的是，通过湘东苑的建筑物，可以看出当时建筑艺术的发展，以及造园艺术已经升华到了一个相当高的水平。苑内筑有高踞山巅的“阳云楼”，也有跨水而过的“通波阁”，另有“芙蓉堂”“隐士亭”“修竹堂”“临水斋”“映月亭”，还有移动式建筑“乡射堂”，专供骑射之用。

3.2.3　隋唐私家园林

3.2.3.1　发展概况

唐代是中国古代园林风格转变的重要时期。私家园林较之魏晋南北朝更为兴盛和普及，艺术性较之上代又有了进一步升华。唐代完善科举取士，知识分子出身的官僚越来越多，逐渐取代了门阀士族。宦海浮沉，显达与穷通莫测，升迁与贬谪无常，出处进退的矛盾心态经常困扰着他们。他们越来越热心政治上的出人头地，“兼济天下”成为他们的人生理想，超脱俗世的真正的隐士越来越少，大部分文人知识分子选择隐于园林。因此，他们在获得优厚的俸禄之后，建造园林，既可以继续做官从政，又可以在罢官落魄时寄情山水，寻求精神的慰藉。于是，便逐渐催生出了隋唐时期具有新风格的私家园林——士流园林。

科举取士制度施行之后，士大夫阶层的生活和思想受到前所未有的大一统集权政治的干预。读书人的隐逸行为已经不再是目的，而更多的是成为入仕的一种手段，即所谓的“终南捷径”。大多数读书人做隐士的动机由过去的隐姓埋名转变为扬名显声、待价而沽。真正的隐士越来越少，更多的是“隐于园”者。中唐之后，这种“隐于园”的隐逸已经逐渐成为无须身体力行的精神享受，普遍流行于文人士大夫的圈子里。这种隐逸直接刺激了私家园林的普及和发展，对于士流园林的日益繁荣是一个重要的促进因素。

白居易根据自己的生活体验，在《中隐》这首诗中提出所谓的“中隐”学说，是流行于当时的文人士大夫圈子里的隐逸思想的真实写照。“中隐”颇有中庸的色彩，普遍为当时士人们所接受。隐逸的具体实践不必归园田居，更不必遁迹山林，园林生活完全可以取而代之。而园林也受到了“中隐”所代表的隐逸思想的浸润，同时成为后者的载体。于是，士人们都把理想寄托于园林，把感情倾注于园林，凭借近在咫尺的园林而尽享隐逸之乐趣。因此，中唐的文人士大夫们竞相兴造园林。他们对于园林可谓是一往情深，甚至亲自参与园林的规划设计。园林在文人士大夫生活中所占的重要位置，可想而知。在这种社会风尚的影响下，士流园林开始兴盛起来，同时也促进了私家园林的长足发展。

唐代已出现诗和画互渗的艺术风格，许多诗人、画家，如王维、杜甫、白居易等都直接参与过造园活动，他们将表现于画论的观念也用于园林设计汇总，园林艺术开始有意识地融入诗情画意，在私家园林里尤为明显。大诗人王维的诗生动地描写了山野、田园如画般的风光，他的画同样饶有诗意，可谓是“诗中有画，画中有诗”。如白居易的洛阳履道坊、王维辋川别业、裴度的午桥庄、李德裕的平泉山庄均属中国园林史上著名的私家大园，它们在规模上还留有苑囿的影子。

从中晚唐到宋代，文人写意园逐渐兴起。文人出身的官僚不仅参与风景的开发、环境的绿化和美化，而且还参与营造自己的私园，凭借自己对自然风景的深刻理解和对自然美的高度鉴赏能力来经营园林，同时也把他们对山水的艺术认识、人生的哲理体验、宦海浮沉的感怀融注于造园艺术中，因地制宜地通过借景抒情、融汇交织，把缠绵的情思从一角红楼、小桥流水、树木绿化中表露出来，形成表现山水真情和诗情画意的园林，称为写意山水园。

士大夫们要求身居市井也能闹处寻幽，于是在宅旁置园地，在近郊置别业，蔚为风气。唐代长安私家园林的山体、水体、植物、动物、建筑等景观要素和谐融汇，园池构筑日趋洗练明快，充分体现了崇尚自然的美学原则。由于诗文、绘画、园林艺术门类的相互渗透，中国园林从仿写自然美到掌握自然美，由掌握到提炼，进而把它典型化，使我国古典园林逐步发展形写意山水园林。

隋唐时期，私家园林主要集中在大都市及其近郊，以及风景名胜区。主要类型有城市私园与郊野别墅。都城长安和洛阳是唐朝经济最为繁荣的两座都市，同时也聚集着大量的官僚、国戚和文人，因而是士流园林数量最多的地方。长安城内大部分居住坊里均有宅院和游憩园，叫“山池院”——唐代人对城市私园的普遍称谓。洛阳城内私家园林多以水景取胜。城内私园，纤丽和清雅两种格调并存。前者如宰相牛僧儒的归仁里宅园，后者多见于时人诗文的吟咏。如白居易的履道坊园。据《洛阳名园记》记载，唐贞观至开元年间，公卿贵戚在东都洛阳建造的邸园总数有 1000 多处，足见当时园林发展的盛况。地处大运河水陆码头的扬州，成为江淮交通枢纽，带来了城市经济的繁荣，也促进了私家园林的兴盛。正如诗人姚合《扬州春词三首》所描述的“园林多是宅”“暖日凝花柳，春风散管弦”的盛况。史载扬州清园桥东有裴堪的“樱桃园”，园内“楼阁重复、花木鲜秀”，景色之美“似非人间”。扬州的园林大都以主人姓氏作为园名，如郝氏园、席氏园等，这种做法一直延续到清代。成都成为巴蜀重镇，是西南地区的经济与文化中心城市，文献中多有记载私家造园情况。

郊野别墅园即建在郊野地带的私家园林。在唐代通称为别业、山庄、庄，规模较小者称为山亭、水亭、田居、草堂等。据文献记载，唐代别墅园的建置大致分三种：一是单独建置在离城不远，交通往返方便，风景比较优美的地带。作为首都长安，近郊的别墅园林极多。贵族、大官僚多集中在东郊一带，如太平公主、长乐公主、安乐公主等；一般文人官僚的别墅多集中在南郊。洛阳南郊一带风景优美、引水方便，别墅园林尤为密集，同长安园林一样，多由达官显宦修造。二是单独建置在风景名胜区内。唐代，全国各地的风景名胜区陆续开发建设，其中尤以名山风景区居多，如李泌的衡山别业、白居易的庐山草堂等。三是依附于庄园而建置。依附于庄园建造别业，与唐朝的制度有关。许多官员有城内的宅院、郊外的别业，同时还拥有庄园别业，成为显示其财富和地位的标志。唐代的庄园别业对唐代文坛中“田园诗”的长足发展，起到了一定的促进作用。例如，王维的辋川别业和卢鸿一的嵩山别业。“空山不见人，但闻人语响。返景入深林，复照青苔上。”这首诗是唐代诗人王维描写自己居住的辋川别业内的鹿柴景点。

3.2.3.2　园林实例

1. 履道坊宅园

履道坊宅园为唐代大诗人白居易府邸。太和三年（829 年）白居易以刑部侍郎告病回洛阳，后长期居住在那里。白居易有《池上篇》诗，诗前自序记宅园创造经过和景物布局。履道里在洛阳城东南，占地十七亩，“屋室三之一，水五之一，竹九之一”，又筑池塘、岛、桥于园中。后又在池东筑粟廪，池北建书库，池西修琴亭，园中又开环池路，置天竺石、太湖石等，池中植白莲、折腰菱，放养华亭鹤，池中有三岛，先后作西平桥、中高桥以相联通。园中环境优美，亭台水榭，竹木掩映，白居易自誉其园云：“都城（指洛阳）风土水木之胜在东南隅，东南之胜在履道里，里之胜在西北隅。西闬北垣第一第；即白氏叟乐天退老之地。”足可见其园之美。

2. 杜甫草堂

杜甫草堂（见图 3-3），坐落成都市西门外的浣花溪畔，是中国唐代大诗人杜甫流寓成都时的故居。杜甫先后在此居住近四年，创作诗歌 240 余首。唐末诗人韦庄寻得草堂遗址，重结茅屋，使之得以保存，宋元明清历代都有修葺扩建。今天的草堂占地面积近 300 亩，仍完整保留着明弘治十三年（1500 年）和清嘉庆十六年（1811 年）修葺扩建时的建筑格局，建筑古朴典雅、园林清幽秀丽，是中国文学史上的一块圣地。草堂古朴典雅，规模宏

图 3-3　杜甫草堂

伟。其中大廨、诗史堂和工部祠这三座主要纪念性建筑物坐落在中轴线上，幽深宁静。廨堂之间，回廊环绕，别有情趣。祠前东穿花径、西凭水槛，祠后点缀亭、台、池、榭又是一番风光。园内有蔽日遮天的香楠林、傲霜迎春的梅苑、清香四溢的兰园、茂密如云的翠竹苍松。整座祠宇既有诗情，又富画意，是人文景观和自然景观相结合的著名园林。

3. 庐山草堂

庐山草堂（见图 3-4）位于江西庐山北麓香炉峰下，占地面积 3000 亩。唐元和十年（815 年）白居易因忠耿直言，得罪权贵被贬江州任司马，次年秋筑草堂，并隐逸山居近三年。白居易亲自参与草堂的选址、计划和营建。庐山草堂是白居易掌管修建的多处私园中情绪投入最多的一处，也是白居易林园思想最具有代表性的表现。他还特地撰写了《庐山草堂记》一文，记述了庐山草堂的选址、建筑概况、周围环境、四季景观和整体布局等。《庐山草堂记》中写道：“匡庐奇秀，甲天下山。山北峰曰香炉，峰北寺曰遗爱寺，介峰寺间，其境胜绝，又甲庐山。元和十一年秋，太原人白乐天见而爱之，若远行客过故乡，恋恋不能去。因面峰腋寺作为草堂。”

图 3-4　庐山草堂模拟图

庐山草堂建筑极为简朴，为园林的主体，园林布局结合自然环境，辟池筑台。周围环境得天独厚，近有瀑布、山涧、古松、野花，远可借香炉峰胜景。而且山居选址合宜，近旁四季美景，杖履可及，皆足观赏。总之，白居易的庐山草堂能够广借自然之美景，充分融入自然之境，在朴实无华中体现深刻意境。

4. 辋川别业

辋川别业是唐代诗人兼画家王维在辋川山谷（今陕西省蓝田县西南 20 千米处）营建的园林，这是一片拥有林泉之胜、因地而建的天然园林。王维的辋川别业不同于白居易的庐山草堂，它属于一个庄园，原本是诗人宋之问的蓝田别业，周围生产林木，田地膏腴富饶，因此具有很强的生产功能。

辋川别业营建在具山林湖水之胜的天然山谷区，因植物和山川泉石所形成的景物题名，使山貌水态林姿的美能更加集中、突出地表现出来，仅在可歇处、可观处、可借景处，相地面筑宇屋亭馆，创作成既富自然之趣又有诗情画意的自然园林。据《辋川集序》中记载，辋川别业中有孟城坳、华子岗、文杏馆、斤竹岭等名胜 20 处（见图 3-5）。

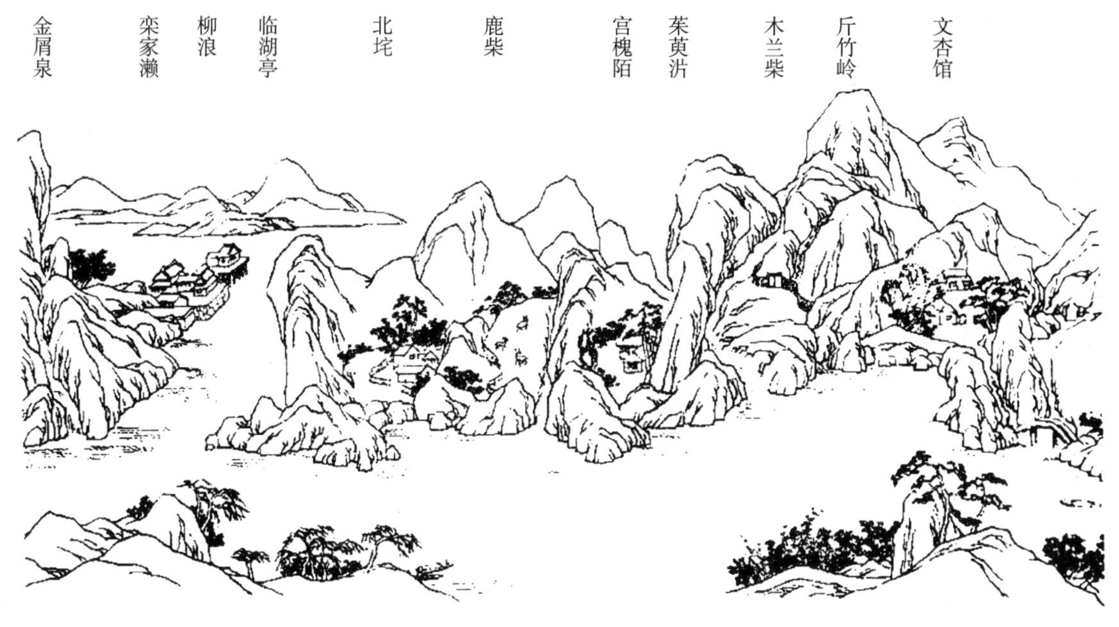

图 3-5　辋川景点分布图

在辋川别业的营建过程中，王维寄情山水，在写实的基础上更加注重写意，创造了意境深远、简约、朴素而留有余韵的园林形式，使其成为唐宋写意山水园的代表作品。王维母亲去世之后，王维将其辋川别业表为寺庙，葬母亲灵柩于其西侧。在上奏表文《请施庄为寺表》中说："……伏乞施此庄为一小寺，兼望抽诸寺名僧七人，精勤禅诵，斋戒住持。"

3.2.4　两宋私家园林

3.2.4.1　发展概况

两宋时期，科举制度更为完善，知识分子数量陡增，政府官员绝大部分为科举出身，唐朝残留着的门阀士族左右政治的遗风已完全绝迹。文官的地位、所得的俸禄高于武官，文官执政可以说是宋朝政治的特色，政府官员多半是文人。能诗善画的文人担任中央和地方重要官职的数量之多，在中国整个封建时代无可比拟。许多大官僚同时也是知名的文学家、画家、书法家，甚至最高统治者如宋徽宗赵佶亦跻身名画家和书法家之列。再加上朝廷执行比较宽容的文化政策，提供了封建时代极为罕见的一定范围内的言论自由，因而两宋人文之盛远迈前代。

这些特殊的文化背景刺激了文人士大夫的造园活动。由于知识分子、文人官僚把儒家现实生活情趣、道家清心寡欲和神清气朗、佛家禅宗枯寂自省以求解脱的思想融合到造园思想中去，从而形成了独特的文人园林观，使得兴起于唐代的士流园林全面"文人化"，掀起了文人园林的高潮。而且唐代私家园林写实和写意相结合的传统，到南宋时大体上已完成了写意的转化。中国园林由自然山水园发展到写意山水园，又称"文人山水园"。文人直接参与造园，文人画的画理介入造园艺术，景题、匾联的运用赋予园林"诗化"特征，从而把诗情画意带进园林，寓情于景，情以景出，深化园林意境的蕴涵，园林的艺术风格焕然一新，从而奠定了两宋文人园林繁荣的基础。两宋时期，文人园林数量之多、分布之广、造诣之高，皆超过前代。文人园林的兴起，也推动了皇家园林、私家园林和寺观园林的全面写意化。

北宋时期，中原作为北宋的政治中心所在地，以及当时经济与文化的发达地区，私家园林尤为兴盛，主要集中在以东京、洛阳为中心的中原地带。根据当时文献记载较多的私园，中原主要集中在洛阳和东京两个地方。洛阳是汉唐旧都，为历代名园荟萃之地，所以中原的私家园林，可举洛阳为代表。洛阳在北宋为西京，在该地兴建邸宅、园林的多为当时的公卿贵戚，所以当时就有“人间佳节惟寒食，天下名园重洛阳”“贵家巨室，园囿亭观之盛，实甲天下”“洛阳名公卿园林，为天下第一”的说法。宋代著名女词人李清照之父李格非写过一篇《洛阳名园记》，记述了他所亲历亲见的19处名重当时的园林，其中有18处为私家园林。在这18处私家园林中，有6处属于宅院性质，如富郑公园、环溪、湖园等；10处单独建造的游憩园，如董氏西园和东园、独乐园、丛春园等；2处专以培植花卉为主的花园是归仁园和李氏仁丰园。据《洛阳名园记》描述，单独设置的游憩园占了多数，而无论是私家宅院还是游园，都定期向公众开放，供公卿士大夫进行宴会、游赏活动，均承载了一定的文化内涵。记载中可见，洛阳多数私家园林都有较为广阔的敞地，树林中有空地“使之可张幄次”，且多有规格较大的堂、榭等建筑；园中建筑种类丰富但数量少，布局基本趋于疏朗，园中筑台，或做点景，或做登高远眺以及借园外之景之用；园林的堆山未曾提及有置石假山，可见中原私家园林仍以土山为主，可能是假山用的置石需要由南方远道运来，成本太高；另外一点是洛阳私家园林均以植物造景取胜，如竹林、梅林、桃林等，更有李氏仁丰园“人力甚治，而洛中花木无不有”，园中建有五亭分别作为四时赏花之所，还有归仁园“北有牡丹、芍药千株，中有竹千亩，南有桃李弥望”。这些园林置石、叠山、理水、莳花、植木都十分考究，构景日趋工致，技术水平有所提高。建筑造型及内外檐的装修注重与自然环境的有机结合。园林规模越来越小，而空间变化愈见丰富，景物愈趋精致。

在唐末五代中原战争频发的时期，江南地区便有钱氏所建立的吴越国维持安定局面；直至北宋，江南经济文化都保持着良好的发展势头，待到宋室南渡，江南遂成为全国最为发达的地区。南宋王朝偏安一隅，更是从园林中寻找精神庇护所，因此江南园林之兴盛自不必说。临安作为南宋时期江南最大的城市，是经济、政治、文化中心，又紧邻西湖和三面环抱的群山，无论是经济还是环境都为私家园林的兴盛提供了得天独厚的条件。因而自绍兴十一年（1141年）南宋与金人达成和议、形成相对稳定的偏安局面以来，临安私家园林的盛况比之北宋的东京和洛阳有过之而无不及，各种文献中所提到的私园总计近百处之多。它们大多数分布在西湖一带，其余在城内和城东南郊的钱塘江畔。《梦粱录》《武林旧事》中多记载临安私家园林大多分布在西湖一带，或是城内和城东南郊的钱塘江畔，如韩侂胄的南园，贾似道的水乐洞园、水竹院落、后乐园等。吴兴（湖州）靠近太湖，经济富庶。周密《癸辛杂识》中有“吴兴园圃”一段，记述他亲身游历过的36处园林，如南沈尚书园、北沈尚书园、俞氏园等。“吴兴园圃”中有专门对假山的记载，可见南宋私家园林叠山理水技艺的成熟。

平江（今苏州）自唐以来就是一座手工业和商业繁荣的城市，从“宋代平江府图碑”中可见城内水道交错，住宅、商店、作坊都是前街后河，城内外大小桥梁三百余座，是典型的江南水乡城市。平江经济文化繁荣、气候温和、靠近太湖石和黄石产地，因此大批文人士大夫、富贾巨商皆定居于此，修建园林宅邸。平江园林主要分布在城内、石湖、尧峰山、洞庭东山、洞庭西山一带，如苏舜钦的沧浪亭，几经改建，至今仍为苏州名园之一。除临安、吴兴、平江三地之外，润州（镇江）、绍兴等地也多有私家园林建置。南宋时期的园林一般建筑面积不大，静雅而不华丽。园中配有奇石花木，但自然仍是园林的主体，受到当时“中隐”思想的影响，大批人住进闹市区，致使宅地面积减少，从而促进将自然山水景观浓缩引入园林的造园技巧。

宋代园林的风格与唐朝相比有了很大的发展，形成了几个特点：一是简远。景象简约而已深远。不是单调、简单，而是以少胜多、以一当十；主要是创造一种意境，除视觉景象的简约而留有余韵之外，还借助于景物题署的“诗化”来获致意外之旨。二是疏朗。园内景物的数量不求多，因而园林的整体性强、不流于琐碎。三是雅致。宋代文人士流园林追求高洁、雅趣，并把这种志趣寄托于园林中的山水花木，并通过它们的拟人化而表现出来。四是天然，表现园林本身与外部自然环境的契合，而且园林内部的成景以植物为主要内容。这些特点是文人艺术趣味在园林中的体现，也是中国古典园林体系四大特点的外延。文人园林在宋代的兴盛促进了中国园林艺术继两晋南北朝之后的又一次重大升华。

3.2.4.2　园林实例

1. 富郑公园

富郑公园（见图3-6）为宋仁宗、神宗两朝宰相富弼的宅园，也是洛阳少数几处不利用旧址而新建的私园之一。园在邸宅的东侧，出邸宅东门的“探春亭”便可入园。园林的总体布局大致为：大水池居园之中部偏东，由东北方的小渠引来园外活水。池之北为全园的主体建筑物“四景堂”，前为临水的月台，“登‘四景堂’则一园之景胜可顾览而得”，堂东的水渠上跨“通津桥”。过桥往南即为池东岸的平地，种植大片竹林，辅以多种花木。“上‘方流亭’，望‘紫筠堂’而还。右旋花木中，有百余步，走‘荫樾亭’‘赏幽台’，抵‘重波轩’而止”。池之南岸为“卧云堂”，与“四景堂”隔水呼应成对景，大致形成园林的南北轴线。“卧云堂”之南为一带土山，山上种植梅、竹林，建“梅台”和“天光台”。二台均高出于林梢，以便观览园外借景。“四景堂”之北亦为一带土山，山腹筑洞四，横一纵三。洞中用大竹引水，洞的上面为小径。大

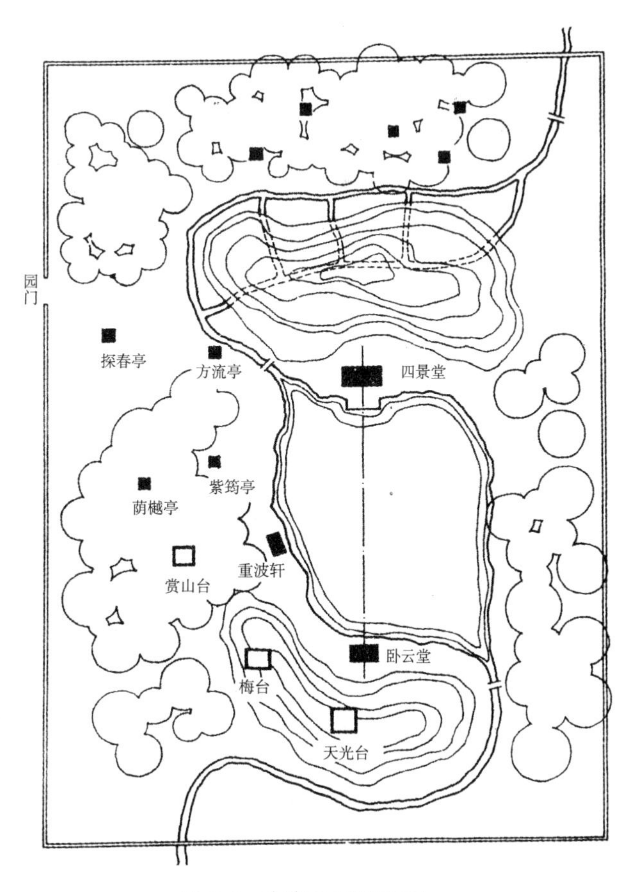

图3-6　富郑公园平面图

竹引水出地成明渠，环流于山麓。山之北是一大片竹林，“有亭五，错列竹中，曰‘丛玉’，曰‘披风’，曰‘漪岚’，曰‘夹竹’，曰‘兼山’”。此园的两座土山分别位于水池的南、北面，“背压通流，凡坐此，则一园之胜可拥而有也”。据《园记》的描述情况来看，全园大致分为北、南两个景区。北区包括具有四个山洞的土山及其北边的竹林，南区包括大水池、池东的平地和池南的土山。北区比较幽静，南区则以开朗的景观取胜。

沧浪亭

2. 环溪

环溪是宣徽南院使王拱辰的宅园，它的总体布局很别致：南、北各开凿两个水池，在这两个水池的东、西两端各以小溪连接，形成水环绕着当中一块大洲的局面，故名“环溪”。主要建筑物均集中在大洲之上。南水池之北岸建“洁华亭”，北水池之南岸建“凉榭”，都是临水的建筑物。多景楼在大洲当中，登楼南望“则嵩高、少室、龙门、大谷，层峰翠叠，毕效奇于前”。凉榭之北有“风月台”，登台北望“则隋唐宫阙楼殿，千门万户，延亘十余里，凡左太冲十余年极力而赋者，可瞥目而尽也”。凉榭的西面另有“锦厅”和“秀野台”，其下可坐百人。园中遍种松树、桧树，以及各类品种的花木千株。花树丛中辟出一块块的林间隙地，好像水中的岛屿一样，“使可张幄次，各待其盛而赏之”。显然，此园的特点是以水景和园外借景取胜。

3. 沧浪亭

沧浪亭（见图 3-7）位于苏州城南三元坊，是现存历史最为悠久的江南园林。与狮子林、拙政园、留园并称为苏州宋、元、明、清四大园林，代表着宋朝的艺术风格。

“沧浪亭”始为五代时吴越国广陵王钱元璙近戚中吴军节度使孙承祐的池馆。宋代著名诗人苏舜钦以四万贯钱买下废园，进行修筑，傍水造亭，因感于“沧浪之水清兮，可以濯吾缨；沧浪之水浊兮，可以濯吾足”，题名“沧浪亭”，自号沧浪翁，并作《沧浪亭记》。欧阳修应邀作《沧浪亭》长诗，诗中以“清风明月本无价，可惜只卖四万钱”题咏此事。自此，“沧浪亭”名声大振。苏氏之后，沧浪亭几度荒废，南宋初年（12 世纪初）为抗金名将韩世忠的宅第，清康熙三十五年（1696 年），巡抚宋荦重建此园，把傍水亭子移建于山之巅，形成今天沧浪亭的布局基础，并以文徵明隶书“沧浪亭”为匾额。清同治十二年（1873 年）再次重建，遂成今天之貌。沧浪亭虽因历代更迭有兴废，已非宋时初貌，但其古木苍老郁森，还一直保持着旧时的风采，部分反映出了宋代园林的风格。沧浪亭占地面积 1.08 公顷，园内以山林为主景，山上古木参天，山下凿有水池，山水之间以一条曲折的复廊相连。四周环列建筑，沧浪亭外临清池，曲栏回廊，古树苍苍，垒叠湖石。人称“千古沧浪水一涯，沧浪亭者，水之亭园也”。亭及依山起伏的长廊又利用园外的水画，通过复廊上的漏窗渗透作用，沟通园内、外的山、水，使水面、池岸、假山、亭榭融成一体。沧浪亭园中最大的主体建筑是假山东南部面阔三间的“明道堂”。明道堂取“观听无邪，则道以明”意为堂名。竹是沧浪亭自苏舜钦筑园以来的传统植物，亦是沧浪亭的特色之一。沧浪亭注重借景之法，可通过复廊上一百余个图案各异的漏窗两面观景，使园外之水与园内之山相映成趣、相得益彰，自然地融为一体，可谓借景的典范之作。

图 3-7　沧浪亭平面图

4. 绍兴沈园

沈园

绍兴沈园，又名“沈氏园”，是南宋时一位沈姓富商的私家花园，后因南宋爱国诗人陆游与其表妹唐婉的一段爱情悲剧而著称，是宋代著名园林，至今已有 800 多年的历史。沈园初成时规模很大，占地面积达七十亩之多。园内亭台楼阁、小桥流水、绿树成荫，一派江南景色。沈园分为古迹区、东苑和南苑三大部分，有孤鹤亭、半壁亭、双桂堂、八咏楼、宋井、射圃、问梅槛、钗头凤碑、琴台和广耜斋等景观。古迹区内葫芦池与小山仍是宋代原物遗存，其余大多为在考古挖掘的基础上修复的。沈园在保证基本的园林活动空间外，又对水体、建筑、山体及植被（花木）进行了合理的配置。整个沈园内建筑不多，满地绿荫，挖池堆山，栽松植竹，临池造轩，极为古朴。

3.2.5 元明清私家园林

3.2.5.1 发展概况

立体的画植物艺术

元明时期，随着农业、手工业的恢复发展，商品经济得到长足发展。到明中叶，一些经济发达地区开始出现了资本主义生产关系的萌芽，一大批半农半商的工商地主和市民阶层崛起，商人的政治地位不断提升，出现了儒商合一。市民文化的兴起，使小说、戏曲、说唱等通俗文学和民间木刻年画十分流行，民间的工艺美术如家具、陈设、器玩、服饰等也争放异彩，进而影响了社会风气和造园活动。宋代的民间造园活动主要以文人、士流园林为主。元代的私家园林主要是继承和发展唐宋以来的文人园形式，其中较为著名的有河北保定张柔的莲花池，江苏无锡倪赞的清闷阁云林堂，浙江归安赵孟頫的莲庄、元大都西南廉希宪的万柳园、张九思的遂初堂、宋本的垂纶亭等。有关这些园林详尽的文字记载较少，但从留至今日的元代绘画、诗文等与园林风景有关的艺术作品来看，园林已开始成为文人雅士抒写自己性情的重要艺术手段。由于元代统治者的等级划分，众多汉族文人往往在园林中以诗酒为伴，弄风吟月，这对园林审美情趣的提高是大有好处的，也对明清园林有着较大的影响。明中叶之后，市民的生活要求和审美意识在园林的内容和形式上都有了明显的反映，从而出现私家园林中以生活享乐为主的市民园林和以陶冶性情为主的文人士流园林分庭抗礼的局面。

元明私家园林多建在城市之中或近郊，与住宅相连。在不大的面积内，追求空间艺术的变化，风格素雅精巧，达到平中求趣、拙间取华的意境，满足以欣赏为主的要求。宅园多是因阜叠山、因洼疏地，亭、台、楼、阁众多，植以树木花草的“城市山林”。此时期，不仅造园活动广泛兴旺、造园技艺精湛高超，还涌现了一大批造园家和匠师，以及刊行于世的经典造园理论著作。

清代是我国园林建筑艺术的成熟与集成时期，清代贵族、官僚、地主、富商们为了满足家居生活的需要，还在城市中大量建造以山水为骨干、饶有山林之趣的宅园，以满足日常聚会、游憩、宴客、居住等需要。私家园林多集中在物资丰裕、文化发达的城市和近郊，不但数量上大大超过明代，而且逐渐显露出造园艺术的地方特色与风格，形成了北方私家园林、江南私家园林和岭南私家园林的三个主要风格。在经济文化最为发达的江南地区，民间的造园活动最为兴盛，园林的风格也最为突出。不同地方风格的私家园林既蕴涵于园林总体的艺术格调和审美意识之中，又体现在造园的手法和使用材料上面。他们制约于各地的社会人文和自然条件，同时也集中反映了各地园林的风格特点。

1. 北方私家园林

北京作为元明清三朝的首都，经济繁荣、文化昌盛，是北方造园活动的中心。北京聚集着大量的官僚、文人、皇亲国戚，这些人拥有造园所需的经济和政治实力，同时他们也普遍受过良好的教育，拥有造园的需求和较高的文化品位。民间造园也以官僚、贵戚、文人士大夫的园林为主流，数量上占据绝大多数。清代，北京的王府很多，而且很多王府花园是北京私家花园的一个特殊类型。它们一般比普通私家园林规模大，规制也稍有不同，如恭王府后花园——萃锦园。

北方园林因地域宽广，所以范围较大，建筑富丽堂皇。但由于缺水，因此园林水池面积较小。建筑形式比较封闭厚重，且注重仪典性的表现，因而别具一番刚健之美，但柔美秀丽略显不足。叠山技法受到江南的影响，既有完整的对大自然山形的临摹，也有截取大山一角的平岗小坂，或者作为屏障、驳岸、石矶。叠山用石以当地所产的青石和北太湖石为主，堆叠技法亦属浑厚格调。植物配置方面，观赏植物比江南少，阔叶常绿树和冬季花木较多，如松柏、杨柳、槐榆和春夏秋三季更迭不断的花灌木，如丁香花、海棠、牡丹、芍药、荷花等。受气候的影响，冬天叶落，水面结冰，很有萧索寒林之感。规划布局的轴线整体性强，对景线的运用较多，使得园林更加浑厚凝重，但不如江南园林空间那般曲折多变。

2. 江南私家园林

江南地区，相当于今之江苏南部、安徽南部、浙江和江西等地。私家园林之中，最负盛名的是江南园林。中国有一句流传很广的赞语，即“江南园林甲天下”。元明清时期的江南，经济发达冠于全国，从而促进了文化水平的提高。文人辈出，文风之盛居全国之首。江南河道纵横、水网密布，气候温和湿润，适宜于花木生长等，都对园林艺术格调有所影响。江南的民间建筑技艺精湛，又盛产石材，这也为民间造园提供了优越的条件。元明清时期，江南私家园林的数量之多、质量之高，为全国其他地区所不及。绝大多数城镇都有私家园林，扬州和苏州更是精华荟萃之地。其中较为著名的私家园林有：扬州的休园、影园、何园、个园，苏州的拙政园、留园、网师园，无锡的寄畅园、阁云林堂，浙江归安赵孟頫的莲庄等。

江南地区人口稠密，园林占地面积较小，又因河湖、园石、常绿树种较多，所以园林景致细腻精美，呈现出明媚秀丽、淡雅朴素、曲折幽深的特点。大部分园林是以开池筑山为主的风景式山水园林，一般与宅园相连，多呈内向形式。江南宅园建筑轻盈空透、翼角高翘，又使用了大量花窗、月洞，因而空间层次变化多样。植物配置以落叶树为主，兼配以常绿树，再辅以青藤、篁竹、芭蕉、葡萄等，力求做到四季常青、繁花翠叶、季季不同。因此，花木也是园林景点的观赏主题，临近花木的园林建筑也常以周围花木命名，同时讲求树木孤植、丛植的画意以及色、香、形的象征寓意，尤其注重对古树名木的保护。江南叠山喜用太湖石与黄石两大类，或聚垒，或散置，都能做到气势连贯，可仿出峰峦、丘壑、洞窟、峭崖、曲岸、石矶等诸多形态。石的用量很大，大型假山石多于土，小型假山几乎全部由石头叠成。太湖石又因其透、漏、瘦的独特形体，还可作为独峰欣赏。

江南私家园林大都是封建文人、士大夫及地主经营建造的，比起皇家园林来，更讲究细部的处理和建筑的玲珑精致。建筑样式多样丰富，建筑个体形象玲珑轻盈，具有一种柔媚气质。室内外空间通透，空间变化灵活多样，包括山水空间、山石与建筑围合空间、庭院空间、天井，甚至院角、廊侧、墙边亦作为极小的空间，散置花木，配以峰石，构成楚楚动人的小景。建筑色彩崇尚淡雅，粉墙青瓦，赭色木构，有水墨渲染的清新格调。建筑室内普遍陈设有各种字画、工艺品和精致的家具。这些工艺品和家具与建筑功能相协调，经过精心布置，形成了我国园林建筑特有的室内陈设艺术，极大地突出了园林建筑的欣赏性。明清江南私家园林的造园意境达到了自然美、建筑美、绘画美和文学艺术的有机统一。总的来说，江南私家园林由于深厚的文化积淀、高雅的艺术格调和精湛的造园技巧，成为中国园林史上的一个高峰，代表着中国风景式园林艺术的最高水平。

3. 岭南私家园林

岭南园林形成于清中期，以珠江三角洲为中心，包括两广、海南、福建、台湾等地。园林多以宅园为主，一般为庭院和庭园的组合，建筑的比重较大，比江南园林更加密集紧凑，往往连宇成片。岭南园林建筑由于气候炎热，必须考虑自然通风，故形象上的通透开敞更胜于江南，以装修、壁塑、细木雕工见长，而且多有运用西方样式的栏杆、柱廊、套色玻璃等细部，甚至是整体的西洋古典建筑配以传统的叠山理水，别有风味。叠山常用姿态嶙峋、皴折繁密的英石包镶，即所谓的“塑石”技法，山体的可塑性强、姿态丰富，具有水运流畅的形象。在沿海一带也常见用石蛋和珊瑚礁石叠山的，别具一格。小型叠山和小型水体相结合而成的水局，尺度亲切而又婀娜多姿。少数水池的方整几何形式，则是受到西方园林的影响。岭南地处亚热带，观赏植物品种繁多，园内一年四季都是花团锦簇、绿荫葱茏，老榕树大面积覆盖遮蔽的阴凉效果尤为宜人。但由于要保持通风，因此建筑的室内高度高，体量大且较为集中，故略显壅塞，深邃幽奥有余而开朗之感不足。比较具有代表性的岭南园林有：顺德的清晖园、东莞的可园、番禺的余荫山房和佛山的梁园，号称“粤中四大名园”。此外，还有台湾的林家花园等。

3.2.5.2 园林实例

1. 北方私家园林

北京西北郊一带，湖泊密布，风景宛如江南，瓮山和昆明湖以东的平坦地段地势较低、泉水丰沛，汇集着许多沼泽，俗称“海淀”。明初时期，从南方来的大量移民在这里开辟水田，经多年经营，终成一处风景优美的地区，从而成为北京私家园林最集中的地区。万柳园、垂纶亭、清华园、勺园等皆建于此处。清初，北京城内宅园之多又远过于明代。

（1）清华园。清华园位于海淀的北面。园主人李伟是明神宗万历皇帝的外祖父，官封武清侯，是一位身世显赫的皇亲国戚。清华园占地面积估计在 80 公顷左右，在当时无疑是一座特大型的私家园林，后清代康熙皇帝在此园基础上兴建了畅春园。

清华园是一座以水面为主的水景园，水面以岛、堤分隔为前湖、后湖两部分。重要建筑大体上按照南北中轴线成纵深布置。南端为两重的园门，园门以北即为前湖，湖面蓄养金鱼。前后湖之间为主要的建筑群“海堂”之所在，这也是园风景构图的重心。堂北为清雅亭，与前者互成对景或犄角之势。亭的周围广植牡丹、芍药之类的观赏花木，一直延伸到后湖的南岸。

园林的理水大体上是在湖的周围以河渠构成水网地带，便于因水设景。河渠可以行舟，既能作为水路游览之用，又解决了园林供应的交通运输问题。园内的叠山除了土山外，还使用多种名贵山石材料，其中还有产自江南的。山的造型奇巧，有洞壑，也有瀑布。植物配置方面，花卉大片种植的比较多，尤以牡丹和竹最负盛名。园林建筑有厅、堂、楼、台、亭、阁、榭、廊、桥等，形式多样。清华园在当时不仅北方绝无仅有，在全国范围内也不多见，所以康熙皇帝在清华园的旧址上修建畅春园。

（2）勺园。勺园是明朝著名书画家米万钟（1570 年—1631 年）于明万历四十年间所建，是“米氏三园”中最为有名的一个。历史上，这里曾是一片荒地，明代书法家米万钟在此修建了一处园林，取“海淀一勺”之意，所以被起名为勺园。米万钟曾于万历四十五年（1617 年）亲手绘《勺园修禊图》（见图 3-8）。而当时与勺园齐名的，是相与比邻的清华园，当时许多人都将勺园与清华园进行对比。如《帝京景物略》记载：“福清叶公台山，过海淀，曰：‘李园壮丽，米园曲折。米园不俗，李园不酸。’”孙承泽的《春明梦余录》亦有类似记述：“海淀米太仆勺园，园仅百亩，一望尽水，长堤大桥，幽亭曲榭，路穷则舟，舟穷则廊，高柳掩之，一望弥际。旁为李戚畹园，钜丽之甚，然游者必称米园焉。”可见李园以富丽堂皇而知名，勺园则以清新淡远而著称。清华园“数倍于勺园，规模既大，工事也很豪华。至于勺园，则表现了相反的造园艺术。它的面积不过百亩，但是细流潆洄、湖泊连属、岗峦起伏、林木幽深”。

图 3-8 勺园修禊图（局部）

此外，米万钟还曾作《海淀勺园》诗，描述其景物及意境道：“幽居卜筑藕花间，半掩柴门日日闲。新竹移来宜作迳，长松老去好成关。绕堤尽是苍烟护，傍舍都将碧水环。更喜高楼明月夜，悠然把酒对西山。”（引自《康熙宛平县志》第六卷）通过上述文献，我们可以看出勺园的艺术特色。从整体上说，该园“以水景为主”，并模拟江南园林的特点，追求素雅曲折的意境，与一般北京私园大有不同。它山石结合，“既有平阜波折，又有剑石破空，湖石玲珑”。米万钟爱石，“曾经竭力搜罗奇石以为己用”。据《水曹清暇录》记载：“房山向有玲珑巨石，高约三丈，广几七尺，色青润而洞透。米万钟曾竭力欲运安勺园，行次良乡，石重竟不可致。乾隆年间，取入万寿山之乐寿堂，赐名‘青芝岫’。”勺园的建筑则“造型朴素，整体风貌深具浙江村落之韵”。勺园之中“有两处模仿江南舫舟的建筑：一为‘太乙叶’，周围水面辅以白莲，取太乙真人莲叶舟的典故，有飘然欲仙之意；一为‘定舫’，下有柱出水以承平座，类似桥上架屋”。而该园其他建筑“也均临水而建，且轩敞开朗”。勺园中的植物“似乎少有珍奇花卉，显得素雅异常”。另外值得一提的是，勺园之“借景条件也是很好的，近处可瞰清华园和娄兜桥，远处西山在望”，故而米万钟会写出“更喜高楼明月夜，悠然把酒对西山”的诗句。

勺园盛时，米万钟“还曾把园中景物描绘在花灯上”，以便他能够时时欣赏到园中的美景。勺园的优美景色使众多游人慕名而来。然而，好景不长，明末清初，勺园就“已经荒落不堪”。

清初，在勺园旧地上又重建了一座弘雅园，乾隆以来成为官员赴圆明园上朝途中歇息的场所。英特使马嘎尔尼朝见清帝时也曾驻此。后为郑亲王府，嘉庆时改名为集贤院，清帝在圆明园临朝时，此处是大臣们入值退食之所。1860年，集贤院和圆明园一起为英法帝国主义焚毁。

（3）半亩园。半亩园是一处建于清代的汉族古典园林建筑。清初兵部尚书贾汉复的宅园，位于北京东城黄米胡同，今仅存遗迹。据记载，园内垒石成山，引水为沼，平台曲室，有幽有旷；结构曲折、陈设古雅，富丽而不失书卷气，散发出汉民族传统文化的精神、气质、神韵。我们从当时半亩园内亭台回廊的名字中就可见一斑。“正堂名曰云荫，其旁轩曰拜石，廊曰曝画，阁曰近光，斋曰退思，亭曰赏春，室曰凝香”（见图3-9）。

图3-9 半亩园图

（4）恭王府花园。恭王府花园为位于恭王府后的一独具特色的花园，又名萃锦园，建于1777年。恭亲王为建花园调集百名能工巧匠，增置山石林木，彩画斑斓，融江南园林艺术与北方建筑格局为一体，汇西洋建筑及中国古典园林建筑为一园，建成后曾为京师百座王府之冠，是北京现存王府园林艺术的精华所在，堪称“什刹海的明珠”。园中的西洋门、御书“福”字碑、室内大戏楼并称恭王府“三绝”。

恭王府花园（见图3-10）南北长约150米、东西宽170余米，占地面积2.8万平方米。全园有古建筑31处，面积4800平方米。恭王府花园在造园手法上既有中轴线，也有对称手法。全园分为中路、东路、西路三路，成多个院落。园林入口在中路，中路分三进院落。园门为晚清流行的西洋式拱券门。门额为恭亲王手书的“萃锦园”三字。

中路的建筑是花园主体。花园的正门与前部王府建筑由一过道相隔，是一座具有西洋建

筑风格的汉白玉石拱门，处于花园中轴线的最南端。进门后的“独乐峰”是一块高5米余的太湖石，虽是园中点缀，却起着屏风的作用。过了独乐峰，正北是“海渡鹤桥”，过桥为“安善堂”。这是一座宽敞大厅，恭亲王当时便在此设宴招待客人。越过安善堂，来到“韵花錠”。这是一排堂阁小屋，过此即是全园的主山“滴翠岩”。主山上有平台名“邀月台”，额曰“绿天小隐”。山下有洞，曰“秘云洞”，著名的康熙“福字碑”即在洞中。中轴线的最后一组建筑是“倚松屏”和“蝠厅”。这里是消夏纳凉的好地方。

东路以建筑为主。东有两山南北奔趋，两山各在东南和东北转折成围合状。建筑分三个小院。南面靠东院入，抬头是一精致垂花门，入内为狭长院落，院内当年种竹，正厅为大戏楼之后部，西厢为中路明道堂之后卷，东厢为一排厢房，院西为另一个狭长院落。入口月洞门，曰：吟香醉月。北面是东路的主体建筑大戏楼（见图3-11），戏楼自成一个小院，面积达685平方米，建筑形式是三券勾连搭全封闭式结构，院内有前厅、观众厅、舞台、扮戏房等，厅内装饰豪华，是王府的观戏处。这里除了演戏之外，还是当年恭王府中举办红白喜事的地方。大戏楼南为“怡神所”，是当年赏花行令之所。此外，“曲径通幽”“踨蔬圃”“流怀亭”“垂青樾”“樵香经”等景点，均属东路范畴。

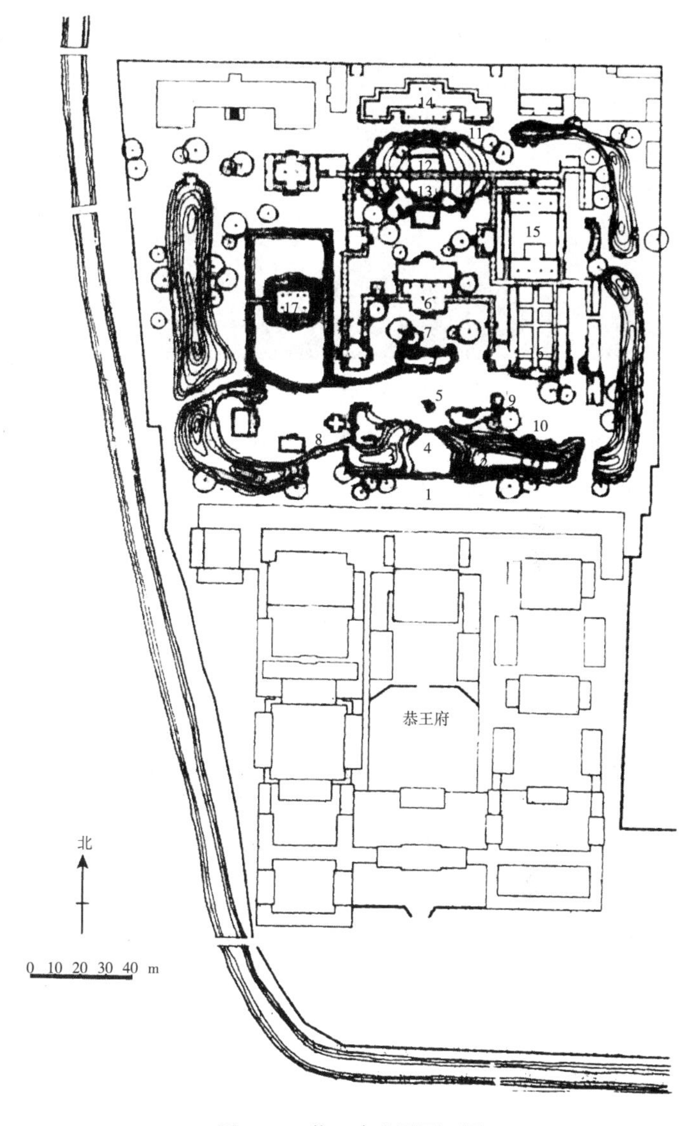

图3-10　恭王府花园平面图

1—园门　2—垂青樾　3—翠云岭　4—曲径通幽　5—飞桥石　6—安善堂　7—蝠池　8—榆关　9—沁秋亭　10—蔬菜圃　11—滴翠岩　12—绿天小隐　13—邀月台　14—蝠厅　15—大戏楼　16—吟香醉月　17—观鱼台

西路的主要景观是“湖心亭”（见图3-12）。这里以水面为主，中间有敞轩三间，是观赏、垂钓的好去处。水塘西岸有“凌倒影”，南岸有“浣云居”，北岸轩馆五间叫“花月玲珑”及“海棠轩”。南岸山上有一段城堡式墙垣，长约50米，雉堞、洞券俱全，石额书曰“榆关”，山径石碣书“翠云岭”。榆关东北有一座海棠式方亭，名“妙香亭”，二层八角式。西路中还有“雨者岭”“养云精舍”“山神庙”等景观。

图 3-11　大戏楼

图 3-12　湖心亭

全园以福字贯穿，主题明显。山势围合有新意，榆关雄峙也有新意，但东部建筑较多，中部曲廊的围合也不够有机，特别是理水较差。从堆石、建筑、植物、格局上看，仍有北方园林的特点。

2. 江南私家园林

（1）扬州园林。扬州园林在中国古典园林中不仅历史悠久，而且以其独特的风格在中国园林中占有重要地位。《扬州画舫录》有“杭州以湖山胜，苏州以市肆胜，扬州以园亭胜，三者鼎峙，不分轩轾”之句。扬州园林地处江淮，北有大气磅礴的皇家园林可借，南有苏州、杭州的江南私家园林可鉴，再加上大运河、长江在此交汇，阴柔阳刚结合，从而使得扬州园林具有南秀北雄相互融合的特点：既有皇家园林金碧辉煌、高大瑰丽的特色，又有大量江南园林小品的情调，自成一种风格。明末清初至中叶，扬州园林盛极一时，雄甲天下。当时，由于扬州盐商富甲天下，因此有足够的财力来建造园林，穷奢极欲。据统计，扬州城内私家园林最盛时达 200 多处。比较著名的有影园、休园、小盘谷、逸圃、匏庐、卢氏盐商住宅、冶春园、珍园、蔚圃、明月楼、刘庄、怡庐、汪氏小苑、吴道台宅第、芳圃、平园、徐园、棣园、小圃、华氏园、朱氏园、刘氏园、青云山馆、卢氏意园、凫庄、小金山、月观等。然而经过盐制改革、鸦片战争、太平天国战争，大量的扬州园林或荒废，或焚毁，或拆卖，扬州园林开始由盛而衰。

瘦西湖

1）影园。影园（见图 3-13）为明末进士、文学家郑元勋的私家园林，建成于崇祯七年，由造园名家计成亲自设计、监造，是明清时期扬州著名园林之一。影园属明末名园，声名远播，《扬州画舫录》将其列为清初八大名园之一。当年参与创意并题额的是董其昌，经营布置的是计成，为园中黄牡丹诗定音的是钱谦益。

据《扬州画舫录》记载：约在明代万历末年到天启初年，扬州盐商郑元勋为奉养母亲，请住在镇江的造园名家计成过江为他造园，园址选在扬州城外西南隅，荷花池北湖，二道河东岸中长屿上。崇祯壬申（崇祯五年），郑元勋的好友董其昌到扬州，与郑元勋谈论六法，这时园已基本竣工。“前后夹水，隔水蜀冈蜿蜒起伏，尽作山势，柳荷千顷，萑苇生之。园户东向，隔水南城脚岸皆植桃柳，人呼为‘小桃源’。”入门山径数折，松杉密布，间以梅杏梨栗。山穷，左荼蘼架，架外丛苇，渔罟所聚，右小涧，隔涧疏竹短篱，篱取古木为之。

园内柳影、水影、山影，恍恍惚惚，如诗如画。郑元勋就请董其昌为这座园子题个名，董其昌说园中柳影、水影、山影相映成趣，叫影园如何？郑元勋拍手叫绝，董其昌随即挥毫题写“影园”匾额。董其昌离开扬州后，又过了两年，直到崇祯七年（1634 年），影园才

全部竣工，营建这座园子花了十来年的功夫，被列为清初扬州八大名园之一。康熙中期以后，随着郑元勋的冤死，家道渐败，影园也渐废，如今只剩下遗址。

从历史记载来看，影园的面积较小，属于中小型的宅园。园中是以水为中心、以山为衬托的三环水绕的园林境地。通过借景能够突破自身在空间上的局限，借入周围环境内的极佳景色，延伸与扩大视野的广度和纵深度，使园与自然景色融为一体，人作与天开紧密结合。影园是湖上一岛，被内外城河环抱。岛中的水面形成岛中有湖，小内湖上的玉勾草堂小岛又形成了湖中又有岛。步步深入的空间显得布局层层叠叠，格外深邃，是蕴藉含蓄的情调。全园建筑量少，采用散点式布置，体现出疏朗质朴的风格。

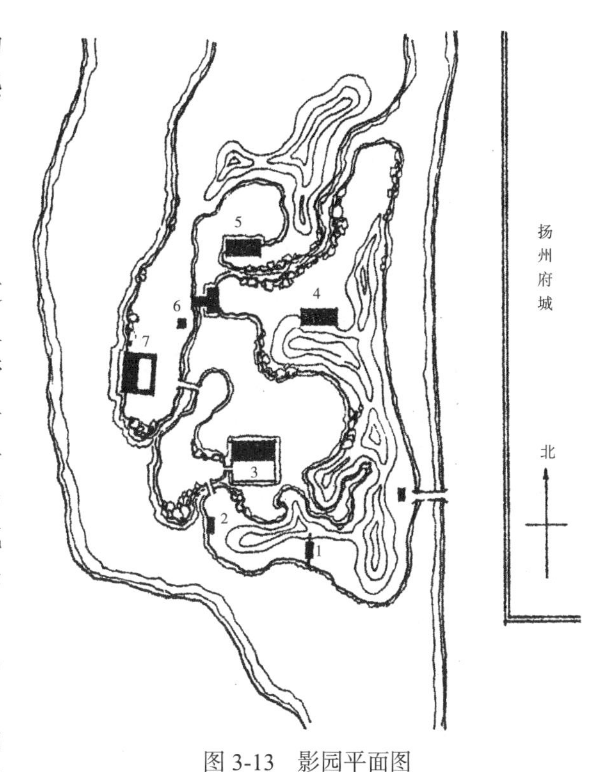

图 3-13　影园平面图

1—二门　2—半浮阁　3—玉勾草堂　4—一字斋　5—媚幽斋　6—孤芦中　7—淡烟疏雨

2）休园。扬州休园是明末清初郑侠如的私家园林，在历史上与郑元勋的影园齐名，是郑氏兄弟的四大园林之一。在扬州园林中，休园无论是在造园尺度还是在造园艺术上都很突出。休园原为宋代朱氏园旧址，占地面积五十余亩，是一座大型宅院。园在邸宅之后，以山水之景取胜，虽然园内没有明确的景区划分，但景观的变化较多，具有疏朗、简远的特点。其组景“亦如画法，不余其旷则不幽，不行其疏则不密，不见其朴则不文也”，是按照山水的画理而以画入景的。郑侠如的后代郑庆祜将有关休园的文字收集编撰了《扬州休园志》。清代王云绘有《休园图》传世（见图 3-14）。

图 3-14　休园图

3）个园。个园（见图3-15）是一处典型的私家住宅园林，位于扬州古城东北隅，在国内外享有盛誉，由清代嘉庆年间两淮盐业商总黄至筠在明代“寿芝园”的旧址上扩建而成。这座清代扬州盐商宅邸私家园林虽不大，但处处体现出造园者的匠心独具，以遍植青竹而名，在面积不足五十亩的园子里，开辟了四个形态逼真的假山区，分别命以春、夏、秋、冬之称。全园分为中部花园、南部住宅、北部品种竹观赏区。整个园子以宜雨轩为中心，游人沿着顺时针方向，可尽览四季秀景。

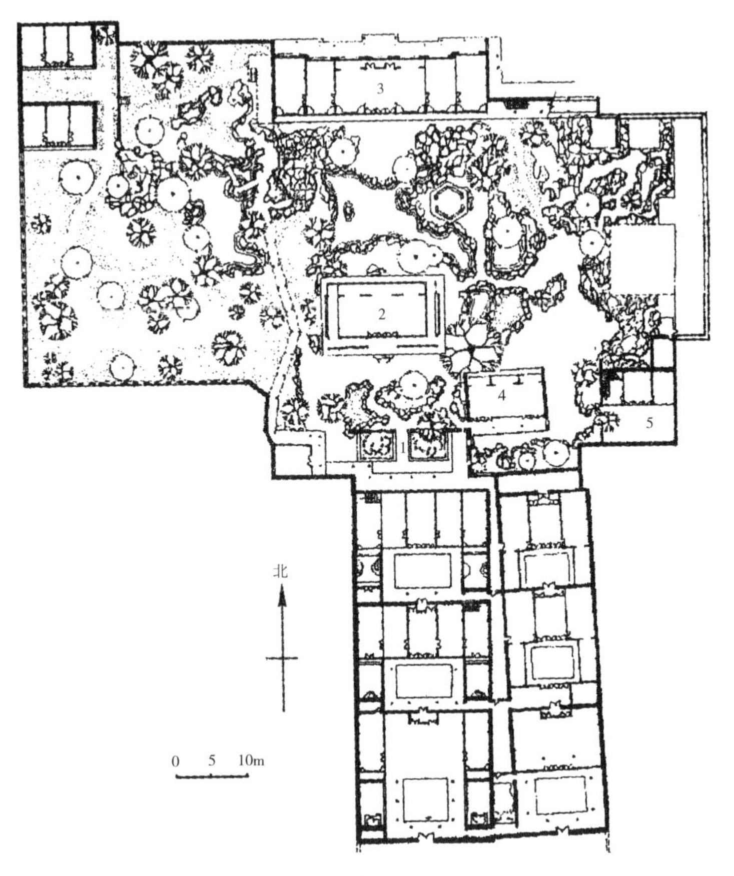

图 3-15　个园平面图

1—园门　2—桂花厅　3—抱山楼　4—透风漏月　5—丛书楼

个园用石极奇，采用了不同质料的石料，以体现不同的季节，以竹石为主体，以分峰用石为特色。十二生肖石象征春天，太湖石象征盛夏的江南景色，黄石烘托秋天群山的挺拔，颜色洁白的雪石突出冬日里积雪未化的寒冷感觉，各具特色，表达出“春景艳冶而如笑，夏山苍翠而如滴，秋山明净而如妆，冬景惨淡而如睡”和“春山宜游，夏山宜看，秋山宜登，冬山宜居”的诗情画意。个园旨趣新颖，结构严密，是中国园林的孤例，也是扬州最负盛名的园景之一。

从住宅进入园林，首先看到的是月洞形园门，门上石额书写“个园”二字（见图3-16）。“个”者，竹叶之形。主人名“至筠”，“筠”亦借指竹，以为名“个园”，点明

图 3-16　园门

主题。园门后是春景，夏景位于园之西北，秋景在园林东北方向，冬景则在春景东边。园门两侧各种竹子枝叶扶疏，“月映竹成千个字”，与门额相辉映；白果峰穿插其间，如一根根茁壮的春笋。竹丛中，插植着石绿斑驳的石笋，以“寸石生情”之态，表出“雨后春笋”之意。这幅别开生面的竹石图运用惜墨如金的手法，点破“春山”主题，即“一段好春不忍藏，最是含情带雨竹”。透过春景后的园门和两旁典雅的一排漏窗，又可瞥见园内景色，楼台、花树映现其间、引人入胜。进入园门向西拐，是与春景相接的一大片竹林。竹林茂密、幽深，呈现出生机勃勃的春天景象。

夏景位于园之西北，东与抱山楼相接。夏景置石（见图3-17）以青灰色太湖石为主，置石似云翻雾卷之态，造园者利用太湖石的凹凸不平和瘦、透、漏、皱的特性，置石多而不乱，远观舒卷流畅，巧如云、奇如峰；近视则玲珑剔透，似峰峦、似洞穴。山上古柏，枝叶葱郁，颇具苍翠之感；山下有池塘；深入山腹，碧绿的池水将整座山体衬映得格外灵秀。北阴处有一涓细流直落池塘，叮咚作响，池中游鱼嬉戏穿梭于睡莲之间，静中有动，极富情趣。池塘右侧有一曲桥直达夏山的洞穴，洞之幽深，颇具寒意，即使在炎热的夏天，人们步入洞中也会顿觉清爽。盘旋石阶而上，登至山顶，一株紫藤迎面而立，游人悠游其间忘却了无尽的烦忧。

图3-17　夏景置石

在园中东北角，经过抱山楼的“一”字长廊，园之东部便是气势雄伟的秋景，相传出自清代大画家石涛之手笔。秋景用黄山石堆叠而成，拔地而起，山势较高，面积也较大。整座山体峻峭凌云，显得壮丽雄伟，有“江南园林之最”的美誉。整个山体分中、西、南三座，山顶建四方亭，山隙古柏斜伸，与嶙峋山石构成苍古奇拙的画面。山上有三条磴道，一条两折之后仍回原地，一条可行两转，逢绝壁而返；唯有中间一路，可以深入群峰之间或下至山腹的幽室。在山洞中左登右攀，境界各殊，有石室、石凳、石桌、山顶洞、一线天，还有石桥飞梁、深谷绝涧，有平面的迂回，有立体的盘曲，山上山下又与楼阁相通，在有限的天地里给人以无尽之感，其堆叠之精、构筑之妙，可以说是达到了登峰造极的地步，在现今江南园林中成为仅存孤例。

4）何园。何园（见图3-18），又名“寄啸山庄”，始建于清同治元年（1862年），由清光绪年间任湖北汉黄道台、江汉关监督何芷舠在双槐园的旧址上改建而成，历时达13年，占地面积14 000余平方米，建筑面积7000余平方米。与何园紧相毗邻的是“片石山房”，是明末清初画坛巨匠石涛置石的人间孤本。光绪九年（1883年），园主归隐扬州后，购得片石山房旧址，扩入园林。

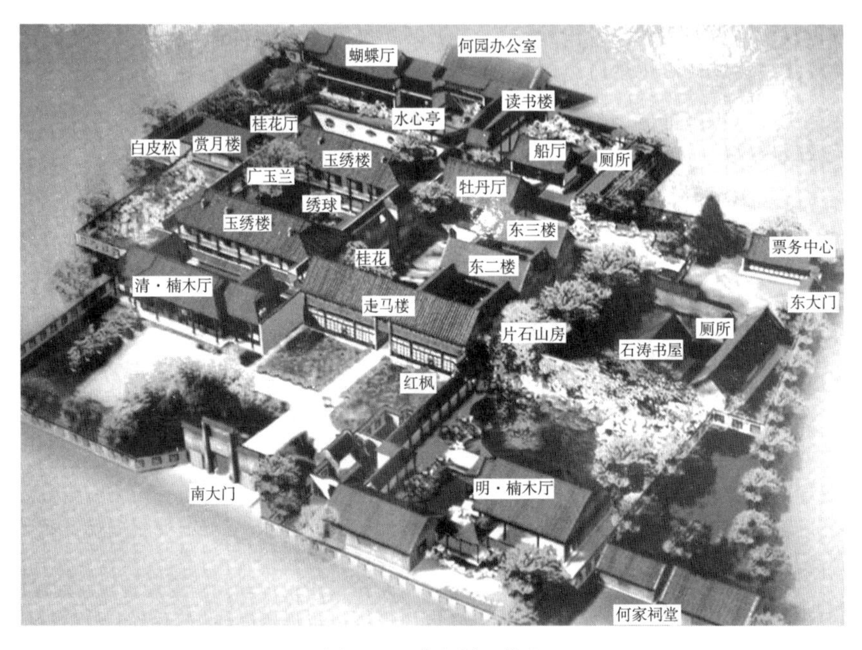

图 3-18　何园鸟瞰图

何园的主要特色是把廊道建筑的功能和魅力发挥到极致，1500 米复道回廊（见图 3-19）是中国园林中绝无仅有的精彩景观。左右分流、高低勾搭、衔山环水、登堂入室，形成全方位立体景观和全天候游览空间，把中国园林艺术的回环变化之美和四通八达之妙发挥得淋漓尽致，被誉为立交桥雏形。何园的后花园分东、西两部分。东园建有船厅，整座厅形似船形，厅周围以鹅卵石、瓦片铺成水波纹状，给人以水居的意境。船厅四周用通透玻璃镶嵌的花窗，给人以“人在厅中坐，景自四边来”的意境。贴壁假山在船厅后侧风火墙上紧贴墙壁堆叠着一组长达 60 余米的假山，上有盘山蹬道，下有空谷相遇。水绕山谷，山上有月亭，过月亭可登上复道回廊，形成全园上下立体交通。

图 3-19　复道回廊

图 3-20　水心亭

西园以水池居中，池中央便是水心亭（见图 3-20），是中国仅有的一座水中戏亭，在上面轻歌曼舞时，可以巧妙地借助水面与走廊的回声，起到增强音响的共鸣效果，供园主人观赏戏曲、歌舞和纳凉赏景之用。水池的北面是主人用于宴请宾客的宴厅，因厅角昂翘，像振翅欲飞的蝴蝶，故称蝴蝶厅。池的南面有一座湖石假山与水心亭隔水相望。从复道曲折南行，便到了赏月楼，是全园赏月最佳场所。自赏月楼小院有东门直达玉绣楼所在庭院，顿有开阔疏朗之感。玉绣楼是两栋前后并列的住宅楼的统称，因院中种植广玉兰和绣球而得名。玉绣楼的建筑是前后两座砖木结构二层楼，既采用中国传统式的串楼理念，又融入西方的建筑手法，如采用法式的百叶门窗、日式的拉门、法式的壁炉、铁艺床等。玉绣楼前面是一座面积为 160 平方米的“与归堂”，是目前扬州保存最大、最完整的一座楠木厅，此处是主人会客的地方。楠木厅正厅大门两侧融合了西方建筑的手法，运用整块 4 平方米大、9 毫米厚的玻璃，采光效果极好！

何园是扬州大型私家园林中最后问世的一件压轴之作。它吸收中国皇家园林和江南诸家私宅庭园之长，集扬州园林的精髓于大成，同时又广泛使用新材料，很好地融合了西洋建筑的元素，使该园吸取众家园林之经验而有所出新，被誉为“晚清第一园”，成为中国园林史上的一朵奇葩。

5）荷花池公园。荷花池公园位于扬州荷花池路西侧，原名南池、砚池，又因池中广植荷花而名为“荷花池”。清初汪玉枢在池边建有别墅，名南园，为当时扬州八大名园之一。园临砚池，隔岸有文峰塔，景名“砚池染翰”。园主购得太湖奇石九峰，大者过丈，小者及寻，玲珑剔透，相传系宋代花石纲遗物。该园旧有澄空宇、海桐书屋、玉玲珑馆、雨花庵、深柳读书堂、谷雨轩、风漪阁诸胜。乾隆帝南巡游此，大加赞赏，赐名九峰园，并纪事略。后奉旨选二峰送往京师御苑。扬州今尚存二峰，一在瘦西湖，一在史公祠，称“南园遗石”。嘉庆之后，该园渐圮；咸丰年间，废而不存。

6）小盘谷。小盘谷始建于清乾隆嘉庆年间，为光绪三十年（1904 年）两江总督周馥的私人宅院。因为园内假山峰危路险、苍岩探水、溪谷幽深、石径盘旋，故名小盘谷。小盘谷在扬州园林中有独到之处，与个园、何园相比，小盘谷占地面积很小，建筑物和山石也不多，但妙在集中紧凑、以少胜多、即小见大。水池、山石和楼阁之间，或幽深，或开朗，或高峻，或低平，对比鲜明，节奏多变，在有限的空间里因地制宜，随形造景，产生深山大泽的气势，咫尺天涯，耐人寻味，这是其他园子所不能比的。

小盘谷总体分为三部分，西部为平房住宅区，中部为一大厅，大厅右为一火巷，巷东即花园。花园分东西两部分，进园门，即为西园。园中有湖山颓石，旧名为“九狮图山”，因其山石外形如群狮探鱼而得名。山下有洞，洞出西口，有池水一泓，池上架石梁三折。池西一水阁凉厅，三面临水，山洞北口临水设“踏步”，石上嵌“水流云在”。东西花园以走廊和花墙分隔，墙南一桃门，上题“丛翠”，进桃门为东园，园南有凉厅三间。整个园林是以小见大手法中最杰出者。小盘谷宜静观，或待清风于水阁，或数游鱼于槛前；或逍遥于山顶，或徜徉于回廊，或闲敲棋子，或倚楼纳凉。如此，方能领略到小盘谷的佳妙之处。

（2）苏州私家园林。苏州是中国著名的历史文化名城之一，素来以山水秀丽、园林典雅而闻名天下，有“江南园林甲天下，苏州园林甲江南”的美称。苏州古典园林的历史可上溯至公元前 6 世纪春秋时期吴王修建的园囿，而私家园林则最早见于记载的是东晋（4 世纪）的辟疆园，历代造园兴盛，名园繁多。

苏州地处水乡，湖沟塘堰星罗棋布，极利因水就势造园，附近又盛产太湖石，适合堆砌玲珑精巧的假山，可谓得天独厚；苏州地区历代百业兴旺、官富民殷，完全有条件追求高质量的居住环境；加之苏州民风历来崇尚艺术，追求完美，千古传承，长盛不衰，无论是乡野民居还是官衙贾第，设计建造皆一丝不苟、独运匠心。这些基本因素大大促进了苏州园林的发展。明清时期，苏州成为中国最繁华的地区之一，私家园林遍布古城内外。16~18 世纪为全盛时期，苏州有园林 200 余处，其中沧浪亭、狮子林、拙政园和留园分别代表着宋、元、明、清四个朝代的艺术风格，被称为苏州“四大名园”。

苏州私家园林一向被称为“文人园林”。白居易在《草堂记》中写道：“覆篑土为台，聚拳石为山，环斗水为池。”这是文人园林的范式，其特点往往是将山和水、草和木以及亭台楼阁融合于小小空间，把江南所特有的湖光山色、小桥流水、山林丘壑巧妙地安排在一起，正体现了一种说法：“小园子大世界。”园林里的一砖一瓦、一草一木，无不浓缩和寄托了当时设计者和建造者的审美情趣、文化品位和精神追求。苏州古典园林基本上都是私家园林，往往是古代的富甲商贾、文人学士、名家隐士们，或弃甲归田，或告老还乡，或修行隐居之后营造起来的。比如，著名的苏州园林沧浪亭，是北宋诗人苏舜钦建造的；以小巧精致而闻名的网师园，最早是南宋吏部侍郎史正志的宅邸；以众多假山和湖石著称的狮子林，则是元代高僧天如禅师惟则的弟子为拥戴他而修建的。苏州古典园林宅园合一，可赏、可游、可居，可以体验舒畅的生活。这种建筑形态的形成，是在人口密集和缺乏自然风光的城市中，人类依恋自然，追求与自然和谐相处，美化和完善自身居住环境的一种创造。

苏州园林吸收了江南园林建筑艺术的精华，代表了中国私家园林的风格和艺术水平，是中国优秀的文化遗产，被联合国列为世界文化遗产。苏州园林善于把有限的空间巧妙地组成变幻多端的景致，结构上以小巧玲珑取胜。“四大名园”与同列为《世界遗产名录》的网师园、环秀山庄、艺圃、耦园、退思园一道，构成苏州园林的杰出代表。

1）狮子林。狮子林位于苏州城区东北角，始建于元代至正二年（1342 年），是中国古典私家园林建筑的代表之一。因园内“林有竹万，竹下多怪石，状如狻猊（狮子）者”，又因天如禅师惟则得法于浙江天目山狮子岩普应国师中峰，为纪念佛徒衣钵、师承关系，取佛经中狮子座之意，得名“狮子林”。天如禅师谢世以后，弟子散去，寺园逐渐荒芜。明洪武六年（1373 年），73 岁的大书画家倪瓒（号云林）途经苏州，曾参与造园，并题诗作画（绘有《狮子林图》）（见图 3-21）。由于林园几经兴衰变化，寺、园、宅分而又合，传统造园手法与佛教思想相互融合，以及近代贝氏家族把西洋造园手法和家祠引入园中，使其成为融禅宗之理、园林之乐于一体的园林。

图 3-21　狮子林图（明 倪瓒）

狮子林的古建筑大都保留了元代风格，为元代园林代表作，占地面积1.1公顷。园内东南多山、西北多水，四周高墙深宅，长廊环绕，楼台隐现，曲径通幽，给人迷阵一般的感觉。布局上以中部的水池为中心，叠山造屋，移花栽木，架桥设亭，使得全园布局紧凑，富有“咫足山林”意境。既有苏州古典园林亭、台、楼、阁、厅、堂、轩、廊之人文景观，又以湖山奇石，洞壑深邃而盛名于世，有“桃源十八景”之称。园内建筑从功用上可分祠堂、住宅与庭园三部分（见图3-22）。

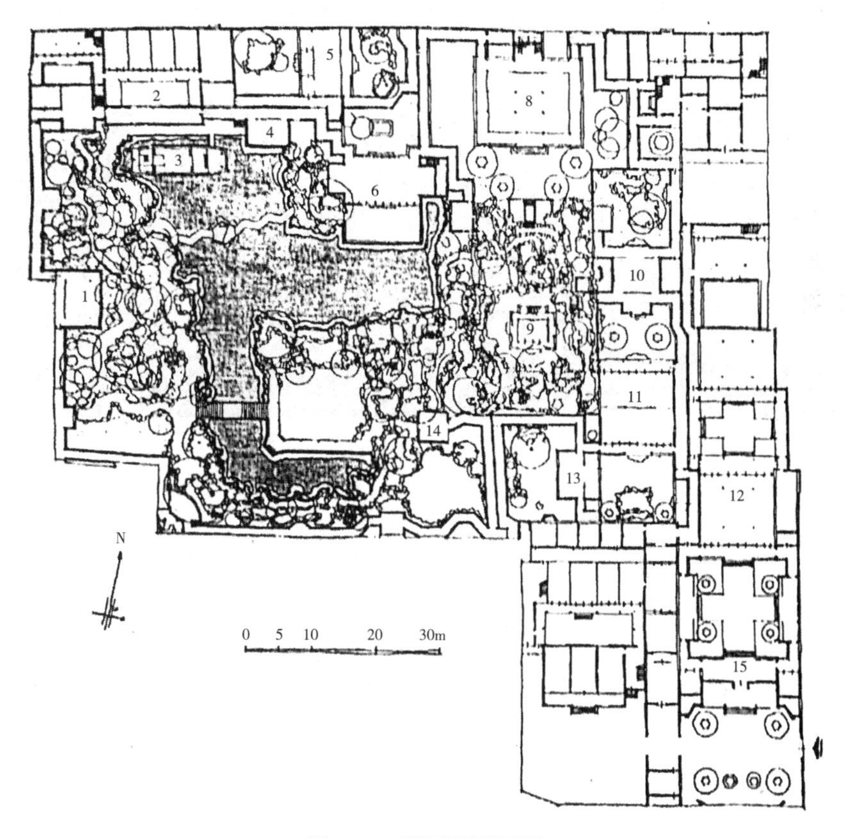

图3-22　狮子林平面图

1—问梅阁　2—暗香疏影楼　3—石舫　4—真趣亭　5—古五松园　6—荷花厅　7—湖心亭　8—指柏轩　9—卧云亭　10—小方厅　11—燕誉堂　12—祠堂　13—立雪堂　14—修花堂　15—门厅

园林入口有玲珑石笋、石峰、丛植牡丹及白玉兰，与“立雪堂”背面侧窗和谐统一，使框景更趋完整，形成进入庭院前视觉上的美感，同时喻“玉堂富贵”之意。庭院北是主体建筑高敞宏丽的鸳鸯厅，南厅名“燕誉堂”，北厅称“绿玉青瑶之馆”。以鸳鸯厅为中心，面向四方的布局，颇为巧妙。院内湖石、花台、小树组成一景。小方厅后的院中花台上有巨峰，由九头不同姿态的狮子组成。峰北院墙漏窗的框形各异，并分别套入琴棋书画图案。向西可到指柏轩，为二层阁楼，四周有庑，高爽玲珑。古五松园在指柏轩之西，中间隔一竹园。园里旧有五棵大古松，霜干虬枝，亭亭似盖，所以狮子林从前曾名五松园。转弯向南到飞瀑亭。一股清泉经湖石三叠，奔泻而下，形成了苏州古典园林引人注目的人造瀑布。园中水景丰富，溪涧泉流迂回于洞壑峰峦之间，隐约于林木之中，藏尾于山石洞穴。

狮子林以假山著称（见图 3-23），假山占地面积约 0.15 公顷。是中国园林大规模假山的仅存者，也是中国古典园林中堆山最曲折、最复杂的实例之一。经过置石名家的精妙构思，假山群以“透、漏、瘦、皱”的太湖石堆叠。假山上有石峰和石笋，石缝间长着古树和松柏，石笋上悬葛垂萝。假山分上、中、下三层，共有 9 条山路、21 个洞口。在假山顶上，耸立着著名的五峰：居中为狮子峰，东侧为含晖峰，西侧为吐月峰，两侧为立玉、昂霄峰及数十小峰，各具神态，千奇百怪。此假山西侧设狭长水涧，将山体分成两部分。跨涧而造修竹阁，阁处模仿天然石壁溶洞形状，把假山连成一体。园林西部和南部山体则有瀑布、旱涧道、石磴道等，与建筑、墙体和水面自然结合，配以广玉兰、银杏、香樟和竹子等植物。

图 3-23　狮子林假山

乾隆皇帝曾六次游览狮子林，并留下大量题字和“御制诗”。因爱其景，为狮林寺题额“画禅寺”和“真趣”匾额，同时在颐和园和承德避暑山庄各兴建一座狮子林，广泛采用了江南园林中廊、桥、漏窗与苏式彩画，引入堆叠假山的各种流派，大大丰富了北方园林的内容，是园林艺术史的重要一章。

2）拙政园。拙政园，位于苏州城东北隅，始建于明正德初年（16 世纪初），是苏州现存最大的古典园林，也是江南古典园林的代表作品。正德初年，因官场失意而还乡的御史王献臣，以大弘寺址拓建为园，取晋代潘岳《闲居赋》中“灌园鬻蔬，以供朝夕之膳……此亦拙者之为政也”意，名为“拙政园”。嘉靖十二年（1533 年），文徵明依园中景物绘图三十一幅，各系以诗，并作《王氏拙政园记》。王献臣死后，其子一夜赌博将园输给阊门外下塘徐氏的徐少泉。此后，徐氏在拙政园居住长达百余年之久，后徐氏子孙亦衰落，园渐荒废。至清乾隆时，拙政园几经废兴，演变为相互分离、自成格局的东中西三个园林。新中国成立后，对拙政园进行了修缮，并将中、西、东三部重又合而为一，成为完整统一而又各有特色的名园。1997 年 12 月，拙政园被列入世界文化遗产名录。

拙政园全园占地面积 78 亩（5.2 公顷），分为东园、中园、西园三部分（见图 3-24）。在拙政园的不同历史阶段，园林布局有着一定区别，特别是早期拙政园与今日现状并不完全一样。所以园林的风格也是别具特色的。早期拙政园，林木葱郁，水色迷茫，景色自然。园林建筑早期多为单体，十分稀疏，仅“堂一、楼一、为亭六”而已，建筑数量很少，大大低于今日园林中的建筑密度。竹篱、茅亭、草堂与自然山水融为一体，简朴素雅，一派自然风光。拙政园以水见长。据《王氏拙政园记》和《归园田居记》记载，园地“居多隙地，有积水亘其中，稍加浚治，环以林木。”“地可池则池之，取土于池，积而成高，可山则山之。

池之上，山之间可屋则屋之。”这充分反映出拙政园利用园地多积水的优势，展示出晃漾渺弥的个性和特色。

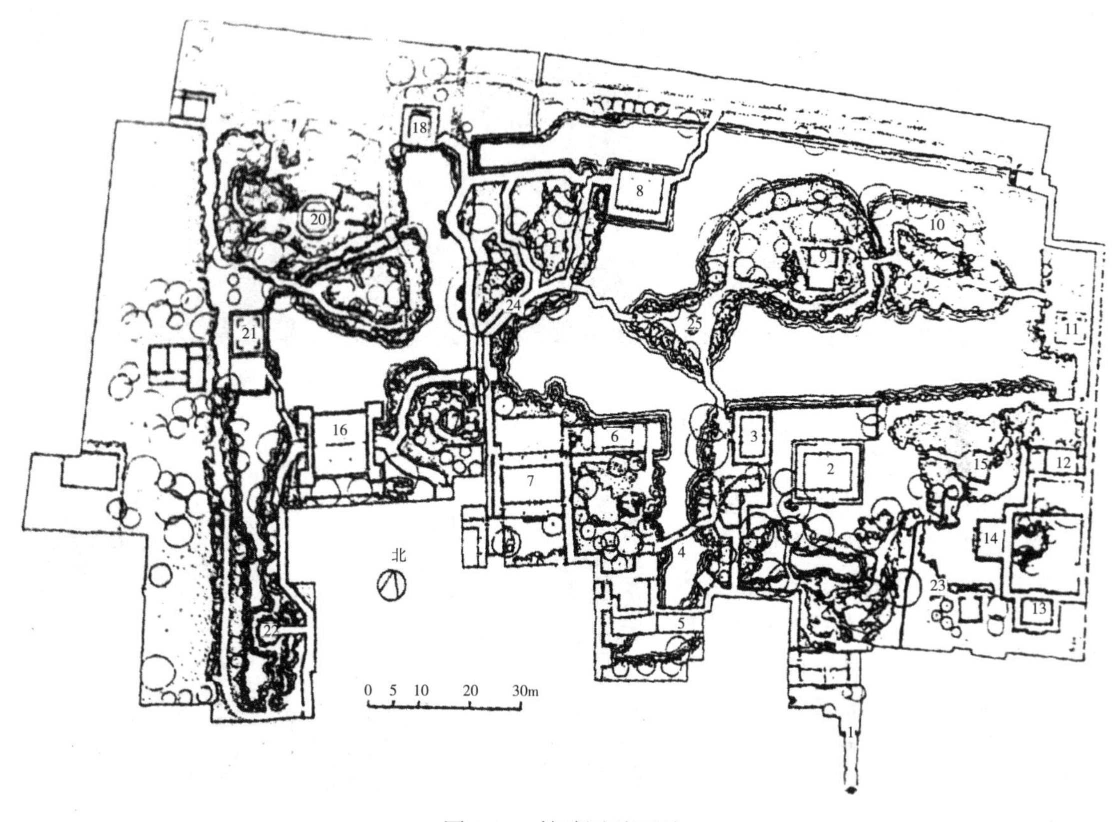

图 3-24　拙政园平面图

1—腰门　2—远香堂　3—南轩　4—小飞虹　5—小沧浪　6—香洲　7—玉兰堂　8—见山楼　9—雪香云蔚亭　10—待霜亭　11—梧竹幽居　12—海棠春坞　13—听雨轩　14—玲珑馆　15—绮绣亭　16—三十六鸳鸯馆　17—宜两亭　18—倒影楼　19—与谁同坐轩　20—浮翠阁　21—留听阁　22—塔影亭　23—枇杷园　24—柳荫路曲　25—荷风四面亭

拙政园东部原称“归田园居”，是因为明崇祯四年（1631 年）园东部归侍郎王心一而得名。因归园早已荒芜，所以全部为新建，布局以平冈远山、松林草坪、竹坞曲水为主。配以山池亭榭，仍保持疏朗明快的风格，主要建筑有兰雪堂、芙蓉榭、天泉亭、缀云峰等，均为移建。拙政园的建筑还有澄观楼、浮翠阁、玲珑馆和十八曼陀罗花馆等。

拙政园中部是拙政园的主景区，为全园精华所在，是一个多景区、多空间的复合大型宅园，园林空间丰富多变、大小各异。以水池为中心，亭台楼榭皆临水而建，有的亭榭则直出水中，具有江南水乡的特色。池水面积占全园面积的五分之三，用大面积水面营造园林空间的开朗气氛，临水布置了形体不一、高低错落的建筑，主次分明，总的格局仍保持明代园林浑厚、质朴、疏朗的艺术风格。以荷香喻人品的“远香堂”为中部拙政园主景区的主体建筑（见图 3-25），位于水池南岸，隔池与东西两山岛相望，池水清澈广阔，遍植荷花，山岛上林荫匝地，水岸藤萝粉披。两山溪谷间架有小桥，山岛上各建一亭，西为“雪香云蔚亭”，东为“待霜亭”，四季景色因时而异。远香堂之西的“倚玉轩”与其西船舫形的“香洲”

遥遥相对，两者与其北面的“荷风四面亭”成三足鼎立之势，都可随势赏荷。倚玉轩之西有一曲水湾深入南部居宅，这里有三间水阁“小沧浪”，并以北面的廊桥“小飞虹”（见图3-26）分隔空间，构成一个幽静的水院。

图 3-25　中部水池荷花

中部景区还有微观楼、玉兰堂、见山楼等建筑，以及精巧的园中之园——枇杷园，由海棠春坞、听雨轩、嘉实亭三组院落组合而成，主要建筑为玲珑馆。在园林山水和住宅之间，穿插了这两组庭院，较好地解决了住宅与园林之间的过渡。

图 3-26　小飞虹

拙政园西部水面迂回、布局紧凑，依山傍水建以亭阁。因被大加改建，所以乾隆后形成的工巧、造作的艺术的风格占了上风，但水石部分同中部景区仍较接近，而起伏、曲折、凌波而过的水廊、溪涧则是苏州园林造园艺术的佳作。西部主要建筑为靠近住宅一侧的三十六鸳鸯馆，是当时园主人宴请宾客和听曲的场所，厅内陈设考究。西部另一主要建筑“与谁同坐轩”乃为扇亭，扇面两侧实墙上开着两个扇形空窗，一个对着“倒影楼”，另一个对着“三十六鸳鸯馆”，而后面的窗中又正好映入山上的笠亭，而笠亭的顶盖又恰好配成一个完整的扇子。“与谁同坐”取自苏东坡的词句“与谁同坐，明月，清风，我”。故一见匾额，就会想起苏东坡，并立时顿感到这里可欣赏水中之月，可受清风之爽。西部其他建筑还有留听阁、宜两亭、倒影楼、水廊等。

3）网师园。网师园位于苏州城东南阔家头巷，始建于南宋淳熙年间（1174 年—1189 年），为宋代藏书家、官至侍郎的扬州文人史正志的“万卷堂”故址，始名“渔隐”。几经沧桑变更，至清乾隆年间（约 1770 年），退休的光禄寺少卿宋宗元购之并重建，定园名为“网师园”。乾隆末年，太仓富商瞿远村购得此园，增建亭宇，置石种树，园仍旧名，人又称瞿园、蘧园。网师园几易其主，园主多为文人雅士，各有诗文碑刻遗于园内，历经修葺整理，至今尚总体保持着瞿氏当年增建的结构与风格。

网师园（见图 3-27）现面积约 0.4 公顷，分为东、中、西三部分，东部为宅第，中部为主园，西部为内园。园林空间安排采用主、辅对比的手法，中部是主景区，也是全园的主体空间，在它的周围安排若干较小的辅助空间，形成众星拱月的格局。宅第规模中等，为苏州典型的

清代官僚住宅。住宅部分共四进，自轿厅、大客厅、撷秀楼、五峰书屋，沿中轴线依次展开。主厅“万卷堂”屋宇高敞、装饰雅致。内部装饰雅洁，外部砖雕工细，堪称封建社会仕宦宅第的代表作。其前砖细门楼为乾隆间物，雕镂之精，被誉为苏州古典园林中同类门楼之冠。其后撷秀楼原为内眷燕集之所。楼后五峰书屋为旧园主藏书处。

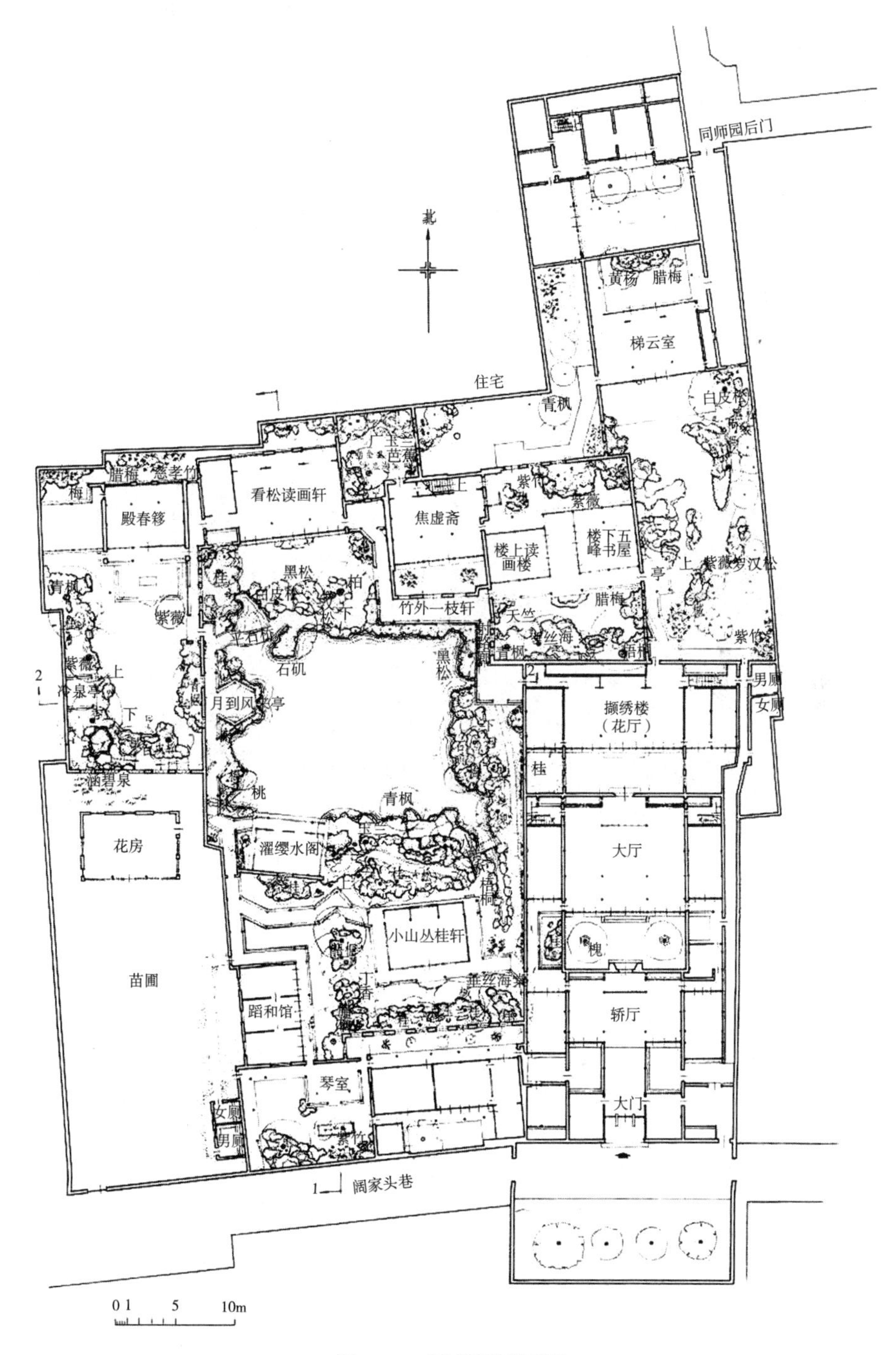

图 3-27　网师园平面图

中部为主园，名曰“网师小筑”，以彩霞池为中心（见图3-28），面积约半亩。池岸西北、东南两隅，各有水湾一处，曲折深奥，有渊源不尽之感。沿池布置石矶、假山、花木和亭榭，黄石假山“云岗”体量不大，但位置和造型得体。由于池岸低矮，临池建筑接近水面，所置山石、花木也不高大，水面显得很开阔。这里池水清澈、游鱼戏水、花木争妍。环池廊、轩、亭翼然，夹岸有置石、曲桥，疏密有致，相得益彰。池南主厅小山丛桂轩位于峰石木樨间，有廊左通住宅的轿厅，右达西侧的亭榭。西南侧的濯缨水阁和东北岸的竹外一枝轩隔水相望，东侧的射鸭廊和西侧的月到风来亭遥遥相对。月到风来亭在园内彩霞池西，六角攒尖型，三面环水，亭心直径3.5米、高5米余，戗角高翘，黛瓦覆盖，青砖宝顶，线条流畅；取宋人邵雍诗句“月到天心处，风来水面时” 之意，故名。内设“鹅颈靠”，供人坐憩，是临风赏月之佳处。 这些建筑形体各殊、装修精丽，其倒影又与天光浮云交映于碧波之中，使园中景色更添秀丽。水池四周之景色无异于四幅完整的画面，内容各不相同，却都有主题和陪衬。网师园主景区是静观和动观相结合的最佳组景设计典范，尽管范围不大，但仿佛观之不尽，令人流连。

图3-28　网师园中部水池

西部为内园，庭院精巧古雅，花台中盛植芍药名种，西北角院里轩屋名“殿春簃”便得于此。“殿春”，即春末。楼阁边小屋称簃，旧为书斋庭院。此处为春末景点，庭中遍植芍药，故名。坐落在美国纽约大都会艺术博物馆的“明轩”即以此为蓝本而建。全园布局紧凑、建筑精巧，面积虽小，却小中见大、布局严谨，主次分明又富于变化，园内有园，景外有景，精巧幽深之至。建筑虽多却不见拥塞；山池虽小，却不觉局促。因此被认为是苏州古典园林中以少胜多的典范，当之无愧地成为江南中小古典园林的代表作品。

4）留园。留园位于苏州市姑苏区阊门外，原是明嘉靖年间太仆寺卿徐时泰的东园。清嘉庆年间，刘恕以故园改筑，名寒碧山庄，又称刘园。同治年间盛宣怀购得，重加扩建，修葺一新，取留与刘的谐音，始称留园。晚清著名学者俞樾作《留园游记》称其为吴下名园之冠，素有“吴中第一名园”之称。

留园（见图3-29）占地面积约2公顷，全园分为分东、中、西、北四部分，景观主题

各有特色，东部以庭院、建筑取胜；中部是山水写意园；西部林木幽深，有山林野趣；北部竹篱小屋，呈田园风貌。它们相辅相成，融于一体。景区之间以墙相隔，以廊贯通，又以空窗、漏窗、洞门使两边景色相互渗透，隔而不绝。

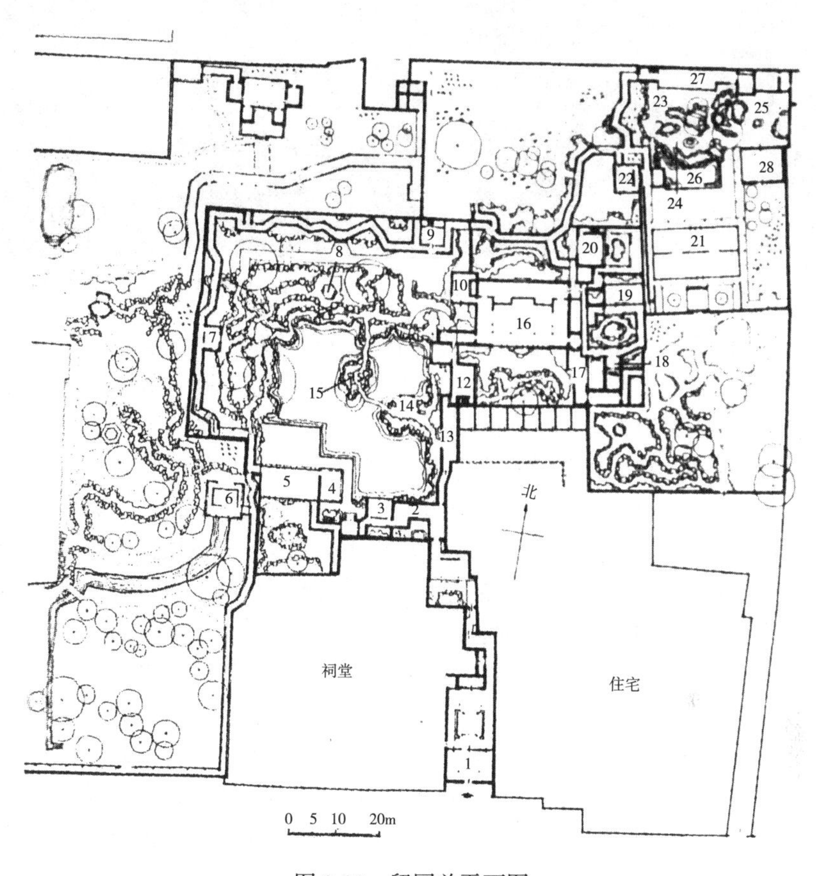

图 3-29　留园总平面图

1—大门　2—古木交柯　3—绿荫　4—明瑟楼　5—涵碧山房　6—活泼泼地　7—闻木樨香轩　8—可亭　9—远翠阁　10—汲古得绠处　11—清风池馆　12—西楼　13—曲溪楼　14—濠濮亭　15—小蓬莱　16—五峰仙馆　17—鹤所　18—石林小屋　19—揖峰轩　20—还我读书斋　21—林泉耆硕之馆　22—佳晴嘉雨快雪之亭　23—岫云峰　24—冠云峰　25—瑞云峰　26—浣云池　27—冠云楼　28—伫云庵

中部西区以水池为中心（见图 3-30），西北为山，东南为建筑，有涵碧山房、明瑟楼、绿荫轩、曲溪楼、濠濮亭、清风池馆诸构。假山为土石山，用石以黄石为主，雄奇古拙，系 16 世纪周秉忠叠山遗迹。东区是以五峰仙馆为主体的建筑庭院组合，在鹤所、石林小院至还我读书斋一带，多个小空间交汇组合，门户重重，景观变化丰富，是园林建筑空间组合艺术的精华。东部的林泉耆硕之馆、冠云楼、冠云台、待云庵等一组建筑群围成庭院，院中有水池，池北为冠云峰（见图 3-31）。冠云峰系北宋（12 世纪）宫廷征集遗物，高 6.5 米，为苏州各园湖石峰中最高者，左右立瑞云、岫云二峰。园内还保存有刘氏寒碧庄时所集印月、青芝、鸡冠、奎宿、一云、拂袖、玉女、猕猴、仙掌、累黍、箬帽、干霄等十二奇石。北部辟盆景园，陈列盆景名品 500 余盆。西部为土阜曲溪，沿岸植桃柳，土阜缀黄石，漫山枫林，是苏州园林土山佳作。

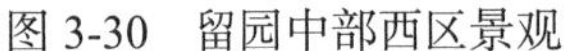
图 3-30　留园中部西区景观

图 3-31　留园冠云峰

留园内建筑的数量在苏州诸园中居冠，园内建筑布置精巧、奇石众多，厅堂、走廊、粉墙、洞门等建筑与假山、水池、花木等组合成数十个大小不等的庭园小品，独具一格。与其他园林主要不同的是，变化无穷的建筑空间藏露互引、疏密有致、虚实相间、旷奥自如，令人叹为观止。其布局之合理，空间处理之巧妙，皆为诸园所莫及。每一个建筑物在其景区中都有着自己鲜明的个性，处处显示了咫尺山林、小中见大的造园艺术手法。从全局来看，没有丝毫零乱之感，给人一个连续、整体的概念。留园整体讲究亭台轩榭的布局、假山池沼的配合、花草树木的映衬及近景远景的层次，使游览者无论站在哪个点上，眼前总是一幅完美的图画。园内亭馆楼榭高低参差，曲廊蜿蜒相续有七百米之多，颇有步移景换之妙。其在空间上的突出处理，充分体现了古代造园家的高超技艺、卓越智慧和江南园林的艺术风格和特色。

另外，留园曲廊贯穿、依势曲折、通幽渡壑，长达六七百米，廊壁嵌有历代著名书法石刻三百多方，其中有名的是董刻二王帖，为明代嘉靖年间吴江松陵人董汉策所刻，历时二十五年，至万历十三年方始刻成。园内有蜿蜒高下的长廊 670 余米，漏窗 200 余孔。造园家充分运用了空间大小、方向、明暗的变化，将这条单调的通道处理得意趣无穷。过道尽头是迷离掩映的漏窗、洞门，中部景区的湖光山色若隐若现。绕过门窗，眼前景色才一览无余，达到了欲扬先抑的艺术效果。留园内的通道，通过环环相扣的空间造成层层加深的气氛，游人看到的是回廊复折、小院深深，以及接连不断错落变化的建筑组合。园内精美宏丽的厅堂则与安静闲适的书斋、丰富多样的庭院、幽僻小巧的天井、高高下下的凉台燠馆、迤逦相属的风亭月榭巧妙地组成了有韵律的整体。

5）退思园。退思园位于苏州吴江同里古镇，系清光绪时期官员任兰生被弹劾后落职归里，于光绪十一年至十三年所建的宅园，园名“退思”，意取《左传》中“进思尽忠，退思补过”之意。

全园占地面积九亩八分，因地形所限，为横向建造，即西宅东园（见图 3-32），这在苏州的私家园林中形成了自身独特的风格。退思园的主体建筑宅第分东西两侧，西侧建有轿厅、茶厅、正厅三进，为婚丧嫁娶及迎送宾客之用。东侧内宅，建有南北两幢各五楼五底的“畹香楼”，楼与楼之间由东西双重廊贯通，俗称“走马楼”，为江南之冠。园景部分亦分东西两侧，西庭东园。庭系园之序，中置旱船、坐春望月楼、岁寒居。园以水为中心，具贴水园之特例，山、亭、堂、廊、轩、榭、舫皆紧贴水面，园如出水上，可谓独秀江南，在建筑美学史上也堪称一绝。北岸的退思草堂为全园主景，站在堂前平台上环顾四周，琴房、三曲桥、

眼云亭、菰雨生凉轩、天桥、辛台、九曲回廊、闹红一舸舫、水香榭、览胜阁，以及假山、峰石、花木围成一个旷远舒展、彼此对应的开阔景区，构成一幅浓重的水墨山水画长卷。而每一建筑既可独立成景，又能互为对景，彼此呼应。其中坐春望月楼、菰雨生凉轩、桂花厅、岁寒居点出春、夏、秋、冬四季景致，琴房、眼云亭、辛台、览胜阁则塑造出了琴、棋、书、画四艺景观。退思园虽小而求齐全，不失为园林建筑史上的杰作。退思园的园林艺术是设计空间的艺术，其在有限的空间内能独辟蹊径，容纳了丰富的艺术之精华，使之成为能和任何一个名园的类似园景相媲美的小型园林的典范。

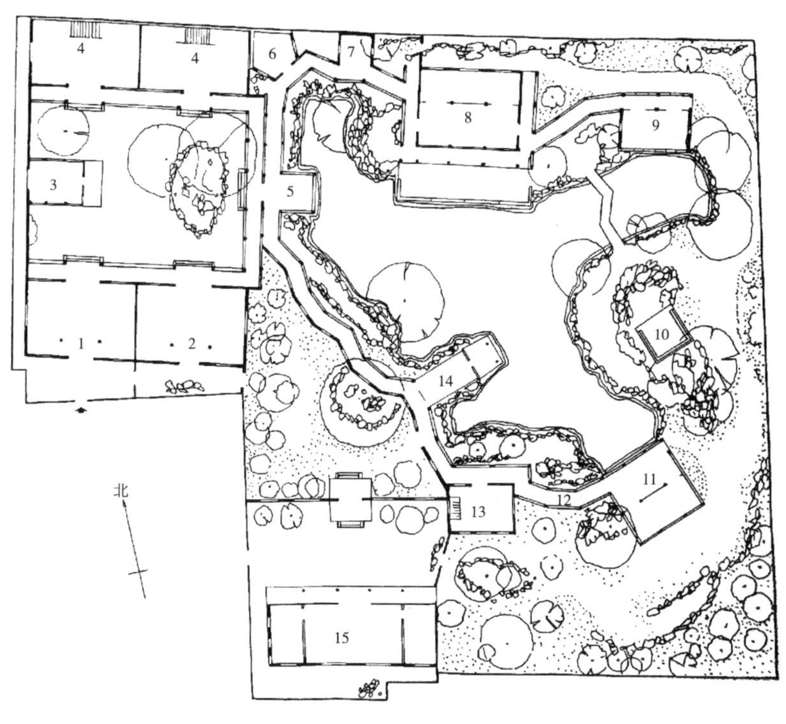

图 3-32　退思园平面图

1—迎宾馆　2—岁寒居　3—旱船　4—坐春望月楼　5—水香榭　6—造景园　7—庭轩　8—退思草堂　9—琴房　10—眠云亭　11—菰雨生凉轩　12—天桥　13—辛台　14—闹红一舸舫　15—桂花厅

（3）南京私家园林。南京宅第花园历史可溯至东晋，至南朝时，宅第花园已遍布都城内外，见于史载的有 30 余处。后累代不衰，享盛名者多系当朝或挂冠官吏、文人雅士或富商巨贾所拥有。南京是明代的陪都，明后 600 余年不仅有较多的史料记载，且有实物可鉴。

明初，太祖朱元璋致力发展社会生产，不建皇家园林，亦不准私宅造园，为数不多的几座宅园皆为功臣拥有，当时因钟山、玄武湖为禁区，故多建于城西南凤凰台、杏花村一带。此地原为教场，荒僻寂静但风景幽美。至朱元璋晚年，亦欲建造大规模的皇宫花园，然国力不济而未能如愿。明中后期，南京经济已臻繁荣发达，且人文荟萃，建园亦不再限制；而且明代南京养有大批闲官，王府又多，而且城周有山有水，宅园建造随即兴盛起来，园林亦盛极一时，可考者凡 130 余座，仅《游金陵诸园记》所载就有三十六处之多。其中，中山王徐达后人的私园达十余处。至清代中叶又有增建修复，可考者达 170 余座。然而，南京历代战火频频，尤以隋灭陈、清咸丰战乱及侵华日军南京屠城几次大火，险致南京园林濒于绝境。

南京古代园林的布局与结构，基本皆采用自然式，但论其占地面积大小、建筑多寡、装潢豪华抑或简朴、布景材料珍贵抑或平凡却有很大差异。私家宅园则因主人财富、气质、修养与爱好不同而各有差别，就自然景物摆设点化、简朴素雅者为多，因而形成了江南山水园林流派。典型的代表园林是瞻园。

瞻园是南京现存历史最久的一座园林，已有600多年的历史，其历史可追溯至明太祖朱元璋称帝前的吴王府，后赐予中山王徐达的府邸花园，素以假山著称，以欧阳修诗“瞻望玉堂，如在天上”而命名。清顺治二年（1645年）该园成为江南行省左布政使署。乾隆帝巡视江南时曾驻跸此园，并御题“瞻园”匾额。太平天国时期为东王杨秀清王府。瞻园历经明、清、民国与当代，和江南多数园林一样，沿革复杂，园貌历经变迁。

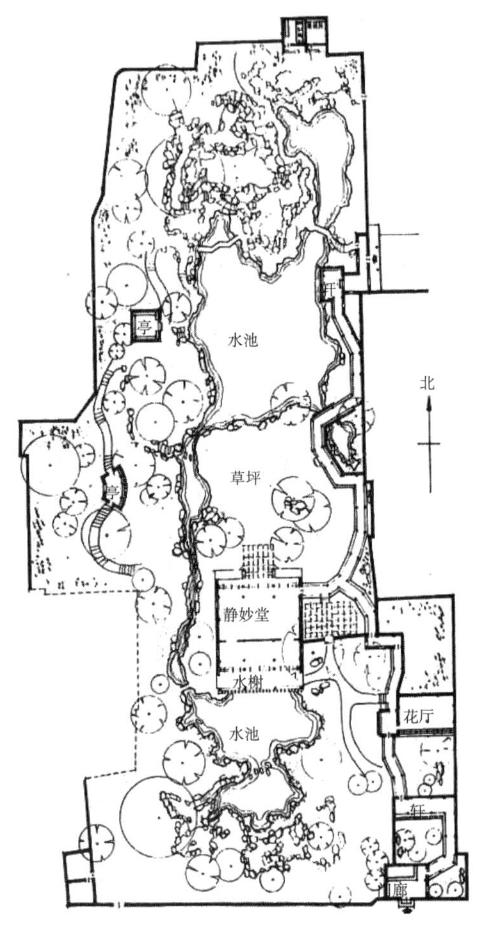

图3-33 瞻园平面图

瞻园（见图3-33）坐北朝南，面积约15 000多平方米，共有大小景点二十余处，布局典雅精致，有宏伟壮观的明清古建筑群，陡峭峻拔的假山，闻名遐迩的北宋太湖石，清幽素雅的楼榭亭台，奇峰叠嶂，山、水、石是瞻园的主景。东瞻园有太平天国历史博物馆展区、水院、草坪区和古建区，西瞻园有西假山、南假山、北假山、静妙堂等景点。大门在东半部，大门对面有照壁，照壁前是一块太平天国起义浮雕。大门上悬一大匾，书“金陵第一园”，字系赵朴初所题。

西瞻园静妙堂为瞻园主体建筑，是一座面临水池的鸳鸯厅，它将全园分成南北两大空间，并置有南北两大水池。南水池紧接静妙堂南沿，略呈葫芦形，靠近建筑一面大，而南端收小。北水池空间比较开阔，曲折而富变化。东临边廊，北濒石矶，西连石壁，南接草坪。在静妙堂西侧，有一泓清溪沟通了南北两大水池，使南北两个格调鲜明的空间有聚有分，相互联系。

瞻园是著名的假山园，分为南假山和北假山两组，全是假山堆叠而成，但堆造之精、面积之大，确是巧夺天工。南假山实中有虚，虚中有实，层次丰富，主次分明。山上的植物让这座假山透出了勃勃生机，水池东北各有古树两株，栽种于明代，已饱经600年风霜，紫藤盘根错节，女贞翠绿丰满；另有牡丹、樱花、红枫等点缀其间，衬托了南石山秀丽多姿的特色。北假山系明代园林遗存，由体态各异的太湖石堆砌成，坐落在北部空间的西面和北端，是全园的制高点。西为土山，北为石山，两面环山，东抱曲廊，夹水池于山前。山中还有著名的普静泉，水面清澈澄静，宛若明镜。在水池的北部，有一座紧贴水面的石平桥，沟通了东西游览路线。

寄畅园

（4）其他江南园林。

1）无锡寄畅园。寄畅园位于江苏省无锡市东麓惠山横街。园址在元朝时曾为二间僧舍，名“南隐”“沤寓”。明正德年间（1506 年—1521 年），北宋著名词人秦观的后裔、弘治六年进士、曾任南京兵部尚书的秦金，购惠山寺僧舍“沤寓房”，并在原僧舍的基址上进行扩建，垒山凿池，移种花木，营建别墅，开辟为园，名“凤谷行窝”。秦金殁，园归族侄秦瀚及其子江西布政使秦梁。嘉靖三十九年（1560 年），秦瀚修葺园居，凿池、叠山，亦称“凤谷山庄”。秦梁卒，园改属秦梁之侄都察院右副都御使、湖广巡抚秦燿。万历十九年（1591 年），秦燿因座师张居正被追论而解职。回无锡后，寄抑郁之情于山水之间，疏浚池塘，改筑园居，构园景二十，每景题诗一首，取王羲之《答许椽》诗“取欢仁智乐，寄畅山水阴”句中的“寄畅”两字名园。清顺治末康熙初，秦燿曾孙秦德藻加以改筑。延请当时著名的造园名家张涟（字南垣）和他的侄儿张轼精心布置，叠山理水，疏泉置石，园景益胜。乾隆十一年，族议“惟是园亭究属游观之地，必须建立家祠，始可永垂不朽”，将园内嘉树堂改为“双孝祠”，寄畅园改为祠堂公产，故又名“孝园”。康熙、乾隆两帝各六次南巡，均必到此园，留下了许多诗章和匾、联。高宗乾隆认为“江南诸名胜，唯惠山秦园最古”，且“爱其幽致”，因此绘图带回北京，在清漪园（现在的颐和园）万寿山东麓仿建一园，命名为“惠山园”（1811 年改名为“谐趣园”），并在北京仿建了他认为最好的五处江南园林，其余四处早已毁弃不存，只有“惠山园”仍完好地保存在颐和园里。清咸丰十年（1860 年），园曾毁于兵火。

寄畅园（见图 3-34）西靠惠山，东南是锡山，属山麓别墅类型的园林，面积约为 1 公顷，南北长，东西狭；假山约占全园面积的 23%、水面占 17%，山水一共占去全园面积的三分之一以上。建筑布置疏朗，相对于山水而言数量较少。园景布局以山池为中心，巧于因借，混合自然。总体布局抓住这个优越的自然条件，以水面为中心，西、北为假山接惠山余脉。东部以水池、水廊为主，池中有方亭，相互对映。

寄畅园在借景、选址上都相当成功，处理简洁而效果丰富，水平甚高。园的面积虽不大，但近以惠山为背景，远以东南方锡山的龙光塔为借景，空

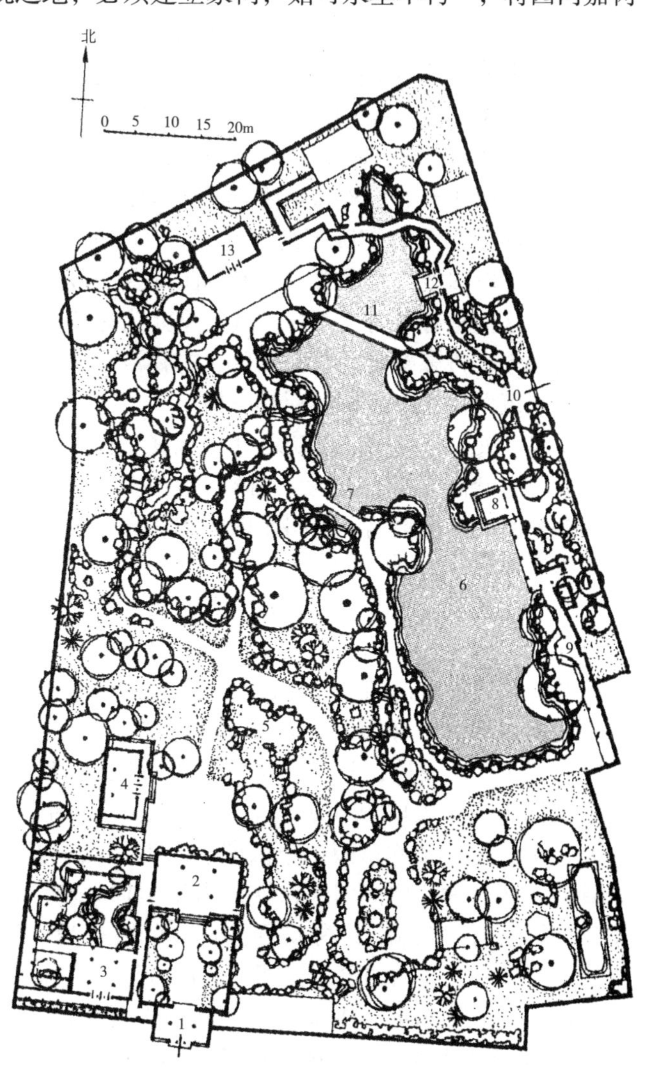

图 3-34　寄畅园平面图

1—大门　2—双孝祠　3—秉礼堂　4—含贞斋　5—九狮台　6—锦江漪　7—鹤步滩　8—知鱼槛　9—郁盘　10—清响　11—七星桥　12—涵碧亭　13—嘉树堂

间感、秩序感极为强烈。为便于西借惠山，从知鱼槛、涵碧亭、环翠楼、凌虚阁等主要观赏点望去，但见惠山绿嶂巍峙，山顶游人蠕动，既远又近。“名园正对九龙岗”“春雨雨人意，惠山山色佳”。在环翠楼、鹤步滩、六角石亭，举目所极，龙光塔影，近在咫尺。占地只有十五亩的寄畅园收纳了惠山、锡山，使景观延伸得很远，有限的空间变成了无限的空间。

在路线的组织上，寄畅园运用了江南园林常用的疏密相间手法。从现在西南角的园门入园后，是两个相套的小庭院，走出厅堂，则视线豁然开朗，一片山林景色。在到达开阔的水面前，又必须经过山间曲折的小路。这种分割空间和景色的处理手法，造成了对比效果，使人感到园内景色的生动和多彩。

寄畅园大门正对着惠山寺的香花桥，其门匾为乾隆皇帝亲笔所题。穿过门厅后，是一个大天井，尽头一间敞厅，四壁挂满了名家字画。从敞厅左转，又是一组造型别致的庭院。西侧一个小天井、一株老藤、一段曲廊，颇负江南园林的韵味。再过含贞斋左行，不远处，可见一巨大的由黄石堆砌的谷道，这就是叠山大师张涟与张轼的杰出代表作品——闻名遐迩的八音涧。八音涧西高东低，总长度约有 36 米，茂林在上，清泉下流，怪石嶙峋，变化丰富，堪称绝作。出八音涧，前临曲池“锦汇漪”。锦汇漪广仅三亩，是一个南北长、东西窄的水面，其池水的北面建有七星桥和廊桥，曲折幽深，令人难以猜测水流的去向。而郁盘亭廊、知鱼槛、七星桥、涵碧亭及清御廊等则绕水而构，与假山相映成趣。丰富的园景令水面显得分外宽阔，极尽曲岸回沙的艺术效果。寄畅园的西南段还有一方池水，旁侧耸立着一座太湖石峰，丈余高，这就是有名的美人石，其造型尤为栩栩如生，令游人不由感叹园艺的构思奇巧。园内大树参天、竹影婆娑、苍凉廓落、古朴清幽，以巧妙的借景、高超的置石、精美的理水、洗练的建筑而在江南园林中别具一格。

总体上说，寄畅园的成功之处在于其“自然的山、精美的水、凝练的园、古拙的树、巧妙的景”。难怪清朝的康熙、乾隆二帝曾多次游历此处，一再题诗，足见其眷爱赏识之情。北京颐和园内的谐趣园，圆明园内的廓然大公（后来也称双鹤斋），均为仿无锡惠山的寄畅园而建。

2）上海豫园。豫园位于上海市老城厢的东北部，与上海老城隍庙毗邻，始建于明代嘉靖、万历年间。园主人四川布政使潘允端从 1559 年（明嘉靖己未年）起，在潘家住宅世春堂西面的几畦菜田上建造园林，经过二十余年的苦心经营，建成了豫园。“豫”有“平安”“安泰”之意，取名“豫园”，有“豫悦老亲”的意思。豫园当时占地面积七十余亩，由明代造园名家张南阳设计，并亲自参与施工。古人称赞豫园“奇秀甲于东南”“东南名园冠”。清康熙四十八年（1709 年），上海士绅为公共活动之需，购得城隍庙东部土地 2 亩余建造庙园，即灵苑，又称东园（今内园）。乾隆二十五年（1760 年），一些豪绅富商集资购买庙堂北及西北大片豫园旧地，恢复当年园林风貌。乾隆四十九年（1784 年）竣工，历时 20 余年。因已有“东园”，故谓西边修复的园林为“西园”。今豫园占地面积 30 多亩，初始规模大半恢复，园内的亭台楼阁、假山水榭、古树名花布局有致、疏密得当、胜似当年。

豫园可分为东部、中部、西部和内部景区四个部分（见图 3-35）。园内有穗堂、铁狮子、快楼、得月楼、玉玲珑、积玉水廊、听涛阁、涵碧楼、内园静观大厅、点春堂、古戏台等亭台楼阁，以及假山、池塘等四十余处古代建筑，设计精巧、布局细腻，以清幽秀丽、玲珑剔透见长，具有小中见大的特点，体现了明清两代南方园林建筑艺术的风格，是江南古典园林中的一颗明珠。

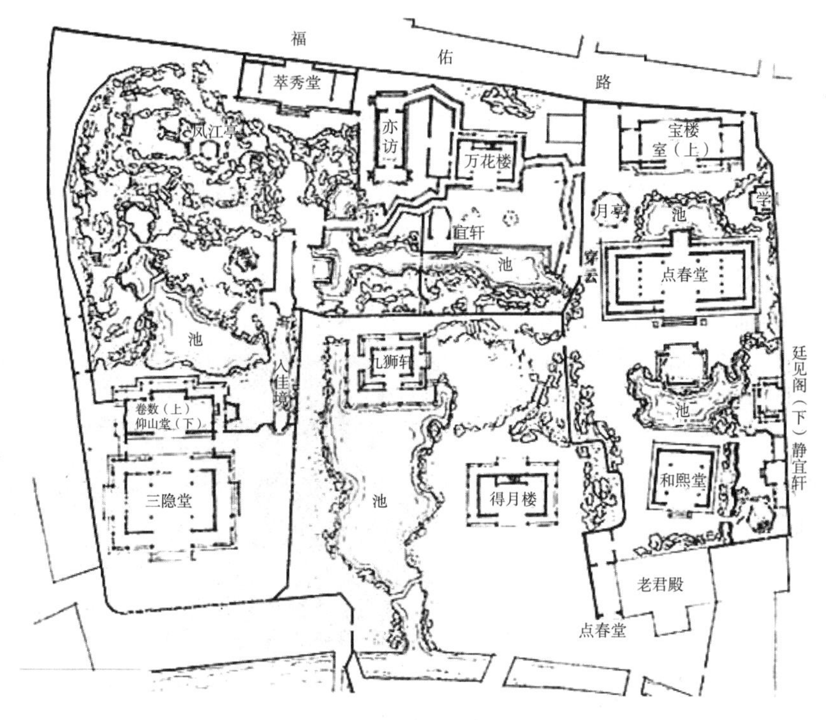

图 3-35　豫园平面图

豫园的中部景区有得意楼、绮藻堂。得意楼位于玉华堂、玉玲珑西，两面临水，建于清乾隆二十五年，取“近水楼台先得月”之意而名。得意楼为二层楼房，建筑精致。绮藻堂位于得意楼下，以“水波如绮，藻彩纷披”而名。堂檐下有 100 个不同字体的木雕“寿”字，称为“百寿图”，富有民族特色。堂前设一天井，内有匾额：“人境壶天”，左侧围墙上有清代“广寒宫”砖刻。

内园是园中之园，面积仅 2 亩余，但十分精致，亭台楼阁、泥塑砖雕、名树古木、石峰小桥一应俱全，布局紧凑而曲折幽深。静观大厅亦称“晴雪堂”，是内园主要厅堂，雕栋画梁、轩昂高敞，堂面阔 5 间、进深 3 间，厅前有两尊石狮，厅内有两块贴金匾额。耸翠亭耸立于观涛楼东面假山上，双层亭阁，底层置石桌、石凳，周围林木青翠。亭内有一匾，上书“灵木披芳”。九龙池位于内园静观大厅东南，池内砌湖石，东西两壁隙间藏 4 个石雕龙头，水中倒影亦为 4 个龙头，加上池状若龙身，故称九龙池。

玉玲珑位于豫园中部玉华堂前，为江南三大名石之一（其余两块为苏州留园的冠云峰和杭州西湖的皱云峰）。据说玉玲珑就是当年花石纲的漏网遗物。玉玲珑入园时，石身上还刻有“玉华”两字，意思是说此石是石中精华。玉玲珑在会景楼东庭院内已屹立 400 余年未曾移动，奇石色青，高约 1 丈余，重达万斤。石棱似朵云突兀，玲珑剔透，通体成万窍灵通。周身多孔，具有“皱、漏、瘦、透”之美，为石中甲品。古人曾谓“以一炉香置石底，孔孔烟出；以一盂水灌石顶，孔孔泉流”。玉玲珑后有照墙，墙上有“寰中大快”四个篆字。

点春堂地处豫园东侧，是一所五开间的大厅，建于清道光初年（1821 年），为福建花糖业商人所建，作公所之用。堂名取宋代诗人苏东坡词“翠点春妍”之意。明清时期，园林同昆曲关系密切，当时文人绅士喜欢在点春堂内看戏文，并根据自己的喜好挑演员、点剧目，

所以“点春”又有这层意思。点春堂现为仅存的小刀会起义遗址。

3）杭州郭庄。郭庄位于杭州西山路卧龙桥畔，与西湖十景之一的“曲院风荷”公园相邻，原名“端友别墅”，建于清光绪三十三年（1907 年）。最初的主人为杭州商人宋端甫，因此该园俗称宋庄。后转卖给汾阳籍贯人士郭氏，由此改称“汾阳别墅”，俗称郭庄。庄园总体平面呈矩形，占地面积 9788 平方米，水面占 29.3%，建筑面积 1629 平方米。庄园东濒西湖，临湖筑榭，曲径通幽，假山置石，极富雅趣。

郭庄分“静心居”和“一镜天开”两部分，是典型的前宅后园格局，中间以“两宜轩”相隔。“静心居”为宅院部分，是主人居家、会客之场所，室内陈设精致典雅、古色古香。“一镜天开”（见图 3-36）为园林部分，是以水为主题的精致花园。这里曲廊环绕、小桥流水、假山置石、花木簇拥。沿池有“香雪分春”“乘风邀月”“两宜轩”“赏心悦目”“景苏阁”“如沐春风”等景点。其中，主体建筑是景苏阁，楼下是下棋、弹琴的场所，楼上置文房四宝，是主人吟诗作画的地方，弥漫着浓重的书香味。郭庄雅洁有致、构思精巧，可与苏州网师园相媲美，又借西湖外景，因而略胜网师园一筹，是杭州目前保存较好的私家园林。

图 3-36　郭庄

4）海盐绮园。绮园，俗称冯家花园，原系清代富商冯缵斋私家花园，始建于清同治十年（1871 年），占地面积 10 000 平方米左右，是目前浙江私家园林中规模最大、保存最完整的一座江南典型园林风格。园林水面面积约 2000 平方米，树木遮盖面积约 7000 平方米。园内以树木山池为主，古木参天，其中古树名木四十余株，均经数百年风雨。树木有耸立于山巅，有静障于山谷，有展翅于山崖，有俯仰于水畔；还有小竹丛丛，以及攀附高树的藤蔓，蒙络摇缀，翠盖如云。山、水、竹、木、厅、亭、阁、桥、隧道、飞梁等布局精美、错落有致。水随山转，山因水活，各得其宜。

整个园林的建造妙用了“水随山转，山因水活”的叠山理水园论。其特点是以树木山池为主，略点缀建筑，与今日以风景为主的造园手法相近；园自成一区，不附属于住宅区；设有大面积水域，以聚为主、散为辅，水随山转、山因水活；大假山前后皆有丘壑，与苏州园林因面积小而略其背面的做法不同。园从西侧入口，中建花厅，前架曲桥，隔池筑假山，水绕厅东流向北，布局与苏州拙政园相近，水穿洞至后部大池。园内有潭影九曲、蝶来滴翠、晨曦罨画、海月小隐、古藤盘云、幽谷听琴、风荷夕照、美人照镜、百鸟鸣春、泥香三乐等景点（见图 3-37）。其游径由山洞、岸道、飞梁、

图 3-37　绮园

小船及低于地面的隧道等组成，构成了复杂的迷境，为江南园林所仅见。园内假山分成前、中、后三区，有“横看成岭侧成峰”的诗境。园内建筑“潭影轩”“小隐亭”“滴翠亭”“风荷轩”为建园点缀，更为游人提供休憩之处。园内小桥有九曲桥、四剑桥、罨画桥连接山水，更构成独立的景致。如四剑桥由三跨石板构成，为我国园林桥景的孤例；罨画桥为石拱桥，将园中湖水分为两界，拱旁有联“两水夹明镜，双桥落彩虹”，与周边景物构成如诗画境。园南有住宅“三乐堂”，为白墙黑瓦七楼七底的典型江南民居，与园林相得益彰。

3. 岭南私家园林

岭南是我国南方五岭（大庾岭、骑田岭、都庞岭、萌渚岭和越城岭）以南地区的概称，古为百越之地，是百越民族居住的地方。秦末汉初，岭南是南越王国的辖地。岭南北靠五岭，南临南海，西连云贵，东接福建，范围包括了今广东、广西、海南以及闽南地区和台湾。岭南山水秀丽、层峦叠翠，又濒临沧海，环境风物别具特色。在汉代，岭南地区就已经出现了民间的私家园林。随着岭南社会经济和文化艺术的发展以及海内外交流的日益频繁，岭南园林逐渐呈现出越来越浓厚的地方民间色彩，孕育了岭南园林的独特风格。清初，珠江三角洲地区经济比较发达，文化也开始繁荣。私家造园活动开始兴盛，逐渐影响到了台湾、福建等地；在清中叶以后而日趋兴盛，并在园林的布局、空间组织、水石运用和花草配置方面逐渐形成了自己的特点，终于异军突起而成为与江南、北方鼎峙的三大地方风格之一。

岭南园林有广东园林、广西园林、福建园林、台湾园林、海南园林等，有庭院式、自然山水式、综合式等。庭院式是岭南园林的特色，其小巧堪与日本古典园林相媲美，几乎所有的私宅、酒家、茶楼、宾馆皆建筑庭院园林。广东园林是岭南园林的主流，以山水的英石堆山和崖潭格局、建筑的缓顶宽檐和碉楼冷巷、装饰的三雕三塑、色彩的蓝绿黄对比色、桥的廊桥、植物四季繁花为特征。其中顺德的清晖园、东莞的可园、番禺的余荫山房、佛山的梁园是粤中四大名园，它们都比较完整地保留了下来，是岭南园林的代表作品。广西园林以自然山水与历史文化的积淀为特征，表现于石林、石峰、石崖、石潭、壁刻之中，雁园是其代表作品。海南园林以自然山水中的海景、岛景、礁景、滩景为山水特征，草顶、鱼饰、朴素为建筑特征，椰林、槟榔、三角梅等为植物特征。各个园林中堆山都用珊瑚石，大东海以它砌坡，海洋公园以它砌门，五公祠以它堆山。福建园林以礁石、塑鼓石为山水特征，以起翘正脊、海波脊尾为建筑特征，以正脊龙雕、鱼草山花和石刻石雕为装饰特征，如菽庄花园。台湾园林以灰塑石山、咕咾石山和模仿福建名山为山水特征，以闽南建筑为建筑特征，以平顶拱桥为桥特征，以灰塑或砖雕瓜果器具漏窗为装饰特征，如台湾四大名园。

岭南园林与江南园林最大的不同在于房屋通透性，这主要是因为岭南园林地处热带或亚热带，气候炎热；另外，由于五岭的阻隔，岭南文化受中原文化的影响极少，这为岭南园林形成独特的造园风格奠定了基础。江南园林多是园林景观包围着建筑，园林面积变得十分庞大，建筑在园林中只起到点缀和陪衬的作用，这是因为江南园林主要是为观赏游览而建，居住区与游览区经常是分离的。岭南园林建筑多数属于私家园林，园林内空间小、建筑多，较少以土堆山，现代公园也是如此，多因水为水、因山为山，虽更注重实用性，却也让其更显自然野趣，更贴近生活。岭南园林多是建筑包围着园林，在建筑的围绕下形成一个空间，这样的园林更像一个庭院。岭南园林将居住区与游览区很自然地结合在一起，使其成为密不可分的一个整体。岭南地处亚热带，观赏植物品种多样，园内一年四季均花团锦簇、绿荫葱翠。除了亚热带的花木之外，还有大量引进来的植物，像乡土树种如红棉、乌榄、仁面、白兰、黄兰、鸡蛋花、水蓊、水松、榕树等，乡土花卉如炮仗花、夜香、鹰爪、勒杜鹃、麒麟尾等，更是江南和北方所没有的。老榕树大面积覆盖遮蔽的效果尤为宜人，亦堪称岭南园林一绝。

（1）余荫山房。余荫山房又称余荫园，位于广东省广州市番禺，是岭南四大名园中保存原貌最好的古典园林，以小巧玲珑、布局精细的艺术特色著称。始建于清代同治三年（1864年），为清代举人邬彬的私家花园，历时5年，于同治八年（1869年）竣工。山房故主邬彬，字燕天，是清朝举人，官至刑部主事，任七品员外郎。他的两个儿子也是举人，因而有“一门三举人，父子同登科”之说。邬彬告老归田、隐居乡里后，聘名工巧匠，吸收苏杭庭园建筑艺术之精华，结合闽粤庭园建筑艺术之风格，兴建了这座特色鲜明、千古流芳的名园。为纪念先祖的福荫，取“余荫”二字作为园名。

余荫山房占地面积1598平方米，园地虽小，但布局十分巧妙，亭桥楼榭、曲径回栏、荷池石山、名花异卉等一应俱全。它以“藏而不露”和“缩龙成寸”的手法，将园中亭台楼阁、堂殿轩榭、桥廊堤栏、山山水水尽纳于方圆三亩之地，布成咫尺山林，造成园中有园、景中有景、幽深广阔的绝妙佳境。通过名工巧匠的精雕细刻，使全园的文饰做到丰富而精致、素色而高雅，给人们一种恬静和雅致的美感，如置身于“波暖尘香”之中。此外，园中之砖雕、木雕、灰雕、石雕这四大雕刻作品丰富多彩，尽显名园古雅之风。更有古树参天、奇花夺目，顿使满园生辉。而园中“夹墙竹翠”“虹桥印月”“深柳藏珍”“双翠迎春”这四大奇观，更使游人大开眼界、乐而忘返。

余荫山房坐北朝南，以廊桥为界，将园林分为东西两个部分（见图3-38），以游廊式拱桥为界。这座拱桥是桥、廊、亭“三合一”的杰作，表现了设计者的独到构思和造园者的高超技艺，这一美景称为“虹桥印月”（见图3-39）。在月朗风清之夜，月影、桥影、人影在荷花池中相映成趣，构成动人心弦的画卷。西半部以长方形石砌荷池为中心，池南有造型简洁的临池别馆，池北为主厅深柳堂。堂前庭院两侧有两棵苍劲的炮仗花古藤，花儿怒放时宛若一片红雨，十分绚丽。深柳堂是园中主题建筑，是装饰艺术与文物精华所在，堂前两壁满洲窗古色古香，厅上两幅花鸟通花花罩栩栩如生，侧厢三十二幅桃木扇格画橱，碧纱橱的几扇紫檀屏风，皆为著名的木雕珍品，其间还珍藏着当时名人的诗画书法。隔莲池相望，有临池别馆呼应，夏日凭栏，风送荷香，令人欲醉。

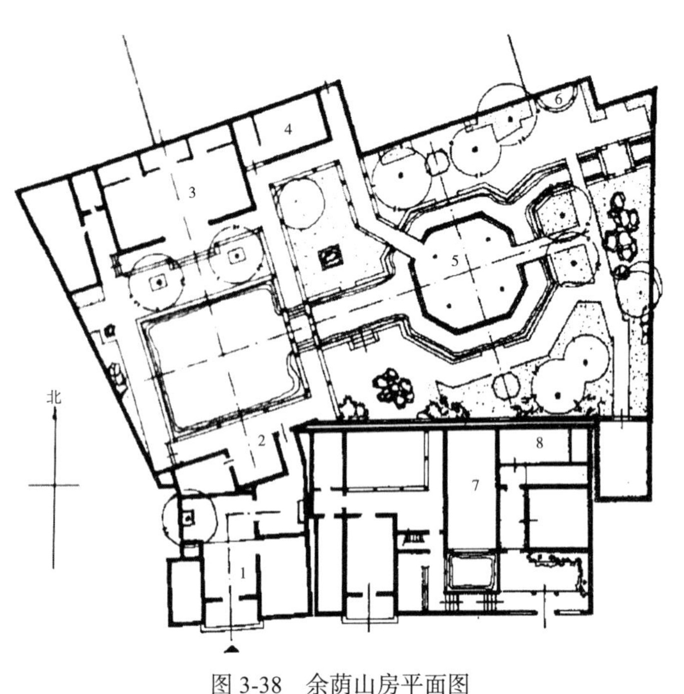

图3-38 余荫山房平面图

1—园门 2—临池别馆 3—深柳堂 4—榄核厅 5—玲珑水榭 6—来熏亭 7—船厅 8—书房

东半部的中央为一八角形水池，池中有八角亭一座，名“玲珑水榭”，原是赋诗把酒、吟风弄月之所，有丹桂迎旭日、杨柳楼台青、

腊梅花盛开、石林咫尺形、虹桥清辉映、卧瓢听琴声、果坛兰幽径、孔雀尽开屏之八角玲珑。水榭东南沿园墙布置了假山；水榭东北点缀着挺秀的孔雀亭和半边亭（来薰亭）。周围还有许多株大树菠萝、腊梅花树、南洋水杉等珍贵古树。“来薰亭”半身倚墙而筑，“卧瓢庐”幽辟北隅，“杨柳楼台”沟通内外，近观南山第一峰，远接莲花古塔影。东西两半部的景物通过名叫“浣红跨绿”的拱桥有机地结合在一起。此外，余荫山房南面还紧邻着一座稍小的瑜园。瑜园是一住宅式庭院，建于1922年，是园主人的第四代孙邬仲瑜所造。底层有船厅，厅外有小型方池一个，第二层有玻璃厅，可俯视山房庭院景色。现已归属余荫山房，两园并在一起，起到了辅弼作用。

图3-39　余荫山房虹桥印月

（2）梁园。梁园位于佛山先锋古道，于清嘉庆、道光年间（1796年—1850年）陆续建成，历时四十余年，咸丰初年是其鼎盛时期。梁园布局精妙，园中亭台楼阁、石山小径、小桥流水、奇花异草布局巧妙，素以湖水萦回、奇石巧布著称岭南。园内建筑玲珑典雅，轻盈通透；园内绿树成荫、繁花似锦，加上曲水回环、松堤柳岸，造园组景不拘一格，形成特有的岭南水乡韵味；点缀有形态各异的石质装饰，尤以大小奇石之千姿百态、设置组合之巧妙脱俗而独树一帜；不仅如此，梁园还珍藏着历代书家法帖。秀水、奇石、名帖堪称梁园“三宝”，使其成为闻名遐迩的粤中四大名园之一。

梁园占地面积2.1万平方米，住宅、祠堂、园林三者浑然一体，具有当地大型庄宅园林特色。梁园主要由“十二石斋”“群星草堂”“汾江草芦”“寒香馆”等不同地点的多个群体组成。这些建筑物以石庭、山庭、水庭为基调，建筑宽敞通透，四周回廊穿引，因移步换景之法而引人入胜。

群星草堂由草堂、客堂、秋爽轩、船厅和回廊组成。建筑精巧别致，引人入胜。虽体量不大，却小巧精致。“半边亭”结构奇特，首层六角半边，二层四方完整，屋顶平缓，飞檐斗拱，可称是“求拙”之作。“船厅”三面为大型满洲窗，四周景物尽收眼底，真是斗室容环宇。更为突出的是“荷香小榭”，精美纤巧、四周通透、里外交汇，把天、地、人完全融为一体。

草堂以石景和水景见长，收罗英德、太湖等奇石，并利用这些奇峰异石作为重要的造景手段，相传梁园中有奇石达四百多块，有“积石比书多”的美誉。其中，群星草堂中最吸引人的莫过于“石庭”。它讲究一石成形、独石成景，在岭南私园中独树一帜。梁园的主人通过对独石、孤石的整理，突显个体特性，在壶中天地中表达了对人的个性和自由人格的追求。园内巧布太湖、灵璧、英德等地奇石，大者高逾丈、阔逾仞，小者不过百斤。在庭园之中或立或卧、或俯或仰，极具情趣，其中的名石有“苏武牧羊”“童子拜观音”“美人照镜”“宫舞”“追月”“倚云”等。景石大都修台饰栏，间以竹木，绕以池沼。

走过一座设计精巧的小石拱桥，就到达汾江草庐群体。这里的水石运用可谓别出心裁：既有一般的置石成景，又有独石成景；既有潺潺流水，又有一泓湖水。碧水中，成群的金鱼、

图3-40　梁园“湖心石”

锦鲤时浮时沉，湖面涟漪连绵，静中有动的景观令人赞叹。岸边有一座造型优美的石舫。遥望湖面，则见一块形态奇特高约三米的石块屹立于湖中，此石名叫“湖心石”（见图3-40）。湖心石周围有白鹅及鸳鸯在戏水，“白毛浮绿水，红掌拨清波”之意境毕现。群星草堂群体和汾江草庐群体都用松、竹、柳和盆景予以点缀。园中除有十余株古树外，还种有富岭南风韵的玉棠春、鹰爪兰（即鹰爪花）、鸡蛋花等。正是“两处园林都入画，满庭兰玉尽能诗”。

梁园是清代岭南文人园林的典型代表之一，园内与各建筑物和景区主题紧密结合的诗书画文化内涵丰富多彩，诗情画意比比皆是，园内精心构思的“草庐春意”“枕湖消夏”“群星秋色”“寒香傲雪”等春夏秋冬四景俱全，各异其趣；展示文人园林特质的“石斋寄情”“砚磨言志”“幽居香兰”“庄宅遗风”四景，将岭南古园林的多种文化意境，如雅集酬唱、读书著述、家塾掌教、幽居赋闲等多种文人文化生活追求表现得淋漓尽致，令人回味无穷。

（3）林家花园。林家花园，又称林本源庭园，名为“饮水本思源”之意。位于台湾新北市板桥区，占地面积2万多平方米，为清代台湾首富林应寅家族所建。林应寅于清乾隆四十三年（1778年）自福建漳州府龙溪县（今龙海市）迁台，最初居住在淡水厅的新庄（今台北县新庄），其子林平侯跟随来台，数年后逐渐致富。道光二十七年（1847年），为收租之便，于板桥建弼益馆，此为林家在板桥建造大宅之始。咸丰元年（1851年），林平侯的儿子林国华、林国芳合力在弼益馆之右侧兴建三落大厝，落成后迁居于此。不久，兄弟二人又开始在宅后营建园林。光绪年间，林国华的儿子林维源又在三落大厝之南大兴土木，新建五落大厝，并扩建庭园，奠定了日后之规模。林氏家族以三代人的力量，建成了板桥林家花园。

园内建筑风格主要以闽南风格为主，结合江南、台湾和西洋园林的特色，规模宏大，设计雅致，是台湾最具代表性的仿中国古代庭园建筑。园内建有白花厅、汲古书屋、方斋、戏台、观稼楼、香玉簃、月波水榭等，设计雅致、安排自然、不露斧痕。整个庭园分成九区，每区皆有主题特色，分区间用屋、墙、假山、陆桥或是水池为屏障，使人无法一眼望见全部美景，具有在有限的空间中表现出无限的层次的感觉。

林家花园规模宏大、做工精美、用料考究，其砖瓦及木材运自福建，其他石材取自台湾观音山。聘请闽、粤技艺精湛的匠师，石雕、木雕、砖雕、泥塑、彩绘及剪粘等工艺水准皆为当时之上乘。特别是“定静堂”的墙壁上形状多样的砖片，有八角形、龟甲形、十字形、花卉形等，罕见于其他建筑之中。有人将林家花园称为“人间仙阁”。林家花园的保留，是台湾建筑和园林发展的重要文化遗产。

3.3　私家园林的风格特点

3.3.1　整体设计小巧精致

从魏晋南北朝之后，私家园林一改汉代以来的宏大风格，整个风格设计趋向于小型化、精致化。一般仅占地面积几亩至十几亩，小者仅一亩半亩而已。造园家的主要构思是“小中见大”，即在有限的范围内运用含蓄、扬抑、曲折、暗示等手法来启动人的主观再创造，曲折有致，造成一种深邃不尽的景境，扩大人们对于实际空间的感受。相应地，造园的创作方法也从单纯写实到写意与写实相结合过渡。私家园林因此形成了其独特的类型和特征，足以和皇家园林相媲美。

3.3.2　叠山理水仿造自然

中国古代早期的苑、囿是选择真山真水围合而成的。自魏、晋、南北朝之后，才开始有了仿造自然山水的做法。不论是南方还是北方，私家园林均善于仿造自然山水的形象，其共同特点都是在一定的空间范围内构建自然山水，成为造园中不可或缺的环节过程。水是园林中最重要的组成部分，也是最大的组成部分。水不仅仅是园林的填充部分，同时还具有多项作用。所以中国古代的私家园林大多以水面为中心，四周散布建筑，构成一个个景点，几个景点围合而成景区。而园林中的人工叠山一般都选取天然的石材，很少有斧凿加工的痕迹，且因材施法，而且也是按照自然界的山脉堆砌；就其外貌看，一般都是山势高低起伏、连绵不断，山峰有主有从、植被茂密、郁郁葱葱。

3.3.3　山水建筑组合成景

在园林构成要素中，园林建筑往往与邻近的山、水、植物等共同组成一处景观。山水建筑组成景点，多个景点组成景区。在各个景点或景区之间都有道路相连通，方便游览。为了求得景观的变化，这种通道宜用曲折小路而忌用径直的大道，既可以是露天石径小道，也可以是能避雨遮阳的廊道。这些廊道有的沿墙而行，有的曲折蜿蜒，有的随山势上下起伏，有的驾凌水面而成水廊或桥廊。沿着这些曲折的游廊、通道，造园者巧妙地设置了各有特色的景点，或者是一座厅堂亭榭，或者是古木一株或芭蕉、翠竹一丛，甚至只是一撮堆石，或处山顶、池边，或在路的尽头，只要布局适宜、安置得体，皆可成景。游人一路行来，眼前景物因变化而富新意，毫无倦怠之感，让园林美不胜收。此外，为了突破园林的空间，造园者还常常运用借景的手法，有意识地把园内外的景物“借”到园内不同的视景范围中来，收无限于有限之中。

3.3.4　细节处理精益求精

私家园林没有皇家园林那样广阔的空间，也没有宏伟的建筑群落，只有含蓄曲折的空间，所以为了看、游、居皆妙，除了在总体布局上下功夫外，还需十分讲究园中建筑、山水、植物的细部处理，把多种传统手工艺融合在一起。私家园林中建筑类型不少，有待客的厅、堂，有读书作画的楼、轩，有临水的榭、舫，还有大量的亭、廊、桥。除了北方的王府赐园、官宦的宅园以外，在江南地区以及绝大多数的文人园林中，建筑中的厅、堂、馆、楼虽形态各具特征，但它们的装饰却保持着同一种风格——没有五色的琉璃瓦顶，梁架上没有鲜艳的彩画，门窗上不用描金涂红，而是用黑色的板瓦、褐色的梁架、粉白的墙和灰色的砖，素雅的色调更能使建筑与山水植物环境紧紧地融为一体。房屋与院墙上的门、窗样式多变，仅在苏州一地的园林里就可以找出上百种不同的式样。这些不同式样的窗子，做工相当细致考究，工艺美观。园林中的地面，多用砖、卵石、碎石和瓦片铺就，造园工匠善于利用这些材料的不同形状、色彩和质感，将其拼成不同图案的地面，常见的多为各种几何形状和植物纹样，也有少数拼出狮子、鹿等动物形状的。在花木的选择上，造园者十分着重对植物的形态、生长期、枝叶花卉的色彩等加以选择和配置，使之更符合营造园林环境的要求。树干、枝叶、树冠的形态都经过了精心修剪，不仅要保持其自身优美的形态，还要与周围建筑、山石、水池的协调以创造出最佳的景观效果。

3.3.5 艺术审美淡雅精深

自唐代以来，私家园林的园主多是文人学士出身，或为官僚，或为儒商。他们能诗会画、善于品鉴，甚至还会参与营造私家庭园。他们不仅用自身对于自然山水的理解和对自然美学的鉴赏能力来进行园林的经营，而且还会把自己对人生哲理的感悟、宦海浮沉的感怀融注于造园艺术之中。在这种社会风气的影响之下，文人官僚的私家园林中所具有的清沁雅致的格调，也得到了更进一步地提高与升华，更附着上了一层文人的色彩，由此形成了“文人园林”。文人园林更侧重于赏心悦目、寄托理想、陶冶性情。从广义上讲，文人园林不仅是文人经营的或者拥有的园林，也泛指那些受到文人趣味浸润而“文人化”的园林。如果把文人园林视为一种造园艺术的风格，那么“文人化”的意义就更为重要。文人园林不仅在造园技巧和手法上表现了园林与诗、画的沟通，而且在造园思想上融入了文人士大夫的独立人格、价值观念和审美观念。作为园林艺术的灵魂，园林风格以清高风雅，淡素脱俗为最高追求，充溢着浓郁的书卷气，它们的淡雅精深，其中的文学艺术作品（匾额、楹联、勒石、诗词书画）之多和寓意之深刻，皆是皇家园林所不能比的。

思考与练习

1. 简述古典私家园林的产生与兴起。
2. 魏晋南北朝时期私家园林的发展概况。
3. 唐代文人园林兴起的原因是什么?
4. 宋代园林的主要特点是什么?
5. 论述中国古典私家园林的风格特点。
6. 简述明清时期私家园林三大体系的形成。
7. 结合实例，试论北方、江南和岭南私家园林的异同。
8. 结合实例，论述扬州园林的发展过程及其艺术特点。
9. 简述苏州四大名园的园林布局及造园特点。
10. 岭南园林的主要特征是什么?

第4章　寺观园林

思政箴言

中国寺观园林是集寺观建筑、宗教景物、人工造景与自然山水为一体的园林，将儒释道三大传统文化融合其中，其往往蕴含着丰厚的历史、文化、艺术价值，其根源就在于中华文明海纳百川、开放包容的特点。从历史上的佛教东传、儒释道融合、西学东渐，到马克思主义传入中国，再到改革开放以来高水平对外开放，中华文明始终与世界不同文明保持着互融互通的关系而不断焕发新的生命力。

4.1　发展概述

4.1.1　寺观园林的起源和发展

寺观园林主要是指佛寺和道观的附属园林，包括寺观的内部庭院绿化和外部环境绿化，也泛指那些属于为宗教信仰和意识崇拜而服务的建筑群所附属的园林，如历史名人纪念场所、清真寺和天主教堂等。我国传统的寺观园林是在佛教逐步汉化的过程中与中国传统园林文化、山水文化和建筑文化相结合而产生的。寺观园林在中国的发展大致经历了东汉的萌芽期、魏晋南北朝的上升发展期、隋唐的高潮建设期、宋元的成熟期和明清的衰退期。

寺观园林是中国园林的一个分支，论数量，比皇家园林、私家园林的总和还要多；论特色，它具有一系列不同于皇家园林和私家园林的特长；论选址，它突破了皇家园林和私家园林在分布上的局限，可以广布于自然环境优越的名山胜地。正如宋赵抃诗道“可惜湖山天下好，十分风景属僧家”。也如俗谚所说“天下名胜寺占多”；论优势，自然景色的优美，环境景观的独特，天然景观与人工景观的高度融合，内部园林气氛与外部园林环境的有机结合，都是皇家园林和私家园林所望尘莫及的。

佛教在东汉时由印度经西域传入中国，汉明帝派人到印度求法，并指定洛阳白马寺作为佛经的储藏地。“寺”也由原来的官府机构名称变成了佛教建筑的专门称呼。在魏晋南北朝时期，皇帝贵族崇尚佛教，于是出现了大量寺观，并进而出现了以寺观建筑为主体的寺观园林。此时的寺观园林有些是坐落在城内，但更多是建造在风景秀丽的城郭近郊，建筑数量相对较多。特别是这一时期建在郊野的寺观园林，大多选址在风景秀丽的山水之间，寺观内外植物类型丰富，山水树木交相辉映，花鸟鱼虫悠然自得，好似世外桃源、人间仙境。具有代表性的有东晋慧远大师所设计营造的我国第一座山岳型寺庙——庐山的东林寺，还有北魏时期洛阳的佛寺。

经历过魏晋南北朝时期的广泛传播，佛教和道教在隋唐时期已经达到了一定的兴盛局面，佛教的13个宗派也已经确立，道教自身的完整体系也已经形成。宗教的世俗化使得寺观园林得以大规模发展，也促使这一时期的寺观建筑规制相对完善。在古代中国，供人们进行公共活动的场所严重缺乏，而有着优美环境的寺观园林则成了社会各阶层人们交往的公共中心，发挥了城市公共园林的职能。文人墨客来此吟诗作对、以文会友，普通百姓则来烧香敬佛、求仙问道。寺观内繁花似锦，寺观外参天古木、鱼跃鸟鸣，两相辉映，使得寺观园林的庭院景观和园林绿化得到了进一步发展，更促进了原始型旅游的发展，也在一定程度上保护了郊野的生态环境。

佛教发展到宋代，禅宗和净土宗两个宗派逐渐发展为主流，并结合传统的儒家学派发展成新的儒家哲学理学。另一方面，禅宗僧侣也日趋人文化，文人园林的趣味更广泛地渗透到佛寺的造园活动中。宋代寺庙园林的发展与文人雅士和士大夫们有着密不可分的关系。他们喜欢清净、恬适，以及爱好和崇尚自然山水的审美形态潜移默化地影响着寺观园林的发展，寺观园林的主导形态开始向自然山水转移，因山就水，架岩跨洞，布局上讲究曲折幽致、高低错落。因此，一座佛寺便是一处景观园林，寺、园交相生色，风景荡气回肠，使之成为僧侣如织、香客纷沓的胜地。此时的庙宇已经以南北中轴线为中心形成大规模有序的中轴对称建筑组合院落，从此中国寺院的整体布局基本定型。佛教四大名山五台山、峨眉山、九华山和普陀山都是在这个时期形成。

从元代以后，我国宗教种类更多，佛教和道教则从兴盛逐渐转为衰落，但人们依旧不断地建造寺观园林，然而此时的寺观园林多集中在山野风景区，营建中更多的是注重庭院内部的绿化，以及寺观园林和周边自然风景的结合。

明清时期，随着我国的园林发展达到了较高的水平，寺观园林营建也达到了顶峰。明代以后，北京成了政治、经济、文化中心，同时在北京的西山、香山上也出现了一批数量和规模较大的寺观园林。这个时期的寺观园林兼有唐代的世俗化和宋代的文人化双重特点，与私家园林的风格越发相似，营建中追求形成与周边自然风景浑然天成的园林环境。这些寺观园林较好地结合了场地的地形、地貌等自然风景要素，将建筑更好地融于自然山水。相较于私家园林的私密性而言，寺观园林有着更高的开放性和公众性。此时的寺观园林已发展成为人们游赏、社交和文化交流的主要场所。

4.1.2 寺观园林的类型及布局

4.1.2.1 寺观园林的类型

寺观园林根据不同依据可以划分为多个类型。按照宗教形态可分为佛寺园林、道观园林、伊斯兰教园林、基督教园林和天主教园林；按照地理分布可分为市井型寺观园林、山林型寺观园林和综合型寺观园林。在选址方面，佛寺主要是相地选址或因袭旧址两种形式。佛寺中的山景大多保持与自然山脉一致，注重建筑与山体的结合；水景大多与宗教的功能相结合；建筑主要满足宗教功能需要和僧侣的生活需要。山林型寺观园林地处山林，其植物配置有着天然的优势，而市井型寺观园林则更为注重本身的庭院绿化，在寺观外围利用植物群落来障隐建筑物，形成幽静的寺观园林环境，如栽植松、柏、银杏、榕树、花卉等富有画意的植物，增加观赏效果及情趣，种植菩提树、银杏、娑罗树等植物，烘托宗教意味。

4.1.2.2　寺观园林的空间布局

寺观园林的构成一般分为四个空间部分：入口空间、宗教活动空间、生活休憩空间和园林绿化空间。

寺观园林的入口空间主要是指寺观园林外围自然环境与寺观主体建筑之前的过渡空间。入口空间作为进入寺观的第一空间，不同的寺观类型有着不同的处理手法。从功能上讲是通向寺观的交通路线，从寺观僧徒使用者的角度来讲，这一空间是通向净土的空间；从参与者民众来讲，通过这一空间应能主动体验到寺观的氛围。

寺观园林的主体是宗教活动空间，主要由寺观建筑组群构成，并占据寺观内的绝对主体位置。该空间的布置一般在一条中轴线上，按在宗教中所占的位置不同依次分布不同的殿堂。该空间内的寺观建筑一般高大恢宏、层层推进，在不知不觉中将寺观园林神圣庄严的气氛推向高潮。寺观园林中的每座寺观主体建筑风格和建筑陈设布局都有丰富的宗教内涵，是千百年来宗教文化中国化的成熟体现。

生活休憩空间主要是指各类生活用房以及这些生活用房围合而成的空间，一般包括方丈办公区、僧房区、禅房区、仓储区以及香客客房区等建筑，是僧客住宿和生活的区域。其房舍的数量和形式一般与寺观的整体规模相协调，且位于隐秘幽静的位置，配有尺度较小、简单园林化的小庭院。

园林绿化空间主要是指在寺观内外的，属于寺观财产的建筑和自然风景区域构成的游览部分。寺观园林中的园林空间一般包括寺观建筑围合的空间和寺观周围的自然山水风景区。寺观园林的园林绿化空间将区域扩延伸展到附近的风景名胜区，宗教的神秘赋予了风景区的神韵，风景区的壮阔又增加了寺观园林的神圣之感。

4.2　发展历程

4.2.1　魏晋南北朝寺观园林

4.2.1.1　背景概况

佛教在东汉从印度传入中国，当时并未受到社会重视，百姓仅把它作为神仙方术来看待。魏晋南北朝时期，战乱频繁为各种宗教盛行提供了温床。从东汉传入中国的佛教为了能够立足中土，把教义和理论融会了一些儒家和老庄的思想，以佛理入玄言（魏晋时崇尚老庄的言论或言谈）。佛教的因果报应、轮回转世之说对于苦难的人民颇有迷惑力和麻醉作用，因而受到普通人的信仰。加上统治阶级加以利用和扶持，佛教得以流行。

道教开始于东汉，源于古代的巫术，合道家、神仙、阴阳五行之说，奉老子为教主。它讲究养生之道、长寿不死、得道成仙，符合了当时统治阶级企图永享奢靡生活、永留人间富贵的愿望，因而不仅在民间盛行，更得到了统治阶级的认可，在当时的上流社会也兴盛起来。

佛教、道教的盛行，使得佛寺和道观大量出现，遍布当时的市井、近郊及远离城市的山林之中。其数量可以从唐代杜牧的《江南春》一诗中看出，“千里莺啼绿映红，水村山郭酒旗风。南朝四百八十寺，多少楼台烟雨中。”比较有代表性的有北魏洛阳佛寺、庐山东林寺、南京栖霞寺。

4.2.1.2 园林实例

1. 北魏洛阳佛寺

佛寺的形成主要归结于佛教的传播。东汉时期佛教传入我国，汉明帝永平十一年（68 年）在洛阳建白马寺，为中国佛寺之始。自佛教的传入和白马寺的兴建，洛阳佛教的历史拉开了大幕。佛寺的数量之多、规模之大，促进了佛寺园林的发展。“舍宅为寺”也是洛阳佛寺建设快速增长的体现。这部分佛寺的建筑格局与形式受住宅原有格局与建筑特点的影响很深，在艺术表现上，不但有佛教宣扬的清净避世思想，并且深含中国山水园林的自然美。

洛阳佛寺数量多且分布广，鼎盛时佛寺园林达到 1300 多座。在布局上，考虑园林景观与宗教景观互为衬托，主要分为庭园式、附园式及风景式三种布局形式。北魏洛阳的有塔形佛寺，其平面布局大多遵循以塔为中心，其他建筑环绕布置，围合成为四方形的做法。如洛阳城内的永宁寺是最为豪华壮观的皇家寺院，创建于 516 年，是北魏胡太后所立。寺院中最壮丽的部分莫过于位于中心位置的佛塔。佛塔的建筑构造、色彩装饰精妙无比，令人叹为观止。

白马寺（见图 4-1）是佛教传入中国后兴建的第一座寺院，位于河南省洛阳老城以东 12 千米处，北依邙山，南临洛河。白马寺建立之后，中国“僧院”便泛称为“寺”，白马寺也因此被认为是中国佛教的发源地，有中国佛教的“祖庭”和“释源”之称。寺内保存了大量元代夹纻干漆造像如三世佛、二天将、十八罗汉等，弥足珍贵。现存白马寺总面积约 200 余亩，寺内的主要建筑都分布在由南向北的中轴线上。前后有五座大殿，依次为天王殿、大佛殿、大雄殿、接引殿、毗卢阁，东西两侧分别有钟鼓楼、斋堂、客堂、禅堂、藏经阁、法宝阁等附属建筑，左右对称，布局规整。泰式佛殿以及在建的印度风格佛殿分布在寺院西侧。齐云塔院位于白马寺山门外东南约 200 米处。齐云塔初建于 69 年，是中国最古老的一座舍利塔。

图 4-1 洛阳白马寺

2. 庐山东林寺

庐山东林寺（见图 4-2）位于庐山西北麓，始建于 384 年，东林寺为我国佛教净土宗（莲宗）发源地，由东晋佛教高僧慧远主持，在江州刺史桓伊资助下建成。名僧慧远在此寺主持三十余年，讲经，著教义，被后世推为净土宗始祖。后扬州高僧鉴真与东林寺智恩和尚同渡日本讲学，慧远与净土宗教义随传入日本。至今，日本东林教仍尊庐山东林寺慧远为始祖。

图 4-2 庐山东林寺

东林寺四周皆是丛林，寺前一泓清流，名为虎溪，上架石拱桥，过虎溪桥北行约百余米，是第一道山门，寺东的罗汉松传为慧远手植，枝繁叶茂、苍劲挺拔。内院正门为护法殿，往里走是神运殿高大的殿堂，精雕细镂、廊腰缦回、檐牙高啄，殿后有聪明泉、石龙泉、白莲池、出木池等古迹。《高僧传·慧远传》中这样描写："远创造精舍，洞尽山美。却负香炉之峰，傍带瀑布之壑。仍石垒基，即松栽门。清泉环听，白云满室，复于寺内别置禅林，森树烟凝，石径苔生。凡在檐复，皆神清而气肃焉。"可见其相地合宜。东林寺巧妙地结合地形，与周围风景融为一体，东林寺为庐山增添了绝佳的风景，它的建立也促使庐山成为当时全国重要的佛教圣地。

3. 栖霞寺

栖霞寺位于南京栖霞山中锋西麓，不仅是江南佛教"三论宗"的发源地，还是中国四大名刹之一。栖霞寺建筑于南朝齐永明元年（483 年），由隐士明僧绍以原有住宅改造而成，唐代时称功德寺。其规模甚是浩大，殿宇气派非凡，是观赏南京风景最佳处，与山东长清的灵岩寺、湖北荆山的玉泉寺，浙江天台的国清寺，并称天下四大丛林。经历南唐、宋初多次更名，后在明洪武二十五年（1392 年）恢复原名"栖霞寺"。

全寺占地面积 40 多亩，依山势层层上升，格局严整美观。近处树木花草枝繁叶茂，远处是蜿蜒起伏的山峰，空气清新，景色幽静秀丽。寺内现存木构建筑有山门、天王殿、毗卢宝殿、藏经楼、摄翠楼等。寺前有明徵君碑，寺后有千佛岩等众多名胜。寺前左侧有明徵君碑，是初唐为纪念明僧绍而立，建有碑亭，亭平面呈长方形，三面砖墙，正面为木制格扇门，九脊瓦顶。碑文为唐高宗李治撰文，唐代书法家高正臣所书，碑阴"栖霞"二字，传为李治亲笔所题。进入山门，便是弥勒佛殿。出殿拾级而上，是寺内的主要殿堂大雄宝殿（见图 4-3）。其后为毗卢宝殿，雄伟庄严。过了毗卢宝殿，依山而建的是藏经楼。

图 4-3　栖霞寺大雄宝殿

大佛殿往东有四龛相列，西边约有二十多窟，其余皆散列于山岩上及岩北侧。龛内布局，或一佛二菩萨，或一佛二弟子，窟门两侧有天王力士像。佛座下常蹲踞双狮。漫步其间，常能见到古人题刻，其中以宋人陆九言的"古千佛岩栖霞山"楷书最醒目。千佛岩位于南方，与云冈石窟南北遥遥相对，是中国古代雕刻艺术的杰作。大佛阁右侧是舍利塔（见图 4-4），始建于隋文帝仁寿元年（601 年），七级八面，用白石砌成，高约 15 米。塔基四面有石雕栏杆，基座之上为须弥座，座八面刻有释迦牟尼佛的"八相成道图"。

图 4-4　栖霞寺舍利塔

栖霞寺采用了周边大小不一的散落院落围绕中轴线主要建筑的主轴方阵式布局，主要建筑体型庞大，为全园的视觉中心，其他建筑各有变化，依据各自的功能自行划分，最外围的建筑常常与园林景观相互配合，营造出因地制宜、灵活变化的景观氛围。而由于栖霞寺横向相对比较长，并在中轴线两侧放置一些不予对称的附属建筑，因此就有利于内部功能组织，也形成了相对中轴对称的格局。古寺的山门、弥勒佛殿、毗卢宝殿、法堂和藏经阁等都在主体结构的中轴序列中；寺人生活起居的建筑都不在正式建筑结构中，而是分别放置在寺院的南北两侧。

4.2.2 隋唐寺观园林

4.2.2.1 发展概况

佛教和道教经过东晋和魏晋南北朝的广泛传布，在唐朝达到普遍兴盛的局面。唐代的统治者出于维护封建统治的目的，采取儒、释、道三教并存的政策，从思想和政治上都不同程度地加以维护和利用。唐代的皇帝大多信奉佛教，有的还成为佛教信徒，这使得当时的佛寺遍布全国，这些寺院不仅拥有大量田产，还有官赐或信徒捐赠的经济实体，使得寺院的地主经济发展起来。这个时候的高级僧侣过着大地主一般的奢侈生活。李姓的唐代皇室还信奉道教，常在宫苑里面建置道观。各地的道观和佛寺一样，也成为类似地主庄园的经济实体。

唐代佛教、道教的发展达到了空前的顶峰，大量的外国宗教也盛极一时。长安城内寺观林立，而寺观都为清修之地，因此寺观内园林也要清静雅致、注重绿化，建筑也有一定宗教特色。寺院的园林由于历代改建而存留不多。不过，从文献记载中看，《长安志》卷八《进昌坊》写道：“（晋昌坊）半以东大慈恩寺。”注曰：“寺南临黄渠，水竹森邃，为京都之最。”唐代寺观园林应以寺观建筑为框架，在其中装点树木花草、布置园林，形成园在寺中、寺园结合的格局。

大的寺观一般由殿堂、寝膳、客房、园林四个功能区构成庞大的建筑群。除了满足正常的宗教活动以外，还兼有社交和公共活动的功能。佛教提倡“是法平等、无有高下”，使佛寺成为各阶层平等交往的公共中心。这个时期的寺观环境不仅会考虑宗教的肃穆，同时还更加注重庭院的绿化和园林的经营。名贵花木的栽培和园林之美吸引了大量的文人在此会友、吟咏、赏花。寺观的园林绿化亦适应于世俗趣味，追摹私家园林。

这一时期的寺观注重植树栽花，形成了繁花似锦、绿树成荫的景色，主要栽植的有牡丹、荷花、桃花等，使得唐代的花卉园艺技术水平达到了一个较高的水平。在树木方面，寺观一般选用松、柏、杉、桐和竹子、桃树等比较常见的园林树木。与此同时，许多寺观还充分利用当时长安城内的水渠，将活水引进园林建造山池水景，给寺观园林增添了无限生机。

寺观不仅在城市中兴建，还有很多建在郊野和山岳风景地带，在当时形成了很多以寺观为主题的风景名胜区。它们既是寺观宗教活动中心，又是风景游览胜地。作为游客和香客的接待场所，寺观对风景名胜区区域格局的形成和原始型旅游的发展起着决定作用。这一时期的建筑风格主要受到佛教和道教都信奉的尊重大自然的思想和魏晋南北朝传统美学思潮的影响，力求与自然山水环境的协调，建筑与自然完全融为一体。这一时期的佛寺建筑在魏晋南北朝的基础上有所改进，建筑的汉化和世俗化也更为深刻，群体的布局保留着以塔为中心的印度风格。到了中唐以后，主院的布局出现了变化，塔已退居主院以外的两侧和后部的次要位置上，供奉佛堂的正殿成了主院。与此同时，郊野寺观还重视风景区的环境保护，重视寺观周围的植树造林，使得寺观内部枝繁叶茂，外围古树成林，与整体环境完全融为一体。

4.2.2.2　园林实例

1. 西安大慈恩寺

大慈恩寺是唐贞观二十二年（648 年），太子李治为了追念报答他的母亲文德皇后而建立的，它是当时长安城内最著名、最宏丽的佛寺，面积近 400 亩，有 10 余个院落、房舍 1800 余间，有翻经院、元果院、太真院、西塔院和南池、碑屋、东楼、戏场等建筑。西行求法归来的玄奘大师曾奉旨任大慈恩寺上座，主持翻译佛经。

大慈恩寺的建筑规模宏大，占据晋昌坊半坊之地，唐高宗曾御制《大慈恩寺碑》对慈恩寺有过一番极为精彩的描绘，是谓："示其雕轩架迥，绮阁凌虚。丹空晓乌，焕日宫而泛彩；素天初兔，鉴月殿而澄辉。熏径秋兰，疏庭佩紫。芳岩冬桂，密户丛丹。灯皎繁华，焰转烟心之鹤；幡标迥刹，彩萦天外之虹。飞陛参差，含文露而栖玉；轻而舒卷，网靥宿而编珠。霞班低岫之红，池泛漠烟之翠。鸣佩与宵钟合韵，和风共晨梵分音。岂直香积天宫远惭轮奂，阆风仙阙遥愧雕华而已哉。"这段文字将大慈恩寺殿宇壮丽、园林典雅、法事兴盛的景象鲜活地展现在了人们眼前。整体如此，单门独院也同样无处不幽、无景不美。

大慈恩寺最令人瞩目的莫过于武则天重建的大雁塔（见图 4-5），这是组成慈恩寺园林的一处重要建筑。大雁塔是砖仿木结构的四方形楼阁式塔，由塔基、塔身、塔刹组成。全塔通高 64.7 米，塔基高 4.2 米，南北长约 48.7 米，东西长约 45.7 米；塔身底层边长 25.5 米，呈方锥形；塔刹高 4.87 米。一、二两层有 9 间，三、四两层有 7 间，五至八层有五间，每层四面均有券门。底层南门洞两侧嵌置《大唐三藏圣教之序》碑与《大唐三藏圣教序记》碑，两碑建于唐永徽四年（653 年）。《大唐三藏圣教之序》由右向左书写，置于西龛；《大唐三藏圣教序记》由左向右书写，置于东龛。两碑分别由唐太宗李世民和皇太子李治（后来的唐高宗）撰文，并由时任中书令的唐代书法家褚遂良书写。两碑规格形式相同，碑头为蟠螭圆首，碑身两边线有明显收分，呈上窄下宽的梯形（此为唐碑典型形制），碑座为有线刻图案的方形碑座，塔之门楣、门框，以阴线雕刻唐代建筑图案，画面严谨，线条苍劲。

图 4-5　大慈恩寺大雁塔

大慈恩寺风物之最著名者莫过于牡丹花。史载，大慈恩寺牡丹是长安城中之一绝。此外，大慈恩寺的柿树也是有名的，段成式在其《寺塔记》中将柿树与白牡丹并列而写。

2. 昆明圆通寺

昆明圆通寺始建于唐朝南诏时代，初名补陀罗寺，坐落在圆通山南，布局严谨、对称，主体突出，是昆明最古老的佛教寺院之一。圆通寺坊表壮丽，林木苍翠，被誉为"螺峰拥翠""螺峰叠翠"，如同一座漂亮的江南水乡园林，一直是昆明的八景之一。从建筑学上讲，它闹中求静、以小见大，并借背后螺峰山之景，形成别具一格的水院佛寺，在中国的造园艺术中具有独特的风格。圆通寺由大乘佛教（又称北传佛教）、上座部佛教（俗称小乘佛教）和藏传佛教三大教派的佛殿组成，以大乘佛教为主。

寺前的八角亭和四周水榭回廊，开辟了圆通胜境坊、前门以及采芝径，形成了园林、景色和宗教寺庙融为一体的佛教圣地。这种“水庭”的形制，是在殿堂建筑群的前面开凿一个水池，池中有平台的格局在敦煌莫高窟唐代壁画《西方净土变》中出现过。进入圆通寺山门，两侧古柏参天、绿荫蔽地，犹如走入清静幽雅的山林。路中间立着一座牌坊，建于清康熙初年，额题“圆通胜境”四个大字。入胜境，庭院深深，绿水清澈，水池缘绕到螺峰山麓，经石楼过八角亭，就可到达寺内的主殿——圆通宝殿（见图 4-6），大殿就建在池中，与周围建筑共同形成一处独特的池塘院落，被称为“水树神殿”。圆通宝殿又称大雄宝殿，始建于元朝，后代虽多次修缮，但仍保持元朝的结构和风格，气势雄伟，富丽堂皇。殿中供奉着释迦牟尼、阿弥陀佛和药师佛，这三尊佛像均为元代塑像，十分珍贵。四壁塑有五百罗汉像，各呈奇姿，比例得当，线条流畅。大雄宝殿内还有一对明朝石柱，高达 10 米，各盘青、黄两龙，张牙舞爪，相向欲斗，十分生动。

图 4-6　圆通寺水树神殿

圆通寺外表壮丽、殿宇巍峨、佛像庄严、楼阁独特、山石嶙峋、削壁千仞、林木苍翠，吸引历代诗人墨客留下了许许多多赞美的诗句。圆通寺内青山、碧水、彩鱼、白桥、红亭、朱殿交相辉映，景色如画。与其他佛寺不同的是，进山门后不是上坡，而是要沿着中轴线一直下坡，大雄宝殿地处寺院的最低点。寺宇坐北朝南，富丽堂皇，整个寺院以圆通宝殿为中心，前有一池，两侧设抄手回廊绕池接通对厅，形成水榭式神殿和池塘院落的独特风格。

3. 玄都观

玄都观是隋唐时期长安城外的名胜所在，也是当时全国道教的学术研究中心，隋文帝杨坚任命王延为观主。在盛唐时，玄都观尤为兴盛，《唐会要》载：“玄都观有道士尹从，通三教，积儒书万卷，开元年卒。天宝（713 年—742 年）年间，道士荆月出，亦出道学，为世所尚，太尉房绾每执师资之礼，当代知名之士，无不游荆公之门。”由此可见，玄都观占地之广，来往游人志士多有前往，而唐代园中更因桃花之盛而闻名于长安。诗人刘禹锡曾多次游览于此，并做诗曰：“紫陌红尘拂面来，无人不道看花回。玄都观里桃千树，尽是刘郎去后栽。”

4.2.3　两宋寺观园林

4.2.3.1　发展概况

佛教发展到宋代，内部的各宗派逐渐开始了融合、吸收，逐渐形成了以禅宗和净土宗为主要宗派的新局面。发展较大的禅宗还融入了传统儒学，形成了新儒学——理学，成为这一时期的主导力量。特别是大量“灯录”和“语录”的出现，使得禅宗进一步汉化，尤其是文人士大夫思想的渗入，促进了禅宗的发展。到宋真宗时，寺院已经达到 4 万余所，此时的寺院拥有大量田地和山林，发展成为寺院地主并拥有第三产业，还享有减免赋税和徭役的特权。

宋代佛寺园林的发展受到了文人士大夫的青睐，佛寺园林也成为文人士大夫和禅僧交往的最佳场所。在这种交往的过程中，一方面文人士大夫之间盛行禅悦之风，另一方面禅宗僧侣也逐渐文人化，从而影响了佛寺园林的规划设计。具有代表性的有由北宋诗人欧阳修主持设计的扬州的平山堂和书法家米芾参与设计的鹤林寺等佛寺的建设。

宋代继承了唐朝儒、释、道三教共尊的传统。佛教禅宗思想注重现世的内心自我解脱，尤其注意从日常生活的细微小事中得到启示和从对大自然的欣赏中获得灵感，这也促使了他们更向往远离城镇浮躁的幽谷深山。道士讲究追求清雅、栖息山林，加上他们文人化的素养和追求大自然美的情趣，两者共同促进了继魏晋南北朝之后的又一次山岳风景区的开发。使得寺观更大地发挥了风景点和公共旅游接待的作用。宋徽宗笃信道教，这对道教的发展起到了推动作用。宋代的道教摒弃了魏晋南北朝的斋醮符箓禁咒以及炼丹之术，发展成了强调清净、空寂、恬适、无谓的哲理，表现为高雅闲逸的士大夫情趣和经常出现在文人士大夫社交活动圈里的“羽士”“女冠”。由于文人广泛地参与到佛寺的建造活动中，因此这一时期的寺观园林由原来的世俗化达到了文人化，除保留一些寺观园林的基本功能外，其他功能已基本消失。

宋代东京城内及其城郭的许多寺观都有自己的园林，其中大部分在节日或者一定时期内向市民开放。

4.2.3.2　园林实例

1. 大相国寺

大相国寺位于开封市中心，始建于北齐天保六年（555 年），在北宋时期达到了鼎盛。它是我国历史上第一座“为国开堂”的皇家寺院，兼有接待来华海外僧侣的职能。它与白马寺、少林寺、风穴寺齐名，并成为中原四大名寺。在当时，大相国寺占地面积五百余亩，建筑辉煌瑰丽，有“金碧辉映，云霞失容”之誉。大相国寺处于繁华的市井中心，又在汴河北岸，交通方便，因而形成了城内最大的交易市场。大相国寺的定期集会开城市中大型庙会的先河，京师的庙会大概即来源与此。如今，大相国寺基本保持清代样式，现存有山门、天王殿、大雄宝殿、罗汉殿、藏经楼等建筑。

大相国寺整体建筑格局表现为中轴对称式，围绕中轴线安排主要建筑与次要建筑，其空间处理表现为封闭式，分为外围建筑群与内围建筑群，有非常明确的主次关系。天王殿亦称二殿、前殿或接引殿，该殿面阔五间、进深三间，单檐歇山顶，绿琉璃瓦顶。天王殿之后，重檐歇山顶的雄伟建筑，乃大相国寺的主殿大雄宝殿，面阔 7 间、进深 5 间，高约为 13 米。在大殿周围及月台白石栏杆的望柱上镂刻有 58 个狮子，刻工精巧，形态各异。

中轴线上的第三个佛殿叫罗汉殿，八角造型，俗称“八角琉璃殿”（见图 4-7），其造型独特，在中国佛教寺院中可谓独一无二。该殿为清乾隆年间所建，占地面积 828 平方米，由游廊殿、天井院和中心亭三部分组成。最后一座高大的二层建筑是“藏经楼”，藏经楼顾名思义是寺院保存和收藏佛教经典的地方。大相国寺藏经楼始建于清康熙年间，占地面积

680余平方米，面阔5间，进深5米，高20余米。该楼为重檐歇山顶、建筑高大、垂脊挑角，脊上饰有琉璃狮子，角下吊挂风铃，微风拂之，叮咚作响，令人心旷神怡。

2. 灵隐寺

灵隐寺（见图4-8）始建于东晋咸和元年（326年），至今已有约1700年的历史，为杭州最早的名刹，也是中国佛教禅宗十大古刹之一。灵隐寺地处杭州西湖以西的灵隐山麓，背靠北高峰，面朝飞来峰，两峰挟峙，林木耸秀，深山古寺，云烟万状，使得整座寺深隐在西湖畔的群山之中。寺前有冷泉亭和一线天。

灵隐寺殿宇恢宏、建构有序，主要由天王殿、大雄宝殿、药师殿、法堂、华严殿构成中轴线。天王殿上悬“云林禅寺”匾额，为清康熙帝所题。灵隐寺有东西两个山门，天王殿在中间，左右各有石经幢一座，殿内正面有弥勒佛坐像，弥勒背后有木雕韦驮立像，两侧分列四大天王坐像。殿后过园林登石砌月台，是大雄宝殿，原称觉皇殿，与天王殿在同一轴线上，单层三叠重檐，气势嵯峨，重檐高33.6米，琉璃瓦顶，十分雄伟。殿左有联灯阁、大悲阁。月台两侧各有一座八角九层仿木结构石塔，塔高逾七米，塔身每面雕刻精美，可能为北宋吴越王钱弘俶命永明延寿禅师重修灵隐寺时所建。

灵隐寺外还有多处名胜古迹，飞来峰（见图4-9）奇石嵯峨、钟灵毓秀，在其岩洞与沿溪的峭壁上共刻有五代、宋、元时期的摩崖造像345尊，飞来峰是江南少见的古

图4-7　大相国寺八角琉璃殿

图4-8　灵隐寺

图4-9　灵隐寺飞来峰壁刻

代石窟艺术瑰宝，可与重庆的大足石刻相媲美。苏东坡写有“溪山处处皆可庐，最爱灵隐飞来峰”的诗句。

灵隐寺内建有若干小园林，供香客游人欣赏。虽是处于繁华城市的寺院，但僧人们也总是想方设法在空地上植树点石，建造小园小景，有时还买下附近荒废的园池，略加修复，使其成为附属于寺院的独立花园。灵隐寺突破模仿自然的山水园的格局，着力于对寺院内外天然景观的开发，通过少量景观建筑、宗教景物的穿插、点缀和游览路线的剪辑、连接，构成环绕寺院周围、贯连寺院内外的风景园式的格局。现在的灵隐寺园林，除寺内殿前殿旁还保存有一些假山、古树林木外，可观之处主要在于寺前的清溪流水沿岸，山泉之间曲径通幽、小桥飞跨；寺之山门前还有冷泉亭、壑雷亭、翠微亭诸景。

4.2.4　元明寺观园林

4.2.4.1　发展概况

元代以后，佛教和道教已经失去了唐宋时期蓬勃发展的势头，逐渐趋于衰落。但寺观园林和寺观建筑仍然不断兴建，遍布全国，而且相对集中在山野风景地区，许多名山胜水往往因为建置寺观而成为风景名胜区。每一座佛教名山、道教名山都聚集了数十座乃至上百座的寺观，大部分保存至今。与城镇寺观相比，郊野的寺观则更注重与其外围的自然风景结合而经营园林化的环境，它们中的大部分都成为公共游览的景点，或者以它们为中心形成公共游览胜地。这种情况在汉族聚居地区或者信仰汉地佛教和道教的少数民族地区几乎到处可见。

就北京地区而言，元朝时期，佛教和道教受到政府的保护，寺观的数量急剧增加，有庙、寺、院、庵、宫、观共计 187 所，其中很多建置有园林。郊外的寺观园林以西北郊外的西山、香山一带为最多，如大承天护圣寺就是外围园林绿化较为出色的一例。明代自成祖迁都北京之后，北京逐渐成为北方佛教和道教中心，寺观建筑又逐年增加，佛寺尤多。永乐年间，各类寺观共计 300 所；到了成化年间，仅京城内就达到了 636 所。寺观如此之多，可见寺观园林之盛。一般寺观即使没有园林，也会把主要庭院加以绿化或园林化。有的庭院因花木之丰美而享誉京城，如外城的法源寺；有的则结合庭院绿化而构筑亭榭、山池，如西直门外的万寿寺；更有的单独建置附园，如朝阳门外的月河梵苑。北京的西北郊是传统的风景游览胜地，明代又在西山、香山、瓮山和西湖一带大量兴建佛寺，这么多寺庙一般都带有园林。可以说，明代北京西北郊风景名胜区之所以能够在原有基础上充实扩大，进而形成比较完整的区域格局，与大量建置寺观以及寺观园林或园林化的经营是分不开的。

4.2.4.2　典型案例

1. 大承天护圣寺

大承天护圣寺位于北京颐和园西侧的青龙桥以西，始建于元朝天历二年（1329 年），是当时该地区规模最大、最重要的寺院。明朝宣德二年（1427 年），重修该寺，并更名为“功德寺”。大承天护圣寺规模宏大，内建有行宫，建筑极华丽，为元朝皇帝驻跸之所，并供奉有元文宗皇帝及太皇太后的御容。寺前的湖中建有三台，传说是元朝皇帝的钓台。北岸有一座大寺，内外大小佛殿、影堂、串廊，两壁钟楼、金堂、禅堂、斋堂、碑殿，诸般殿舍，且不索说，笔舌难穷。在元朝时，西湖湖心有两座琉璃阁，而两阁之间有桥连接，并呈丁字形，另一端通向岸边。两阁建筑的华丽以及大寺的宏大壮丽，也映衬了西湖的壮丽。西湖与护圣寺之间相互衬托，以寺衬湖，以湖托寺，表现了大承天护圣寺及其周边园林的景色之美丽。

2. 香山寺

香山寺（见图4-10），原名永安寺，始建于金大定二十六年（1186年），是北京西山地区著名的古刹，元、明、清历代都有修葺。尤其是清乾隆时期，被列为静宜园二十八景之一。乾隆曾亲赐“香山大永安禅寺”之名，并写诗赞之。此寺规模宏大、建筑壮丽，园林也占很大比重。建筑群坐西朝东，沿山坡布置，有极好的观景条件。入山门即为泉流，泉上架设石桥，桥下是方形的金鱼池。过桥循长阶拾级而上，即为五进院落的壮丽殿宇。这组殿宇的左右两面和后面都分布着许多园林景点，其中以流憩亭和来青轩最为世人所称道。流憩亭在山半的丛林中，能够俯视寺院、仰望群峰，来青轩建在面临危岩的方台上，凭栏东望，玉泉、西湖以及平野千顷，尽收眼底。香山寺因此赢得当时北京最佳名胜之美誉。

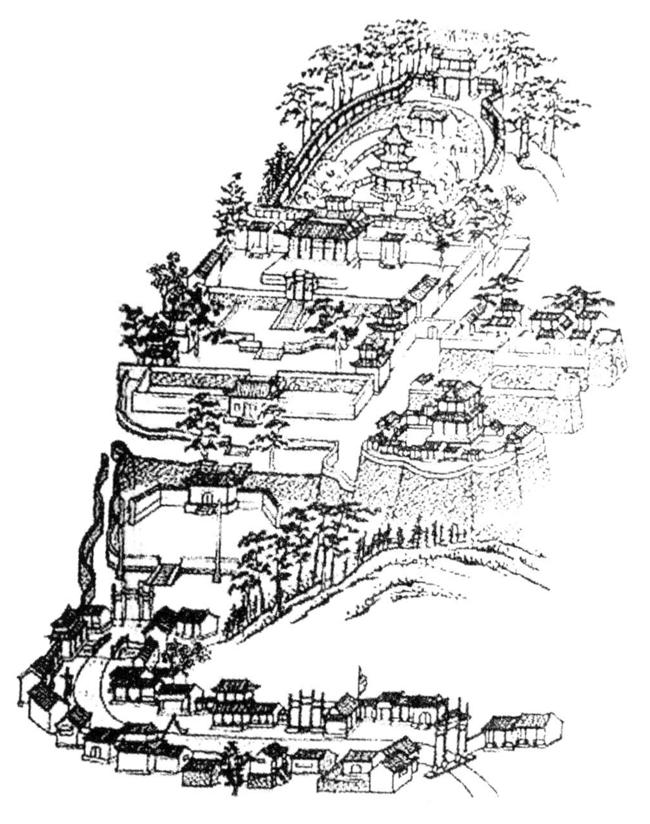

图4-10 香山寺

4.2.5 清代寺观园林

4.2.5.1 发展概况

清代自顺治帝定鼎关内，历康、雍、乾三朝国力日益强盛，佛教发展日渐兴盛，寺庙园林也随之发展。顺治帝定鼎北京后不久，即在皇城内之西苑兴建永安寺。该寺建于顺治八年（1651年），位于琼华岛上的万岁山，因有高大白塔，俗称白塔寺。一进寺，即为法轮殿。殿后山上有小亭四座。再往上，则有二佛殿，一曰正觉殿，在前；一曰普安殿，在后。二殿之间，两厢又有圣果殿及宗镜殿，山顶建有白塔，塔前有琉璃佛殿，规模十分壮观。

清圣祖（康熙）即位后，广建佛刹，重修梵宇，一时为盛。如位于西华门外的明岳仗局佛堂，于康熙三十九年（1700年）改为万寿兴隆寺。与此同时，将关帝庙旧址于康熙五十二年（1713年）改为静默寺。康熙四年，在皇城内，太液池西南大兴土木，将明宫殿清馥殿加以改建，称弘仁寺。清圣祖康熙二十七年（1688年）重修白塔寺，到乾隆十八年又重修该寺，并大规模修整藏式宝塔。康熙五十二年（1713年），重修古刹柏林寺，亲题“万古柏林”之额。自世祖定鼎北京至康熙六年为止，仅二十余年间，兴建寺庙、修复旧寺之数额已超过明代全盛时期。全国有大小寺庙多达79 620余所。

清世宗（雍正）即位后，佛寺兴盛，雍正十一年（1733年），重修京城西北名刹千佛寺，并改其名为拈花寺。雍正元年在西华门外建福佑寺。雍正十一年（1733 年）敕建京城西郊觉生寺，正殿、钟楼、禅堂，在京西修复古刹卧佛寺，改其名为十方普觉寺。雍正十一年（1733 年）重修悯忠寺，改名为“法源寺”。

乾隆年间在太液池东南建仁寿寺。在太液池北岸，有两处大刹，其一为西天梵境，其二为大阐福寺，均建于乾隆十一年（1746 年），寺中有大佛殿。乾隆三十五年（1770 年）又建万佛楼。乾隆又将皇城之内旧明朝之汉经厂、番经厂改建为三寺，即法渊寺、嵩祝寺、智珠寺。在清代皇家园林中，新建梵刹规模最大者，当属清漪园中万寿山上之大报恩延寿寺。高宗于乾隆十五年（1750 年），为庆贺皇太后六十寿辰而建。山名改称万寿山，湖名改称昆明湖。“殿宇千楹，浮屠九级，堂庑翼如，金碧辉映。”其中佛香阁为万寿山主体建筑之一。在大报恩延寿寺后，又建有琉璃多宝佛塔，在清漪园中还建有善现寺、云会寺等庙宇。

清代北京地区寺观园林繁荣，已远超过以往任何一朝代。清末时，北京城郊共有寺庙 133 所，此外北京地区还兴建 40 多座喇嘛庙，如东黄寺（普净禅林）、西黄寺（清净化城）等。清汪由敦在《重修圆通禅庵碑记》中云：“佛教流布中国三千余年，今世梵刹琳宫，照耀寰宇，京师大盛……飞阁层轩，云霞蔚起，宸章碑额，日月光辉，询乎极天下之巨观矣。”由此可见，清代北京地区佛教寺庙数量之多、规模之大，亘古极今，皆无可匹敌。

清代的寺观园林按照位置、布局、功能的不同，大致可分为三种类型：一是寺庙庭园，在寺庙建筑布局的各进院落中，或植以树木花卉，或引清泉水溪，或修池，或叠以山石，或筑以亭台廊榭，使寺庙建筑与庭园组成要素融为一体，如北京碧云寺的水泉院、北京大觉寺的舍利塔院等皆是山水园的模式。承德普宁寺后部的佛国世界为象征式园林，承德殊像寺后部利用地形堆叠的大假山以象征五台胜境亦为此意。二是寺庙附属园林，于寺旁专辟园地，根据造园意图设计营造，虽有建筑和宗教设施，但以得景构成园林意境为主，如北京白云观后院云集山房周围的庭院，北京卧佛寺的西院，北京潭柘寺戒坛院等。三是山林寺庙，这种寺庙坐落于风景幽美的山林之中，寺庙成为风景区的组成部分，寺庙本身或随形依势构筑庭园，或傍山依水另辟附属园林，或兼而有之，如四川灌县（今都江堰市）青城山古常道观、峨眉山伏虎寺、甘肃天水玉泉观、云南昆明太和宫等。

这些寺庙中还有一个共同点，就是都十分重视庭院绿化。一般说来，主要殿堂的庭院多植松、柏、银杏、七叶树等姿态挺拔、虬枝枯干、叶茂荫浓的树种，以烘托宗教的肃穆气氛，而在次要殿堂、生活用房庭院内则多栽花卉，有的还点缀山石水景，体现雅致怡人的情趣。不少寺观均因有古树名木、花卉栽培而名噪一时，个别寺园甚至无异于一座大花园。

此外值得提出的是，清代造园艺术对兄弟民族亦产生了一定影响。如回族的住宅中多另辟一园林式庭院，养花种树，改善居住环境。在乾隆年间，西藏地区也仿照汉族离宫模式在拉萨西郊开始建造罗布林卡，作为达赖喇嘛夏天居住的离宫。这是一座藏族风格的园林建筑，它的特点是没有人工堆叠的山水地形，也没有回环往复的廊阁划分出的大小不同的空间环境，而更多的是布置古树参天的林地与广场、藏式宫殿、方整的水池等，环境幽静而开阔。这种园林环境反映出藏族世代在大草原自由放牧，与天地为伴、与牛羊为伍的一种纯朴而开放的思想情趣。

4.2.5.2　园林实例

1. 大觉寺

大觉寺又称西山大觉寺、大觉禅寺，位于北京市海淀区阳台山麓，始建于辽代咸雍四年

（1068年），又称清水院。金代时大觉寺为金章宗西山八大水院之一。明宣德年间（1428年）重修，改为大觉寺。清康熙五十九年（1720年）进行了一次大规模的整修，到乾隆年间又进行了重修。

寺院建筑坐西朝东，体现了辽国时期契丹人朝日的建筑格局。大觉寺依山势而建，包括中、南、北三路。中路自山门向上到龙王堂分别建有山门、碑亭、放生池、钟楼和鼓楼、天王殿、大雄宝殿、无量寿佛殿、大悲坛、憩云轩、玉兰院，南路包括戒坛和行宫，北路为僧房和香积厨等生活用房，总占地面积6000平方米。寺院后部，也就是最高处，有寺观园林，包括迦陵舍利塔、灵泉池、龙王堂、领要亭等。

后院龙王堂位于全寺最高处，是一座两层建筑，在龙王堂前有一水池，称为灵泉池。领要亭位于寺院的西南角坡上，是一六角攒尖顶的亭子，名字来自“山寺之趣此领要，付与山僧阅小年”诗。迦陵舍利塔矗立在大悲堂北侧全寺的最高点上，高12米，是覆钵式塔，与北海永安寺白塔的形制相仿。在白塔的左右，有一棵松树和一棵柏树，松柏的枝条向白塔伸出，似将白塔抱住，因此称为松柏抱塔。春天清明前后去大觉寺，寺中百年玉兰开花，这是北京地区有名的古玉兰，观之不易。秋天去，寺内那株古银杏，黄叶铺天盖地，别有意韵（见图4-11）。

图4-11　北京西山大觉寺秋景

大觉寺以清泉、古树、玉兰、环境优雅而闻名。清水院是当时对其最好的美称，由寺外引入两股泉水贯穿全寺，既满足了生活用水，又创造了丰富的水景。寺内共有古树160株，包括1000年的银杏、300年的玉兰、古娑罗树、松柏等，以松柏、银杏为主的古树遍布全寺、四季常绿，加之南北两路种植的花卉，使得大觉寺古木参天的绿色之中透出了万紫千红。大觉寺的玉兰花与法源寺的丁香花、崇效寺的牡丹花一起被称为北京三大寺庙花卉。大觉寺有八绝，分别为：古寺兰香、千年银杏、老藤寄柏、鼠李寄柏、灵泉泉水、辽代古碑、松柏抱塔、碧韵清池。

2. 白云观

白云观位于北京市西城区，为道教全真派的著名道观之一。建于唐开元年间，为玄宗奉祀圣祖玄元皇帝——老子之圣地，又叫天长观。元代作为著名道士长春真人丘处机的居所，改名“长春宫”。金代扩建改名太极宫，明末毁于大火。清康熙四十五年（1706年）在原来的基础上重新大规模重修与扩建，今白云观的整体布局和主要殿阁规制即形成于那时。此后，在乾隆、光绪年间又有修缮和少量添建。

白云观面南背北，分为中、东、西三路以及后院共四个部分，其后的园林是光绪年间增建的。整体布局略近于对称，主要殿宇位于中轴线上，包括山门、灵官殿、玉皇殿、老律堂、丘祖殿、三清阁等建筑，配殿、廊庑分列中轴两旁，以游廊和墙垣划分为中、东、西三个类似庭院的景区。

白云观附属园林建筑布局方正、对称严谨。这种建筑形象充分表现了严肃而井井有条的传统理性精神，以及道教徒追求平稳、自持、安静的审美心理。院落单元通过明确的轴线关系串联成千变万化的建筑，严格的对称布局中又有灵活多样的建筑空间，以增强艺术效果。主体建筑院落在崇台的衬托下，显得十分庄重和稳定，形成了一种曲与直、静与动、刚与柔的和谐之美。

3. 黄龙洞

黄龙洞又叫无门洞或飞龙洞，位于杭州西湖北山栖霞岭的西北，始建于南宋淳祐年间，原为佛寺，到清代改为寺观。这是一座典型的“园林寺观”，因为其园林所占的面积比宗教建筑的面积还要大，园林的氛围远远超过了宗教的氛围。黄龙洞共有三座殿堂：山门、前殿、三清殿，三座殿堂中穿插着大量的庭院、庭园和园林（见图 4-12）。

图 4-12　黄龙洞

黄龙洞三面山丘环绕，西侧平地连接主路，基质采用了闹中取静的手法。前殿东侧地势较开阔，西高东低，并有起伏的缓坡，通过种植竹林和高大乔木，形成了一个较开阔的林境空间。三开间的山门和园林边缘布置得微弯且有高低起伏的入门步道，在参天古树的映衬下展示出一派刚健之美。

黄龙洞进门松竹交翠、园路幽深，主景有池有山，水石交融。前殿和三清殿之间的庭院空间较开阔，通过两侧的游廊很好地将庭院空间与园林空间沟通在了一起。北侧的空间里布置较多的竹子，通过竹境、竹意、竹趣来烘托寺观的意境。庭院的南侧以水池为中心，池边驳岸曲折有致，石矶将该空间划分为大小两个水域，小水域中的九曲平桥很好地沟通了东西两岸，与北侧的游廊结合在一起，构成了寺内的主要园林区域。水域的东面和南面利用原有山势，通过太湖石堆叠成假山；山后布置密林，却刻画出了峰谷起伏的意境，成为杭州园林叠山中的佳作。通过栖霞岭引来的泉水，由石刻龙首吐出，形成了多叠的瀑布水景。水域的西侧布置了两厅、一亭、一舫，随地势的起伏错落有致，通过三折的曲廊连接主庭院，将西侧划分为两个空间。东侧假山一直向北延伸，绕过后方，在寺的东北角依山势堆叠形成了一处山地小园林，上面点缀亭榭。通过高低起伏的蹬道将山地小园林和假山内部的蜿蜒洞穴很好地结合在了一起。黄龙洞很好地诠释了中国古典园林“虽有人做、宛若天开”的造园主旨。

4. 乌尤寺

乌尤寺在四川乐山，位于青衣江、岷江和大渡河的三江交汇处。原名正觉寺，创建于唐天宝年间，北宋时改今名，现规模多为清末所修建。寺内建筑结构森严，殿宇共有七座，都集中在乌尤山头，现保存完整的殿宇有天王殿、弥陀殿、弥勒殿、大雄殿、观音殿、罗汉堂等。由前殿西行，还有怡亭和尔雅台等胜迹。尔雅台是汉代文学家郭舍人在乌尤山注释《尔雅》的地方。寺之周围竹木扶疏，楼阁亭台错落其间，更显清幽。1983 年，乌尤寺被国务院确定为汉族地区全国重点佛教寺院。

乌尤寺沿江巧妙布置，很好地利用了原有的地形，不仅能够最大限度地欣赏到江面的风景，获得最佳的观赏效果，更能充分发挥寺院建筑群的点景作用，成为泛舟江上的主要观赏对象。同时，通过对码头和山门合二为一的巧妙处理，在满足了功能的同时又合理地组织了交通。特别是结合岛屿地形地貌对外围的园林化处理，使得乌尤寺在造景和空间的利用上达到了较高的水平和造诣（图 4-13）。

图 4-13　乌尤寺

乘船到乌尤寺码头，过山门，蹬道北山即为“止息亭”，在此歇息片刻后，向东南继续前进，两侧竹林茂密，形成相对深邃的空间环境。过“普门殿”，即可看到“天王殿”。天王殿与正对的岩石围合而成的小广场使空间变得相对开阔。通过小广场南侧的扇面形敞亭，游人既可以观赏风景如画的江景，也可以驻足观赏岩石上的弥勒佛像。从扇面亭向西，北侧为陡峭的岩石，南侧濒临大江，经“过街亭”即到达寺院的主体部分弥勒殿。殿以西过“旷怡亭”，或驻足远眺江景，或在亭下歇息。过罗汉堂，则可直达山顶台地小花园。乌尤寺通过这种虚实的空间处理构成了空间变化丰富的观赏路线。特别是天王殿以东静谧、深邃的空间处理和天王殿以西开朗的空间处理方式，给参观者带来了强烈的空间韵律感，使参观者产生了强烈的共鸣。这不仅充分发挥了步移景异的观赏效果，还具有浓郁的诗情画意。

5. 布达拉宫

布达拉宫坐落在西藏自治区首府拉萨市区西北的玛布日山（红山）上，是整个雪域高原的灯塔。布达拉宫始建于 631 年，距今已有 1300 多年的历史。它最初是松赞干布为迎娶尺尊公主和文成公主而兴建的，当时修建的宫殿有 999 间，修行室 1000 间。吐蕃王朝灭亡之后，古老的宫堡也大部分毁于战火，加上雷击等自然灾害，布达拉宫的规模日益缩小，甚至一度被纳入大昭寺，作为其分支机构进行管理。1645 年，五世达赖喇嘛为巩固政教合一的甘丹颇章地方政权，由第司索朗绕登主持，重建布达拉白宫及宫墙城门角楼等，并把政权机构由

哲蚌寺迁来。1690 年，第司・桑杰嘉措为五世达赖喇嘛修建灵塔，扩建了红宫。1693 年工程竣工。以后，历世达赖喇嘛增建了 5 个金顶和一些附属建筑，终成布达拉宫今日之规模。整座宫殿具有鲜明的藏式风格，依山而建，气势雄伟。

布达拉宫占地总面积 40 万平方米，建筑总面积 13 万平方米，主楼红宫高达 115.703 米。它依山势由南麓修到山顶，主体建筑为木石结构，基石深入到山石之中，部分墙体还浇注有铁水，增加了建筑的抗震性。

布达拉宫（见图 4-14）主要由宫殿、灵塔殿、佛殿、经堂、僧舍、庭院构成，分为白宫和红宫两部分。白宫因宫墙涂有白色而得名，17 世纪由五世达赖修建，由日光殿、东大殿、坛城殿、极乐宫等殿堂组成，是达赖喇嘛起居与从事宗教、政治活动的地方。红宫是布达拉宫的中心建筑，因宫墙涂有红色而得名。红宫采用了曼陀罗布局，围绕着历代达赖的灵塔殿建造了许多经堂、佛殿，从而与白宫连为一体。

图 4-14　布达拉宫

布达拉宫吸取了汉族、印度和尼泊尔寺院的建筑特色，形成了独具一格的藏族建筑风格。它不仅建筑辉煌壮观，而且文物众多。在大大小小的宫殿、佛堂及走廊中，处处绘满壁画。它所反映的历史故事、佛教故事、高原风情向现代人生动阐释了旧西藏的各种风土人情，它们既是历史画卷，又是艺术珍品，更是西藏人民伟大智慧的结晶。布达拉宫是历史的瑰宝，是中国寺观园林史的瑰宝，是藏族人民的历史文化的基因库，它对我们认识藏文化、了解佛寺园林具有重要的作用和意义。

4.3　寺观园林的风格特点

寺观园林是中国传统宗教与园林结合的产物，是结合中国传统园林技艺从而创造出的驰誉世界的文化瑰宝，具有中国人特有的宗教意识、传统文化和各宗教自身的特点，它不仅是传播宗教文化的直接载体，其清静优雅的环境、肃穆神秘的宗教氛围也吸引着世世代代的信徒香客、文人雅士。寺观园林景观不仅在数量上远远超过了其他传统园林类型，更以其独特的风格特点面向世人。

画卷初开
地形艺术

1. 庄严、幽静、肃穆的空间氛围

寺观的宗教空间即供奉偶像和进行宗教礼仪活动的空间。为了体现神权的至高无上，宗教空间常采用宫殿式的布局方式，其特点在于重点突出、等级森严、对称规整，创造出肃穆庄重的宗教气氛。同时，一些寺观也常因地制宜，在保证宗教空间肃穆的基础上，采取相对灵活的院落式布局。宗教功能是寺观的主要功能，在寺庙建筑中占有主要地位。但是，寺观又常常被认为是公共园林的一部分，发挥着旅游功能。寺观的园林化是宗教世俗化的产物，受到世俗文化的影响、渗透。一般的寺观空间虽然由于宗教功能的限制而相对静止、单一，但由于也有满足旅游功能的需要，故加强了建筑空间的园林化效果，力图能动静结合。寺观园林一般来说都是和寺观连接在一起的，佛家文化追求净根顿悟，道家文化追求逍遥神游，因此寺观园林多建在郊区风景优美的地方，多以山林本身的景色作为衬托。这类园林通常采用藏而不露的建筑方式，让园林和山林融为一体，达到了一种静雅幽邃的气氛效果。寺观园林独特的文化为寺观园林的气氛奠定了基调。

2. 具有公共园林的特质

寺观园林不同于禁苑专供君主享用和宅园属于私人专用，而是面向广大香客、游人，除了传播宗教以外，带有公共游览性质。这是由宗教性质决定的。宗教旨在“普渡众生”，对来庙的敬香者、瞻仰者、游览者，不管其贵贱贫富、男女老少、雅逸粗俗，一概欢迎，绝不嫌弃。庶民百姓只有到寺观中进香，才能兼带进行游赏。由于进香游览人数众多，又出于虔诚的宗教信仰而大多愿意倾囊施舍，这又从经济上大大帮助了寺观园林在全国众多的名山大川中得到开发，使名山胜水和灿烂的历史文物荟萃在一起，更吸引着千千万万的游客去饱赏其丰姿秀色。因此，寺观园林具有公共游览性质，具有适应最广大阶层游客观赏的景观内涵，不同于只供少数人独享其乐的皇家园林和私家园林。

3. 选址规模不限

在选址上，宫苑多限于京都城郊，私家园林多邻于宅第近旁，而寺观则可以散布在广阔的区域中，这使寺观有条件挑选自然环境优越的名山胜地，“僧占名山”成为中国佛教史上有规律性的现象。特殊的地理景观是多数寺观园林所具有的突出优势，不同特色的风景地貌给寺观园林提供了不同特征的构景素材和环境意蕴。寺观园林的营造十分注重因地制宜，扬长避短，善于根据寺观所处的地貌环境，利用山岩、洞穴、溪涧、深潭、清泉、奇石、丛林、古树等自然景貌要素，通过亭、廊、桥、坊、堂、阁、佛塔、经幢、山门、院墙、摩崖造像、碑石题刻等的组合、点缀，创造出富有天然情趣、带有或浓或淡宗教意味的园林景观。

寺观园林的范围可小可大，伸缩的弹性极大，寺观园林小者往往是处于深山老林一隅的咫尺小园，取其自然环境的幽静深邃，以利于实现“远离尘世，念经静修”的宗教功能。大者构成萦绕寺院内外的大片园林，甚至可以结合周围山水风景，形成大面积的园林环境，成为闻名遐迩的旅游胜地。在众多的寺观园林中，后者所占的比例不算小。因而，寺观园林的空间容量远比私家园林要大得多，往往具有浩大的空间容量，如泰山、武当山、普陀山、五台山、九华山等宗教圣地，空间容量大，视野广阔，具备了深远、丰富的景观和空间层次，以致近能观咫尺于目下，远借百里于眼前，形成了远近、大小、高低、动静、明暗等强烈对比的主体化的环境空间，往往能容纳大量的香客和游客。

4. 园林寿命绵长

在园林寿命上，帝王苑囿常因改朝换代而废毁，私家园林难免受家业衰落影响而败损。相对来说，寺观园林具有较稳定的连续性。一些著名寺观的大型园林往往历经若干世纪的持续开发，不断地扩充规模、美化景观，积累着宗教古迹，题刻下历代的吟诵、品评。自然景观与人文景观相交织，使寺观园林包含着历史和文化的价值。

5. 寓园林于自然

由于寺观园林主要依赖自然景观构造，在造园上积累了极其丰富的处理建筑与自然环境关系的设计手法。传统的寺观园林特别擅长于把握建筑“人工”与自然“天趣”的融合。为

了满足香客和游客的游览需要，在寺观周围的自然环境中，以园林构景手段，改变自然环境空间的散乱无章状态，加工剪辑自然景观，使环境空间上升为园林空间。例如，善于顺应地形立基架屋；善于因山就势重叠构筑；善于控制建筑尺度，掌握合宜体量；善于运用质朴的材料、素净的色彩，造就素雅的建筑格调；善于运用园林建筑小品对景象进行组织剪辑，深化景观意蕴。

6. 植物造景与宗教文化融合

寺观园林在植物选择和造景上，经常选用与宗教典故、教义有关联或者具有象征意义的植物和景观，如在寺观中种植菩提树，常设莲池，种植荷花或各种睡莲。还多用树姿优美的长寿树种。北方常用的长寿树种有银杏、楸树、国槐、圆柏、侧柏、油松、白皮松等，而南方多用香樟、榕树、无患子、皂荚、罗汉松、马尾松等。植物配置也多为规则对称形式。植物选择上多用黄花、白花植物，这些植物在营造出庄严肃穆的效果的同时，不同植物的花期也不相同，利用其芳香的气味、不同的叶色、不同的形态等还可实现四季有景的景观效果，给人视觉、嗅觉，甚至在清风袭来时树影婆娑的听觉感受，让人犹入仙境。

思考与练习

1. 寺观园林的类型划分有哪些?
2. 简述寺观园林的起源。
3. 结合实例，谈谈隋唐时期寺观园林的发展。
4. 简述宗教文化对寺观园林发展的影响。
5. 结合实例，简述元明清时期北京寺观园林的发展情况。
6. 寺观园林的风格特点有哪些?

第5章 陵寝园林

思政箴言

“事死如事生，事亡如事存。”中国古代陵寝园林，规模宏大，建筑群集中，院落层次起落明显，布局讲究中轴对称，集宏伟、壮观、肃穆、庄严为一体，反映了古代造园技艺的辉煌成果和劳动人民的创造才智。陵寝园林的发展和演变受到中国古代历史发展的影响，反映了同时期的政治、经济、文化，是中国历史文化传承的体现。。

5.1 概述

陵寝园林是为埋葬先人、纪念先人，实现避凶就吉之目的而专门修建的园林。中国古代社会，上至皇帝，下至达官贵人、商富大贾，皆非常重视陵寝园林。陵寝园林包括地下寝宫、地上建筑及其周边环境。

陵寝园林是历代帝王按照“事死如事生，事亡如事存”的礼制原则建造的，即模仿皇宫修建的。在陵寝周围都有大面积的陵园，特点是封土为陵、规划整齐划一，选址修陵讲究风水，陵园规模宏大，建筑群集中，院落层次起落明显，布局讲究中轴对称。总体特点是宏伟、壮观、肃穆、庄严。

5.1.1 墓葬制度的渊源替嬗

远古时期，人们对死者的尸体弃之不管；鬼魂迷信产生后，人们才有了保护尸体、讨好鬼魂的想法。旧石器时代，山顶洞人有意识地将尸体埋入土中，新石器时代用陶瓷、盆钵装婴儿尸体。原始社会末期，盛行单人葬和夫妻合葬，有了木制的棺和椁。直到西周末年，中原地区还没有明显的坟丘。为了区别墓主，规定不同等级的墓主的墓圹上栽植不同品种和数量的树木。长江以南的东南地区，由于地势低下，在尚无有效防潮的条件下，采取了平地掩尸、堆筑坟丘的办法，还在墓葬顶上或边侧造“寝”。

春秋中晚期，江南筑坟制度传入中原，中原地区出现了坟丘式墓葬。而坟、墓字义也有了区别：埋人的茔地叫墓，墓上的封土叫坟，人们在寝上定期墓祭，寝逐渐扩大形制，成为专供墓祭的祠堂。墓地植树种草的传统也被继承和传扬下来。战国初期以前，墓葬的等级区别主要体现在地下墓室中棺椁的数量和随葬品的多寡。以后，随着坟丘式墓葬流行，除地下讲究等级外，统治者也开始对地上坟丘外观规定等级。从战国中叶开始，君王的坟墓专称“陵”，在坟丘的高低、坟墓形制、附属设施的繁简方面，对社会各阶层都有严格的等级规定。

秦汉以前，坟丘以方锥形为贵，直到唐代，仍规定皇族可使用方锥形坟丘，并以台阶的数目来区分等级。一般达官贵族的坟丘是圆锥形的，以宽、高尺寸区别等级。明太祖筑孝陵，改方锥形陵台为圆形，从此，王公贵族及庶民百姓的坟丘都呈圆锥形，仅高低大小不同。

自商以来，墓穴的主要形制是竖穴土坑。葬具从棺椁发展到黄肠题凑。到西汉后期，王公贵族的墓穴普遍转变为砖室，墓道也由竖井式转为斜坡式或阶梯式。南北朝时期，墓葬中出现石刻的墓志铭。隋唐时规定，砖室墓仅王室和各级官吏可以使用。明代规定，品官的棺木用油杉、朱漆，停用土杉；庶人棺以油杉、柏或杉松，只能用黑漆和金漆，不得用朱红。

除了供墓祭用的建筑设施，西汉时墓前开始树立华表，东汉进一步增加了墓碑，魏晋南北朝时期坟丘周围增加了“辟邪”，即石人、石兽等。上至帝王陵寝，下至庶民坟丘，或松柏常青，或杨柳悲风，平添怀古之情。

5.1.2　帝王陵寝制度及其演变

战国时期赵肃侯的“起寿陵”，是最早的称“陵”的君王墓。秦惠文王规定“民不得称陵”，从此，陵成为帝王墓葬的专用词。秦始皇为自己修寿陵，并将宗庙的“寝”移到陵墓边侧。宗庙也造到了陵园附近，将陵与寝、陵园与宗庙结合起来，初步形成了帝王陵寝制度。

帝王陵寝的结构与演变主要经历了三个变化过程。秦汉时期，封土为陵，以方土为主，即在地宫之上用土层层夯筑，使之成为方锥体；魏晋隋唐时，流行因山为体，以山为陵的筑墓方式。唐太宗修昭陵，采纳了“因山为陵，不复起坟”的方案。明清时期，复“积土起坟”，但陵墓则由方形变为圆形，称为“宝顶”；周以砖壁，上砌女墙，称为“宝城”。宝城的形式，明多圆形，清多长圆形。

自秦汉时将寝造到陵侧，陵园的地面建筑逐步发展成以寝为主体的大规模建筑群，包括祭祀建筑物、神道和石刻像。西汉时，“寝”有正寝与便殿之分：正寝为墓主灵魂日常生活起居之所，便殿供墓主灵魂游乐。东汉时，在寝殿、便殿的同一地方，建造专供墓主起居、饮食的寝宫。汉明帝开始举行上陵礼，确立了以朝拜和祭祀为主要内容的陵寝制度，寝的功能也转为供朝拜和祭祀。唐代将寝殿、寝宫分开建造，寝殿称献殿，建在陵侧；寝宫称下宫，建在山下，分别适应上陵朝拜祭祀和供墓主灵魂“饮食起居”的需要。宋代称献殿为上宫，与下宫相对。明代取消下宫建筑，改上宫为享殿，在享殿两旁分建棱恩殿。清承明制，唯改棱恩殿为隆恩殿而已。帝陵除有祭祀建筑群外，陵园内的神道及石刻群，包括华表、石柱、石碑、石像生等也是重要组成部分。

5.1.3　帝陵的命名与选址

1. 帝陵的命名

我国古代帝陵的取名，大约有三种情况：一是后人所起，如黄帝陵，秦公一号大墓，秦始皇陵等；二是时人根据陵墓的所在地而命名，如西汉长陵、安陵因位于长安而得名；三是当时朝廷的礼部大臣根据皇帝的尊号、谥号，选一些与之相应的吉利、祥顺、平和、美好的字眼作为陵名，如唐太宗昭陵中的“昭”字就是一个褒义词，也和唐太宗的尊号“文武大圣大广孝皇帝”相吻合。

帝陵的命名是一项十分严肃的事，如果属事先命名的，后辈不得擅自改动；如若原本没有定名，那么后世不但可以命名，而且根据实际情况还可再次命名，如黄帝陵也称桥陵。

2. 帝陵的选址

看风水作为迷信活动，约产生于战国时期燕、齐一带方士中。风水先生认为，人们在选择宅基或坟地时，要注意该地的风向山水，适合者得福，不合者遭殃。这种建立在封建迷信基础上的相地术，为了选择有利地形，风水家必须对山、水本身进行观察、研究，并对草木盛衰与地理阴阳的相关性有所发现。在帝陵选址的实践方面，注重选择那些依山傍水、背风向阳、草木丰茂、云蒸霞蔚之地，为陵寝园林的建筑奠定了优美的天然山水背景。如李治、武则天合葬的乾陵，因梁山主峰为陵，左右两峰在前，三峰耸立，主峰始尊，客峰供伏，主峰立宫，侧峰立阙，俯瞰关中平原，远眺太白终南，把传统相地理论运用发挥到了极致。

除个别的帝陵外，大部分帝陵选址时有相对集中的特点。一般来说，首都定在哪里，就在其北面寻找风水宝地修建陵寝园林。开国皇帝的陵寝往往居中，然后按昭穆之制安排以后各代帝陵的位置。各个陵寝保持一定距离，或直线排列，或曲线排列，或圆弧排列，周围分布着若干皇亲国戚或文武臣僚的陪葬墓。

5.1.4　陵寝园林的风格特征

陵寝园林，尤其是皇家陵寝园林，具备了中国山水园林的条件，它以秀美山水为背景，以传统风水理论为指导，拥有独特华贵的园林建筑、高耸的墓冢、深邃壮丽的地下宫殿，以及笔直、宽广而纵深的陵园中轴线，蓊郁的森林树木，周围栖息有天然的或人工繁育的各类鸟兽，构成了宛若人间宫苑的独具一格的园林，具有很高的观赏价值。

中国陵寝园林有严格的等级制度，从战国中期开始，陵成为帝王墓葬的专用名。历代统治者对不同等级的墓葬都有严格的礼仪制度，包括陵寝地下和地面建筑及其附属设施、陪葬品，陵园内的花木鸟兽品种及其多少。

帝陵采用风水理论选址，多在京城附近的北面，分布集中，呈单行排列或圆弧状排列。

陵寝园林分为地上陵园与地下寝宫两大部分。地上陵园包括墓冢、陵寝建筑、陵园辅助设施以及陵园动、植物，地下寝宫包括地下建筑设施、棺椁及其陪葬物品。

5.1.5　石刻艺术

石刻艺术是陵寝园林的一道独特的风景线，为中国园林体系中其他园林类型所不及。尤其是石像生以其精美的造型、惟妙惟肖的神态和巧夺天工的雕刻艺术，把中国园林艺术提高到一个新的水平。唐代的大型石刻仪仗队已经形成，明清时期的石像生发展完备、一应俱全。随着时移境迁，陵寝园林的祭祀、拜祖、超度等功能已逐渐淡化乃至消失。

5.2　关中陵寝园林

关中自古帝王州。从炎黄到汉唐诸帝，陵寝园林遍布陕西关中，尤以汉唐陵寝园林最具代表性。汉十一陵、唐十八陵大部分都集中分布在咸阳北阪上。咸阳原上的汉唐帝陵，加上具有特殊身份地位的陵县，使整个咸阳原壮丽辉煌、繁花似锦，每逢祭日，游人如织。汉唐时期的咸阳原，由于帝王的陵园所在，其自然人文景现绝不亚于古都长安（见图 5-1）。

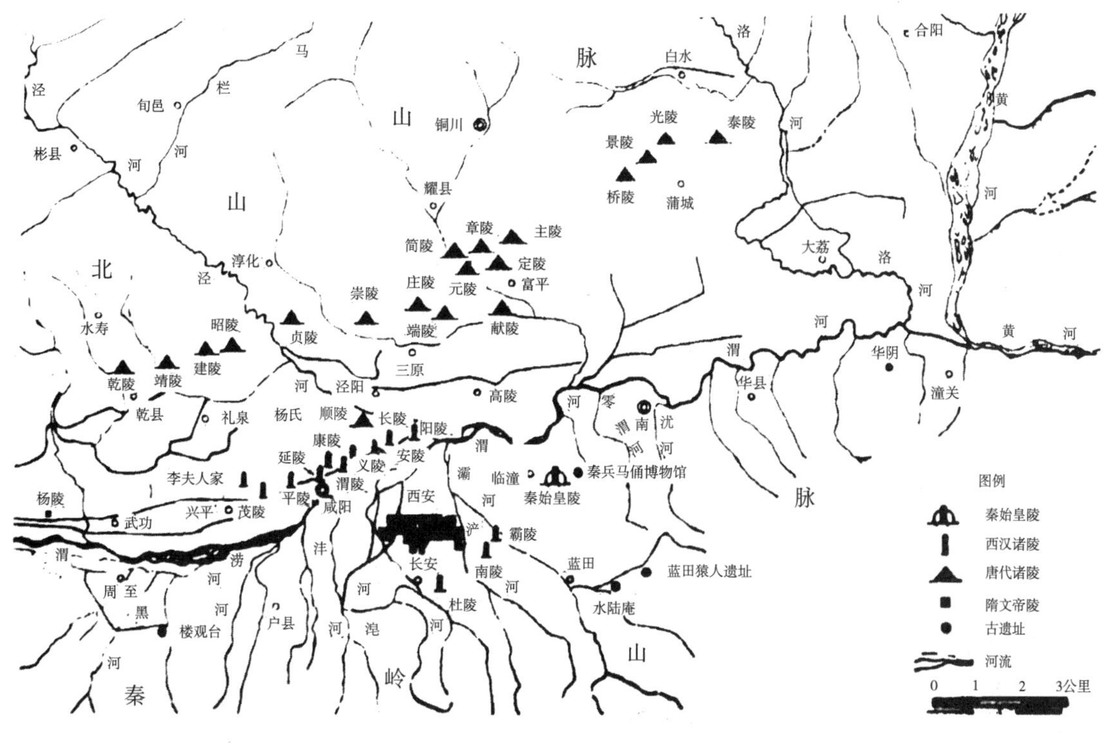

图 5-1　关中陵寝园林位置图

5.2.1　黄帝陵

黄帝是传说中我国原始社会末期的一位伟大的部族首领，是开创中华民族文明的祖先。黄帝姓公孙，因长于姬水又改姓姬；曾居于轩辕之丘（今河南新郑市轩辕丘），取名轩辕；祖籍有熊氏，乃号有熊；又因崇尚土德，而土又呈黄色，故称黄帝。《史记》以黄帝、颛顼、帝喾、唐尧、虞舜为五帝。自黄帝至今，约 4600 年。

黄帝陵（见图 5-2）简称黄陵，或称桥陵，在黄陵县城北的桥山之巅。桥山之巅，翠柏成林，郁郁参天，沮水环绕，群山环抱，气势雄伟壮丽。黄帝陵就处在这满山的柏林包围之中。

到达山顶，首先看见路旁立一石碑，上刻“文武百官到此下马”。据说，这叫下马石。古代凡祭陵者，

图 5-2　黄帝陵园图

均须在此下马，步行至陵前。陵前一座祭亭，亭中央立一高大石碑，碑上有“黄帝陵”三个大字。祭亭后面又有一块石碑，上书“桥山龙驭”四字。再后面便是黄帝陵。黄帝陵位于山顶正中，面向南。陵冢高3.6米、周长48米。陵前数十米处有一座高台，台旁石碑书“汉武仙台”。相传，汉武帝征朔方还，在这里祭黄帝，筑台祈仙。台顶高达林表，在上面可远眺四周山水。

被誉为“天下第一陵”的黄帝陵，自从秦代设置陵园以来，历代帝王、臣僚、庶民百姓、文人墨客等每年都去黄陵上祭游观、捐资修陵，使黄帝陵成为中外游观的胜区。当地有一首民谚说：“汉代立庙唐代建，到了宋朝把庙迁。不论谁来坐皇帝，登基都不忘祖先。”

5.2.2 秦始皇陵

秦始皇陵（见图5-3）在临潼骊山北麓。秦始皇陵园规模宏大，分内外两城，均为南北向的长方形。内城周长3840米，面积792 675平方米；外城周长为6210米，面积2 035 100平方米。南依骊山，墓葬区在南，寝殿和便殿等建筑群在北。1974年以来，考古队在外城以东1500米，相继发现了3个闻名世界的兵马俑坑。根据实际铲探证明，秦始皇陵园及其从葬区的面积为56.26平方千米。陵园内，坟冢拔地而起、高大雄伟，宛若一座独秀峰，成为陵园中一个奇特的景观。秦始皇墓丘封土呈四方锥形（亦称复斗形），顶部略平，从下到上呈波浪式起伏，现存周长1410米、高43米。当年陵的周长为2167米左右、高120米左右。

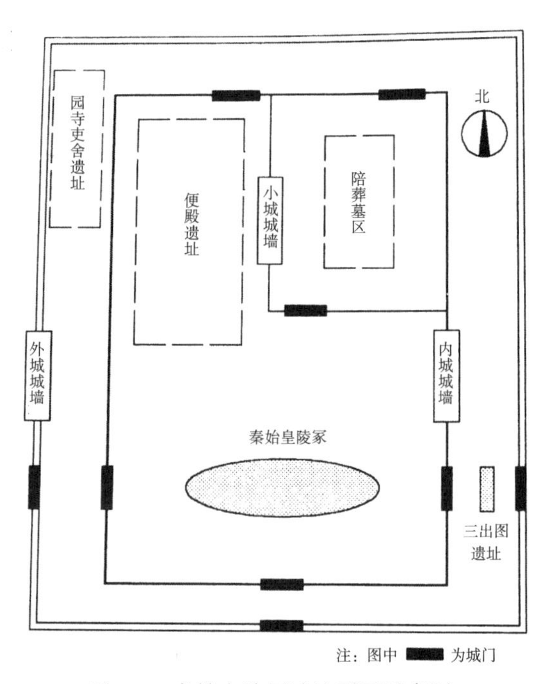

图5-3 秦始皇陵园遗迹平面示意图

秦始皇陵冢雄伟高大，陵下地宫更是壮丽辉煌。秦始皇为了使身后的享乐如同生前，便在骊山大造地宫。从文献资料可知，秦始皇为自己修造的墓室实际上是以咸阳的宫殿为样板，即在地下再造一座都城咸阳，让他身后享之不尽。因此，在庞大的地宫中，上有日月星辰，下有江河湖海，宫观连属，巍峨壮观。百官位次有序，灯火辉煌，明若白昼。秦始皇自知奢侈过度，唯恐行窃，亦与咸阳宫中一样，防卫森严，除有自动射击的弓弩把守陵门外，还有千军万马守卫陵园。秦始皇陵至今未打开，这座金碧辉煌、豪华壮观的地下宫殿若有朝一日能与世人见面，恐怕比秦始皇兵马俑还有魅力。

兵马俑坑（见图5-4）是秦始皇陵地下建筑的一部分，分为一号坑、二号坑、三号坑3处，总面积超过2万平方米。坑内有数万件兵俑、马俑、战车、兵器，呈现出一排排有序东进的军事方阵。秦兵马俑高与人等，军容严整，布阵多变，既有为保证主力部队向前攻击，又要预防敌人，从两侧或后面突然袭击的最佳布阵形式，又有车、骑、步混合编制的曲形阵，还有一支浩浩荡荡、军容威严、所向无敌的地宫御林军。陶俑平均身高1.78米，单个造型逐个捏制而成，其面容、发式、服式及神态各具特色，将士有别，军种有异。陶质战马体形高大、筋骨坚实、持令冲杀，显示了秦代河曲战马品种的优良和在战争中的威力。秦俑的造型具有深厚雄大、明快洁净的风格与写实手法相结合的特点。

图 5-4　秦始皇陵兵马俑

5.2.3　西汉陵寝园林

西汉共有 11 位皇帝，以汉高祖刘邦的长陵和汉武帝的茂陵最大，除汉文帝的霸陵以山为陵外，其余皆为方上形式。汉武帝茂陵的陪葬墓霍去病墓上的石雕“马踏匈奴”为现存陵前石雕像最早的实物，举世闻名。每一座陵园就是一座宫殿建筑群，园内修建寝殿、便殿，园外修有庙宇。

1. 长陵

汉高祖长陵（见图 5-5）是汉高祖刘邦的陵墓，位于今咸阳市渭城区正阳镇怡魏村。长陵“东西广百二十步，高十三丈，在渭水北，去长安三十五里”。现在测底部东西长 153 米、南北宽 135 米，顶部东西 55 米、南北 35 米、高 32.8 米，与史籍记载相近。长陵亦称“长山”或“长陵山”。取名“长陵”或因与所在地古称“长平”或“长平阪”有关。刘邦称帝的第二年开始营建长陵，陵园是仿照西汉都城长安建造的，只是规模略小而已。陵园内还建有豪华的寝殿、便殿。寝殿是陵园中的正殿，殿内陈设汉高祖的“衣冠几仗象生之具”，完全像皇帝生前时一样侍奉。

汉高祖刘邦的陵冢在陵园的偏西处，形状像覆斗，是夯土迭筑而成的。立有清乾隆年间陕西巡抚毕沅所书的“汉高祖长陵”石碑一通，陵冢下面是刘邦安寝的地宫。陵园中还有吕后合葬陵，在长陵东面二百多米的地方。

图 5-5　汉长陵图

2. 茂陵

茂陵（见图 5-6）是汉武帝刘彻的陵墓，位于今陕西省兴平市东北原上，公元前 139—公元前 87 年间建成，历时 53 年。其北面远依九骏山，南面遥屏终南山，东西为横亘百里的“五陵原”。此地原属汉时槐里县之茂乡，故称“茂陵”。它高 46.5 米，顶端东西长 39.25 米，南北宽 40.60 米。据《关中记》载：“汉诸陵皆高 12 丈，方 120 丈，唯茂陵高 14 丈，方 140 丈。”陵园四周呈方形，平顶，上小下大，形如覆斗，显得庄严稳重。至今，茂陵东、西、北三面的土阙犹存，陵周陪葬墓尚有李夫人、卫青、霍去病、霍光、金日磾等人的墓葬。它是汉代帝王陵墓中规模最大、修造时间最长、陪葬品最丰富的一座，被称为“中国的金字塔”。

图 5-6　茂陵

相传武帝的金镂玉衣、玉箱、玉杖等一并埋在墓中。当时在陵园内还建有祭祀用的便殿、寝殿，以及宫女、守陵人居住的房屋，同时派遣 5000 人在此管理陵园，负责浇树、洒扫等差事。

5.2.4　唐代陵寝园林

唐代从高祖李渊到哀帝李柷包括武则天在内共 21 位皇帝，历经 290 年，除昭宗和哀帝分别葬于河南渑池和山东菏泽外，其余 19 位皇帝均埋葬于关中渭北高原。又因高宗李治与武则天合葬一处，故共有 18 座陵墓，史称“唐十八陵”。唐十八陵坐落在关中平原的北部，沿着北山脚下，东起蒲城，向西经过富平、三原、泾阳、礼泉，到乾县，东西连绵 150 余千米，形成以长安为圆心，呈扇形铺展于渭河以北。唐十八陵中，有 9 座散布于咸阳原上，与汉陵南北相望形成咸阳原上壮丽的寝庙园林景观。

1. 昭陵

昭陵（见图 5-7）是唐太宗李世民与文德皇后长孙氏的合葬陵墓，位于陕西礼泉县城西北 22.5 千米的九嵕山上。从唐贞观十年（636 年）文德皇后长孙氏首葬，到开元二十九年（741 年），昭陵建设持续了 107 年之久，周长 60 千米，占地面积 200 平方千米，共有 180 余座陪葬墓，也是中国历代帝王陵园中规模最大、陪葬墓最多的一座；还是唐代具有代表性的一座帝王陵墓，被誉为“天下名陵”。

图 5-7　唐昭陵图

唐太宗李世民的昭陵是唐代“依山为陵”的典范。陵园周围有城垣，南为朱雀门，门内即献殿；北为玄武门，门内有祭坛；东边为青龙门，西边为白虎门。园内遍植松柏，称为“柏城”。唐诸陵园的形制大体如昭陵。陵园内布满了各种设施和错落有致的园林建筑，石刻艺术是其重要组成部分。其中，“昭陵六骏”以它们独特的造型和艺术风格而成为稀世珍品。

昭陵保存了大量的唐代书法、雕刻和绘画作品，为后人研究中国传统的书法和绘画艺术提供了珍贵的资料。昭陵的墓志碑文堪称初唐书法艺术的典范，或隶或篆，或行或草，多出自书法名家之手。

2. 乾陵

乾陵是陕西关中地区唐十八陵之一，位于陕西咸阳市乾县城北 6 千米的梁山上，是中国乃至世界上独一无二的一座两朝帝王、一对夫妻皇帝合葬陵，这在中国古代帝王墓史上绝无仅有，在世界陵墓史上也非常罕见。乾陵营建工程历经武则天、中宗至睿宗朝初期才始告全部竣工，历时长达 57 年之久。

乾陵发展并完善了昭陵的形制，陵园仿唐都长安城的格局营建，分为皇城、宫城和外郭城，其南北主轴线长达 4.9 千米。文献记载，乾陵陵园“周八十里”，原有城垣两重，内城置四门：东曰青龙门，南曰朱雀门，西曰白虎门，北曰玄武门。经考古工作者勘查得知，陵园内城约为正方形，其南北墙各长 1450 米，东墙长 1582 米，西墙长 1438 米，总面积约 230 万平方米。城内有献殿、偏房、回廊、阙楼、狄仁杰等 60 朝臣像祠堂、下宫等辉煌建筑群多处。从头道门踏上石阶路，计 537 级台阶，走完台阶即是一条道路直到“唐高宗陵墓”碑，这条道路便是“司马道”（见图 5-8）。东为无字碑，以及 17 座陪葬墓。

唐乾陵建立为中国古代陵寝建筑制度的演变具有重要的昭示作用。它以南北中轴线和左右对称相结合的方式布置建筑组群，使整个陵区交替出现三次建筑艺术的高潮，从任何一个景区都能看到主峰顶巅，提升了祭拜者对皇帝敬仰的心理，为后世陵墓设计者所沿袭仿效。

图 5-8　唐乾陵司马道

唐乾陵奠定了后世帝王“依山为陵”葬制的基本模式，是人类社会发展史上东方帝王顶级权势造就的伟大陵墓，陵园布局与形制真实反映盛唐时期帝王陵墓制度对前代制度的继承与发展。关中十八陵中有 14 座依山为陵，以昭陵为开创，以乾陵为定制，这种以巍峨峭拔山峰为不朽陵寝的做法，是东亚北方陵墓建筑设计的最佳典范，也是已消失的唐代草原文化和农业文明融合的独特见证。在中国历史上，陵前石刻的数目、种类和安放位置是从乾陵开始才有了固定制度的，并一直沿袭到清代，历代大同小异。

5.3　北京陵寝园林

北京是古都之一，曾是辽、金、元、明、清的都城，先后有 40 多位皇帝在此建陵，再加之数以百计的陪葬园林，如同颗颗珍珠镶嵌在幽燕大地。

5.3.1　金陵寝园林

金陵寝园林遗址位于北京市房山区车厂村至龙门口一带的云峰山下。云峰山又称九龙山，因其有九条山脊如九龙奔腾而得名。山巅林木隐映、云雾苍莽，山间隘口处泉水淙淙、长流不息。金朝帝王陵寝依云峰山南麓而建，绵延百余里，共葬有从东北迁葬的始祖以后的十三位皇帝及中都五位皇帝，金朝各皇帝陵均有皇后衬葬及妃陵、诸王陵陪葬墓，是北京地区第一个皇陵，比明十三陵早约 200 年。

金陵区分帝陵、妃陵及诸王兆域三部分。大定年间陵界为 78 千米，大安年间为 64 千米。陵域设有围墙，每隔一定距离建有土堡。金以后，陵墓无人守护，地上部分逐渐残毁。明天启年间，因后金政权崛起，明皇惑于术士之说，认为后金兴起与金陵“气脉相关”，遂拆毁了金陵的地上建筑。清初，对有的金陵进行了修复，还特设守陵户，春秋至祭。乾隆时又进行修复，但后来遭到严重损坏，金陵地上部分几乎无迹。

5.3.2　明十三陵

明十三陵（见图 5-9）位于北京昌平区。东西北三面环山，两侧有龙山、虎山峙立，共修帝陵 13 座，神道总长约 7 千米。沿神道建有石牌坊、下马碑、大宫门、神功圣德碑、神道柱、石像生、龙凤门等。诸陵规模以长陵为最大，思陵为最小，长陵、永陵、定陵最为著名。各陵建筑布局大同小异，从前面的白石桥起，依次建置有陵门、碑亭、棱恩门、棱恩殿、棂星门、石五供，明楼、宝城等。明楼内立石碑，上到皇帝庙号谥号。明楼后为宝城，下建地宫。陵各有园，种植瓜果，放养麋鹿数以千计，以供祭祀。长陵至今保存最完整，基本上保存着五百多年前的原貌。定陵已经挖掘，建成了博物馆。

图 5-9　明十三陵分布图

石牌坊（见图 5-10）在陵区正南，是陵区的起点，有一座高大的石牌坊，它的形制为五门六柱十一楼，全部用汉白玉石筑成，通宽 28.86 米，高 15 米。六根石柱是整块石料，坊下夹柱石上，四面均有精美的浮雕，至今保存完好，是我国不可多得的古代石刻艺术杰作。

图 5-10　石牌坊

图 5-11　大宫门

大宫门（见图 5-11）又名大红门，坐落于石牌坊正北 1 千米远的高台上，为陵区正门。门三洞，砖石结构，丹壁黄瓦。当初两侧有围墙向北环绕，周长 40 千米。内有军士数千人，日夜寻护陵寝。门两侧各有下马碑，上刻“官员人等至此下马”，正是昔日陵寝森严的标志。

碑楼位于大宫门以内不远的神道中央处。四隅各竖一雕有团龙云华表。楼内立有“大明长陵神功圣德碑”，龙首龟趺，高10米。碑文系洪熙元年仁宗朱高炽所撰，共3500余字。石像生坐落于明十三陵碑楼至龙凤门的神道两侧（见图5-12）。石像24座，其中有狮子、獬豸、骆驼、象、麒麟、马、武臣、文臣、勋臣，在800米的范围内共有18对，均是面面相觑、雄壮生动，在艺术造型上也非他处石像生所能相比。棂星门又称龙凤门，地处石像生以北神道上，为一座汉白玉石牌坊。三门并列，间以红色短墙，六根门柱形似华表，但柱身无花纹。在三门额枋中央，雕有石制火珠，故又称之为火焰牌坊。因皇帝之死称为殡天，所以称此门为天门。

图5-12　神道

图5-13　长陵

长陵（见图5-13）是十三陵的首陵，坐落在陵区北部天寿山中峰之下，为明代第三位皇帝成祖朱棣的陵墓，内葬朱棣和徐皇后，为十三陵主陵，是十三陵中建造最早、规模最大的一座。长陵建筑布局前方后圆，面积10万平方米，绕以围墙，分为三进院落。第一进院落从龙凤门到棱恩门。院内原有神厨、神库各五间和一座无字碑亭。由棱恩门至内红门为第二进院落，棱恩殿为院中主体建筑。殿内有32根金丝楠木明柱，最大明柱高14.3米、直径1米多。梁、柱、檩椽、斗拱等均为楠木。出内红门至明楼为第三进院落，由南而北，依次设有牌楼门、石五供、宝城、明楼等。部分建筑物现已无存。

5.3.3　清代陵寝园林

清王朝自顺治元年入关北京，到宣统三年清帝逊位，先后统治中国达268年之久，其中在北京执政的共有10位皇帝。除末帝溥仪未建皇陵之外，其余9位皇帝殡天后，分别安葬在河北遵化市和易县：遵化市陵区称东陵，易县陵区称西陵。

清东陵（见图5-14）坐落于河北省遵化市境内昌瑞山下，是清王朝入关统一全国后在北京附近所修建的两个帝后的陵墓区之一。清东陵陵墓区南北长约125千米，东西宽约20千米，总面积约2500平方千米。分前圈、后龙两部分。以昌瑞山为界，南为前圈，北为后龙。方

圆辟有二十丈宽的火道，并竖有标志着禁界的青、白、红栏。内有 5 座帝陵、陪葬着皇后及妃、嫔、福晋、格格等 150 多人。其中，帝陵有顺治皇帝孝陵、康熙皇帝景陵、乾隆皇帝裕陵、咸丰皇帝定陵、同治皇帝惠陵；还有孝庆、孝惠、孝贞、孝钦四座皇后陵；妃嫔陵园五座，为景妃、景双妃、裕妃、定妃、惠妃园寝；另外在马兰裕东部还有公主园寝 1 座。

图 5-14　清东陵分布图

孝陵是清东陵的主陵，坐落于昌瑞山主峰脚下。其余陵寝，除昭西陵、惠陵、惠妃园寝、公主园寝自成体系外，皆以孝陵为中心，依次排列两侧。昌瑞山主峰中间突起，两侧层层低下，东面丘陵蜿蜒起伏，西面黄花山峰峦叠嶂，正面天台、燕墩两山对峙，形成一个天然的花园口。中间是近 50 平方千米的开阔原野。

孝陵是清世祖顺治的陵寝，它是清朝入关后东陵最早的建筑，也是东陵的主体建筑，规模最大，体系最为完整。从正南面的龙门口入陵区，直到陵墓的室顶为止，12 米宽、长达 5 千米的神路全部用砖石铺砌。入口处有六柱五间十一楼的石牌坊，文饰雕刻精细。往北过东陵的总门户即大红门，是高达 30 米左右的重檐九脊的神功圣德碑楼，楼外广场四角各有华表 1 座，过影壁是 18 对石像生。再向北过龙凤门，有神路碑亭、石孔桥、朝房、值房、神厨库等。进隆恩门，有隆恩殿及东西配殿、三座门、二石柱、五石供、明楼、宝城和宝顶，由一条十多华里长的砖石铺面的神道贯穿，形成了一条陵区的中轴线，脉络清晰、主次分明。各建筑物的梁枋斗拱有彩绘拱饰，屋顶及墙头有黄色琉璃瓦覆盖。

清西陵（见图 5-15）位于易县西 15 千米的永宁山下，与狼牙山隔易水相望。清西陵建筑保存完整，共有房舍千余间，石质建筑和石质雕刻百余间，建筑面积 5 万余平方米，占地面积 100 平方千米，围墙长达 20 千米。雍正帝及帝后的泰陵和泰东陵位居陵区中部，西侧为嘉庆帝后的昌陵，再西为道光帝后的慕陵和慕东陵；泰陵东侧为光绪帝的崇陵。整个清西陵共埋葬帝后、嫔妃、王公、公主等计 76 人。除此之外，西陵还有一处没有建成的帝陵，就是溥仪的陵墓。西陵的建筑形式和布局与东陵相同，均按照清代严格的官式标准规制建造，等级森严：后陵小于帝陵，园寝小于后陵。

图 5-15　清西陵分布图

雍正皇帝的泰陵是西陵建筑最早、规模最大、体系最完整的陵墓。泰陵主体建筑自最南端的火焰牌楼开始，过一座五孔石拱桥，便开始了西陵最长的泰陵神路，沿神路往北至宝顶，依次排列着石牌坊、大红门、具服殿、大碑楼、七孔桥、望柱、石像生、龙凤门、三路三孔桥、谥号碑亭、神厨库、东西朝房、东西班房、隆恩门、焚帛炉，东西配殿、隆恩殿、三座门、二柱门、石五供、方城明楼和哑巴院、宝顶等建筑。神道宽 10 米、长 2 千米。具服殿北的圣德神功碑亭高 30 米，亭内碑石上记载着雍正帝的一生功绩。碑亭四隅各立一座汉白玉石华表。神道两侧排列石兽、石人。龙凤门两侧是碑亭、神厨亭、井亭。

西陵诸陵的规制与泰陵基本相同，唯有道光帝墓陵形制特殊、别具一格。道光帝原建陵于东陵宝光峪，历时 7 年竣工，后因地宫浸水，又改建于西陵龙泉峪。陵园规模较小，设有大碑楼、石像生、明楼等建筑，殿宇也不施彩绘。隆恩殿全部以楠木建造，精美异常，殿内藻井、檩枋等构件雕刻有数以千计的游龙、蟠龙。

光绪帝的崇陵是清陵中建造年代最晚的一座，建于清宣统元年。1915 年，光绪帝死后葬于此。崇陵规模较小，动工修建时，清政府已临近崩溃，因此无大碑楼、石像生等。建筑用料均以桐木、铁料为主，俗有“桐梁铁柱”之称。

5.4　其他地区陵寝园林

5.4.1　洛阳陵寝园林

1. 光武帝陵

汉光武帝陵（见图 5-16），古谓原陵，位于河南省孟津县白鹤镇铁谢村。为东汉开国

皇帝光武帝刘秀（公元前6年—公元57年）的陵园，始建于50年，当地亦称“汉陵”。陵园呈长方形，由陵园、祠院两部分组成，墓冢位于陵园正中，为夯土丘状，高17.83米，周长487米，园内现存千年古柏1500多株，总面积达6.6万平方米。整个陵园郁郁苍苍，肃穆壮观，山门巍峨，红墙绿瓦，气势壮观。汉光武帝陵西侧光武祠前大道两侧原有巨柏28株，象征辅佐刘秀打天下的28名将领。

图5-16 汉光武帝陵

光武帝陵为国内少有的陵墓园林。历代皇帝选择陵墓葬地皆是背山面河，以开阔通变之地形，象征其襟怀博大，驾驭万物之志。唯光武帝陵系“枕河蹬山”，一反常规。陵内尚存隋唐植柏1458株，千章古柏聚植一园，拔地通天，蓊然肃穆。陵园古柏为国内少有的乔木树种，其木色金黄、质坚性柔、柏体杏香、剖面色美，俗称“杏柏”（见图5-17）。阳春三春，清明前后，逢天朗气清、晨曦初现之时，古柏枝隙间紫烟弥漫，笼罩陵园，状若轻烟，飘似浮云，烟凝云聚，滚腾滴坠；置身园中，如登凌霄，似游仙界。

图5-17 杏柏

2. 宋陵

宋陵，即北宋（960年—1126年）帝陵，位于河南巩义市境内，共七帝八陵，包括宣祖赵弘殷的永安陵、太祖赵匡胤的永昌陵、太宗赵光义的永熙陵、真宗赵恒的永定陵、仁宗赵祯的永昭陵、英宗赵曙的永厚陵、神宗赵顼的永裕陵、哲宗赵煦的永泰陵，形成庞大的陵墓群。除此之外，还有皇后陵22座，亲王、公主、皇子皇孙、诸王夫人墓144座，包拯、寇准、高怀德、赵普等名将勋臣墓9座，帝系宗亲陵墓近千座，是中国中部地区规模最大的皇陵群。

北宋陵墓（见图5-18）的形式基本上遵循着唐制，诸帝陵园建制统一，平面布局相同，皆坐北朝南，分别由上宫、宫城、地宫、下宫4部分组成，围绕陵园建筑有寺院、庙宇和行宫等，苍松翠柏，肃穆幽静。现地上留存700多件精美石刻，具有重要的文物价值和艺术价值。

图5-18 宋陵

永昌陵是宋太祖赵匡胤皇

图 5-19　永昌陵石马

陵，也是实际的首陵，位于北宋西村陵区。永昌陵是北宋王朝唯一一座由皇帝亲自选定的陵墓。永昌陵现存遗迹有四门神墙，阙台遗迹、乳台、鹊台遗迹，南门神道石刻39件，其他三门及下宫石狮8件，陵台以及陪葬后陵两座，即宋太祖孝章宋皇后陵和宋真宗章怀潘皇后保泰陵。永昌陵石刻群是北宋石刻制度确立的标志。马的雕刻艺术是永昌陵的代表作，马的形象高瞻远瞩、神采飞扬（见图 5-19）。武士石刻，面部饱满，而且角度合适，给人一种栩栩如生、虎虎生风之感，是宋朝早期陵墓石刻的代表作。永昌陵的望柱，特别是神道西列望柱，堪称北宋皇陵望柱的代表作。柱身的卷云纹和升龙雕刻得异常精细，而且保存很好。柱头的莲蓬柱首刻画饱满，螭纹装饰也保存完好，堪称北宋以及中国帝王陵墓望柱中的精品。

5.4.2　南京陵寝园林

1. 明孝陵

明孝陵坐落于南京市玄武区紫金山南麓，是明太祖朱元璋与其皇后的合葬陵墓。因皇后马氏谥号“孝慈高皇后”，且奉行孝治天下，故名孝陵。其占地面积达 170 余万平方米，是中国规模最大的帝王陵寝之一。

明孝陵始建于明洪武十四年（1381 年），至明永乐三年（1405 年）建成，历时达 25 年，是现存建筑规模最大的古代帝王陵墓之一，其陵寝制度既继承了唐宋及之前帝陵“依山为陵”的制度，又通过改方坟为圜丘，开创了陵寝建筑“前方后圆”的基本格局。明孝陵的帝陵建设规制一直影响着明清两代 500 余年 20 多座帝陵的建筑格局，在中国帝陵发展史上有着特殊的地位。所以，明孝陵堪称明清皇家第一陵。

陵园围墙长达 45 千米，建筑分两组。第一组为神道，从下马坊起，包括神烈山碑、大金门、红门和西红门、四方城，到石刻为止。四方城是一座碑亭，位于卫桥与中山陵之间，其顶部已毁，仅存方形四壁，内有立于龟背座上的石碑一块，碑高 8.78 米。第二组是陵的主体建筑，从石桥起，包括正门、碑亭、享殿、大石桥、方城、宝城。

图 5-20　明孝陵神道石像

明孝陵神道（见图 5-20）的最大特点在于建筑与地形地势的完美结合。其不同于历代帝陵神道那样呈直线形，而是完全依地形山势建造为蜿蜒曲折的布局。神道由东向西北延伸，两旁依次排列着狮子、獬豸、骆驼、象、麒麟、马 6 种石兽，每种 2 对，共 12 对 24 件；每种两跪两立，夹道迎侍。所有石雕像均以整块石料雕成。不刻意追求形似，而注重神似，其风格粗犷、雄浑、朴拙、威武，气度非凡。这组石雕对称地排列在神道

两侧，南北长 800 多米，构成威武雄壮的长长队列，使皇陵显得更加圣洁、庄严、肃穆。

方城（见图 5-21）是明孝陵宝顶前面的一座巨大建筑，外部均用巨型条石建成，东西长 75.26 米、南北宽 30.94 米、前高 16.25 米、后高 8.13 米，底部为须弥座。方城正中为一拱门，中通圆拱形隧道。由 54 级台阶而上出隧道，迎面便是宝顶南墙，用 13 层条石砌筑。沿方城左右两侧步道即可登上明楼。明楼在方城之上，为重檐歇山顶，上覆黄色琉璃瓦，东西长 39.45 米，南北宽 18.47 米，南面开 3 个拱门，其余三面各开 1 个拱门；每扇门上面的门钉为 9 行，每行 9 颗，以显示九五之尊。方城明楼以北为直径 400 米左右的崇丘即是宝顶，也称宝城，为朱元璋和马皇后的寝宫所在地。

图 5-21　明孝陵方城与明楼

2. 中山陵

中山陵位于南京市玄武区紫金山南麓钟山风景区内，是中国近代伟大的民主革命先行者孙中山先生的陵寝，及其附属纪念建筑群，面积 8 万余平方米。中山陵自 1926 年春动工，至 1929 年夏建成。

中山陵整个建筑群依山势而建，由南往北沿中轴线逐渐升高。整个墓区平面形如大钟，钟的顶为山下半月形广场，广场南端中山先生的立像为大钟的钟纽，钟锤就是半球形的墓室。陵坐北朝南、傍山而筑，由南往北沿中轴线逐渐升高，依次为广场、石坊、墓道、陵门、碑亭、祭堂、墓室，排列在一条中轴线上，体现了中国传统建筑的风格，从空中往下看，像一座平卧在绿绒毯上的“自由钟”（见图 5-22），取“木铎警世”之意。山下孝经鼎是钟的尖顶，半月形广场是钟顶圆弧，而陵墓顶端墓室的穹隆顶，就像一颗溜圆的钟摆锤，含“唤起民众，以建民国”之意。

图 5-22　中山陵俯视图

图 5-23　中山陵陵门

陵墓入口处有高大的花岗石牌坊，上有孙中山手书的“博爱”两个金字。陵门（见图 5-23）在中山陵中轴线上的正中，门前是一块宽阔的水泥平台，能容纳一万多人。平台两侧是绒毯般的草坪。在左右草坪上，互相对称的十棵四季常青的黄杨球，还有六株名贵的千头松，其状如伞，异常优美。陵门的外面，两边有半环形的石拥壁，与陵墓的围墙相连，把中山陵墓拱卫在里面。在陵门的两旁，有一对汉白玉石狮，颈毛光滑柔软，张口正视前方，形态逼真。用这对石狮分列建筑物的两侧，从而使建筑物更加突出，显得陵门气势磅礴。陵门的屋顶为单檐歇山式，上覆蓝色琉璃瓦。陵门有三个拱门，中间较大，两边稍小。南面正门的上方镶有一方石额，上刻“天下为公”四个镏金大字。这是孙中山先生的手书，端庄朴实，雄迈俊逸。

图 5-24　中山陵台阶

从牌坊开始上达祭堂，共有石阶 392 级（见图 5-24）。石阶是中山陵建筑中的重要组成部分，它把牌坊、陵门、碑亭、祭堂有机地连接在了一起，形成了庄严雄伟的“警钟形”整体。这种布局独具匠心，颇有特色。由下向上仰视，只见台阶，而不见平台；但从上向下俯视，只见平台，而不见台阶。

祭堂为中山陵主体建筑，位于海拔高度 158 米的第十个大平台上。大平台东西宽 137 米、南北深 38 米，处在山顶最高峰，融中西建筑风格于一体。中山陵祭堂吸取中国传统陵墓布局的特点，采取中轴线对称的布置方式，建筑的色彩也没有采用传统帝陵的黄色琉璃瓦和红墙，而是采用蓝色屋顶和灰白色墙身。

祭堂长 28 米、宽 22.5 米、高 26 米，堂的外部全用香港花岗石砌成。祭堂三座拱门为镂花纯铜双扉，门楣上分刻“民族”“民生”“民权”字样。祭堂中央供奉孙中山坐像，高 4.6 米，底座镌刻六幅浮雕，是孙中山先生从事革命活动的写照。祭堂前面东西两侧矗立着一对高大的华表，是用福建花岗石雕琢而成的。华表高 12.6 米，下部直径 2 米，上部直径 1 米，断面为六角形，六面均饰浮雕卷云纹。远远望去，华表仿佛直插青天，富有很强的立体感。大石阶两侧的石座上，各置纯铜带盖的铜鼎一尊。华表与铜鼎把祭堂衬托得更加宏伟壮丽，又增添了肃穆和寄托哀思的气氛。

墓室直径 18 米、高 11 米，在海拔 165 米处，与起点平面距离 700 米，上下落差 73 米，地面用白色大理石铺砌，中央是长形墓穴，上面是孙中山先生汉白玉卧像，此像系捷克雕刻家高琪按遗体形象雕刻的。下面安葬着孙中山先生的遗体，用一具美国制造的铜棺盛殓。墓穴直径 4 米、深 5 米，外用钢筋混凝土密封。瞻仰者可在圆形墓室内围绕汉白玉栏杆俯视灵柩上的卧像。整个陵墓用的都是青色的琉璃瓦、花岗石墙面，显得庄重肃穆，青色象征青天，象征中华民族光明磊落、崇高伟大的人格和志气。

中山陵附属景观有音乐台、光华亭、流徽榭、仰止亭、藏经楼、行健亭、永丰社、永慕庐、中山书院等建筑，它们众星捧月般地环绕在陵墓周围，构成中山陵景区的主要景观。其中，音乐台（见图 5-25）在中山陵广场南面。舞台面积近 250 平方米，台后建有弧形大照壁，壁高 11.3 米、宽 16.7 米，具有汇聚声音的功能。台前有弯月状莲花池。池前依坡而建扇形观众席，可容纳观众 3000 余人。

图 5-25　音乐台

中山陵融汇中国古代与西方建筑之精华，庄严简朴，别创新格。各建筑在形体组合、色彩运用、材料表现和细部处理上均取得了极好的效果，色调和谐统一更增强了庄严的气氛，既有深刻的含意，又有宏伟的气势，且均为建筑名家之杰作，有着极高的艺术价值，被誉为“中国近代建筑史上第一陵”。

5.4.3　西夏王陵

西夏王陵，被称为“东方金字塔”，在宁夏银川市西约 30 千米的贺兰山东麓，是西夏历代帝王陵墓所在地。这里曾经是一派水草丰美、羚羊成群、穹窿遍野的美丽草原景象。陵区东西宽 5 千米，南北长 10 多千米，总面积 50 多平方千米，至 1999 年共发现帝陵 9 座、陪葬墓 253 座，其规模与河南巩义市宋陵、北京明十三陵相当。九座帝王陵组成一个北斗星图案，陪葬墓也都是按星象布局排列。每个陵园都是一个单独的完整建筑群体，形制大体相同。陵园四角建角楼，标志陵园界至。由南往北排列门阙、碑亭、外城、内城、献殿、灵台，四周有神墙围绕，内城四面开门，每个陵园占地面积均在 10 万平方米以上。西夏陵园地面建筑在元代即被掘毁，但遗址上仍保存着大量的建筑材料和西夏文、汉文残碎碑刻。陵园仿唐代特别是北宋诸陵的形制，对研究西夏文化和汉文化有重大价值。

5.4.4　绍兴大禹陵园

大禹陵是我国古代治水英雄、开国圣君——大禹的葬地，位于绍兴市东南郊的会稽山景区内，距城 3 千米。周围群山环抱、奇峰林立，清流潺潺东去，使大禹陵更显凝重、壮观。郁郁葱葱的会稽山旁建有黄色的殿宇，屋群高低错落，各抱地势，气势宏伟。大禹陵本身是一座规模宏大的古典风格建筑群，由禹陵、禹祠、禹庙三部分组成，占地面积 40 余亩。其现存的主体建筑多为明、清及民国时代重建或重修的。

大禹陵坐东朝西，自然环境优美。入口处的大禹陵牌坊前，有一横卧的青铜柱子，名龙杠。龙杠两侧各有一柱，名拴马桩。凡进入陵区拜谒者，上至皇帝，下至百姓，均须在此下马、下轿，步行入内，以示对大禹的尊崇。龙杠上有“宿禹之域，礼禹之区”的铭文。高 12 米、宽 14 米的大禹陵牌坊系用石头建造，高大古朴。牌坊顶为双凤朝阳，庄重典雅，雕刻精美。柱端为古越人崇拜的神鸟——鸠。穿过牌坊后，进入神道。神道两旁安放着由整块石头雕塑的熊、野猪、三足鳖、九尾狐、应龙。相传，这些神兽都是帮助过大禹治水的神奇动物或大禹自己所变。

大禹陵碑亭从神道经禹陵广场，跨过禹贡大桥，站在甬道前古朴简洁的棂星门下即可望见大禹陵碑亭。甬道是一条古柏夹峙、拾级而上的石板路，庄严幽深。高大肃穆的大禹陵碑上，“大禹陵”三字系明嘉靖十九年（1540 年）绍兴知府南大吉楷书并勒石，豪放而雄浑，有顶天立地之气概。漆以朱红，耀眼夺目。碑前的两棵百年盘槐，夏日碧绿葱茏，冬则虬枝如铁。

碑后是禹王山，相传大禹即葬于此。大禹陵碑的右侧是咸若亭、碑廊和菲饮泉亭。咸若亭为宋隆兴二年（1164 年）所建的一石结构亭，六角、攒尖、三层、镂空雕饰，极具地方特色。建此亭，不仅是颂扬大禹的教化之德，更表达了人民对君主的美好期望。

禹庙是大禹陵区的主要建筑之一，始创于禹的儿子启，是我国历史上最悠久的祭祀和供奉大禹的庙宇。整个庙宇顺山势而逐步升高，高低错落有致，雄伟壮观，密集的斗拱以及梁上的绘画均质朴而巧夺天工。从大禹陵进入禹庙区，依次为照壁、午门（包括宰牲房、斋宿房）、拜厅（包括碑房）、窆石亭和大殿。照壁上有一兽，人称为“獖”。据说此兽贪婪无比，最终葬身大海。意在告诫官吏和百姓要以大禹为楷模，公而忘私而不可滋生物欲之念。庙中禹王殿高、殿宽均为 24 米，进深 22 米，屋顶“地平天成”四字为清康熙皇帝题写，意为治平大地水患，造福百姓。大殿是整个禹庙的最高建筑物，在 1929 年（民国 18 年）曾经倒塌。现存大殿是在 1933 年（民国 22 年）重新修建的，为钢筋混凝土结构，但仍保持了明清风格。殿内朱梁画栋、斗拱密集，很有气势。

禹祠是夏王朝第六代君王少康封其庶子无余赴此守护大禹陵时创建，是定居在禹陵的姒姓宗族祭祀、供奉大禹的宗祠。目前，这里的姒姓已传至 145 代共数百人，主要居住在禹陵前的禹陵村。现存禹祠为 1983 年重建，为两进。第一进内陈列着《大禹治水》《稽功封赏》砖雕；第二进内有大禹塑像，还陈列着大禹在绍兴的遗迹照片和《姒氏世谱》及记载历代祭禹情况的《祀禹录》等。

思考与练习

1. 简述古代陵寝的命名与选址。
2. 简述陵寝园林一般风格特征。
3. 简述中国古代陵寝园林的主要地域分布。
4. 结合实例，谈谈唐代陵寝园林对古代陵寝园林的继承与发展。
5. 结合实例，谈谈明清时期陵寝园林的总体布局风格。
6. 简述明孝陵的建筑格局与主要特点。
7. 简述中山陵的设计布局与主要风格特点。

第6章　其他园林及造园家

思政箴言

中国园林类型的多样性来自中华文明的开放性和包容性。正如习近平总书记指出的“中华文化蕴含着天人合一的宇宙观、协和万邦的国际观、和而不同的社会观、人心和善的道德观”，以及“以和为贵，与人为善，己所不欲、勿施于人等理念”，是人类命运共同体思想的智慧源泉，已超越国界，成为人类文明的重要组成部分。

6.1　书院园林

6.1.1　发展概述

书院主要是指我国古代儒家士人聚集、讲学、藏书、习艺、游息的场所。中国传统园林文化源远流长，书院园林作为中国传统园林文化的重要组成部分，最早在唐朝已经开始形成。唐玄宗开元六年（718 年）设丽正修书院，后改称集贤殿书院。五代时期，由于持续的战争原因，一些文人学者为逃避战乱，选择风景秀丽的名山胜地，修建房舍，招收生徒，开展各类讲习活动，形成了早期的书院形式，也产生了书院园林。随着时代发展，书院的功能和性质在不断变化，将书院的范围概括起来应是具有兼容性、开放性的，以培养科举人才为目的，建有相应的学规制度，聚书讲学的教育机构。

唐代的东佳书堂是历史上记载最早的，具有成熟书院的性质、功能和开放性特征的书院，初具书院的雏形。到了唐末、五代时期，由于战争持续，政权变更，公办书院的发展受到限制，促使民办的书院得到快速发展，使得一些渴望读书的民众得到了读书的机会，也相应地促进了书院园林的发展。到了北宋时期，出现了著名的白鹿洞书院、岳麓书院、石鼓书院、应天书院、嵩阳书院和茅山书院，使得书院得到了茁壮发展。到达了南宋时期，全国出现了近 700 所书院园林，使书院园林发展到了一个新的高度。元代初期，由于战争的影响，加上儒学的地位动摇，一些书院被寺院和强豪抢占，致使书院的发展出现了低谷。明代初期，书院的发展并没有受到重视，直到嘉靖时期才开始复苏和发展。这一时期，书院没有得到重视的主要是由于政治原因和学术思想的影响。清代初期，文字狱阻碍了书院的发展，直到康熙时期，国力强盛、经济繁荣、文化昌盛，书院才开始发展起来。加上这一时期学术思想活跃，知名学者层出不穷，使得书院园林发展达到了一个顶峰，主要体现在办学规模宏大、讲授内容丰富、学科分类细致等方面。到鸦片战争时期，西学东渐，书院园林已经不能适应社会的发展了，于是出现了新的教育机构——学校。

书院园林的主要功能是藏书、祭祀、讲学和游憩，寓教化与人格培养于游憩之中是书院教育的重要特色。因此，书院园林在发展过程中也形成了自己独特的艺术特色，其艺术特色主要体现在以下几个方面：一是选址时重视周围环境。崇尚自然、寄情山水是中国文人追求的理想。因此，书院园林多选择在山清水秀、景色如画的幽静之处。二是建筑色彩造型大多朴实无华。儒家思想在中国封建社会长期占有统治地位，它反对奢侈和浪费，崇尚朴实无华，这种思想也影响着书院园林的建设和发展。因此，书院建筑的外观选择大多较朴实，色彩和装饰方面较清新典雅。三是空间艺术处理和楹联文化应用丰富。书院园林布局多选用天井的穿插、屏风处理、地形的变化来达到空间上的表达，形成丰富的空间层次，创造一种“庭院深深深几许”和“山重水复疑无路，柳暗花明又一村”的空间效果。在楹联文化应用方面，书院园林选择了大量画、匾、联来丰富书院的装饰效果，表达景观文化主题。

书院园林是中国传统园林的组成部分，它在借鉴私家园林与寺观园林的基础上，升华出了独具特色的园林风格，其发展丰富了中国古典园林的发展形式。

6.1.2 园林实例

中国的书院园林代表是中国的四大书院：河南商丘的应天书院、湖南长沙岳麓山的岳麓书院、河南登封的嵩阳书院和江西九江庐山白鹿洞书院。

1. 应天书院

应天书院（见图 6-1）为中国四大书院之首，也是古代唯一一个升格为国子监的书院，在北宋教育发展史上占据重要的地位。应天书院始建于五代时期的后晋天福六年（941 年），由学者杨悫创办，后来因邀王洙、范仲淹加入而声名远播，成为北宋著名的学府。北宋书院多建于山林胜地，唯应天书院选址在繁华的闹市之中。应天书院现位于商丘古城南湖湖畔，三面环水，一面紧邻古城城郭，庄严厚重，沉稳巍峨。应天书院主要有崇圣殿、大成殿、前讲堂、书院大门、御书楼、状元桥、教官宅、明伦堂、廊房等建筑群。

图 6-1 应天书院

2. 岳麓书院

岳麓书院（见图 6-2）为我国四大书院之一，是中国现存规模最大、保存最完好的书院建筑群。岳麓书院始于北宋开宝九年（976 年），由潭州太守朱洞在僧人办学的基础之上创立，历经宋、元、明、清，至清末光绪二十九年（1903 年）改为湖北高等学堂，1926 年更名为湖南大学。

图 6-2 岳麓书院

岳麓书院古建筑群分为教学、藏书、祭祀、园林、纪念五大建筑格局，其中教学建筑包括讲堂、教学斋、半学斋、湘水校经堂、明伦堂、大门、二门等建筑；祭祀建筑有濂溪祠、文庙、崇道祠、慎斋祠、六君子堂、船山祠；园林建筑包括麓山寺碑亭、碑廊、百泉轩、自卑亭等；纪念性建筑包括时务轩、赫曦台、山斋旧址、杉庵等，藏书建筑则主要包括藏书楼（见图 6-3）等。

图 6-3　岳麓书院藏书楼

岳麓书院历史上经历多次战火，曾七毁七建，现存主要建筑是明清两代遗留下来的建筑。书院总占地面积为 2.1 万平方米，主体建筑面积约 0.74 万平方米，主要包括书院主体部分、文庙及新建的中国书院博物馆。岳麓书院在布局上采用中轴对称、纵深布局的形式，主体建筑如头门、大门、二门、讲堂、御书楼集中于中轴线上，讲堂布置在中轴线的中央，斋舍、祭祀专祠等排列于两旁。以营造一种威严庄重、深邃幽远的纵深感和空间体验，体现了儒家所倡导的尊卑有序、主次分明、等级有别的伦理关系。讲堂是书院的核心部分，位于书院的中央，是书院的教学重地和举行重大活动的场所，讲堂两侧的教学斋和自学斋为昔日师生的居舍和学生自修的地方。

岳麓书院的选址体现了中国古代文人所推重的隐逸思想和儒道文化思想，其建筑的布局与岳麓山融为一体，体现了自然景观与人文景观的有机结合。其变化丰富的建筑布局、曲折有致的小径、收放适宜的水体、丰富多彩的植物构成了岳麓书院丰富的景观形式。岳麓书院中的“书院八景”就是对书院园林的高度概括，主要包括：桃坞烘霞、柳塘烟晓、风荷晚香、桐荫别径、曲涧鸣泉、碧沼观鱼、花墩坐月、竹林冬翠。岳麓书院园林因地制宜、因势造景，选择在相对低洼处挖池栽荷，在堆叠地形处种竹，岸边插柳植桃，更选择了大量极具考究的园林植物，寄情花木，借景抒情（见图 6-4）。

图 6-4　岳麓书院竹林

3. 嵩阳书院

嵩阳书院位于河南省登封市北侧，因地处嵩山之阳而得名，它背靠嵩山主峰峻极峰，面对双溪河，两侧峰峦环拱，院内古柏参天。它始于北魏太和八年（484 年）的嵩阳寺，当时为佛教场所。隋大业年间，更名嵩阳观，为道教活动场所。五代后周时改为太乙书院。到宋景佑二年（1035 年），更名为嵩阳书院。嵩阳书院因其独特的儒学教育建筑性质，被称为是研究中国古代书院建筑、教育制度以及儒家文化的“标本”。2010 年 8 月，嵩阳书院作为登封“天地之中”历史建筑群子项目，被联合国教科文组织列为世界文化遗产名录，是唯一被列入世界文化遗产名录的书院园林。

嵩阳书院经历代不断增建修补，目前书院内建筑布局保持着清代前的风格，建制古朴雅致，中轴线上的主要建筑有五进，廊庑俱全，现存殿堂廊房500余间，主要有先贤祠、先师殿、三贤祠、丽泽堂、藏书楼、道统祠、博约斋、敬文斋、三益斋等建筑。先师祠是供奉与书院有关的先师先贤，其后为讲堂，讲堂后为道统祠，最后为藏书楼。两侧配房为“程朱祠”、书舍、学斋等。院内廊房墙壁上镶嵌有历代文人墨客题字，其内容书法各具特色。西偏院有清代嵩阳书院教学考场的部分建筑。

“大唐碑”全名为“大唐嵩阳观纪圣德盛应以颂碑”（见图6-5）。唐天宝三年（774年）刻立，内容主要叙述了嵩阳观道士孙太冲为唐玄宗李隆基炼丹九转的故事。李林甫撰文，裴迥篆额，徐浩八分隶书。字态端正，刚柔适度，毛法遒雅，是唐代隶书的代表作品。“智立唐碑”上充满智慧的故事成为赏大唐碑的重要内容。

图6-5　嵩阳书院大唐碑

“三大将军”指的是三棵古柏树。西汉元封六年（公元前105年），汉武帝刘彻游嵩岳时，见柏树高大茂盛，遂封为“大将军”“二将军”和“三将军”。赵朴初老先生留有“嵩阳有周柏，阅世三千岁”的赞美诗句。经林学专家鉴定，将军柏为原始柏，树龄约有4500年，是中国现存最古最大的柏树（见图6-6）。嵩阳书院明代石刻“登封县地图”，刻于万历癸巳年（1593年），图上刻制的嵩山地区名胜古迹的分布情况和山川、河流、道路、村镇等名称，是登封文物分布图，又是登封县地图。

图6-6　嵩阳书院将军柏

嵩阳书院内部现有的植被群落是在完好保护历史遗留下来的古树名木的基础上，又增添适宜的花灌草等地被植物。不仅丰富了植物空间层次，更创造了书院幽静、质朴的环境氛围。书院植物呈现出规则式和自由式种植的完美结合，孤植和群植的相互映衬，列植和散植的对比和融合等。书院周边分布的榆树、刺槐、垂柳、毛白杨、楝树、胡桃等构成了自然山林特有的植物群落，成为书院园林的背景，展现了自然野趣之美。书院周围分布的规则式塔形桧柏和洒金千头柏球为书院营造了庄严肃穆的氛围，软化了围墙及栅栏等硬质边界，使书院内外环境过渡自然。

4. 白鹿洞书院

图 6-7　白鹿洞书院

白鹿洞书院（见图 6-7）位于江西庐山五老峰南麓，是唐贞元年间，洛阳人李渤与其兄涉在此隐居读书，渤养一头白鹿“自娱”，鹿通人性，跟随出入，人称“神鹿”。这里本没有洞，因地势低凹，俯视似洞，因而称为“白鹿洞”。后李渤为官江州（今江西省九江市）刺史，为纪念他青年时代在此读过书，在此广植花木，建亭、台、楼、阁以张其事。南唐时期，在此办“庐山国学”，因与秦淮河畔国子监齐名而得到发展。到北宋初期，宋太宗重视教育，赐《九经》等于书院，使得书院得到了较快发展。南宋淳熙六年，理学宗师朱熹修复白鹿洞书院，并自任洞主，经过发展，制定了《白鹿洞书院教规》，其办学的模式影响到后代几百年，传至海内外，使白鹿洞书院得到空前的发展。进入元、明、清，到近代及抗战时期，书院不断被破坏和修葺。直到新中国成立以后，经过三次修葺，才使得白鹿洞书院再次兴盛。

白鹿洞书院坐北朝南，为大四合院建筑，建筑结构以砖木为主，主要包括先贤书院、朱子祠、报功祠、棂星门院、礼圣门、礼圣殿、白鹿书院、御书阁、白鹿洞、紫阳书院、独对亭、流芳桥等。先贤书院为进入白鹿洞书院的第一个书院，主要由丹桂亭、朱子祠、碑廊、报功祠等级建筑组成。

图 6-8　棂星门

棂星门院位于先贤书院东，为进入书院大门的第二个院落。主要构筑物有棂星门、泮池、状元桥、礼圣门和礼圣殿等。其中棂星门（见图 6-8）始建于明成化二年（1466 年），现为六柱五门石坊，为白鹿洞书院最古老的建筑之一。礼圣殿为书院祭祀孔子及门徒的地方，内悬康熙御书“万世师表”，后壁有朱熹手书“忠、孝、廉、节”四个字，大殿左右线雕有“四圣”石像。白鹿书院为进入书院的第三进院落，包括院门、御书阁、明伦堂、鹿洞、思贤台等建筑景观。

明伦堂为书院讲堂，为书院的重要场所。思贤台则为全书院的最高点，思贤台上建思贤亭。紫阳书院为第四座院子，位于白鹿书院东，因朱熹别名为紫阳，故称紫阳书院，主要由行台、崇德祠、门楼等景观构成。延宾馆为进入书院的最后一进院落，位于紫阳书院东，主要由延宾馆门、憩斋、逸园、贯道门、春风楼等景观构成，延宾馆最北侧的春风楼为历代洞主下榻之处。独对亭又叫堪书台，原为北宋丞相李万卷校勘书籍之所，后为纪念朱熹，在此建亭，故称独对亭。独对亭西对五老峰，下临圣泽泉，涧水横出，崖石险峭。流芳桥则为歌颂朱熹芳泽而建。

5. 鹅湖书院

鹅湖书院（见图 6-9）位于江西上饶铅山县鹅湖镇鹅湖山麓，为古代江西四大书院之一，占地面积 8000 平方米，建筑面积 4800 平方米，坐南朝北，主要建筑安排在中轴线上。鹅湖书院曾是一个著名的文化中心。尤其是南宋理学家朱熹与陆九渊等人的鹅湖之会，成为中国儒学史上一件影响深远的盛事。人们为了纪念“鹅湖之会”，在书院后建了“四贤祠”。宋淳熙十年赐名“文宗书院”，后更名为“鹅湖书院”。书院自南宋至清代，800 多年来，几次兵毁，又几次重建。其中以清康熙五十六年（1717 年）的整修和扩建工程规模最大。书院建筑群占地面积 8000 余平方米，康熙皇帝还为御书楼题字作对。书院历经数百年，风貌依旧、格局完整、原状留存，是书院实物遗存中少有的得以完整保存原貌的一处。

图 6-9　鹅湖书院

书院四周有山有溪，环境幽雅。鹅湖书院比鹅湖寺大得多，建筑规模颇似孔庙。建筑共六进：依次为头门、青石牌坊、泮池、仪门、四贤祠、御书楼。其中，石牌坊（见图 6-10）矗立于泮池与头门之间，始建于明正德六年（1511 年）。正面额匾“斯文宗主”，背额匾“继往开来”。仪门之前，半圆，其上单孔拱桥通仪门中门。泮池（见图 6-11）在明景泰四年（1453 年）凿成。池围栏杆的望柱、栏板均青石，纹饰、图案、字迹留下了不同时代的特征印记。御书楼居书院南端最高处，扩建于清代康熙年间。四贤词内设有朱、吕、二陆四个牌位，又有一个题着“顿渐同归”字样的匾额，这和书院前排建筑中所悬“道学之宗”的御匾遥遥相对，由此可见宋代朱、陆鹅湖之会的盛况。

图 6-10　石牌坊

图 6-11　泮池

6.2　衙署园林

6.2.1　发展概述

衙署又叫作衙门，是封建社会统治阶级行使权力的场所，主要包括国家机关、地方省、州、道、府、县等，因级别的差异，其建筑的规模和布局往往也存在一定的差距。由这些机关或者职能部门牵头兴建的园林都应属于衙署园林的范畴，位置一般选择在衙署内官府邸宅之后，并与之毗邻外（即官衙廨署所附属的内部花园），通常还会在府州或县治所在地或在其城郊建设。所谓的“衙署园林”，除了包括这种实际意义上的花园之外，通常还包括衙署的办公场所。政府衙署的绿化情况早在唐代已见于文献记载。因封建礼制的影响，衙署园林一般也存在较大的差异，规制内容随着朝代有所变化。

衙署在整体布局上一般为“坐北朝南、左文右武、前朝后寝、狱房居南”的传统格局，其中衙署花园多位于衙署宅舍之侧或之后，与之毗邻，类似私家园林与住宅建筑的关系，构成宅园结合的形态。衙署园林作为中国古代造园艺术形式之一，与私家园林、寺观园林一样，离不开自然山水式风格特点。由于衙署一般都位于城市中心或者地势高爽的地方，因此花园在选址时要闹处寻幽。幽静的花园为官员及其眷属读书、游赏、作画、品茗、对弈、抚琴、饮酒、赏月提供了良好场所。

6.2.2　园林实例

1. 河南内乡县衙园林

内乡县衙（见图 6-12）位于河南省南阳市内乡县城东大街，它始建于元大德八年（1304 年），清咸丰年间被毁，光绪十八年重建，历时三年竣工，占地面积约 2 万平方米。它坐北朝南，现由 6 组院落组成，房舍约 280 余间。

整个县衙建筑布局对称、合理、紧凑，主次分明，高低错落，井然有序，浑然一体，具有我国南北方古建筑的文化艺术风格，县衙中轴线上排列着的主体建筑有大门、大堂、二堂、迎宾厅、三堂，两侧建有庭院和东西账房。位于大门、仪门后面的大堂是知县发布政令，举行重大庆典活动及公开审理案件的场所。大堂后面为宅门。二堂和三堂为知县退班议事、会客的地方，相当于邸宅。庭院内种植有树木和花卉，突出了居住的氛围。两侧的东西庭院分别是眷属和客人的居室。三堂后面的小花园为衙署的园林部分，园中有亭曰“兼隐亭”，园内种植树木和花卉，环境幽静，是知县及家属、宾客闲暇时休息的场所。

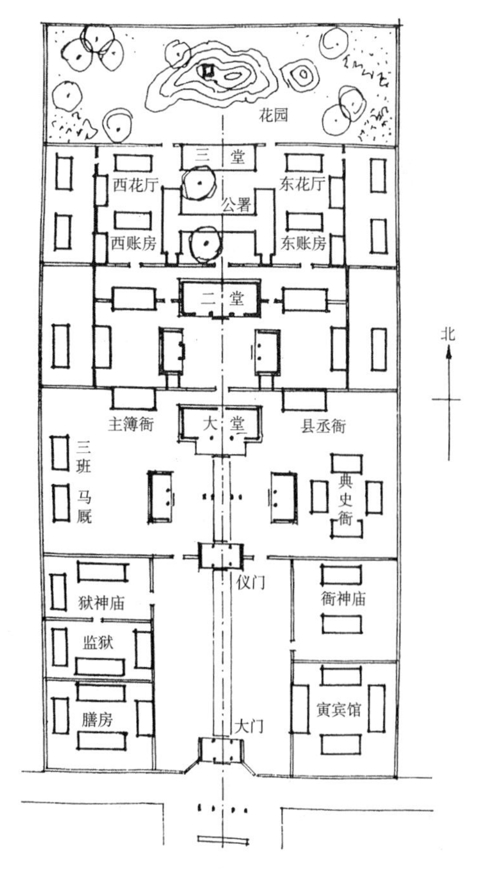

图 6-12　河南内乡县衙平面图

2. 河南叶县县衙

叶县县衙位于河南省平顶山叶县东大街（见图 6-13），它始建于明洪武二年（1369 年），是目前我国现存的古代衙署中唯一的明代县衙建筑。叶县县衙规模宏大、气势雄伟，建筑群落布局合理，建筑形式融南北之风格，在研究我国古代建筑的风格、流派特点及变化规律等方面都具有重要价值。县衙坐北朝南，主要有大堂、二堂、三堂及所属的东西班房、六科房和东西厢房以及监狱、厨院、知县宅、西群房、虚受堂、思补斋、南北书屋、后花园、大仙祠等组成，共 41 个单元、153 间房屋，是目前国内保存最完整的古代衙署。

图 6-13　叶县县衙

县衙大堂前的卷棚主体采用天沟罗锅椽勾连搭连接的做法，是高级别县令在建筑形式上的反映，是中国古代建筑的孤品。在建筑风格上，它融南北建筑风格为一体，加上地处中原地带，所以建筑风格沿袭了中国北方地区对称的庭院式建筑结构布局，突出了中国北方地区乃至黄河中、下游地区粗犷、端庄、古朴的建筑特点。加之古代叶县位于“南通云贵，北达幽燕”的交通要道，受南北方经济及文化交汇地域的影响，该建筑在木作、砖雕技术等方面融入了南方建筑工艺精巧、细腻的部分特点，为研究中国古代南北建筑流派的特点及变化规律提供了实物依据。

3. 江西浮梁古县衙

浮梁古县衙为江南唯一保存较完整的清代县衙，被誉为“江南第一衙”（见图 6-14）。它位于江西省景德镇浮梁古城内。现存的浮梁古县衙建于清朝道光年间，距今约有 170 多年，占地面积约 6 万平方米，整座县衙坐北朝南、规模宏伟，其建筑具有徽派与赣派相结合的特点。在县衙的中轴线上依次分布有照壁、头门、仪门、衙院、大堂、二堂及三堂，整座建筑高低错落有致，通过回廊连接，让人体会到庄严、厚重的同时，还透露出江南建筑的灵巧与俏雅。县衙内陈列了古代的官服、刑具、十八般兵器、讯杖、官轿、夹棍等。

图 6-14　江西浮梁古县衙

4. 山西霍州署

霍州署位于山西省霍州市东大街北侧，始建于唐代，占地面积约 3.85 万平方米，现存古建筑为元、明、清古建筑遗产，是我国保存较完整的一座古代州级衙署，至今历时 1300 多年。它最早为唐朝名将尉迟恭的帅府，后来毁于元大德七年的地震。后经历明清两代修葺及后来的天灾人祸，发展到现在形成了占地面积为 3.85 万平方米的分中轴线和东西辅线组

成的建筑群。建筑群主题建筑高大，外观古朴典雅，结构巧妙，工料较上乘。附属建筑则规模较宏大、布局合理，与主体建筑搭配巧妙，有较强的实用性。

经过发展，现今的主轴线建筑保存相对较完整，署外建筑则毁坏或者它用较多。主轴线自南向北一次分布着谯楼、丹墀、仪门、甬道、戒石亭、月台、大堂、二堂、内宅、科房。大堂是州署整体建筑的重要组成部分，始建于唐代，现存大堂建于元大德八年（1304 年）。大堂面阔、进深各五间，大额梁，内外均四椽柱。前接卷棚三间悬山顶四椽亭。大额明间跨度极长，大堂结构布局严谨、雄伟壮观，是中国古代建筑史上木构件保存之完整的典型代表。这种心间阔而捎间稍狭，四柱之上，以极小的阑额相连，其上都托着一整根极大的普柏枋，这一做法将中国建筑传统的构材权衡完全颠倒，被梁思成先生称为滑稽绝伦的特例。二堂为民国建筑，其主要功能是知州日常办公的地方。谯楼为城门上的望楼，位于仪门前，丹墀则是知州举行礼仪和群众“闹社火”集会的场所。戒石亭（见图 6-15）为甬道中的木牌坊，北楣有书为“清、慎、勤”，南楣有书“天下为公”。

图 6-15　山西霍州署戒石亭

5. 河北保定直隶总督署

直隶总督署（见图 6-16）位于保定市裕华西路 99 号，是中国一所保存完整的清代省级衙署。直隶总督署始建于元代，又称直隶总督部院。原为保定府衙，明永乐年间改做大宁都司署，经过清雍正八年大规模的扩建后正式建立总督署，历经雍正、乾隆、嘉庆、道光、咸丰、同治、光绪、宣统八帝，是清王朝历史的缩影，有“一座总督衙署，半部清史写照”之称。新中国成立后曾为河北省人民政府所在地。

图 6-16　河北保定直隶总督署东花厅

河北保定直隶总督署坐北朝南，占地面积 3 万多平方米，在布局上很好地继承了前代衙署的特色，并受到了明清皇家宫殿建筑布局的影响和民居建筑的影响，整座建筑坐北朝南，有东、中、西三路建筑群构成。中路保存最为完好，自南向北依次有大门、仪门、戒石坊、大堂、二堂、内宅门、官邸、上房、后库以及仪门以北各堂院的厢房、耳房、回廊等附属建筑。府内大堂为总督署主体建筑，是总督府举行重大活动的场所。整个庭院内有桧柏数十株，在冬季会有猫头鹰栖息于桧柏之上，形成了“古柏群鹰”一景。

6.3 祠堂园林

6.3.1 发展概述

祠堂主要是指儒教祭祀祖先或先贤的场所。主要用途是用于祭祀祖先，也作为各房子孙办理婚、丧、寿、喜等的场所，同时还是族亲们商议族内重要事务和族长行使族权的场所。它是同一血缘、同一宗族的象征，维护着以血缘关系为纽带、以宗族利益为核心的家族的精神世界。

祠堂最早出现于汉代，当时的祠堂均建于墓所，也称作是墓祠。南宋朱熹的《家礼》立祠堂之制，从此称家庙为祠堂。在当时的社会背景下，修建祠堂有等级之限，民间不得立祠。到明代嘉靖“许民间皆联宗立庙”，后来做过皇帝或封侯过的姓氏才可称“家庙”，其余则称宗祠。新中国成立后，我国南方的祠堂得到了很好的保护，主要体现在以浙江、江西、安徽、广东、福建等为代表的地区；而在北方地区并没有得到很好的保护，大量的祠堂被拆除或者改建。

祠堂一般分为两种：一种是宗祠，另一种是支祠和房祠。宗祠、支祠、房祠经过不断发展，大多形成了较完备的格局和祠堂系统。宗祠主要是指同姓氏后代为第一世祖先所建的祠堂；支祠则是在宗祠之下，是为某一祖先所建的祠堂；而房祠又在支祠之下。宗祠的重要性在于供奉的是全姓人的祖先；支祠和房祠供的则是有贡献或品德高尚的人，目的是褒扬和感恩，给后代树立偶像，敦促后代景仰与学习。南方的村落大多也是从宗祠到支祠、房祠到民居，形成一个以祠堂为核心的整体。祠堂园林的选址一般选择在村落的出入要地或者中心地带，大多是依山而建或建在有一定坡度的地方，建筑的布局大多依靠地形，形成变化的空间序列。

随着社会的变迁和城市化对乡村社区的影响，大量农村用地被开发为商业和工业用地，居住用地在不断缩小。一些重建或新建的祠堂建筑风格和形制已经开始发生变化，突破了传统祠堂建筑的使用要求。这主要表现在两个方面：一是由于周围外部空间环境的变化，传统祠堂所强调的风水格局已经保留较少；二是祠堂建筑空间形式发生变化，传统与现代建筑风格的融合形成了一种文化相互渗透的景观，并且不再强调中轴对称、等级分明，有些已经没有传统祠堂建筑的风貌，完全属于现代建筑。但无论祠堂园林空间或者建筑的风格如何变化，其功能均没有发生多大变化。概括起来，现代的宗祠园林主要包括祭祀功能、文化功能、商业功能以及组织功能等方面。

6.3.2 园林实例

1. 晋祠

晋祠位于山西省太原市西南悬瓮山麓的晋水之滨（今山西省太原市西南的晋祠镇），它始建于北魏前，为唐叔虞祠，又叫晋王祠，是为纪念晋（汾）王及母后邑姜而兴建的宗祠，也是我国现存最早的皇家祠堂园林。祠内环境幽雅舒适，风景优美秀丽，极具汉族文化特色。雄伟的建筑群和高超的塑像艺术使得晋祠闻名于世，同时它还是集中国古代祭祀建筑、园林、雕塑、壁画、碑刻艺术为一体的历史文化遗产，也是世界性的建筑、园林、雕刻艺术中心。难老泉、侍女像、圣母像被誉为“晋祠三绝”。

晋祠具有恢宏壮观的皇家园林的规模和气势，选址受到了风水思想的影响，通过顺应自然环境、山水地势而有节制地利用和改造自然，创造良好的生态环境。它依托的悬瓮山是吕梁山系的重要组成部分，呈南北走势。这种背负悬山，面临汾水，依山就势，利用山坡之高下，分层设置，在山间高地上充分地向外借景的处理手法，构成了壮丽巍峨的景观。山坡上的建筑处于视觉注意力集中的焦点之上，其整体趋势与山体内在的向上趋势相呼应，获得了优美的天际轮廓线。同时，晋祠的选址也具有寺观园林的特点，背山临水、视野开阔的位置可以烘托纪念性建筑庄严神圣的氛围。

晋祠内现有宋、元、明、清时期的殿、堂、楼、榭等各式建筑近百座，建筑主体主要分布在晋祠的中轴线上，结构严谨，艺术价值较高。中部轴线依次分布有水镜台、会仙桥、金人台、对越坊、钟鼓楼、献殿、渔沼飞梁、圣母殿。北部主要依靠地势的高低自然错综排列，主要包括关帝祠、东岳祠、唐叔虞祠、文昌宫、朝阳洞、待凤轩、三台阁、吕祖阁等建筑。南部颇有江南园林的风韵，有三圣祠、胜瀛楼、水母楼、真趣亭、难老泉亭等建筑。因晋祠本身就是融儒、释、道三教于一体的建筑群，故创造了丰富的建筑类型。这些建筑类型大部分都是相互穿插其中，整体布局较协调统一而又灵活自由。

圣母殿（见图 6-17）为晋祠内最为著名的建筑，原名为“女郎祠”，始建于宋代的天圣年间（1023 年—1031 年），殿堂宽大疏朗，殿面阔 7 间、进深 6 间，重檐歇山顶，殿高 19 米，为国内现存较大的宋代建筑。殿内存有宋代精美彩塑侍女像 41 尊、明代补塑 2 尊。邑姜居中而坐，神态庄严，雍容华贵，是一派宫廷统治者形象。塑像形象逼真、造型生动、情态各异，是研究宋代雕塑艺术和服饰的珍贵资料。侍女像和难老泉、周柏被誉为“晋祠三宝”，具有很高的历史价值、科学价值和艺术价值。

难老泉（见图 6-18）的晋水源头位于晋祠内，共有三泉。鱼沼泉和善利泉时流时枯，难老泉则长流不竭，泉水自地下约 5 米的岩石中涌出，平均流量约每秒 1.8 立方米，常年水温保持在 17℃，清澈见底。泉名取自《诗经》名句“永锡难老”。难老泉水世代浇灌晋祠附近的千顷良田，造就了“千家灌禾稻，满目江南田”的丰饶景象。因泉水含有多种矿物质，水温恒定，水质优良，所以晋水培育出的晋祠大米米质晶莹、颗粒饱满，吃起来口感香醇，令人回味无穷。

图 6-17　圣母殿

图 6-18　难老泉

周柏主要是晋祠内的“齐年柏”和“长龄柏”。齐年柏又叫卧龙柏，位于晋祠圣母殿右侧的苗裔堂前，形似卧龙，树身向南倾斜，与地面呈45度夹角。虽然老态龙钟，却健壮依然，成为中华古老文明的化身。宋代著名文学家欧阳修曾以“地灵草木得余润，郁郁古柏含苍烟”来歌颂它。齐年柏和东岳祠前的长龄柏、玉琼祠前的古银杏、隋槐、唐槐共同使得晋祠内古意盎然。祠内古建筑与各种植被的呼应，堪称中国传统园林的典范。

唐碑亭又称贞观宝翰亭，建于清乾隆三十五年，面阔3间。亭内有东西两通石碑，东面为唐太宗李世民贞观二十年（646年）亲自撰文并书写的《晋祠之铭并序》碑。《晋祠铭并序》被历代学者公认为是李世民学习王羲之书法的得意之作。其行文铿锵上口、自如纵横、引古论今、富有哲理，可以说是中国书法史上第一块行书碑。碑文内容追溯了古代晋侯在协隆周室、一匡霸业中的丰功伟绩，赞扬了其经天纬地的美德，说明其至今遗烈犹存，是由于推行了“德为民宗，望为国范”的治国原则。碑文还对晋祠的神祠、丛山、流泉等自然和人文景观加以铺陈描述。文章最后，以隋亡唐兴说明暴虐引起天下共愤，贤德赢取神助民拥，在位者必须修养自己的品德方可享国长久。这篇文章可谓是唐太宗治国理政思想的结晶，渗透着唐太宗对晋祠的一股浓浓深情。

晋祠的造园手法闪耀着中国古典园林的造园智慧，是社会发展、文化繁荣等诸因素共同协作的结果。晋祠的山水构架是古代人对自然的理解和创造，表达着古人对理想生活的追求和寄托。它的选址更是受到古代风水思想的影响，通过顺应自然环境、山水地势而有节制地改造和利用自然，进而创造良好的居住环境。特别在造园手法方面，晋祠造园运用了中国古典园林中的借景、对景、空间对比等手法，构筑了一个步移景异、生动有趣的空间形态，实现了人和景的合二为一、人和境的协调统一。

2. 胡氏宗祠

胡氏宗祠（见图6-19）位于安徽省绩溪县瀛洲乡大坑口村（古称龙川）。它始建于宋，属于汉族祭祀祖先、议决族内大事的场所。现今的胡氏宗祠建于明嘉靖二十五年（1546年），由当时的兵部尚书胡宗宪倡导捐资扩建，后来经过多次修缮，现内部主体结构和装修仍然保持了明代的艺术风格。它坐南朝北，由三进院落构成，主要有照墙、门楼、廊庑、正厅、厢房、寝楼及特祭祠几部分组成。

图6-19 胡氏宗祠

胡氏宗祠总占地面积约1700平方米，整个宗祠的长度为宽度的两倍。展现了宗祠严肃、方正的理性精神。整个宗祠的布局严谨均衡，但又力求灵活巧妙。如巧借龙川溪在照墙和门楼之间的涓涓东流，为宗祠创设了宽敞、和谐、均衡、充满美感的自然环境。宗祠内的照墙、门楼、廊庑、正厅、厢房、寝楼巧妙的组合，使各个独立的空间相互连接，成为一个不可分割的群体。

宗祠门厅前台基占地面积约100平方米。有用麻石砌成的阶墀、栏杆，两边有花岗石旗

杆础石6个。祠堂在龙川溪北岸，溪南有一道长24米的青瓦粉墙、花砖为脊的八字形照壁，它与祠堂隔溪相对。宗祠的后进是寝室（非人居住，主要是放祖宗牌位的地方），分上下两层，为重檐建筑。胡氏宗祠内装饰以各类木雕为主，有“木雕艺术博物馆”和“民族艺术殿堂”之称。从大额枋、小额枋、斗拱、枫拱、雀替、梁驼、平盘斗到隔扇，再到柱础，就连小小的梁脐也都是精雕细镂。木雕的形式主要是浅浮雕、深浮雕、镂空剔透或浮镂结合。砖雕主要装饰在门楼两边的八字形墙体上，另外还有一部分石雕。

6.4　会馆园林

6.4.1　发展概述

会馆主要是指我国封建社会明清时期城市中由同乡或同行业组成的社会团体。它最早始设于我国的明代早期，迄今有记载的会馆是永乐年间安徽芜湖人在北京建立的北京芜湖会馆，当时建制会馆的主要目的是解决因科举考试点从南京迁到北京后学子的住宿问题。会馆在嘉靖、万历年间趋于兴盛，在清代中期数量达到顶峰。到了清代后期，出现了以同业公会的面目出现的超地域的行业组织，特别是大量工商业会馆的出现，在一定条件下，对于保护工商业者的自身利益起到了推动的作用。但会馆与乡土观念及封建势力的结合，也阻碍了商品交换的扩大和社会经济的发展。

明清时期的会馆主要有试馆、同乡会馆和同乡移民会馆三种类型。试馆是北京的大多数会馆，主要为同乡官僚、缙绅和科举之士居停聚会之处；同乡会馆主要是指是以工商业者、行帮为主体，主要有分布在北京的少数会馆和分布在苏州、汉口、上海等工商业城市的大多数会馆；同乡移民会馆主要指四川的大多数会馆，是入清以后由陕西、湖广、江西、福建、广东等省迁来的客民建立的。早期的会馆大部分集中在北京，主要以地域关系作为建馆的纽带，是一种同乡组织，与工商业者联系较少。明中叶以后，具有工商业性质的会馆大量出现，会馆制度开始从单纯的同乡组织向工商业组织发展。明代后期，工商业性质的会馆虽占很大比重，但这些工商业会馆仍保持着浓厚的地域观念，绝大多数仍然是工商业者的同乡行帮会馆。

会馆的出现首先是因为商业市场的扩大和商人的增多，其次是得益于士大夫对商人所从事职业的认同和归属感的需要，以及商人为协调商业利益，实现求利目的的原因。

6.4.2　园林实例

1. 开封山陕甘会馆

山陕甘会馆（见图6-20）位于开封市徐府街内，始建于乾隆四十一年（1776年），距今有200多年的历史。山陕甘会馆是由当时定居在开封城内的山西、陕西和甘肃的富商巨贾修建，会馆原址为明代“开国元勋第一家”的中山王徐达的王府。起初是山陕两省的富商为扩大经营，保护自身利益筹结的同乡会，后又加入甘肃籍商人，遂名“山陕甘会馆”。

山陕甘会馆主要由照壁、牌坊、正殿和东西配殿、戏楼、钟鼓楼等组成。会馆内的砖雕、石雕、木雕布满了整个建筑，并且这些雕刻将佛教故事、传奇人物雕制得惟妙惟肖、生动逼真，具有很高的艺术价值，堪称“会馆三绝”，有着重要的历史文化价值以及丰富的游览价值。

图 6-20　开封山陕甘会馆

大殿为会馆的主体建筑，也是各类雕刻最集中、艺术成就最高的地方。拜殿挑檐桁至额枋宽 1.7 米，由七层木雕装饰组成。第一层为小蝙蝠，第二层为云形透雕花纹，第三层为二龙戏珠，第四层为祥禽瑞兽，第五层为花草组成的图案，第六层为喜鹊闹梅、鸳鸯戏水、青蛙卧莲等，第七层为二龙戏珠、凤凰牡丹等。七层木雕装饰呈现的是凤凰在牡丹花丛中振翅欲飞，苍龙腾云驾雾，呈现着一派龙腾凤舞、花枝斗艳的奇观。雕刻衬托出了会馆内建筑的辉煌壮丽，给人以美的享受。

2. 湖州钱业会馆

图 6-21　湖州钱业会馆

湖州钱业会馆（见图 6-21）始建于清光绪三十二年（1906 年），占地面积 6000 平方米，由具有清末江南园林风格的古建筑群组成，是清末湖州钱庄业的聚会地。湖州钱业会馆设三个券形大门，由三条轴线组合，馆之正宇，前为轿厅，然后是武圣殿和玄坛宫，正宇东边大院前为水池、假山、水榭，后为主建筑拜石草堂和茶楼，接着又是假山和小亭，后面是主建筑财神阁和经远堂，最后是景行祠。馆门内，仍立有当时的《湖州钱业会馆记》石碑，碑高 2. 2 米、宽 82 厘米。碑文较详细地记述了创建钱业会馆的时间、缘由、过程、所花经费等。与上述楼阁殿建筑相配的是水池、假山、水榭、亭台等设施，还有古树林木花卉及古井，假山顶曲径蜿蜒，山下幽洞相通，水榭三面临波，池前绿树成荫，是一处小巧玲珑的江南园林景观。

6.5　古代造园家与造园理论及实践

白居易及其园林思想

6.5.1　白居易及其造园思想

白居易（772 年—846 年），字乐天，号香山居士，祖籍太原，生于河南新郑，是唐代三大诗人之一。中国古典园林艺术发展至唐代趋于成熟。白居易作为唐代文人园林家的杰出代表，对园林景观的营构，诸如置石叠山、理水泉脉、莳花艺草、建屋筑室及景观组合等方面，达到了相当高的艺术水准。

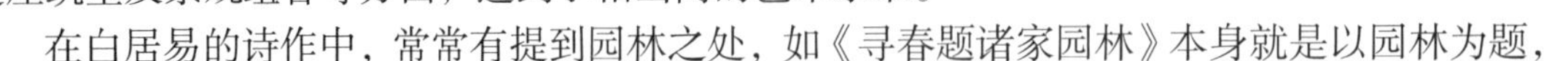

在白居易的诗作中，常常有提到园林之处，如《寻春题诸家园林》本身就是以园林为题，

而《北亭卧》《秋池独泛》《春日闲居二首》《酬吴七见寄》等也都或写园中景物，或记园中生活，在《庐山草堂记》中，白居易则叙述了在自家园林中的乐趣，“仰视山，俯听泉，旁睨竹数云石”“三宿后颓然嗒然，不知其然而然”，颇有几分乐不思蜀的味道。不仅如此，白居易还亲自参与园林设计工作，在造园方面有着极高的艺术水准，情怀丰富，意境深远。“三间两柱，二室四牖，广袤丰杀，一称心力。洞北户，来阴风，防徂暑也；敞南甍，纳阳日，虞祁寒也。”寥寥几笔，就勾勒出庐山草堂的大概。白居易在园林设计中将中国传统文人的“独立性思想”和“隐逸情结”融入其中，“陶云爱吾庐，吾亦爱吾屋。屋中有琴书，聊以慰幽独”，即自比陶渊明的隐逸情怀。而白居易所提倡的“壶中天地”的园林营造方式，更是备受后世推崇，成为以后士人园林建造的纲领和原则，直到明清时代将“壶中天地”推到极致，即所谓“芥子纳须弥”。

在造园手法上，白居易认为造园时应化大为小，赏园则应小处见大，各种造园要素相互呼应、相互支撑。在造园要素上，园林应以水面为中心，形成以“平、淡、青、远”为特征的一个完整的园林空间意象。白居易强调音乐在园林中的应用和体现，因为在园中欣赏的乐声也是与其悠远的情怀紧密相关的。更重要的是，纯净、悠扬的琴声极为适合表达深远的意境，因此，音乐同水面一样，很自然地成为园林中一个必要的构成要素。

白居易的园林理论在唐人中最有代表性，具体体现在他的大量园林诗文中，如《庐山草堂记》《池上篇》等比较集中地体现了他的造园思想和在其审美偏好指导下的一整套的设计手法。从白居易的诗歌文献中不难发现，园林使人身心愉悦，进而被视为生命的寓所，素朴自然自成一种审美风范，园林是退隐的最佳场所，被看作是安顿身心的密室。白居易对于整体空间意象的营造，各个造园要素的选择与运用，包括色彩、声音的设计，特别是对于园林中水面的处理，为唐以后文人园林简淡疏雅风格的形成与确立起到了至关重要的作用。

6.5.2　计成与《园冶》

计成（1579 年—？），字无否，号否道人，江苏苏州吴江人，为明末著名造园家。计成青少年时代家境尚可，受到良好的教育，优游于经史子集之间，于诗词绘画有相当素养，还养成“搜奇”爱好并在年轻时游历南北。但中年以后不知何故家境衰落，他本人也不顺利，正如自云“历尽风尘”，一生艰辛坎坷。明天启三至四年（1623 年—1624 年），应常州吴玄的聘请，计成建造了一处面积约为 5 亩的园林，名为东第园。明崇祯五年（1632 年），他在仪征县为汪士衡修建了寤园，在南京为阮大铖修建了石巢园，在扬州为郑元勋改建了影园等。他的创作旺盛期约在明崇祯前期。他根据丰富的实践经验，于崇祯七年写成了中国最早且最系统的造园著作——《园冶》。

《园冶》全书共 3 卷，附图 235 幅，主要内容为园说和兴造论两部分。其中园说又分为相地、立基、屋宇、装折、门窗、墙垣、铺地、叠山、选石、借景 10 篇。该书首先阐述了作者造园的观点，次而详细地记述了如何相地、立基、铺地、叠山、选石，并绘制了 200 余幅造墙、铺地、造门窗等的图案。书中既有实践的总结，又有他对园林艺术独创的见解和精辟的论述，还有园林建筑的插图 235 张。《园冶》是计成将园林创作实践总结提高到理论的专著，全书论述了宅园、别墅营建的原理和具体手法，反映了中国古代造园的成就，总结了造园经验，是一部研究古代园林的重要著作，为后世的园林建造提供了理论框架以及可供模仿的范本。

6.5.3 文震亨与《长物志》

文震亨（1585年—1645年），字启美，江苏人，是文征明曾孙。崇祯初为中书舍人，给事武英殿。弘光元年（清顺治二年，1645年），清军攻占苏州后，避居阳澄湖。清军推行剃发令，自投于河，被家人救起，绝食六日而亡。文震亨家富藏书，长于诗文会画，善园林设计，著有《长物志》十二卷，为传世之作。并著有《香草诗选》《仪老园记》《金门录》《文生小草》等。

《长物志》成书于1621年，共12卷。其曰长物，盖取《世说》中王恭语也，收入《四库全书》。《长物志》分室庐、花木、水石、禽鱼、书画、几榻、器具、位置、衣饰、舟车、蔬果、香茗十二类。凡园之营造、物之选用摆放，纤悉毕具；所言收藏赏鉴诸法，亦具有条理。相比于《园冶》，《长物志》更多地注重对园林的玩赏，而《园冶》更多地注重园林的技术性问题，可互为补充。此外，《园冶》因为是立足于江南的造园实践，而江南花卉繁茂、水源充沛，所以计成对此措意不多；《长物志》则主要是针对北方的造园实践，而北方草木珍稀、水源犹缺，所以文震亨对此的重视尤见匠心。

6.5.4 张南垣与造园叠山

造园家
张南垣等

张南垣（1587年—1671年），名涟，松江华亭人，为我国首屈一指的造园叠山大师，他的造园叠山作品水平最高数量最多，居古今中外之首。张南垣小时候跟董其昌学过画，善绘人像，兼通山水，培养了广泛高雅的艺术情趣和较为深厚的文化修养。张南垣30岁时已成造园名家，他于万历四十七年（1619年）为"四王"之一的王时敏造乐郊园，被文坛巨子吴伟业所推崇。他把我国的造园叠山艺术推到巅峰，对我国的造园叠山事业做出了极大的贡献，他的成就对当时和后世造成了极大的影响，其事迹后来被写入《清史稿·艺术列传》。纵观我国二十五史，以造园叠山艺术成名，得以写入正史列有专传的，只有张南垣一人而已。

张南垣在叠山方面有所突破，其所作园林众多，遍布江南。从顺治年间到康熙年间，张南垣先后在松江、嘉兴、江宁、金山、常熟、太仓一带筑园叠山，史书记载由他营造或参与督造的名园有十余处。除无锡寄畅园外，太仓的南园和西园、嘉兴烟雨楼的假山、苏州的东园、山东潍坊的偶园、上海的豫园，以及皇家园林畅春园、静明园、清漪园和京城西苑中南海等处假山，都是他的代表作。1657年，张南垣主持设计改造寄畅园。他充分利用得天独厚的山水之胜，在园内采用借景、叠山、引泉、理水的办法，经过精心布局，使只有15亩的园地收纳了锡山、惠山的秀丽景色，使满园青山绿水、朱栏曲槛、清泉幽谷、野趣横生，因而具有古朴、幽静、清旷、疏朗的独特风格。康熙、乾隆两朝帝王对寄畅园更是十分垂青，祖孙俩各自六下江南，每次必到寄畅园游览。这在我国园林史上是少有的。

张南垣筑园置石崇尚自然，筑园前必先看地形，再根据地形地貌、古树名木的位置巧作构思，随机应变地设计出图样，谓之胸中自有成法。他主张因地取材，追求"墙外奇峰、断谷数石"的意境。置石以土为主，故所筑名园、所叠假山用石较少，匠心独运，给人以自然天成之感觉，被称之为"土包石"筑园法，别具一格。他所筑的园林，往往有山水画意，园内盆池小山数尺中岩轴变幻，溪流飞瀑，湖滩渺茫，树木葱郁；而点缀其中的寺宇台榭、石桥亭塔、一槛一栏，皆入诗入画、生动传神，令观者流连忘返。张南垣以画家的眼光造园，以画法入园，大大促进了园林意境的生成和造园手法的提高。在我国造园史上自成一大流派，且产生了深远的影响。

6.5.5　李渔与《闲情偶寄》

园林与戏曲

李渔（1611 年—1680 年），初名仙侣，后改名渔，字谪凡，号笠翁，祖籍浙江金华兰溪，出生于江苏南通如皋，明末清初文学家、戏剧家、戏剧理论家、美学家。自幼聪颖，素有才子之誉，世称“李十郎”，曾家设戏班，至各地演出，从而积累了丰富的戏曲创作和演出经验，提出了较为完善的戏剧理论体系，被后世誉为“中国戏剧理论始祖”“世界喜剧大师”“东方莎士比亚”，是休闲文化的倡导者和文化产业的先行者，被列入世界文化名人之一。一生著述丰富，著有《笠翁十种曲》（含《风筝误》）、《无声戏》（又名《连城璧》）、《十二楼》《闲情偶寄》《笠翁一家言》等 500 多万字。还批阅《三国志》，改定《金瓶梅》，倡编《芥子园画谱》等，是中国文化史上不可多得的一位艺术天才。

李渔一生从事戏曲事业，学识广博，不仅精通戏曲理论和导演技艺，而且擅长造园。他曾在兰溪、北京、南京、杭州等地营建过“伊园”“半亩园”“芥子园”和“层园”。李渔对自己的造园成就颇为自得，自称生平绝技有二：“一则辨审音乐，一则置造园亭。”在《闲情偶寄》《芥子园画传》《芥子园杂联》中可以探寻到李渔造园的心路与心得。李渔在其随笔集《闲情偶寄》中专设“居室部”章节，对房舍、窗栏、墙壁、联匾、山石等方面有详细的论述。他认为“人之葺居治宅，与读书作文同一致也”。因此，他“创造园亭，因地制宜，不拘成见，一榱一桷，必令出自己裁，使经其地入其室者，如读笠翁之书，虽乏高才，颇饶别致”。他总结出的“园必隔，水必曲”的隔园法，“开窗莫妙于借景”的借景法，以及“山石之美者俱在透、漏、瘦三字”的选石法，至今仍被园艺界广泛应用。

6.5.6　样式雷与清代皇家园林

“样式雷”是对清代著名建筑世家的誉称，是我国古代建筑设计史、科技史上成就卓著的杰出代表和传奇。该家族从清康熙皇帝开始直至清末 200 年间，一共七代人持掌清廷内务府“样式房”，主持了皇家建筑设计与园林建造，分别为雷发达、雷金玉、雷家玺、雷家玮、雷家瑞、雷思起、雷廷昌。

样式雷世家最为重要的贡献不仅表现在其设计成果的最后现实化上，而更主要地体现在其设计过程本身——图样的绘制、模型的制作方面，达到了很高的技术水平。在实际建造过程中，先选好地址，由算房丈量，最后由样式房总体设计、确定轴线，绘制地盘样（平面图）以及透视图、平面透视图、局部平面图、局部放大图等分图，由粗图到精图，才算设计图完成。雷氏图样的设计过程清楚地反映了这一特点，已与现代设计十分相似。而在平面图中绘制个别建筑物的透视图，是雷氏创造性地运用互相结合之法，更精确地表现个别情况的手段。当设计精图确定后，又绘制准确的地盘尺寸样，以反映复杂关系，协调空间布局，估工估料。雷氏在这方面显示了高度的技巧，或从庭院陈设到山石、树木、水池、船坞、花坛，或从地下宫殿的明楼隧道，到地室、石床、金井，均按比例进行安排，用像硬纸板一样的东西做成模型，并使某些部件能够拆卸，便于观看内部结构。此外，雷氏的设计还注重建筑位置的科学性与环境的协调性，使二者巧妙配合，显示了中国建筑群的变化布局艺术。样式雷在清代

200 多年的建筑活动中留下了永存的纪念。

扩展知识
历史文化
名人与园林

“样式雷”家族的成就是举世无双的，作品非常多，包括故宫、北海、中海、南海、圆明园、万春园、畅春园、颐和园、景山、天坛、清东陵、清西陵等。这其中有宫殿、园林、坛庙、陵寝，也有京城大量的衙署、王府、私宅，以及御道、河堤，还有彩画、瓷砖、珐琅、景泰蓝等。此外，还有承德避暑山庄、杭州行宫等著名的皇家建筑。据统计，中国有五分之一的世界文化遗产的设计与建造是出自样式雷家族之手。

思考与练习

1. 论述中国书院园林的发展及艺术特色。
2. 论述山西晋祠园林主要特征。
3. 论述会馆园林的发展。
5. 简述园冶的造园思想。
6. 简述明清叠山的代表人物及艺术成就。

第7章 中国近现代园林发展

思政箴言

中国近现代园林发展见证了中国古典园林艰难的转型之路。时代的发展需要我们坚持园林文化发展的守正创新。守正，最关键的就是守社会主义先进文化前进方向之“正”、守中华文化立场之“正”。园林文化的独特性，是中华文化宝库中宝贵的一部分，国家之魂，文以化之，文以铸之。必须坚定历史自信、文化自信，坚持古为今用、推陈出新，把马克思主义思想精髓同中华优秀传统文化精华贯通起来、同人民群众日用而不觉的共同价值观念融通起来。

7.1 发展概述

近现代是中国社会变革最为激烈的一个时期，也是我国现代园林形成和发展的一个时期，西方文化的大量涌入，科学技术的不断创新，使中国在这个阶段中发生了翻天覆地的变化。近现代园林发展历经清末、民国和新中国共160多年，大致经历了清末皇家园林的衰落、公共园林的出现；民国皇家园林的开放、私家园林的衰落、公共园林的兴起、现代园林营造理论的积累；新中国公共园林的盛行、现代风景园林学科的形成、大地园林规划思想体系的形成等发展历程。

清末是我国现代园林初步产生的一个时期，封建体制的衰落直接引起了皇家园林的衰落、颓废和公共园林的出现。1840年鸦片战争以后，由于清政府腐败无能，与西方列强签订了一系列不平等条约，中国从封建社会逐渐沦为半封建半殖民地社会。这一时期，随着外国资本主义的侵入和发展，中国国力大衰，中国人蒙受着封建主义、殖民主义的巨大灾难，八国联军、英法联军烧杀抢掠，皇家园林更是遭受了惨绝人寰的破坏，如火烧圆明园。清王朝风雨飘摇，再也无力构建帝国宫殿、皇家园囿。河北最后几座皇陵与颐和园的重建，成为最后的皇家园林。园林活动在类型、数量和规模上都十分有限，处于停滞状态。与此同时，以传统的封建礼教为最高价值取向的封建文化的基础地位还没有动摇，所以民间具有古代风格的私家造园还保持着一定的规模，产生了包括江浙的退思园、怡园、何园、半园，岭南的可园、余荫山房、梁园等一批具有较高艺术成就的作品。

西方列强在入侵的同时，也将西方造园理论在中国进行造园实践，在租界建造了一批西式的公共花园，开中国现代公共花园建造之先河，间接促进了中国近代园林的转型发展。随着中国封建社会的瓦解和民族工业的发展，北京、上海、广州、武汉、南京、重庆、青岛、大连、无锡等沿海和沿江大城市、通商口岸及工商业城市得到发展，市民阶层不断壮大，西方资产阶级民主思潮、三民主义思想、马列主义思潮等也在乱世中萌芽、传播、发展，并推动了社会的进步。特别是西方城市规划、建筑理论、园林理论和实践与中国园林逐渐嫁接、融合，形成专门的园林学科、园林研究组织和园林建筑人才，出现了一大批西式公园和中西合璧的建筑与庭院园林，其平面布局、建筑风格和艺术特征都带有鲜明的民国风格。民国政府成立后，随着封建体制的解体，皇家园林陆续开放，而伴随着封建文化的逐渐消亡，民间古代风格的私家造园也走向衰落；相反，公共园林由于代表着新的价值取向却获得了很大的发展，公共园林的建设实践同时又促进了现代风景园林知识体系的积累。上海、广州、天津、青岛、大连、厦门出现了不少新式的城市公园。

新中国成立后，随着社会主义文化的不断发展，体现公共、民主思潮的公共园林一枝独秀，其他种类的园林基本没有了生存的空间，在清末和民国近100年理论实践积累的基础上，在新中国成立初期，现代风景园林学科基本形成，有了高等教育的支撑。又经过20多年的发展，到改革开放前，园林学科在设计和工程领域都形成了一套比较完备的体系。改革开放后，在党解放思想、实事求是的大政方针和学术领域“百花齐放、百家争鸣”政策的指导下，社会文化和社会的价值取向也逐渐多元化，随着国际学术交流不断加强和各学科在学术领域的相互渗透，以及各学科在实践领域的不断深入和拓展，现代风景园林学科获得了极大的发展，以“大园林理论”为核心内容的大地园林规划系统理论最终形成。

7.2 皇家园林的没落与开放

7.2.1 皇家园林的罹难与没落

康乾时期，皇家园林建设的规模和艺术的造诣都达到了后期历史上的高峰，是中国古典园林最后的辉煌。大型皇家园林全面引进和学习江南民间的造园技艺，在总体规划和设计上有许多创新，形成了南北园林艺术的大融合，为宫廷造园注入了新鲜血液，出现了一批如“三山五园”等具有里程碑性质的、优秀的大型园林作品。然而，皇家园林却在近代中国遭受了多次浩劫。1860年，英法联军占领北京，对北京皇家园林进行了野蛮抢夺，圆明园被英法联军焚烧殆尽，数百年来中国皇家园林的精华被付之一炬，造成了中国园林史上无法估量的损失，也成为中国园林史上不可磨灭的耻辱。自此之后，清皇室再也没有那样的气魄和财力来营建苑囿，宫廷造园艺术从此一蹶不振，从高峰跌落至低谷。直至1886年，慈禧太后挪用海军军费在清漪园的废墟之上重建，取意“颐养冲和”，将清漪园改名为颐和园，于1893年建设完成。后在1900年，八国联军再次侵占北京，颐和园再一次遭到破坏，许多珍宝被劫掠一空。清朝覆灭后，一些军阀、政客、官僚和不法分子，纷纷从圆明园遗迹和颐和园中盗拿，使这些皇家园林进一步遭到破坏。“七七事变”后，颐和园又被日军占领，惨遭蹂躏，面目全非。中国皇家园林的历次罹难，成为中国人民永远挥之不去的痛。随着清王朝的灭亡以及现代民主共和制度的建立，皇家园林这种大型的传统园林不可避免地走向衰亡。

7.2.2 皇家禁苑的对外开放

北京作为元明清三朝都城，从城市规划、建筑布局和皇家园林的建设，无不体现出皇权至高无上的原则和思想。1911年的辛亥革命推翻了腐朽的清政府，结束了几千年来的封建等级制度，打破了北京千百年来以帝王为中心的建设格局。民国时期，位于皇城之中的诸多皇家禁苑之地以及庙坛，逐渐对公众开放，于是过去专供皇帝、贵族和官员行走的禁区，

变成了市民大众自由通行的大道；过去只有皇帝和贵族享用的园林风景，变成了市民大众憩息的公园。1912年，清末代皇帝溥仪退位，仍居住在紫禁城后半部。但至1914年，紫禁城前半部的武英殿已先行开放。翌年，又开放文华殿以及太和殿、中和殿、保和殿三殿，并辟为考古陈列所。1924年，北京政变后，溥仪被逐出宫，原紫禁城定名为故宫博物院，并与1925年10月10日正式对外开放。

此外，民国政府还对原皇城和宫城的部分皇家禁苑与庙坛改造而成的对外开放的公园，主要有中央公园（原社稷坛，1914年）、天坛公园（原天坛，1915年）、北海公园、中南海公园（原三海，1925年）、城南公园（原先农坛，1915年）、三贝子花园（1908年）、海王村公园（1918年）、京兆公园（原地坛，1925年），太庙（1929年）等13处。

1. 中央公园

中央公园地处北京市中心，原为明清社稷坛故址，东邻天安门，占地面积23.8公顷，是一座具有纪念意义的古典坛庙园林。辽代曾是兴国寺，元代改称万寿兴国寺。明永乐十八年（1420年），按照《周礼》“左祖右社”辟建为社稷坛。社稷坛是皇帝祭祀土神、谷神的地方，也是皇权王土和国家收成的象征。自明永乐十九年（1421年）至清宣统三年（1911年），明清两朝皇帝或遣官在这里举行过1300余次祭祀活动。

辛亥革命后，社稷坛的祭祀活动已停止。1913年春，大清隆裕太后去世，在太和殿治丧。时任北洋政府交通总长的朱启钤负责现场照料，就借此机会到社稷坛巡视，发现这里已经完全荒废，坛内草莽丛生、蛇鼠为患。看管太监甚至在里面放养牛羊，遂萌生了开辟公园的念头。不过，当时社稷坛还属清皇室管辖，不便实施。经过交涉，清室同意将三大殿以南，除太庙外的各处划归民国政府管辖，以便放置古物，社稷坛也划归民国政府。1914年，朱启钤转任内务总长，决定将社稷坛辟为公园向社会开放。于是在朱启钤主持下，成立董事会，自任董事长，筹备开办公园事宜。他发动绅士、商人捐款，他自己首先捐1000元大洋，不到半年就募捐4万多元。段祺瑞、徐世昌、黎元洪等都捐了钱。在开园前的短时间内，朱启钤对社稷坛内建筑进行了大面积修整，开辟了面对长安街的正门。1914年10月10日，公园正式对普通百姓开放，名为“中央公园”，是当时北京城内第一座公共园林（见图7-1）。

图7-1　中央公园南门

1916年，中央公园前门改造工程完工，并在社稷坛四周广建亭榭。园内有辽柏、社稷祭坛、中山堂、保卫和平坊、兰亭碑亭、格言亭、蕙芳园、唐花坞等著名景观，不少都是有着深厚人文历史沉淀的景观。唐花坞是培育和展览各种名贵花木的温室花房，另外还有四宜轩、水榭、迎晖亭、绘影楼、春明馆等。南部有从圆明园迁入的兰亭八柱和兰亭碑，原为圆明园四十景之一。碑亭为重檐蓝瓦八角攒尖顶，立在中间的石碑上刻有“兰亭修禊曲水流觞图”

图 7-2　中央公园兰亭八柱和兰亭碑

和乾隆所写的有关“兰亭”的诗作（见图 7-2）。八根石柱上分别刻着历代书法家临摹王羲之的兰亭帖，是珍贵的石刻文物。东部环境清静，称长青园，内叠假山、搭花棚、筑花坛、置盆景。在松柏苍翠，杉竹相映中，点缀着来今雨轩、松柏交翠亭、投壶亭等景点。

1925 年孙中山先生逝世，在园内拜殿（今中山堂）停放灵柩，举行公祭。为纪念这位伟大的民主革命先驱，1928 年，中央公园改名为中山公园。新中国成立后，毛泽东、刘少奇、周恩来、朱德、邓小平等党和国家领导人曾来园参加大型游园活动。1988 年，该园被国务院批准为全国重点文物保护单位。

2. 天坛公园

图 7-3　天坛公园祈年殿

天坛位于北京市东城区（原崇文区），在永定门内大街路东，原是明清两代皇帝祭祀皇天上帝的场所，始建于明永乐十八年（1420 年）。后经过不断改扩建，至清乾隆年间最终建成。天坛占地面积达 273 万平方米，分为内、外两坛，主要建筑有祈年殿、圜丘、皇穹宇、斋宫、神乐署、牺牲所等。天坛内坛由圜丘和祈谷坛两部分组成，内坛北部是祈谷坛，内坛南部是圜丘坛，一条 360 米长的丹陛桥连缀两坛。两坛的主要建筑就集中在丹陛桥两端，丹陛桥南端有圜丘、皇穹宇，北端有祈年殿、皇乾殿。丹陛桥是一条巨大的砖砌高台商道，也是天坛建筑的主轴线。在丹陛桥的东侧建有与天坛祭祀功能相适应的附属建筑：宰牲亭、神厨、神库等。丹陛桥西侧有斋宫，是举行祭天大典前皇帝进行斋戒的场所。外坛为林区，广植树木，外坛的西南部有神乐署，是明清时期演习祭祀礼乐及培训祭祀乐舞生的场所。天坛公园是中国也是世界上现存规模最大、形制最完备的古代祭天建筑群，成为一处集中国古代建筑学、声学、历史、天文、音乐、舞蹈等成就于一体的闻名世界的风景名胜（见图 7-3）。

坛庙在中国古代被誉为国家的“万世不移”之基，故中国古代对坛庙植树极为重视。明永乐年间初建北京天地坛时即“树以松柏”取，至清朝中叶形成颇具规模的天坛古树群落。天坛公园有各种树木 6 万多株，更有 3500 多株古松柏、古槐，绿地面积达 163 万平方米，大量的古松柏分布于圜丘、祈年殿等祭祀建筑周围，苍翠的古树与古老的建筑、茵茵的绿草共同构成了天坛庄重肃穆、静谧深远的环境氛围，森然静谧、肃穆庄严。巍峨壮美的祈年殿，

圣洁崇高的圜丘，优雅庄重的斋宫，都坐落在万千树木的掩映中，形成了独特的坛庙园林景观。

从明永乐十八年初建成时开始，天坛作为皇帝祭祀皇天上帝的专用祭坛一直延续了490余年。1918年，民国政府将天坛辟为公园，实行售票开放。1951年，北京市政府组建了天坛管理处。1957年，天坛被列入北京市第一批古建文物保护单位。1961年，天坛被国务院列入第一批全国重点文物保护单位。1998年，联合国教科文组织世界遗产委员会将天坛列入了世界遗产名录。

3. 北海公园

北海公园（见图7-4），位于北京市中心区，城内景山西侧，在故宫的西北面，与中海、南海合称三海，属于中国古代皇家园林。全园以北海为中心，面积约71公顷。这里原是辽、金、元的离宫，明、清辟为帝王御苑，是中国现存最古老、最完整、最具综合性和代表性的皇家园林之一，1925年开放为公园。

图7-4 北海公园琼华岛

北海全园占地面积69公顷（其中水面面积39公顷），以北海为中心，主要由琼华岛、东岸和北岸景区组成。琼华岛位于北海南部，岛上树木苍郁，殿宇栉比，亭台楼阁错落有致，白塔耸立山巅，位于琼岛的中心最高点，成为公园的标志建筑。环湖垂柳掩映着濠濮间、画舫斋、静心斋、天王殿、快雪堂、九龙壁、五龙亭、小西天等众多著名景点（见图7-5）。团城位于北海公园最南端，主体建筑为承光殿，殿内供奉有一尊1.5米高的大玉佛，通体镶嵌宝石，光彩夺目，游览时必不可错过。团城四周筑墙，自成一体，堪称城中之城。团城北端有永安桥与琼华岛相连。

图7-5 北海公园九龙壁

北海公园以神话中的“一池三仙山”（太液池，蓬莱、方丈、瀛洲三座仙山）构思布局，形式独特，富有浓厚的幻想意境色彩。这里水面开阔，湖光塔影，苍松翠柏，花木芬芳，亭台楼阁，置石岩洞，绚丽多姿，优如仙境，有北方园林的宏阔气势和江南私家园林婉约多姿的风韵，并蓄帝王宫苑的富丽堂皇及宗教寺院的庄严肃穆，气象万千而又浑然一体，是中国园林艺术的瑰宝。

7.3 租界公园的兴起与发展

7.3.1 租界公园的兴起

鸦片战争之后，通过一系列不平等条约，西方列强迫使清政府相继开放一些沿海城市作为通商口岸，如上海、天津、广州等地。西方列强在这些通商口岸城市和一些新兴的工商业城市开始建立租界，并在租界中修建了各自的公园绿地，即租界公园。

1. 上海租界公园

上海租界公园主要是在19世纪末期和20世纪初期修建，由上海公共租界工部局和公董局主持设计建造的。上海公共租界工部局又为英国殖民者所控制，园林风格受英国园林影响较大。上海租界公园大多位于上海市区中心地带，主要代表有上海四大租界公园，即外滩公园（1868年，现名黄浦公园）、虹口公园（1902年，现名鲁迅公园）、法国公园（1908年，现名复兴公园）和兆丰公园（1914年，现名中山公园）等。此外，租界内还先后修建了汇山公园、南阳公园、霍山公园、衡山公园、迪化公园、晋元公园等极富特色的小型公园绿地。

（1）外滩公园。外滩公园（见图7-6）是上海最早的租界花园，也是我国近代历史上首次出现的公园，具有划时代的意义。该园英文原名为Public Garden，清末被译作“公家花园”“公花园”，国人称之为外滩公园。抗战胜利后，改名为黄浦公园，并沿用至今。

图7-6　19世纪的上海外滩公园

外滩公园位于上海市中山东一路28号，占地面积31亩，东濒黄浦江，南邻外滩绿带，西沿中山东一路，北接吴淞江（今苏州河）。1866年工部局利用洋泾浜中挖起的泥沙填平沙滩建立起来，1866年8月8日正式开放。其位置三面临黄浦江，是望江观潮的纳凉胜地。

外滩公园初期的设计简朴。早期的公园拥有许多花坛，花坛内种植了各种类型的植物。位于外白渡桥南块西面附属于公园的花圃名为预备花园，引种培育外地以及欧洲的花木，使花坛在春季有郁金香、紫罗兰，夏季种上五彩缤纷的亚热带和热带植物，秋季植菊花，冬季有三色堇。花园内还曾建有“中国十二生肖”花坛，将植物修剪成生肖的模样，惟妙惟肖，是西方园林技艺与中式审美的巧妙结合。

外滩公园除隆冬季节以外，每天都开放到午夜零点，尤其是夏季，侨民大多冲着露天音乐演出而来。公家花园的音乐演出通常是在一座精美的凉亭内举行。久而久之，这里也成了公园内的一大景观，人们将它称作“音乐亭”（见图7-7）。音乐亭建于1870年，是花园里最高的建筑，

图7-7　19世纪70年代的外滩公园音乐亭

最初为简易的木结构，后来随着时代日新月异，先是在四周安装上了6盏煤气灯，到1882年年底又换上了电灯，1892年重新翻建为六角形钢结构，外形好似一顶英式礼帽；台下还设有地下室。音乐亭后在战争中被毁弃。

1922年和1936年，外滩公园还进行了两次大修整，增辟道路以扩大散步面积，并把草坪的大部分改为了花坛。直到抗日战争爆发前，该公园仍是具有特色的百花园。在园西沿马路种植抗性强的高大乔木，并有浓密的绿篱，以减轻噪声和尘埃的影响。在江边及园路旁多植悬铃木，其余均为草坪。新中国成立后，原有的乔木和绿篱都保留了下来，园南以花坛为主，花坛保持四季有花。北部以草坪为主，植有747平方米的天鹅绒草坪一块。西北部有大悬铃木，园中分布植有广玉兰、银杏等。

（2）虹口公园。虹口公园（见图7-8），位于上海市虹口区四川北路，是上海主要历史文化纪念性公园和中国第一个体育公园。虹口公园原为公共租界工部局所属四川路（今四川北路）界外靶场，于1901年决定开辟成公园，聘请英国园林建造师斯塔基设计。他根据“运动场和风景式公园兼用”的原则，利用原有的河浜，曲折收放，并划分出草地球场。四周为厚密丛林，园中散点树丛，有数处整形花坛，道路曲折。1905年，由园地监督麦克利对设计进行修改后主持动工，1906年局部对外国人开放，1909年建成并对外国人开放，初称“新靶子场公园”，占地面积26.67公顷，是当时上海最大的公园。1922年，改称为虹口公园，1928年对中国人开放。公园入口处连接一条6米多宽的通道，两边种植高大的木兰。穿过通道，是一片直径有100多米近圆形的开放性草坪，草坪中间被一条水流隔断，上面横跨一座乡村式木桥。花园的树丛间筑有一座音乐台，弦乐队常在此演奏。林荫路的两侧夹杂栽种了英国槐树、夹竹桃、桃树和一些引种植物。

图7-8　20世纪初上海虹口公园

由于虹口公园有广阔的体育运动场地，因此常被军队、警察作为操练和阅兵的场所。20世纪20年代，各派军阀为争夺上海而发生混战时，万国商团每天清晨和傍晚入园操练达两年之久。在虹口公园旁边，建有高尔夫球场及运动场，所以于1915年5月15日至22日，在此举办了第二届远东运动会，1921年5月30日至6月4日又举办了第五届远东运动会。

抗战胜利后，虹口公园改名为“中正公园”，但民间仍称它为虹口公园。新中国成立后，将公园和体育场分开，分别命名为虹口公园和虹口体育场。1988年，虹口公园正式更名为鲁迅公园。

（3）法国公园。法国公园（见图7-9）是上海最老的公园之一，是目前我国唯一保存较完整的法式园林，也是近代上海中西园林文化交融的杰作。19世纪80年代，公园一带原是一片肥沃的良田，有一小村名顾家宅，当时有个姓顾的人家拥有十多亩土地，在此建造了一个私人小花园，人们称之为“顾家宅花园”这便是法国公园的雏形。1900年，法国人买下农田，作为法军屯兵之用。1908年7月，当时的法国驻沪机构做出决定，将顾家宅花园改建为公园。于是开始进行扩展土地，设置花坛、树坛，垒砌假山，修建亭廊，并由法国园艺家柏勃（Papot）任工程助理监督。1909 年 6 月公园建成，定名顾家宅公园，并于同年 7 月 14 日（法国国庆日）开放。1910 年年初，公董局任命法国人塔拉马为专职园艺师以负责公园工作。由于当时该园仅限法国侨民出入游览，故俗称“法国公园”。第二次世界大战爆发后，法国人陆续撤离上海。1943 年 7 月，日伪政府接管了法租界，随之将“法国公园”改名为“大兴公园”。1945 年抗日战争胜利后，改名为“复兴公园”。

图 7-9　法国公司（顾家宅公园）

由于公园早期主要由法国人设计施工，所以从公园的整体风格看，基调为规则式园林布局，偏西南部递变呈自然式，都带有欧洲风味。最显著的特点是公园布局中轴对称，呈格子化、图案化，以花卉、树木、亭榭、山池见长。北部和中部以规则式布局为主，有毛毡花坛、中心喷水池、月季花坛以及南北向、东西向的主要干道。西南部则以自然式布局为主，有假山区、荷花池、小溪、曲径小道、大草坪。融中西式为一体，突出法国规则式造园风格，这里的花坛采用下沉式，时下爱称沉床园，利用地面高差使人们的视点抬高，能更好地俯视花坛的整体效果，为公园的一大特点。1925 年，中国园艺设计师郁锡麒参与法国公园的重新规划设计，并融入了中国古典园林的造园艺术，他设计的景点大部分保留至今。

公园建成后，以环境幽雅著称，是当年法租界文化、社交、节庆活动的中心。每年 7 月 14 日的法国国庆庆祝活动都在公园内举行。活动时，租界当局拨专款在公园道路两旁插彩旗，全园张灯结彩，搭建检阅台、观礼台，白天举行阅兵、游园，晚上燃放焰火、举办舞会，法国侨民游乐至深夜。抗日战争胜利后，公园也常常举行市民活动。新中国成立后，政府又在公园内新建、扩建了各类游乐服务设施。

（4）兆丰公园。兆丰公园，又称极司非尔花园，位于上海市长宁区长宁路 780 号（近定西路）。因其挨着梵王渡火车站，所以又称为梵王渡公园。该公园是 1914 年英国人兆丰在沪时建立的，是当时上海最负盛名的公园。公园以英国式自然造园风格为主，融中国园林艺术之精华，中西合璧，风格独特，是上海原有景观风格保持最为完整的老公园。

兆丰公园占地面积近 20 公顷，在公园初始的总体设想中，是要将兆丰公园设计成“世界上最大和最有趣的乡村种植园”。因此在建园之初，工部局应公共租界园艺学会的请求，在公园东北划出了一块土地作为园艺试验场，进行蔬菜、花卉引种、繁殖、栽培、植保的试验。约在 1930 年，园艺试验场改为极司非尔路苗圃，由工部局直接管理。园内拥有观赏植物达 70 余科，260 余种，乔木与灌木 2500 多株。除了露地花卉种植外，兆丰公园中樱花林的左侧就有一片草坪，面积约为 3 公顷，还建有水生植物园和高山植物园，以植物景观取胜。由于公园是在长达十多年的时间中逐步扩建的，因此规划中的分区界限已被突破，构成以大树、草坪、山林、水面等自然风光为特色的、中西园林文化相融合的，以英国式园林风格为主体，辅以中国传统园林、日式园林、植物园观赏区等多种园林风格于一体的园林景观。1941 年，为纪念孙中山先生，该园改名为中山公园。

（5）上海华人公园。1868年，上海建成的“公共花园”只对外国人开放，激发了中国民众捍卫民族尊严的斗争。当时的工部局为了缓和中国人民的愤激情绪，于1890年利用苏州河南岸的涨滩建成了公园，定名为“新公园”，于同年12月18日开放。第二年改称“华人公园”，又称“中国公园”，专供中国人游览，不售门票。华人公园面积仅0.41公顷，中央一片草地，左右各一茅草亭，种有几株悬铃木，几把园椅就是园中所有的游憩设施。其中园内建有一个别致中央日晷台，龙首狮身的铜像扛起了日晷，显得极为别致。1924—1928年，工部局为节省该园的管理费用，把草地、花池全部拆除，铺上柏油地面，华人公园就变得简陋了。但由于“华人公园”的地理位置就坐落在苏州河南岸、外白渡桥西侧，加上不收门票，可谓与外滩公园针锋相对，因此虽然设施简陋，但在当时也算是大快人心之举。新中国成立后，“华人公园”改名为“河滨公园”。1984年，上海市政府拨款修建，并沿南苏州路设进出口两处。

2. 天津租界公园

天津的租界公园由不同国家的殖民者分别出资营建，因此具有更加明显的国别特征，浓缩了不同的西方园林形式，并结合了一些中国传统园林的要素。主要代表有维多利亚公园、皇后公园、平安公园和俄国公园、西升教堂等。

（1）维多利亚公园。维多利亚公园又名“英国公园”（见图7-10），是天津英租界的第一个公园，始建于1887年。公园本是一片沼泽地和棚户区，英租界工部局为庆祝英国维多利亚女皇诞辰，决定将原公园地块改造为花园。在英租界工部局的经营下，利用疏浚海河挖出来的泥沙，将这里填平垫高，建成了一个公园。虽然面积只有1.23公顷，却相当精致，以英式公园的风格为基础，借鉴了中国园林的布局手法，中西合璧。1887年6月21日，天津英租界举行了“维多利亚公园”的对外开放仪式。这是继香港、上海、汉口之后，中国出现的第四个英式公园。

图7-10　维多利亚公园

维多利亚公园整体设计上以英国传统风格为基础，但又在公园中心位置建造了一座中式六角凉亭，吸收了中式园林的特点。公园四角开门，早期公园里常有马术表演、动物展出和露天音乐会等活动。花园建成之初，园内安置了一座大钟，作为消防警钟。1919年，为纪念在第一次世界大战中阵亡的英国士兵，英国工部局将消防大钟转送给了南开大学，在原址上又建起了一座约5米高的欧战胜利纪念碑。

（2）皇后公园。皇后公园，位于天津英租界敦桥道（今西安道）。该地原为英国工部局沥青混凝土搅拌场，1937年，搅拌场搬迁，东部修建了游泳池，西部则由英租界当局建造成公园，初名“皇后花园”。公园占地面积0.95公顷，布局为规则式。1941年12月太平洋战争爆发后，日军全部“接管”了在华的租界地，该花园先后被更名为“黄家花园”和“兴亚二区第四公园”，1945年改名为“复兴公园”。

园内东设有长方形儿童游戏场，中心部分的草坪上设有各种几何形状的花坛，造型优美，效果突出。大量应用草坪、树丛和树群等植物元素，采用各种园艺手段对植物进行整形剪修，以植物造景取胜是皇后公园的特色。

（3）俄国公园。俄国公园建于1902年，占地面积7公顷，位于海河东岸原俄国租界领事路（今十一经路）和花园路（今十二经路）的临河地段，是天津唯一临海河的租界公园。

1900年八国联军侵占天津后，俄国在海河东侧划定租界。第二年，俄租界当局把租界内盐商张霖的墓地改建成了公园。公园内种植了杨树数百棵，挖掘了深水池塘，建有北清事变纪念碑（镇压义和团纪念碑，后改建为教堂）、马球场、网球场、游泳池以及凉亭、花坛、草地及俄国公墓等，整个公园绿树碧波、风景怡人。俄国领事馆还在海河上开辟了花园摆渡，供领事馆人员往来于海河两岸。1924年，俄租界归还中国后，俄国公园更名为“海河公园”。1939年，日本侵略军占据了公园后，将杨树全部砍掉，在园内建造军用仓库和码头，俄国公园从此废毁。

（4）大和公园。大和公园位于原宫岛街（今鞍山道）和花园街（今山东路）的交口，曾名为日本花园，1942年日租界名义上归还中国，改为兴亚第一区，公园也随之改名为兴亚第一区公园。日本战败后，又更名为“胜利公园”。大和公园始建于1904年，1909年举行盛大的开园式，之所以命名为“大和公园”，是因为日本古代被称为“大和国”，而日本民族则为大和民族。最初园内种有树木、花草等植物，后来陆续建成天津神社、凉亭、喷水池、北清战役纪念碑、音乐堂、儿童运动场等，使该园逐渐成为休闲娱乐的重要场所。1926年的《天津租界与特区》则更是称其为“津埠各公园之冠”。很多日侨在战后回忆起天津的生活，也都说“对于我们这些战前在天津居住的日本人来说，印象深刻的还是大和公园”。之后，该园被拆除，1961年在其原址建成“八一礼堂”。

3. 广州租界公园

广州租界主要位于广州市区西面的沙面岛上。19世纪60年代，英法租界分别兴建了前堤花园和皇后花园。两个公园皆南临珠江，面向白鹅潭，布置草坪、花坛，建设各种设施，如凉亭、网球场、槌球场、足球场、儿童园等，供休闲娱乐需要。公园新建前，租界当局以市政设施先行，按统一规划筑路植树，注重环境实效，保护原有树木。应用广州乡土植物，如横贯东西之细叶榕、纵横南北之香樟，而不盲目引植殖民国的树种。同时，英法租界在花园周边还兴建了150多栋欧陆巴洛克式及新古典式的建筑，或优美雅致、富有动态感，或雄伟严谨、粗大扎实，或简单随和、线条流畅。此外，还规划了一批教堂与住宅绿地等。1949年，前堤花园和皇后花园由广州市人大常委会接管后，成为公共花园，1953年规划合并为沙面公园，1960年建成公园后开放。

7.3.2 租界公园的风格特征

从规划布局上看，近代租界公园一方面在建筑特征、景观特色和艺术风格上主要受到建造者归属国的影响，呈现出外向型空间布局的西式风格，与中国古典园林表现出明显不同的艺术风格。租界公园多采取法国规则式和英国风景式两种，有大片草地和占地极少的建筑，这与我国古典园林艺术的规划设计有明显不同。小公园以英国维多利亚式较多，如上海的外滩公园和天津的维多利亚公园。大公园如上海的虹口公园和兆丰公园，多为英国风景式的。其他风格的造园手法在租界的公园和那个时期的一些园林中也可以找到。例如，上海的凡尔登公园（现国际俱乐部）和法国公园的沉床园，都具有法国雷诺特式风格；河南鸡公山的颐

楼和无锡锡山南坡的水阶梯，显然具有意大利台地园风格；上海的汇山公园（现杨浦区劳动人民文化宫）局部风景区是荷兰式风格。入侵中国的俄国、德国和日本等帝国主义国家，也把它们本国的园林风格带到了中国，例如天津就曾建有俄国公园、德国公园、大和公园（都已损坏）。但这些国家的园林风格在中国的表现都不是很纯正的，常常交互着对传统的中国园林风格的借鉴。但另一方面，随着中外文化交流碰撞，租界公园或多或少都借鉴了中国园林创作风格，兴建多种带有中国特色的亭、台、栏等建筑小品，点缀其中。

在造园要素上，租界公园由于出自西方设计师之手，西式要素如喷泉、瀑布、大面积湖泊、戏水雕像等水景要素的应用比比皆是。此外，作为西方植物造景元素的缓坡大草坪、整形绿篱和栽培美丽植物的规则式花坛、花圃，在租界公园也处处可见。建筑物在公园占的比例很少，花架、廊柱、塔楼、凉亭这类西式小品建筑被零星点缀在公园各处，而且均以新式的钢筋混凝土建造。

在功能使用上，租界公园被赋予了多样化的主体功能，与中国古典园林“前宅后园、居游合一”格局不同的是，租界花园更强调游览，而不是居住，主要是供游人散步、打网球、打棒球、打高尔夫球等，以及饮酒休息之用。同时部分公园还开辟植物园、动物园、儿童游乐场、运动场、游泳池等游览娱乐设施，以上可以说皆是为西方人兴建，布置特点主要反映了其外来性质。

7.4　近代城市园林的转型与发展

7.4.1　近代城市公园的发展

1. 基本概况

中国的城市公园，大约在20世纪之初，经历了一个缓慢而渐进的过程。清朝末年，由于资产阶级民主思潮和欧美各国“公园运动”的传播，加之部分城市工业化、市民生活的复杂性和多样性，在城市出现了一批由地方政府、商绅、华侨等筹资兴建的公园。其中齐齐哈尔的仓西公园（1897年建，现名龙沙公园）、哈尔滨的董事会花园（1906年建，现名兆麟公园）、上海的昆山公园和华人公园（建于1869年—1900年）、天津的劝业会场（建于1905年，后改名河北公园，现名中山公园）、种植园（1907年建，后改名北宁公园）、北京的农事试验场附设公园（建于1906年，后并入北京动物园）、无锡城中公园（1906年建）、南京的玄武湖公园（1911年建）、成都的少城公园（建于1911年）等。

辛亥革命后，随着城市园林建设思想的不断传播，建设公园成了国民的共识，也成为民国政府的职责。其中孙中山领导的民国政府对城市园林建设做出了较大贡献。1912年孙中山在广州时，倡导植树造林，带头在广州黄花岗植马尾松四棵（至今存活一棵），1915年孙中山把清明节定位为植树节，并倡导建立广州第一个公园，后来称为广州中央公园。1927年，国民政府聘请美籍工程师古力治（E.P.Goodrich）为工程顾问，美国著名建筑师墨菲（H.K.Murphy）为建筑顾问，于1928年2月成立国都设计技术专员办事处，并制定了相关法律，对于公园的建设顺理成章地成了政府的职责范围。1933年，广州市政府成立园林委员会，当年通过了“规划新建公园12处”决议案，1937年工务局设立园林处。各地建立公园之后，公园成了民国政府的公共集会场所。

许多城市（主要在沿海和长江流域）在一些名胜游览地基础上建公园。如广州的中央公园（现人民公园）和黄花岗公园，后又陆续建越秀公园、东山公园、河南公园、永汉公园、白云山公园、净慧公园和海珠公园。南京1929年建成中山陵园，建筑为建筑师吕彦直设计，园林为园艺家章守玉设计，是气势宏伟的优秀陵园；1928年后开辟了白鹭洲公园、秦淮公园、鼓楼公园和秀山公园等。镇江辟金山、焦山、北固山为园林区，并建伯先（赵声）公园。汉口，1923年建西园（现名中山公园），1928年建市府公园，1929年建爱国花园。杭州将西湖的孤山辟为公园，沿西湖建六个湖滨公园，城内建上城公园。长沙1925年于天心阁故址开辟天心公园，1932年建革命纪念公园、长沙第一公园、河岸公园、水陆洲公园。重庆建有中央公园（建于1926年，现人民公园）。昆明建有翠湖公园、圆通公园、大观公园，将名胜古刹整理开放的有金殿公园、黑龙潭公园、古幢公园等。沈阳建辽垣公园、小河沿公园，小西边门外公园。厦门1927年由华侨集资建中山公园，采用自然山水式布局。1930年在闽浙赣革命根据地的葛源镇，曾由方志敏同志带头参加修建“列宁公园”；1941年在延安王家坪修建了“桃林公园”，其中设有儿童游戏场、花卉园圃等。还有些是将过去的衙署园林或孔庙开放，供公众游览，如四川新繁的东湖公园（1926年开放），上海的文庙公园（1927年开放，现南市区文化馆）。到抗日战争前夕，在全国已经建有数百座公园。但从抗日战争爆发直至1949年，各地的园林建设基本上处于停顿状态。

总之，城市公园的出现是近代园林史上最重要的标志特征，结束了园林私有的历史，使中国园林产生了重大转型，园林也进入了普通大众的生活。在这一时期，中国公园又出现了一个独特而又具有普遍意义的“中山公园”现象。近代史诸多的城市公园中，有40多个中山公园前赴后继地被建成或改建，成为中国公园运动的一朵奇葩。纵观近代园林发展历史，公园虽然陆续登场，但其总体发展又是缓慢的。

2. 园林实例

（1）无锡公花园。江苏无锡是成为近代民族工商业的发祥地之一，有“小上海”之称。由于受上海的影响，民众中逐渐形成建立城市公园的需求和构想。1905年，在无锡社会名人裘廷梁、吴稚晖、陈仲衡、俞仲还等人的倡议和努力下，利用崇安寺（东晋书法家王羲之居所，后改为寺）、方塘书院、洞虚宫故址添置设施、栽种花木、新建景点，于1906年建成公园，向民众免费开放，定名“锡金公园”，1912年，改名“无锡公园”，俗称“公花园”（见图7-11）。因为地处锡城最繁华的市中心，所以也称为“城中公园”。此园原来存有多处古迹遗址，园内亭台楼阁巧布，假山塔影成趣，小桥流水，树木葱茏，如镶嵌在闹市中的一块绿色宝石。园内主要有绣衣峰、龙岗、同庚厅、西社、多寿楼、天绘亭和九老阁等。该园自建立之初至今历经100多年，始终坚持一个原则：不收门票，也不针对任何人设立门槛。在“城中公园”建立后不久，无锡市民按照自己的习惯给予其另一个昵称“公花园”。该公园被园林界公认为是我国第一个真正意义上的公众之园。

图7-11　无锡公花园

（2）南京玄武湖公园。玄武湖公园（见图 7-12）位于南京城中，东枕紫金山，西靠明城墙，是中国最大的皇家园林湖泊公园，也是中国仅存的江南皇家园林和江南地区最大的城内公园，被誉为“金陵明珠”。1840 年以后，随着西风东渐，面向市民开放的近代公园在中国出现，促使过去封闭和独占式的皇家园林、私家园林等向“公园”形态转变。1909 年，清政府在南京筹办“南洋劝业会”，两江总督端方决定把玄武湖开辟为对社会开放的公园。1911 年玄武湖公园正式开放。1928 年 9 月又改园名为“五洲公园”。1934 年 4 月，重改“五洲公园”为“玄武湖公园”，绿地面积进一步扩大，花卉品种增多，一批建筑，如玄武厅、诺那塔、淞沪抗战纪念塔等先后落成。

图 7-12　南京玄武湖公园

玄武湖公园总面积 502 公顷，其中湖面积 378 公顷，陆地面积 124 公顷。湖中分布着各具特色的五块绿洲，五洲之间，桥堤相通。环洲，因洲形屈曲、环抱樱洲而得名，素有“环洲烟柳”之称，童子拜观音石和郭璞亭以及莲花广场坐落于此。樱洲，因昔日樱桃遍布洲上，曾为宫廷贡品而得名。樱洲花繁叶茂，形成“樱洲花海”的盛景。梁洲，因传说梁昭明太子曾在此建有“梁园”，故称梁洲。每年一度的菊展均在此举行，故有“梁洲秋菊”的美誉。湖神庙、览胜楼、友谊厅、明代黄册库遗址文化展馆等古迹新景汇集于此。菱洲，因这里多产菱角，故名菱洲，自古有“菱洲山岚”之美名。翠洲，洲上遍布修竹和雪松，故名翠洲。翠洲的苍松、翠柏、嫩柳、淡竹构成了“翠洲云树”的特色。环湖还有玄武晨曦、北湖艺坊、玄圃、玄武烟柳、武庙古闸、明城探幽、古阅武台等景点。

（3）广州中央公园。广州中央公园（现人民公园）（见图 7-13），位于广州老城传统中轴线上，是广州最早建立的综合性公园，被誉为“广州市第一公园”。公园原为广东巡抚署。民国初期，广州还没有属于市民的公园。到 1917 年，孙中山倡议将其辟为公园，交由毕业于美国康乃尔大学的杨锡宗设计。公园于 1918 年建成，命名为“市立第一公园”，1921 年 10 月 12 日正式开放。公园采取意大利图案式庭园布局，呈方形对称形式。园内古树参天、绿篱花丛，富有浓郁的地方特色。有清初雕制的汉白玉石狮及 1926 年修建的音乐亭。后陆续增设了盆景园、儿童游乐场、敬老亭、露天音乐茶座，展览大楼等设施。当年，孙中山曾多次在此向群众演讲，宣扬民主革命理论。1923 年 8 月 12 日其公布了中国第一个公园游览规则。1966 年改为人民公园沿用至今。

图 7-13　广州中央公园

（4）汉口中山公园。汉口中山公园（现武汉市中山公园）（见图 7-14），前身名曰“西园”，始建于 1910 年，为私人花园，占地面积三余亩。民国三年（1914 年），西园扩建至 20 多亩。民国十六年（1927 年），汉口市国民政府将西园收归国有并确定建为“汉口第一公园”。民国十七年（1928 年），原汉口市政府倡导建中山公园，李宗仁先生等认可，将汉口第一公园改名为中山公园，并于 1928 年 10 月 12 日扩建开工。民国十八年（1929 年）6 月 10 日，中山公园试开放，面积为 170 亩。民国十八年（1929 年）10 月 10 日，中山公园正式揭幕对外开放，汉口各界人士及市民五万余人参加开幕大会。中山公园分前、中、后三个景区，前区是中西合璧式的园林景观区，保留了中国传统园林风格及历史建筑，如棋盘山、四顾轩、茹冰、松月轩等园林景点。中区是现代化的休闲文化区，以受降堂、张公亭、孙中山宋庆龄铜像、大型音乐喷泉和多组雕塑为代表。后区为大型生态游乐场，游乐项目达 40 余项。

图 7-14　汉口中山公园

7.4.2　近代私园的变迁与发展

1. 发展概述

在中国近代公园出现的同时，一些军阀、官僚、地主和资本家建造的传统私家园林，府邸、墓园、避暑别墅等私人园林也不断增加。这一时期，除了继续建造传统私家园林之外，还出现了一些西方形式的或中西结合（当时称为“中西合璧”）的知名私人宅院和官邸花园，如无锡的梅园、蠡园，上海的荣家花园，青岛八大关的一些花园别墅，天津马场道一带的小洋楼、珠海唐绍仪的小玲珑山馆、浙江南浔小莲庄、香港的虎豹别墅等。但受战争和动荡的社会局面影响，这一时期的私家园林建设规模都有所收缩，但园林建造风格更加自由，没有千篇一律的造型，而且受西方科技文化的影响，许多新技术也在这一时期开始应用于园林之中，开始形成了现代园林的萌芽。

从地域分布上看，近代私家园林主要集中在京津沪、沿海沿江大城市、通商口岸、东部沿海发达地区及香港、澳门地区。北京作为千年帝都与北洋政府驻地，聚集了大量的皇族王孙、官僚军阀、政客买办、地主富商和文人学者，他们当中不少人仍然兴建了私家园林和私人山庄别墅。主要有乃兹府大草厂柯鸿年的澹园，米粮库陈宗藩之淑园，南池子关颖人之梯园及马鸿烈园，溥增湘之藏园，东四十一条之王怀庆园和海淀达园，徐世昌之搜园，什锦花园之吴佩孚园，海淀之吴鼎昌园，汪家胡同王恒永寸园，锡拉胡同袁世凯园，王府大街黎元洪园，无量大人胡同梅兰芳园，山老胡同滔贝勒新园，僧格林沁之子博迪华的丰泽园，吉兆胡同的西溪别墅，东四南炒面胡同的溥仪宅园，佟府夹道的曹锟园，中老胡同的志奇园，什刹海的鲍丹亭园、乐家花园、宋小濂止园、王小帆水东草堂，大觉寺的杨家、贝家花园，八大处的 27 别墅，找堂子胡同的吴莱西英国式月季园，内务部街岳乾斋园，史家胡同凌淑华园，南河泡子之洪涛生园，魏家胡同马辉堂园，东四十四条梁启超园，樱桃沟周家花园，等等。

上海作为近代中国西化的前沿阵地，中西文化交流和相互碰撞最为频繁，西方的园林思想对传统古典私家园林产生了巨大影响，促进了海派私园园林的转型，形成了典型的海派园林风格，最突出的一点就是私家园林的风格布局日渐西化，功能上更加杂糅，公园与私园之界线在逐渐模糊，公众化和商业化的气息日渐浓厚，中国传统园林的近代转型也由此初露端倪。因此，上流阶层、代表中国文化前进主流的文人、士绅，开始对自己所属的私家园林实行洋化处理。

到了 19 世纪末，上海城市商业经济繁荣发展，市民生活方式产生了新的要求。徐园、愚园等一批新颖的私家园林相继兴起，可谓是对西洋文明的一种借鉴和模仿，也是传统的园林文化随着时代发展而出现的一种转型，传统园林开始汲取西方园林的营养。一些私家园林主们打破私家园林仅限于主人及亲朋游览的局面，开始探索面向公众进行开放，并实行收费经营。主要有豫园（明代即有）、申园（1882 年）、张园（1885 年）、徐园（1887 年）、愚园（1888 年）、大花园（1889 年）等，其中以张园最为著名。

这些海派经营性私家园林是传统文化与西方文化交流碰撞的产物，促使现代娱乐场所的公共性代替了传统私园的私密性和封闭性，具有与以往私家园林不同的特点。主要体现在：①拼贴杂糅的布局风格。近代上海在商人阶层的影响下，争奢逞富的炫耀性消费将沪人引入猎奇好异的心态中。为满足这种心态及都市生活的需求，动态性、参与性的娱乐活动功能开始在经营性私园内出现并不断强化。开敞的活动场地和大型建筑物的建设，打破了玲珑幽闭、小家碧玉的内向型园林空间布局，使之呈现出中西杂糅的拼贴式风格。②开放复合的功能形式。从纯粹休闲娱乐的角度而言，受租界公园综合多样的主体功能影响，近代上海私园已日渐脱离了古典园林“娱己娱亲”的内向单一功能。经营性私园一开始就以开放的姿态和娱乐公众身心为宗旨，整个园林集游戏、观赏、看戏、进餐、宴会、跳舞、售卖、聚会等多个功能于一体。娱乐项目中，戏剧、杂技、马戏这类中西娱乐表演纷纷成为上海各级经营性私园吸引游客的特色项目。弹子房、照相馆、灯舫和舞池等娱乐场所更是为当时经营性私园所普遍拥有。③求新求异的造园因素。有别于传统私园建筑迂回曲折、参差错落的灵动机变，经营性私园因集会功能的需要，一反传统亭台楼阁唱主角的建筑布局，将高大体量的西式建筑物引入园内，且占据园林的中心位置。在建筑技术与材料上，部分园林建筑采用了西式水泥和混凝土材料；在植物造景上，过去文人墨客喜爱的梅兰竹菊不再是园林植物配置的主角，更引人注目的是从西方引进的各种奇花异草。西式大草坪则是几乎每园必有；植物造型上不仅仅是传统盆景形式，还出现了不少走兽人物造型。④世俗化的审美趋向。在上海商业化的气息中，高效的生活节奏使得情感的表露更加直接，开明的心态逐渐取代传统士流园林隐逸的心态，在海派求新意识和实利意识的影响下，以营利为目的的做法使得传统的园林意境美让位于图一时之快的感官刺激。

2. 园林实例

（1）北京弢园。弢园系清末大学士、民国大总统徐世昌在京的故居。徐世昌自 1909 年始定居东四铁营胡同，将此宅命名为弢园。弢园是一所花园式住宅，前后三进院落，分为东西两院，是典型的中西合璧的园林格局。西院是北客厅五大间，东院是铁栅栏门墙，北有欧式三间客厅，厅内铺设地毯，陈设均为英制沙发和桌椅。二门内是花园，其西面即是西院大客厅后门外。筑有玲珑剔透太湖石假山一座，对面是高大的青石假山。两山之间是一片苜蓿菜地，尽显虚实相间、高低错落有致之美。二门以东地势开阔，北面小台高筑，有内客厅三间，命名为“虚明阁”。阁后即内宅。阁前有欧式平房三大间，前有宽大的月台，此为“退耕堂”。退耕堂不远处即是徐世昌的藏书楼“书髓楼”。前面是一片瓜果树木，春华秋实生趣盎然。一条南北四十余米长的小月河，在夏秋之际，荡桨其中，更有观鱼、采莲之乐。弢园的东北侧有大四合院一座，上房五大间，两侧配有耳房，东西厢房各三间，通向花园的南大厅五间，上悬“谈风月馆”之匾。整个院落有回廊环绕。

（2）上海张园。上海张园（见图 7-15）是当时较早开放的私家园林之一，园内的经营与活动具有典型性。张园地处现南京西路之南、石门一路之西，旧址在今泰兴路南端。1882 年，这块园地由寓沪富商张叔和购得，时人称之为张园。张叔和接手该园后，一改江南园林小巧而不开阔的特点，仿照西洋园林风格，以洋楼、草坪、鲜花、绿树、池水为筑园要素，并将整个园区面积拓展到 60 余亩，一跃而成为当时私家园林之首。到 19 世纪后期，张园已被认为是以西为主、中西合璧的新式花园。园内风格西洋化，草坪广阔，绿树成荫，在池塘中形成倒影。园内广种各种鲜花，四季可闻花香。

图 7-15　清末上海张园

1892 年，张叔和在张园新建一高大洋房。此楼由有恒洋行英国工程师景斯美、庵景生二人设计，由浙西名匠何祖安承建，1892 年 9 月动工，历时一年，1893 年 10 月初竣工。景斯美以英文 Arcadia Hall 命名其楼，意为世外桃源，与“味莼园”意思相通，中文名取其谐音“安垲第”。园内楼台亭阁亦各以英文命名，有高览台、佛兰台、朴处阁等名目。安垲第楼分上下两层，开会可容千人，它又是当时上海最高的建筑，登高东望，申城景色尽收眼底。张园是中西合璧的游乐场的雏形。园内设有茶座、照相馆、马车、马戏团、过山车、西洋景等，可供游人休闲娱乐。设表演各种戏曲和歌舞节目的专业戏台，布置各种新潮的游艺设施，并构筑有“海天胜处”等楼房，电影院、照相馆、商场、餐馆等一应俱全。

（3）南浔小莲庄。南浔小莲庄（见图 7-16）又称“刘园”，位于浙江湖州市南浔镇西南万古桥西，是晚清南浔“四象”之首、清末光禄大夫刘镛的私家花园及家庙所在地。始建于清光绪十一年（1885 年），后经刘家祖孙三代 40 年的经营，由刘镛的长孙刘承干于 1924 年落成，占地面积 27 亩。因慕元末湖州籍大书画家赵孟頫所建莲花庄之名，故称小莲庄。

园林以荷花池为中心，依地形设山理水，形成内外两园。内园是一座园中园，处于外园的东南角，以山为主体。仿唐代诗人杜牧《山行》之意，凿池栽芰，置石成山。山道弯弯，半山苍松，半山红枫，枫林松径，山路回转，小巧而又曲折，宛若一座大盆景。内园与外园以粉墙相隔，又以漏窗相通，似隔非隔，内外园山色湖光，相映成趣。外园以荷池为中心，池广约十亩，沿池点缀亭台楼阁，步移景异，颇具匠心。荷池南岸主体建筑“退修小榭”，临池而建，设计精巧，是江南水榭建筑的精品。此榭的溪曲廊连“养新德斋”，是主人的书房，因院内多植芭蕉，故又名“芭蕉厅”。

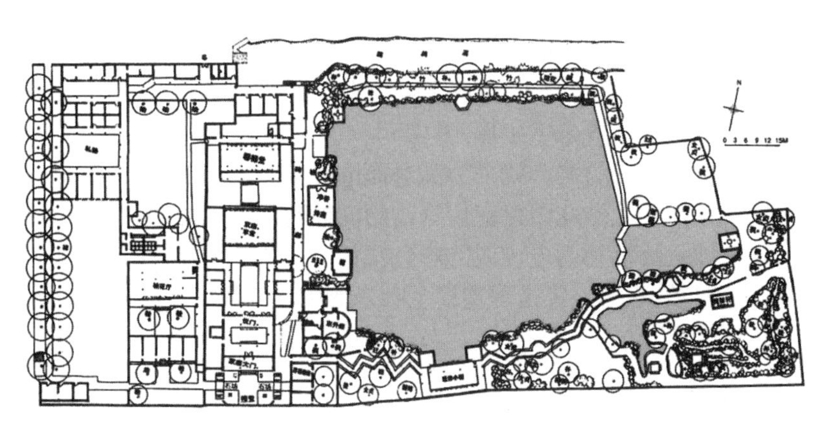

图 7-16　南浔小莲庄平面图

荷池北岸外侧为鹧鸪溪，沿溪叠有假山并植矮竹护堤，堤上建有六角亭。堤东端建有西式牌坊一座，门额上的“小莲庄”三字为著名学者郑孝胥所书。荷池西岸较高的建筑“东升阁”（见图 7-17），是座西洋式的楼房，俗称“小姐楼”。室内用雕花圆柱装饰，壁炉取暖，窗的外层用百叶窗遮光，为法式建筑风格，具有浓郁的异国情调。

图 7-17　南浔小莲庄东升阁

（4）香港虎豹别墅。香港的虎豹别墅（见图 7-18），坐落于香港铜锣湾东首半山的大坑道旁，是由著名的华侨巨商胡文虎、胡文豹兄弟 1935 年耗巨资 1600 万港元精心建造的私人别墅，取兄弟二人姓名末尾之字而得名。由于胡氏弟兄以发明“万金油”起家，所以这座别墅又有“万金油花园”的美称。

图 7-18　香港虎豹别墅虎塔

虎豹别墅是 20 世纪二三十年代中西合璧的私家园林的典型代表，别墅依山而建，占地面积约 53.4 公顷，系砖木和混凝土结构，方形，前两层、后三层，气势雄伟。周围山岭枫树成林，春日漫山青翠，入秋层林红遍，美不胜收。在建筑风格上，以中式的瓦顶来装饰，材料选用混凝土和红砖，以求坚固耐用，这种方法称为“中式文艺复兴”，即结合了西方的红砖作外墙，并以中国式的飞檐、斜顶和装饰图案为设计特色。整个别墅和花园外形都是中式设计，而内里则以西方元素作主导，布置、梯级、灯饰和窗户上的图画都是西式的。例如地下后门的彩绘玻璃呈老虎图形，而花园凉亭呈八角形，两侧的门上亦有彩绘玻璃，沿着楼梯也有六块几何状的、由意大利制造的彩绘玻璃，前后则以普通玻璃保护。其中一些家具更是远从外地订造，如以金属线形成几何图案的木柜、天津制造的手织地毡、金箔制成十字架形的灯等。

胡氏兄弟建造虎豹别墅目的之一就是为民众提供游览、玩赏的地方，旨在向参观者宣扬中华民族的传统文化；另外也借花园以宣传自己的虎标药品。因此在形状突兀的崖壁上，大规模地装饰着取材于佛教故事和古老传说的彩色塑像，以“虎塔”及“18层地狱”最为闻名。7层的白色六角“虎塔”高44米，曾是香港岛上唯一的中国式塔楼，也是香港新八景里的“虎塔朝晖”。

7.4.3 近代中国的园林学科与造园专家

从鸦片战争到新中国成立这段时期，中国园林发生了变化。特别是辛亥革命后，西方造园艺术和公园建设理论大量传入中国，西方的“都市计划”“田园城市”“公园学”“新建筑运动”“工艺美术运动”等理论与实践对中国园林建设的影响越来越明显，“公园为都市生活上的重要设施”舆论氛围逐渐形成，使园林改善城市环境、为公众服务的思想深入人心。辛亥革命后，有一些留学回国的学者，在民族传统复兴的思想指导下，编制了“都市计划”，如南京的《首都计划》、镇江的《省会园林设计》、无锡的《都市计划》等，把公园建设作为一项重要内容，规划了较多的公园，对国内城市公园产生了较大的影响。20世纪初，众多学者结合中国传统造园思想，借鉴西方城市规划、建筑理论等，逐渐把园林作为一门学科，并在中央大学、浙江大学、金陵大学等一些高等院校开设了造园课程。此外，江苏省立第二农业学校于1912年设置了园艺科，开创中国近代园艺专业教育之先河。1928年，成立中国造园学会，并培养了陈植、陈从周、陈俊愉（号称“中国园林三陈”）、章守玉、吕彦直等一批园林专家。

陈植，中国近现代造园学的倡导者和奠基人，字养材，1899年6月1日出生于江苏省崇明（今上海崇明）一个知识分子家庭。1914年升入江苏省立第一农业学校林科学习。1918年毕业后东渡日本，入东京帝国大学农学部林学科造园研究室学习，专攻造园学和造林学。1922年回国后，在江苏省立第一农业学校任教。先后在金陵大学、中央大学、河南大学的农学院、云南大学、中山大学、南昌大学、华中农学院任副教授、教授、院长等。1955年以后一直在南京林学院（今南京林业大学）任教授。陈植为我国的造园学和林业科学贡献了许多科研成果。1925年出版的《观赏树木》一书，是我国近代有关造园著作中较早的一本。1928年，陈植先生被聘为中山陵园计划委员会委员，参与陵园设计的研讨和陵园设计方案的确定。1928年夏，陈植先生邀集同行，以图国粹之复兴及学术之介绍，组织了我国历史上第一个造园学术组织——中华造园学会，编撰了我国近代第一本造园学专著《造园学概论》。1929年，陈植先生受当时农矿部的委托，制定了我国第一个国家公园规划《国立太湖公园计划》。此外，陈植致力于弘扬中国造园历史和遗产的研究，为我国最早的造园专著《园冶》进行注释，收集并编写了《中国历代名园记选注》，完成《长物志校注》，集毕生心血撰著了《中国造园史》。

章守玉，著名园艺学家、园艺教育家，是中国近代花卉学的奠基人和高等院校园林专业的创建者之一，中山陵园园林绿化规划设计与施工负责人。1897年出生于江苏省苏州市，1915年毕业于江苏省立第二农业学校，1918赴日本千叶高等园艺学校学习。1922年回国后，

任江苏省立第二农业学校教员，后任中山陵园艺技师。先后担任中央大学、复旦大学、河南大学、西北农学院园艺系主任教授。1952—1970年任沈阳农学院园艺系教授兼园艺系主任。1985年9月3日病逝于江苏省苏州市。1928年4月，章守玉任南京中山陵园园艺技师，担负起中山陵园园林绿化规划设计与施工的重任。他把中国自然风景区建设与国外森林公园建设的特点结合起来，使整个钟山的自然风景、名胜古迹与宏伟的中山陵以及文化科学、娱乐设施融为一体，既体现了中国古典园林的艺术技巧与手法，又吸取了日本和欧洲园林的艺术精华。1933年，他出版的《花卉园艺》，是我国近代花卉园艺方面的第一本专著。几十年来，章守玉一直从事各种园林绿地的设计和建设。如20世纪30年代主持镇江赵琛公园的改建设计；20世纪40年代主持西安革命公园、莲湖两公园的改建设计；20世纪50年代主持沈阳市北陵、中山公园的改建以及原东北局大院、辽宁大厦大院等的绿化设计。

吕彦直，中国近现代建筑的奠基人，祖籍安徽滁县（今滁州市）人，1894年出生于天津，1913年以庚款公费派赴美国留学，入康奈尔大学学建筑。毕业前后，曾作为美国著名建筑师亨利·墨菲（Henry K. Murphy）的助手，参加金陵女子大学（今南京师范大学）和燕京大学（今北京大学）校舍的规划、设计，同时描绘整理了北京故宫的大量建筑图案。1921年回国。1925年5月，孙中山先生葬事筹备处向海内外建筑师和美术家悬奖征求陵墓建筑设计图案。1925年9月，吕彦直的设计方案在评选中一逾群雄，荣获首奖。不久后，受孙中山先生葬事筹备委员会之聘，担任陵墓建筑师，监理陵墓工程。1927年5月，由他主持设计的广州中山纪念堂和纪念碑，在28份中外建筑师应征设计方案中再夺魁首，从此蜚声海内外。在中山陵主体工程施工中，他不顾个人安危，跋涉于沪宁之间，并长期住宿山上，督促施工。为确保工程质量，选料、监工一丝不苟。终因积劳成疾，于1929年3月18日患肠痈在上海不治逝世，年仅36岁，终生未婚。他设计、监造的南京中山陵和由他主持设计的广州中山纪念堂，都是富有中华民族特色的大型建筑组群，是我国近代建筑中融汇东西方建筑技术与艺术的代表作，在建筑界产生了深远的影响，被称作中国“近现代建筑的奠基人”。

陈嵘，著名林学家、林业教育家、树木分类学家，中国近代林业的开拓者之一。1888年生于浙江省安吉县。1906年东渡日本，进东京弘文书院日语速成班学习，并加入了中国同盟会。1909年—1913年在日本北海道帝国大学林科学习。1913年—1915年任浙江省甲种农业学校校长。1915年—1922年任江苏省第一农业学校林科主任。1916年发起组织中华农学会。1923年—1925年在美国哈佛大学安诺德树木园，研究树木学，1924年获硕士学位。1925年任金陵大学森林系教授，系主任。1952年—1971年任中央林业科学研究所所长。1960年任中国林学会第二届副理事长；1962年任第三届副理事长、代理理事长。1971年1月10日逝世于北京。陈嵘毕生从事林业教学、林业科学研究和营林实践工作，培养了大批林业人才；早年创办多处林场，并亲自参加植树造林活动，为中国林业教学实践和造林绿化事业做出了重大贡献。他对树木分类学、造林学的研究有突出成就，被公认为中国树木分类学的奠基人。一生著述甚丰，其中《中国树木分类学》《造林学本论》《造林学各论》和《造林学特论》等著作的学术性和实用性都很高，受到了国内外林学界人士赞赏。

刘敦桢（1897年—1968年），湖南新宁人，是我国建筑教育的创始人之一，也是中国建筑历史研究的开拓者，毕生致力于建筑教学及发扬中国传统建筑文化。1921年毕业于日本东京高等工业学校建筑科，曾创办我国第一所由中国人经营的建筑师事务所。长期从事建筑教育和建筑历史研究工作，又曾多次组织并主持全国性的建筑史编纂工作，出版了《苏州古典园林》。该书是研究苏州园林的经典作品，是中国建筑史上的重要著作。全书共分总论和实例两部分，其中总论部分介绍布局、理水、叠山、建筑、花木等，实例部分共介绍15个园林实例；包含黑白照片约500张、墨线图300幅、文字约5万字。

童寯（1900年—1983年），辽宁沈阳人，满族，毕业于清华大学、美国宾夕法尼亚大学建筑专业，是我国近代造园理论研究的开拓者。早在20世纪30年代初，他进行江南古典园林研究，遍访苏、浙、沪60多处园林，只身一人不辞劳苦踏勘、调查、测绘、摄影，又广泛收集资料文献。1937年，他完成《江南园林志》一书，这是近代最早一部用科学方法论述中国造园理论的专著，包括园林历史沿革、境界、中国诗、文、书画与园林创作的关系以及中国假山发展等众多内容，是近代园林研究最有影响的著作。童寯先生作为建筑师爱好吟咏，又娴六艺，他的绘画作品还得到了专业美术家的赞赏。广博知识和深湛的文化修养使他在中国园林艺术理论研究上达到了很高境界。

陈从周（1918年—2000年），原名郁文，晚年别号梓室，自称梓翁。1918年出生，浙江杭州人，闻名中国的古建筑园林艺术专家。1950年，任苏州美术专科学校副教授，并执教于圣约翰大学。1952年同济大学建筑系任教，筹划组建建筑历史教研室。1985年受聘为美国贝聿铭建筑设计事务所顾问。1989年应聘为台湾《造园》季刊顾问，并获日本园林学会海外名誉会员称号。2000年3月去世。陈从周老先生早年学习文史，后专门从事古建筑、园林艺术的教学和研究，成绩卓著；对国画和诗文亦有研究，尤其对造园具独到见解，主要著述有《扬州园林》《苏州园林》《园林谈丛》《说园》《中国民居》《绍兴石桥》《春苔集》《书带集》《帘青集》《山湖处处》《岱庙建筑》《装修图集》《上海近代建筑史稿》《说“屏”》等。陈从周先生不仅对于古建筑、古园林理论有着深入研究和独到的见解，还参与了大量实际工程的设计建造，如设计修复了豫园东部、龙华塔、宁波天一阁、如皋水绘园，设计建造了云南楠园等大量园林建筑，并把苏州网师园以“明轩”的形式移建到了美国纽约大都会博物馆，成为将中国园林艺术推向世界之现代第一人。

7.4.4 近代中国园林的造园特点

纵观近代园林发展历史，这一时期造园特点有：

（1）西方造园素材的大量引入。近代公园内普遍引种栽培国外观赏植物，丰富了公园植物景观，如悬铃木、雪松、广玉兰、日本樱花、罗汉松、大叶黄杨、夹竹桃、赤松、日本五针松、台湾杉、铺地柏、日本金松、美国花柏、西洋杜鹃、杂交月季、天鹅绒草等。这些观赏植物成为现代城市园林绿化建设中的常用品种。建材上，除混凝土外，还发展了钢材、水磨石、马赛克贴面、玻璃等。

（2）园林功能日益多样化。许多公园既是民众休闲的场所，又都在潜移默化地发挥教育大众的作用。除游览性建筑外，有的还有居住、家祠、寺庙建筑、文娱体育活动场所、公益设施，如公共图书馆、民众教育馆、讲演厅、博物馆、阅报室、棋艺室、纪念碑、游戏场、动物园及文娱体育活动的高尔夫球场、露天舞池等公园新功能。建筑与古典园林一样，有亭、堂、楼、阁、廊、桥、榭等，布置在山麓水际。

（3）中西合璧式园林作品不断涌现。在“中国本位”“中国固有之形式”民族传统复兴、“中西合璧”的思想指导下，在民族性格、民族文化、传统美学和表现程式的支配下，在国民政府鼓励下，公园多利用历史园林或名区胜地改扩建而成。公园布局除个别完全照

搬西方规划式设计外，大多仍以自然山水为基本骨架，理水置石、园林建筑和植物配置吸取古典园林的传统手法，讲究意境创作。同时，在公园局部区段撷取了欧式园林构景单元，如大片宽敞的草坪、规则式花坛、几何形水池、雕像喷泉等。公园的建筑形式和装饰风格除中国古典建筑和民居形式外，还掺建了一些基本上以近代建筑外形的躯干、局部或重点施加中国建筑装饰“中西合璧”的“混合式”建筑，和纯粹模仿外国建筑形式的“洋式”建筑。引入了外国的柱式、拱券、外廊、线脚、铁花栏杆、水磨石地板、马赛克贴面、彩色玻璃嵌窗等，形成了“中西合璧”的园林作品。

（4）公共园林成为园林主流。民国短暂的繁盛时期，公园已成为城市比较普及的公共场所，这是近代社会走向开放的体现，同时也是新政府推动的结果。公园有相当一部分由传统官方或私人活动空间转化而来，许多过去普通百姓无法接近的皇宫陵寝、皇家园林、官署衙门、私人住宅、私家花园被直接改造为公园，供民众游览。

（5）普遍建立纪念性公园。近代中国公园的另一重要变化在于民国政府通过公园向民众灌输现代观念与意识，这使公园实际兼具社会政治教育空间的功能，通过建立纪念性公园或在公园内建纪念碑、纪念塔、纪念亭，而将革命思想、国家认同、政府意志潜移默化地植入公众精神之中。灌输“中华民国”的国家观念，培养民族主义、教化民众，从而增强民众对新政府的认同感，强化新政府的合法性。孙中山先生的逝世在全国引起了极大的反响，各地公园相继更名为中山公园，有些地方还特意建造中山公园，以示对孙中山的深切怀念。除南京中山陵外，还有上海中山公园、广州中山纪念堂 、佛山中山公园、武汉中山公园、天津中山公园等。

（6）公园发展呈现出内在不平衡性。由于中国地域广阔，社会发展处于转型的过渡阶段，因此，公园呈现出内在不平衡性。一是沿海与内陆地区城市公园发展失衡。东南沿海城市，尤其是外来文化渗透较强的地区，公园兴建较多，变化较为明显，而内陆地区尤其是西部地区变化较小。二是在政府控制力较强的地区，公园等旅游项目建设成就较大，公园得到明显拓展，而政治边缘化地区则发展缓慢。三是社会阶层的不平衡发展。公园的发展变化对于改变社会上层的生活方式与文化观念更为明显。

7.5 中国现代园林发展

7.5.1 新中国初期的园林发展

1. 发展概述

新中国成立后，政府十分重视园林绿地建设问题，公共园林成为主流。1949—1957 年是我国园林绿地建设的起步阶段，这一时期正是国民经济恢复时期和“一五”计划时期。在“一五”期间国家提出“普遍绿化、重点美化”的方针，将绿化作为新建城区的市政公用工程，必须配套建设，将绿化当作城市建设的一个组成部分，打造城市绿地系统。同时借鉴和学习苏联经验，为发展工业设置卫生防护隔离绿化带；公园大中小结合，均匀分布，方便居民就近利用；公园绿地用林荫道、绿色走廊连接、从四郊楔入城市并分隔居住区；设置环市林带，与楔形绿地系统连接起来；保护、利用、结合原有的森林、园林、名胜古迹、果园、湖沼、山川等。

这一阶段的建设虽然起点低，设施也比较简陋，但毕竟是实现了从无到有的突破，让城市面貌有了较大的改变。该时期涌现的一批优秀园林。其中综合性公园有：北京紫竹院公园（1953 年建）、上海长风公园（1957 年建）、南京莫愁湖公园（1959 年扩建）、杭州花港观鱼公园（1952 年建）、沈阳北陵公园（1950 年建）、哈尔滨斯大林公园（1954 年建）、天津水上公园（1951 年建）、合肥逍遥津公园（1950 年建），济南趵突泉公园（1956 年建）。纪念性公园有：广州起义烈士陵园（1954 年建）。动植物园和专类花园有：上海动物园（1954 年建）、杭州植物园（1956 年建）、广州兰圃（1953 年建）等。

1958—1978 年是我国园林建设的缓慢发展阶段，这一时期正受“大跃进”、自然灾害、“文化大革命”以及国内外不利的政治、经济等因素的影响，园林建设与发展受到了极大的限制，有的名胜古迹还遭到了“破四旧”之灾。1973 年以后，社会开始重视城市绿地对环境保护的作用，在城市建设中运用绿地定额定量对城市绿地进行评价。公共绿地的类型和内容很丰富，有供居民游憩的公园、纪念性公园、专类花园、动植物园、儿童公园、小游园、林荫路和广场绿地等多种。此外，还有为交通安全的绿化分隔岛，美化市容的封闭式装饰性绿地等。多数公园都能做到在城市总体规划的指导下建设，既考虑因地制宜地利用城市土地，又照顾到居民游憩方便，均匀分布，有合理的服务半径；既联系成系统、形成系统，又各具个性、富有艺术特色。

2. 园林实例

（1）南京莫愁湖公园。莫愁湖公园（见图 7-19）位于南京市建邺区，公园面积 58.36 公顷，其中湖面约 33.3 公顷。1929 年辟为公园，后建有“粤军殉难烈士墓”和孙中山手书“建国成仁”碑。新中国成立后，南京市人民政府于 1951 年将莫愁湖公园列为“第一区人民公园”。1952 年与 1955 年两度修整胜棋楼、郁金堂、赏荷厅、风来阁、回廊、凉亭、池塘等建筑，增建了长廊、水榭、湖心亭、露天舞台等设施，并扩大了游览园地。1958 年开始浚湖，在湖中造湖心岛 2600 平方米，在陆地堆山筑路、广植树木，营造有竹林、黑松林、无患子林、毛白杨林等。并改建园门，修缮舞台、水榭、待渡亭、六角亭、湖心亭等建筑，郁金堂、胜棋楼景区采取放大尺度、有开有合的内外联通法改造，使得莫愁湖公园景观大变。园内楼、轩、亭、榭错落有致，堤岸垂柳，海棠相间，湖水荡漾，碧波照人。楼阁掩映在山石松竹、花木绿荫之中，一派“欲将西子莫愁比，难向烟波判是非。但觉西湖输一着，江帆云外拍云飞”的宜人景色。

图 7-19　南京莫愁湖公园

（2）杭州花港观鱼公园。花港观鱼（见图 7-20）是由花、港、鱼为特色的风景点，为西湖十景之一。花港地处苏堤南段西侧，三面临水，一面倚山，平静如镜的小南湖和西里湖如青玉般分列左右。而公园就在西里湖与小南湖之间的半岛上面。清康熙南巡时，在苏堤映波桥和锁澜桥之间的定香寺故址上，重新砌池养鱼，筑亭建园，勒石立碑，题有“花港观鱼”四字。

图 7-20 杭州花港观鱼公园

1952 年，在原来“花港观鱼”的基础上，向西发展，利用该处优越的环境条件和高低起伏的地形，以及原有的几座私人庄园，疏通港道，开辟了金鱼池、牡丹园、大草坪，并整修蒋庄、藏山阁，新建茶室、休息亭廊。至 1955 年，初步建成了以“花”“港”“鱼”为特色的风景点。1963 年—1964 年又进行了第二期扩建工程，形成了占地面积 20 公顷，比旧园大一百倍的新型公园。

全园分为红鱼池、牡丹园、花港、大草坪、密林地五个景区，与雷峰塔、净慈寺隔苏堤相望。红鱼池位于园中部偏南处，是全园游赏的中心区域。池岸曲折自然，池中堆土成岛，池上架设曲桥，倚桥栏俯视，数千尾金鳞红鱼结队往来，泼鳍戏水。花港观鱼的艺术布局充分利用了原有的自然地形条件，景区划分明确，各具鲜明的主题和特点。它继承和发展了我国园林艺术的优秀传统，倚山临水，高低错落，渗透着诗情画意。在空间构图上，开合收放，层次丰富，景观节奏清晰，跌宕有致，既曲折变化，又整体连贯，一气呵成。它的最大特色还在于把中国园林的艺术布局和欧洲造园艺术手法巧妙统一了，中西合璧，而又不露斧凿痕迹，使景观清雅幽深、开朗旷达、和谐一致。特别是运用大面积的草坪和以植物为主体的造景组合空间，在发展具有民族特色而又有新时代特点的中国园林中，具有开拓性的作用。

7.5.2 改革开放后的园林发展

1. 发展概述

图 7-21 大连儿童公园

1979 年至今是我国园林建设持续高速增长阶段，大规模的城市绿地的建设呈现千姿百态的繁荣景象。到 20 世纪 80 年代初统计，国内 220 个城市有公园 679 个。到 1998 年，全国城市绿化覆盖率达 26.56%，人均公共绿地面积为 6.1 平方米。到 2005 年，全国城市绿化覆盖率达 31.66%，人均公共绿地面积为 7.0 平方米。这一时期涌现的优秀园林有：天津海河公园总体规划及秋景园；大连儿童公园（1981 年）（见图 7-21）、合肥市园林绿化系统（1983 年）；北京香山饭店庭院（1983年建）等。20世纪90年代涌现出许多的优秀园林设计作品，主要有：黑龙江省药物园（1987年）、北京二环路绿化带（1990年）、杭州太子湾公园（1990年建，）、济南环城公园（1989年）、广州天河体育中心绿化（1989年）、广州云台花园（1993年）（见图7-22）、南京明城墙风光带规划、广州雕塑公园（1995年）、昆明世界园艺博览会场馆规划设计（1999年）、青岛五四广场、杭州时花广场（2000年）、长安街绿化整治工程（1998年）、北京奥林匹克中心公园（2008年）等。

图7-22　广州云台花园

20世纪80年代中期，国家大力开发风景名胜区，先后公布了八达岭、十三陵、避暑山庄、秦皇岛、北戴河、黄山等44处第一批风景名胜区。1993年、1994年又公布了第二批和第三批风景名胜区。2005年，我国风景名胜区发展到710处，其中国家重点风景名胜区187处、省级523处，总面积约占国土面积的1%。到20世纪90年代，人们开始意识到经济发展同环境的相互促进或制约的关系，开始着手进行环境改善和治理工作。1992年，在世界环境发展大会上中国政府宣布了“经济建设、城乡建设和环境建设同步规划、同步实施、同步发展”方针。同年，建设部制定了园林城市评选办法和标准，在全国城市开展环境综合整治考核评比活动，并在全国倡导创建“园林城市”的活动，开始大力推动城市的“园林城市”创建工作。城市的园林绿化工作得到重视并大力营建，取得了一系列成绩，真正把城市作为一个大园林来经营管理，形成了城市特有的景观风貌。依次获得国家“园林城市”称号的城市有：第一批（1992年）：北京、合肥、珠海；第二批（1994年）：杭州、深圳；第三批（1996年）：马鞍山、威海、中山；第四批（1997年）：大连、南京、厦门、南宁；第五批（1999年）青岛、濮阳、十堰、佛山、三明、秦皇岛、烟台、上海浦东区（国家园林城区）；第六批（2001年）：江门、惠州、茂名、肇庆、海口、三亚、襄樊、石河子、常熟、长春、上海闵行区（国家园林城区）；第七批（2003年）：上海、宁波、福州、唐山、吉林、无锡、扬州、苏州、绍兴、桂林、绵阳、荣成、张家港、昆山、富阳、开平、都江堰等。城市环境建设模式——“园林城市”已成为中国园林建设适时的新发展方向。

目前，中国现代园林的主要类型有：城市园林、园林城市、生态园林、风景名胜区和自然保护区等。中国城市园林绿地（城市园林）主要包括公园绿地、附属绿地、生产绿地、防护绿地、道路绿地、居住绿地、风景绿地七类。在中国现代园林时期，园林的基本功能得到了进一步的扩展，其主要功能有：保护自然生态环境及物种资源，实现人与自然的永续和谐共存；改善城市化地区的生活环境，提高居民生活质量；发挥审美功能，供人们游憩健身、陶冶情操，提高思想文化素养；开展科学研究和科普教育，扩大视野，培养人才。由于园林

功能的扩展变化，该时期我国城市园林的特有风格是：以植物造景为主；建筑比例适度，与周围环境景观相协调；美化了城市景观，充分发挥了园林的综合效益；使用先进技术和材料，经济效益显著。

2. 园林实例

（1）云台花园。云台花园是一个高格调，以欣赏四季珍贵花木造景为主的全国最大的园林式花园。它坐落白云山三台岭内，占地面积12万平方米，是以世界著名花园——加拿大的布查特花园为蓝本，由广州园林建筑设计院设计，广州市政府投资5000多万元，于1993年筹建，是目前全国最大的中西合璧园林式花园。这里聚东西方园林建筑精华于一体、汇国内外四时花卉于一园、纳国际友邦情谊于一圃，成为广州市的旅游窗口之一。

云台花园的构造颇具艺术特色，集东西方建筑艺术于一身，融古今文化于一体，显现出别具一格的园林风格。园内建有新颖雅致、各具特色的景点10多处，有谊园、玻璃温室、醉华苑、岩石园、太阳广场、飞瀑流彩、玫瑰园、露天交谊舞场等，欧陆风情与东方园林造景相交融。花园的整体布局是以正对着大门的宽大台阶为轴心展开的。台阶分为三部分，左右两边是对称的大理石阶梯，中间则由特制玻璃铺砌而成的。玻璃底下安装着各色彩灯，玻璃台阶上端是一泊小湖，取名滟湖，湖底又有环形灯饰。到了夜晚，滟湖中被灯光染得五彩缤纷的湖水，沿着玻璃台阶缓缓流下，被灯光置换成七彩的河，流光溢彩，如梦似幻。滟湖的水沿中轴线下泻，使得滟湖成为中轴线的源头。为了突出这一源头，园林设计者和建造者又在滟湖的岸边建了一个罗马柱廊，既突出了轴心线上的景点在云台花园的作用，又与具有中西合璧特色的花园大门相对应。更为有趣的是，建造者借鉴了苏州园林中花墙的效果，在罗马柱廊的后面又安放了一群图腾石柱。在轴心线的两侧，云台大花园分别排列出不同的功能区，200多种中外名贵的四时花卉就被巧妙地种植在了不同的功能区里。东侧在种植各种花卉的同时，还依地势起伏培植了大面积的草坪，远远望去，酷似一条绿色的瀑布。西侧是谊园和茶室。谊园中心是一个巨大的地球石雕。以地球石雕为圆心，在一个巨大的圆周内，分布着已与广州结为友好城市的市花和友好城市所在国的国花。

（2）北京奥林匹克公园。2008年，北京成功举办了奥林匹克运动会，提出“绿色奥运”的口号。北京奥林匹克公园分为三部分：北部是6.8平方千米的奥林匹克森林公园，中部是3.15平方千米的中心区，南部是1.64平方千米的已建成和预留区（奥体中心）。奥林匹克公园围绕贯穿整个园区的中轴线设计了不同的景观，设计了三条轴线——中轴线、西侧的树阵和东侧的龙形水系。在龙形水系和中轴线之间又设置了三段不同的空间（庆典广场、下沉花园、休闲广场），水系两岸也分别配套进行了景观设计（见图7-23）。在园区之中设置了一个标志性景观塔——玲珑塔，赛时为媒体提供演播室、电视转播等服务。此外，园区中已有的历史遗存，包括北顶娘娘庙等古迹在内，也放在了景观设计的考虑范围之内。尤其是奥林匹克公园的生态环境景观设计。中国传统的五行元素——金、木、水、火、土存在相生相克的关系，在自然轮回中不断转化，无穷无尽地循环，表达了层层发展的思想和生生不息的精神。本设计强调整体设计的连贯性和互补性，体现了整个城市中轴线系统的和谐平衡。

图 7-23　北京奥林匹克公园规划设计效果图

中轴线本身设计为景观大道，总面积 40 万平方米，中间不设置建筑物（称作“虚轴”，与内城设置建筑物的“实轴”相对）。西侧的树阵景观带宽 100 米、长 2.4 千米，南起北四环路北侧，北至科荟路，中间在国家游泳中心和国家体育馆东侧断开以形成广场。树阵中的树木间隔为 6 米，矩阵排列，树种以北京本地物种为主，考虑到成本没有全部使用银杏，而是以油松、毛白杨、国槐、栾树等树种为方阵主体，两侧以银杏阵列贯穿。树下则从南部的硬质透水砖，变成中部的规则绿篱，最终变为北部的自由绿化，逐渐融入森林之中。东侧的龙形水系总长约 2.7 千米，宽度 20~125 米，总面积 16.5 公顷，南起鸟巢南侧，北至森林公园奥海。虽然是人工水系，水源也是污水处理厂中生产的中水，但是在建设中人工构建了生态平衡，以达到自然净化的效果。西岸的湖边西路为非机动车道，在下沉花园旁设置了亲水平台，并辅以台阶、平台、座椅等设施。东岸则设置了带状绿地，西侧植被种植得较矮较稀疏，东侧则较高较密，这样一来，既有利于从东岸向西观赏中心区，也使得从中心区向东望去的景色富有层次感。

三段空间中，南段的庆典广场与中轴广场相连，为周边的国家体育场、游泳中心、体育馆提供赛时和赛后大型活动人流集散和室外活动举办的空间，南北两侧设置了喷水池。中段的下沉花园结合周边的地铁站和 20 多万平方米的地下商业设施进行设计，以“开放的紫禁城”为主题设置了 7 个院落，自南到北依次排开，分别采用不同的设计，体现出不同的中国传统文化元素。而北段的休闲花园则自然种植了植被，作为中心区逐渐过渡到森林的缓冲地带，植被中间留有空地以便活动。

思考与练习

1. 简述中国近现代园林的发展历程及其阶段特点。
2. 简述皇家园林近代际遇与转型。
3. 近代租界公园兴起的原因及风格特征有哪些？

4. 近代中国造园的特征有哪些？
5. 简述近现代园林发展中的“中山公园”现象。
6. 简述近现代园林学科的发展与形成过程。
7. 海派经营性私家园林的特点有哪些？
8. 中国现代城市园林绿化建设的内容与主要特点是什么？

第8章 欧美园林

思政箴言

真正持续优美的景观，一定是人与自然长期映射演化形成的结果。不同的自然条件，必然造就不同的人文环境。中外园林的不断发展是人类认识自然、改造自然的艰辛成果，是尊重自然、顺应自然、保护自然的理念要求。必须牢固树立和践行习近平总书记提出的“绿水青山就是金山银山”，站在人与自然和谐共生的高度谋划园林事业发展的未来，以生态文明建设为基本目标，以新时代创新精神为动力，以新时代造园技术为支撑，焕中华园林新貌，绘世界园林画卷。

8.1 古代时期欧洲园林

8.1.1 古埃及园林

8.1.1.1 发展背景

古埃及为世界四大文明古国之一，位于非洲大陆的东北部，尼罗河流经的峡谷地带。古埃及冬季温暖，夏季酷热，全年干旱少雨，森林稀少，但沙石资源丰富，日照强烈，温差较大。尼罗河的定期泛滥，使两岸河谷及下游三角洲成为肥沃的良田，是古埃及最富饶的区域。

大约公元前3100年，南方的美尼斯统一了上、下埃及，开创了法老专制政体，即所谓的前王朝时代，并发明了象形文字。从古王国时代开始，埃及出现种植果木、蔬菜和葡萄的实用性园林。这些园林面积狭小、空间封闭，出于引水的便利，广泛分布在尼罗河谷之中，成为古埃及园林的雏形。与此同时，供奉太阳神的神庙和崇拜祖先的金字塔陵园的出现，成为古埃及园林形成的标志。中王国时代的中上期，重新统一埃及的底比斯贵族重视灌溉农业，大兴宫殿、神庙及陵寝园林，使古埃及再现繁荣昌盛气象。新王国时代的古埃及国力十分强盛，古埃及园林也进入繁荣阶段。园林中最初只种植一些埃及榕、棕榈等乡土树种，后来又引进了黄槐、石榴、无花果等树木。

8.1.1.2 园林类型与风格特征

古埃及园林可以划分为宫苑园林、圣苑园林、陵寝园林和贵族园林这四种类型。

1. 宫苑园林

宫苑园林是指为法老休憩娱乐而建筑的园林化的王宫，四周围以高墙，内部再以墙体分隔空间，形成若干小院落，呈中轴对称格局。各院落中有格栅、棚架和水池等，装饰有花木、草地，畜养水禽，还设置有凉亭（见图8-1）。

这个宫苑呈正方形，中轴线顶端呈弧状突出。宫苑建筑用地紧凑，以栏杆和树木分隔空间。走进厚重的宫苑大门，首先映入眼帘的是夹峙着狮身人面像的林荫道。林荫道尽端连接着宫院，宫门是门楼式的建筑，称为塔门，十分突出。塔门与住宅建筑之间是笔直的甬道，形成明显的中轴对称线。甬道两侧及围墙边列植着椰枣、棕榈、无花果及洋槐等树木。宫殿住宅是全园的中心，两边对称布置着矩形泳池。池水略低于地面，呈沉床式。宫殿后为石砌驳岸的大水池，池上可荡舟，并放养水鸟、鱼类。在大水池的中轴线上设置有码头和瀑布。园内因有大面积的水面、庭荫树和行道树而凉爽宜人，又有凉亭点缀、花台装饰、葡萄悬垂，甚是诱人。

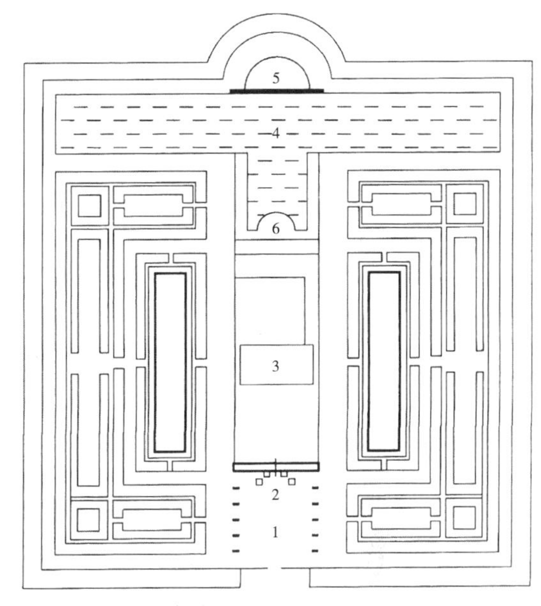

图 8-1　古埃及底比斯法老宫苑平面图

1—狮身人面像林荫道　2—塔门　3—住宅　4—水池
5—瀑布　6—码头

2. 圣苑园林

圣苑园林是指为埃及法老参拜天地神灵而建筑的园林化的神庙，周围种植着茂密的树林以烘托神圣与神秘的色彩。宗教是古埃及政治生活的中心，最高统治者法老即是神的化身。为了加强这种宗教的神秘统治，古埃及出现了大量神庙及与宗教相关的建筑，并在其周围设置了圣苑，即一种依附于神庙的树林，旨在使神庙具有神圣和神秘之感。著名的埃及女王哈特谢普苏特（Hatshepsut，约公元前 1503 年—公元前 1482 年在位）为祭祀阿蒙神（Amon）在山坡上修建的宏伟壮丽的德力 · 埃尔 · 巴哈里神庙（见图 8-2）。

图 8-2　德力 · 埃尔 · 巴哈里神庙复原图

神庙的选址为狭长的坡地，恰好躲避了尼罗河的定期泛滥。人们将坡地削成平地，形成三个台层，中、上两层均有巨大的柱廊装饰的露坛，嵌入背后的岩壁，一条笔直的通道从河沿径直通向神庙的末端，串联着三个台阶状的广阔露坛。入口处两排巨大的狮身人面像，神态威严。神庙的线性布局充分体现了宗教神圣、庄严与崇高的气氛。据说是为了遵循阿蒙神的旨意，而专门在台层上引种了大量香木，甬道两侧排列洋槐，周围高大的乔木包围着神庙，一直延伸到尼罗河边，形成了附属于神庙的圣苑。古埃及人视树木为神灵的祭品，用大片树木表示对神灵的尊崇。

许多圣苑在棕榈、埃及榕等树木围合的圣林间隙中，设有大型水池，驳岸以花岗石或斑石砌造，池中栽植荷花和纸沙草等水生植物，放养着象征神灵的圣特鳄鱼。据记载，在拉穆塞斯三世（Ramses Ⅲ）统治时期，设置的圣苑多达514座，当时庙宇领地约占全国耕地的1/6，可见其盛况。

3. 陵寝园林

陵寝园林是指为安葬古埃及法老以享天国仙界之福而建筑的墓地，其中心是金字塔，四周有对称栽植的林木。古埃及人相信人死后灵魂不灭，如冬去春来、花开花落一样。因此，历代的法老及贵族们都为自己建造巨大而显赫的陵墓，陵墓周围还要有再现死者生前所休憩娱乐景象的环境。著名的陵寝园林是尼罗河下游西岸吉萨高原上建有的80余座金字塔陵园。

图8-3　胡夫金字塔

金字塔是一种锥形建筑物，因外形酷似汉字“金”而得名。它规模宏大、壮观，显示出古埃及科学技术的高度发达。其中，胡夫金字塔（胡夫是古埃及第四王朝国王）（见图8-3）为世界之最，高146米，用230万块巨石堆砌而成，平均单块重约2.5吨，最大石块甚至超过15吨。据古希腊历史学家希罗多德的估算，修建胡夫金字塔一共用了20年时间，每年用工10万人。其建筑工艺之精湛令人惊叹，虽无任何黏着物，却石缝严密、刀片不入。金字塔陵园中轴有笔直的圣道，控制着两侧的均衡，塔前设有广场，与正厅（祭祀法老亡灵的享殿）相对应。周围成行对称地种植着椰枣、棕榈、无花果等树木，林间设有小型水池。

陵寝园林的地下墓室中往往装饰着大量的雕刻及壁画，其中描绘了当时宫苑、庭院、住宅、园林及其他建筑的风貌，为后人了解数千年前的古埃及园林文化提供了珍贵的材料。

4. 贵族花园

贵族花园是指古埃及王公贵族为满足其奢侈的生活需要而建造的与宅邸相连的花园。这种花园一般都有游乐性的水池，四周栽培有各种树木花草，花木中掩映着游憩凉亭。在封闭的庭院中，树木和水带来了阴凉和湿润，营造出了舒适宜人的小气候。有些大型的贵族花园呈现出宅中有园、园中套园的布局。

在特鲁埃尔・阿尔马那（Tell・el-Armana）遗址发掘出了一批大小不一的园林，都采用几何式构图，以灌溉水渠划分空间。园的中心是矩形水池，有的水面大如湖泊，可在池中泛舟、垂钓或狩猎水鸟。周围树木成列种植，有棕榈、柏树或果树，用葡萄棚架将园林围成几个方块。直线型的花坛中混植着虞美人、牵牛花、黄雏菊、玫瑰和茉莉等花卉，边缘以夹竹桃、桃金娘等灌木为篱。

古埃及园林的风格与特征是其自然条件、社会生产、宗教风俗和人们生活方式的综合反映，主要体现在：

1）强调种植果树、蔬菜，增加经济效益的实用目的。因为古埃及全境被沙漠和石质山地包围，只有尼罗河两岸和三角洲地带为绿洲农业，所以土地显得十分珍贵。园林占有一定的土地面积，在给人们带来赏心悦目的景致的同时，亦不忘经济实惠的设计。

2）重视园林改善小气候环境的功能。在干燥炎热的条件下，阴凉湿润的园林环境能给

人以天堂般的感受。因此，园林的主要作用是庇荫，树木和水体成为最基本的造园要素。水体既能增加空气湿度，又能为灌溉提供水源，水中还可养殖水禽鱼类、种植荷花、睡莲等，为园林增添了无限的生机和情趣。

3）植物种类和栽种方式丰富多变，树木排行作队，如行道树、庭荫树、水生植物及桶栽藤本等；甬道上覆盖着葡萄棚架，形成绿廊；桶栽藤本通常点缀在园路两旁。在早期的园林中，花木品种较少，园林整体色彩比较淡雅。在与希腊文化接触之后，花卉装饰才在古埃及普遍流行。

4）农业的生产发展促进了引水及灌溉技术的提高，土地规划也促进了数学和测量学的进步，加之水体在园林中的重要地位，使大多古埃及园林都选择建造在临近水源的平地上，具有强烈的人工气息。园地多呈方形或矩形，总体布局上有统一的构图，采用中轴对称的布局形式，给人以均衡稳定的感受。四周有厚重的高墙，园内以墙体、树木分隔空间，形成若干个独具特色的小园，互有渗透和联系。另外，园林树木的行列式栽植、水池的几何造型都反映出人们在恶劣的自然环境中力求以人为本、改造自然的思想。

5）浓厚的宗教思想以及对永恒生命的追求促进了圣苑园林及陵寝园林的产生。与此同时，园林中所运用的动、植物也披上了神圣的宗教色彩。

8.1.1.3　典型实例分析

最早关于古埃及园林的史料可以追溯到约公元前 2700 年的斯内夫卢（Snefrou，古王国时期第四王朝的第一位国王）统治时期。在时任地方官梅腾（Metjen）的墓穴中，已描绘有园林的形象。但这些古埃及园林的实物已荡然无存，不过从流传下来的文字、壁画和雕刻中，人们可以大致了解其风貌。

图 8-4 所示为公元前 1400 年古埃及底比斯阿米诺菲斯三世（Amenophis Ⅲ，公元前 1412 年—公元前 1376 年在位）时期某大臣墓室中的石刻图。据考证，这幅石刻图正是该大臣的住宅及花园。从这幅图中可以看到，该园林呈正方形，四周围着高墙，入口的塔门及远处的三层住宅楼构成全园的中轴线。园林中的水池、凉亭以及植物的种植都是对称式的。矩形水池中栽培着莲类水生花卉，水池的周边种植了纸莎草，池边种植的树木和其他植物遮挡了照在水池中的阳光。乘小船可以从外面的运河到达壮观的大门。灌溉和四个水池的水也都取自这条运河。房屋建在花园的深处，房屋四周都种植着植物，可以在小水池后面的两个观景亭中观望远处的风景。中央的棚架上爬满了葡萄藤，反映出当时贵族花园浓郁的生活气息。

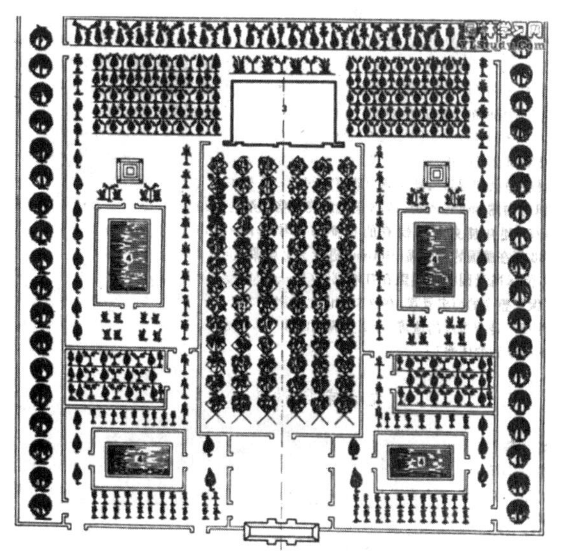

图 8-4　古埃及大臣墓室石刻图

同一墓室中出土的另一幅画描绘了奈巴蒙花园（Nabamon Garden）的情景，它是这座大型贵族花园中的一处小园。在园林的中央是矩形水池，池中种植着水生植物，池边栽植有芦苇和灌木，周围种植着石榴、椰枣、无花果等其他果树，有规则的对称式布局反映出了当时埃及贵族王公们的生活习俗。

在国王坟墓里的棺材上还发现了用象牙雕刻的一个装饰图。图中描述的是国王和王后在花园里的情景。装饰图的边缘框架是由开着红色花的罂粟科植物勾勒出来的；图的下面是小孩在拣罂粟和曼德拉草。王后交给国王两束花，有纸莎草、白色睡莲和金色罂粟。这些图案的后面是攀沿着棚架生长的，结有一簇簇果实的葡萄。

8.1.2 古希腊园林

8.1.2.1 发展背景

古希腊位于欧洲大陆东南部的希腊半岛，另外还包括地中海东部爱琴海一带的岛屿、马其顿、亚平宁半岛及小亚细亚西部的沿海地区（见图 8-5）。希腊半岛多山，山峦之间有一块块的平原和谷地，山地和丘陵占了 80%，是典型的地中海气候：夏季炎热少雨，冬季温暖湿润。虽然陆地交通不便利，但是海岸曲折，港口众多，为海上交通提供了良好的条件，海中诸岛的航海事业尤为发达。古希腊的文化源自于爱琴海文化。爱琴海文化开始是以克里特岛为中心，称为克里特文化，又称为米诺斯文化，在公元前 2000 年—公元前 1400 年曾经辉煌一时。此后，转为以希腊半岛南部的迈锡尼为中心，称为迈锡尼文化，也曾经兴盛了两个多世纪（公元前 1300 年—公元前 1100 年）。直至公元前 12 世纪，由于多利安人的入侵，爱琴海文化衰落，爱琴海地区的繁荣景象也逐渐消散。而古希腊虽然由众多的城邦组成，却创造了统一的古希腊文化，是欧洲文明的摇篮。古希腊文化独特，其建筑和雕塑对西方文化起到了深远的影响，是欧洲文化的发祥地之一。

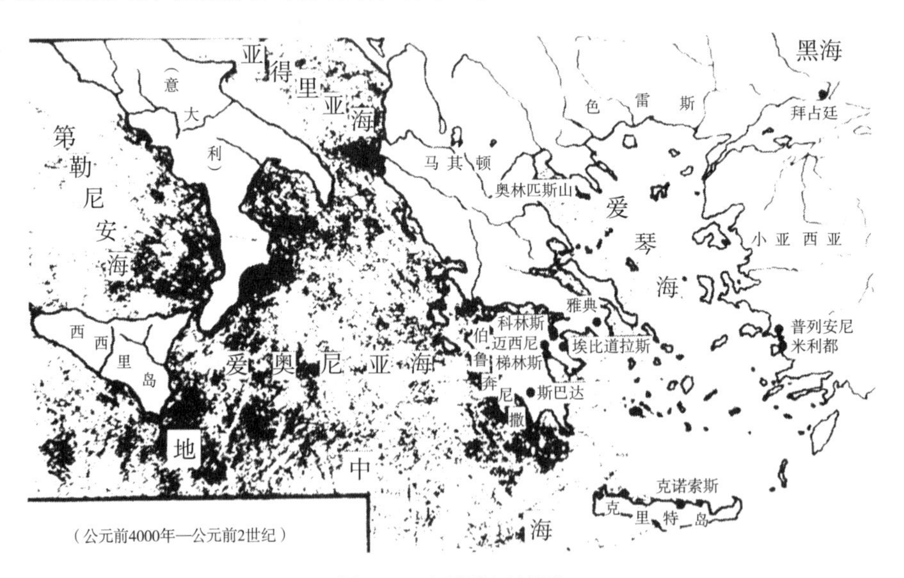

图 8-5 古希腊区域图

古希腊人信奉多神教，他们丰富多彩的神话源于克里特岛的克里特文化和迈锡尼文化，在罗马时代仍然得以不断发展。古希腊的哲学家、史学家、文学家、艺术家们都以希腊神话作为创作的素材。如盲人作家荷马（Homer）的《荷马史诗》中就有大量关于树木、花卉、

圣林和花园的描述。古希腊有许多庙宇。这些宙宇除了提供祭祀活动的场地外，往往兼具了音乐、戏剧、演说等文娱表演场地的功能。如每年春季，雅典的妇女都集会庆祝阿多尼斯节。届时人们会在屋顶上竖起阿多尼斯的雕像，周围环以土钵，钵体中种着发了芽的莴苣、茴香、大麦、小麦等。这些绿色的小苗似花环一般，表示对神的祭奠。因此这种屋顶花园就称为阿多尼斯花园（见图 8-6）。这一传统一直延续到罗马时代。据称罗马的阿多尼斯节更为隆重，其盛况可与希腊的酒神节相媲美。此后，不仅节日里，平时的日常生活中也将这种装饰固定了下来，但不再将雕像放在屋顶上，而是放在花园中，并且四季都有绚丽的花坛环绕在雕像四周，这大概就是欧洲园林中常在雕像周围配置花坛的由来吧！

图 8-6　阿多尼斯的祭奠

因为战争、航海等活动影响，人们开始对强健的体魄有了需求，因而体育健身活动在古希腊也逐渐广泛开展起来。大量群众性的活动也促进了公共建筑如运动场、剧场的发展。另外，古希腊的音乐、绘画、雕塑和建筑等艺术十分繁荣，达到了很高的成就。尤其是雕塑，代表了古代西方雕塑的最高水平。在西方，美学从一开始就是哲学的一个分支。公元前 5 世纪前后，希腊陆续出现了一批杰出的哲学家，其中尤以苏格拉底、柏拉图和亚里士多德最为著名。他们共同为西方哲学奠定了基础，对后世影响深远。哲学家、数学家毕达哥拉斯认为，“数是一切事物的本质，而宇宙的组织在其规定中总是数及其关系的和谐体系”。他指出美就是和谐，并且他可能深谙“黄金分割”理论。亚里士多德则十分强调美的整体性。在他的美学思想中，和谐的概念建立在有机整体的概念上。这一切，对古希腊园林的产生和发展具有很大的影响。

8.1.2.2　园林类型与风格特征

古希腊园林与人们的生活习惯紧密结合，属于建筑整体的一部分，因此建筑是几何形空间，园林布局也采用规则式以求得与建筑的协调。古希腊人开始追求生活上的享受，兴建园林之风也随之而起，不仅庭园的数量增多，并且开始由昔日实用性、观赏性的园林向装饰性和游乐性的花园过渡。古希腊园林中植物运用丰富，据记载大约有 500 余种，其中以蔷薇最受青睐。

由于受到特殊的自然植被条件和人文因素的影响，古希腊园林类型众多，大致可以分为庭院园林、宅园、公共园林、学园等四种类型。这些园林类型还成为后世欧洲园林的雏形，如近代欧洲的体育公园、校园、寺庙园林等都残留有古希腊园林的痕迹。

1. 庭院园林

在古希腊时代，没有形成东方那种等级森严的大型宫苑，王宫与贵族的庭院也无显著差别，故可以统称庭院园林。

在《荷马史诗》中也有对园林的描述。《荷马史诗》中描述了阿尔卡诺俄斯王宫富丽堂皇的景象：它有树篱环绕的大庭院，其中的果树园内栽满了四季开花结果的梨、石榴、苹果、无花果、橄榄、葡萄等果树。规则齐整的花园位于庭院的尽端，园中有两个喷泉：一个喷泉涌出的水流入四周的庭园；另一个喷泉喷出的水则通过前庭入口的下方流向宫殿一侧，供城里的人们饮用。

由此可知，当时对水的利用也是有统一规划的，并且做到了经济、合理。据记载，园内植物有油橄榄、苹果、梨、无花果和石榴等果树。除果树外，还有月桂、桃金娘、牡荆等植物。所谓的花园、庭园，主要以实用为目的，绿篱由植物构成起隔离作用。受益于植物栽培技术的进步，不仅种植有葡萄，还有柳树、榆树和柏树。花卉也渐渐流行起来，而且布置成了花圃的形式，月季到处可见，还有成片种植的夹竹桃。其中对喷泉的记载，说明了古希腊的早期园林也具有一定程度上的装饰性、观赏性和娱乐性。

2. 宅园（柱廊园）

古希腊的宅园采用四合院式的布局，一面为厅，两边为住房，厅前及另一侧常设柱廊，而当中则是中庭，以后逐渐发展成四面环绕着列柱廊的庭院。古希腊人的住房很小，因而位于住宅中心位置的中庭就成为家庭生活起居的中心。早期的中庭内全是铺装地面，装饰着雕塑、饰品、大理石喷泉等。后来，随着城市生活的发展，中庭内开始种植各种花草，形成了美丽的柱廊园。这种柱廊园不仅在古希腊城市内非常盛行，在以后的罗马时代也得到了继承和发展，并且对欧洲中世纪寺庙园林的形式也有着明显的影响。

3. 公共园林

在古希腊，由于民主思想发达，公共集会及各种集体活动频繁，为此建筑了众多的公共建筑物，出现了民众均可享有的公共园林。

（1）圣林。古希腊人同样对树木怀有神圣和崇敬的心理，相信有主管林木的森林之神，把树木视作礼拜的对象，因而也在神庙外围种植树林，称为圣林。起初，圣林内是不种果树的，只用庭荫树种，如棕榈、悬铃木等。据称在荷马时代已经有圣林，当时只在神庙四周起围墙的作用，后来逐渐注重其观赏效果。在奥林匹亚祭祀场（见图 8-7）的阿波罗神殿周围有 60~100 米宽的空地，即当年圣林的遗址。

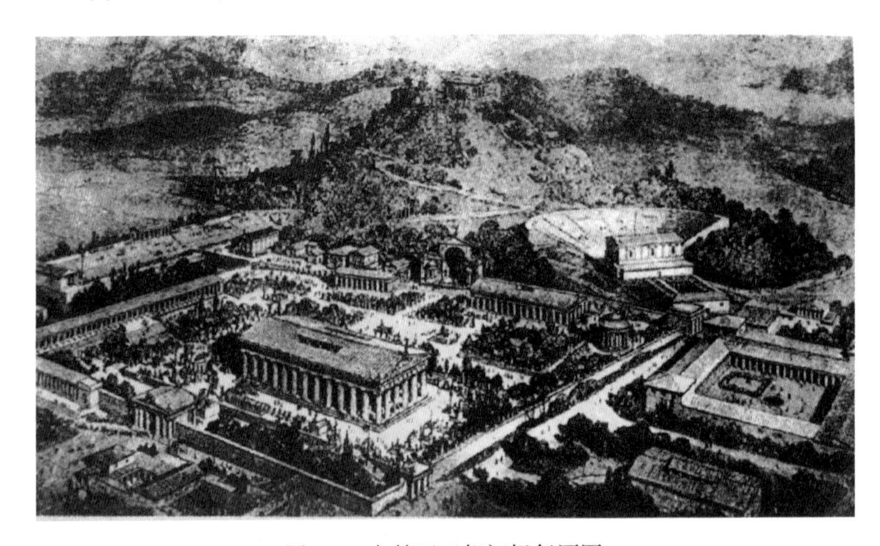

图 8-7　奥林匹亚祭祀场复原图

在奥林匹亚的宙斯神庙旁的圣林中还设置了小型祭坛、雕像及瓶饰、瓮等，因此，人们称之为“青铜、大理石雕塑的圣林”。在这个宙斯神庙中，每隔 4 年便举行一次祭祀，届时还照惯例进行各类体育比赛，比赛的优胜者还能赢得将自己的半身或全身塑像装饰在圣林中的殊荣。圣林既是祭祀的场所，又是祭奠活动时人们休息、散步和聚会的地方；同时大片的林地也营造了良好的环境，衬托着神庙，增加其神圣的氛围，给人神秘感。

（2）竞技场。战争推动了希腊体育运动的发展，因此进行体育训练的场地和竞技场纷纷建立起来。开始，这些场地仅供训练之用，是一些开阔的裸露地面。以后开始有了在场地旁种植遮阳树木的规划方式，这不仅可以供运动员休息，也使观看比赛的观众有了舒适的环境。后来逐渐发展成为大片的林地，其中除有林荫道外，还有祭坛、亭、柱廊、座椅等设施，成为后世欧洲体育公园的前身。雅典近郊阿卡德米（Academy）体育场是由哲学家柏拉图建造的，其中亦有上述的一些设施。当时，雅典、斯巴达、科林多等城市及其郊区都建造了体育场。城郊体育场的规模更大，甚至一度成为吸引游人的游览胜地。

4. 学园

古希腊哲学家，如柏拉图和亚里士多德等人，常常喜欢在雅典城内的阿卡德莫斯公园开设学堂、聚众讲学、发表演说。阿波罗神庙周围的园地，也被演说家李库尔格（Lycargue）作了同样的用途。公元前 330 年，亚里士多德也常常在此聚众讲学。

此后，为了方便讲学，学者们又开始开辟了自己的学园。园内有供散步的林荫道，种有悬铃木、齐墩果、榆树等，还有覆满攀缘植物的凉亭。学园中也设有神殿、祭坛、雕像和座椅，以及纪念杰出公民的纪念碑、雕像等。如哲学家伊壁鸠鲁（Epicurus）的学园，占地面积很大，充满了田园情趣，他因此被认为是第一个把田园风光带到城市中的人。哲学家提奥弗拉斯特（Theophrastus）也曾建立了一所建筑与庭园结合成一体的学园，园内有树木花草及亭、廊等。

8.1.2.3　园林实例

1. 克里特·克诺索斯宫苑（Palace of Knossos）（见图 8-8）

该园建于公元前 16 世纪，位于克里特岛，属古希腊早期的爱琴海文化，其特点是：选址好，重视周围绿地环境建设，建筑建在坡地上，背面山坡上遍植林木，能营造良好的环境；重视基址风向，夏季可引来凉风，冬季可挡住寒风，达到冬暖夏凉的效果；善于利用植物造景，克里特人喜爱植物，除了栽植树木花草外，还会在壁画和物品上绘制花木，用以装饰室内空间，冬季在室内亦可看到花和树；建有迷宫，后来世界各地建造的迷宫乐园都起源于此。

图 8-8　克诺索斯宫苑遗址

2. 季纳西姆体育场（Gymnasium）（见图 8-9）

建在帕加蒙城的季纳西姆体育场规模巨大，建在山坡上，分为三个台层。台层间的高差达 12~14 米，有高大的挡土墙，墙上有供奉神像的壁龛。上层台地周围有柱廊环绕，周边为生活间及宿舍，中央是装饰美丽的中庭，中层台地为庭园，下层台地是游泳池。周围有大片的森林，林中放置了众多的神像及其他雕塑、瓶饰等。这种类似体育公园的运动场一般都会与神庙结合在一起，这主要是由于体育竞赛往往与祭祀活动相联系，是祭奠活动的主要内容之一。这些体育场常常建造在山坡上，并且巧妙地利用地形布置观众看台。

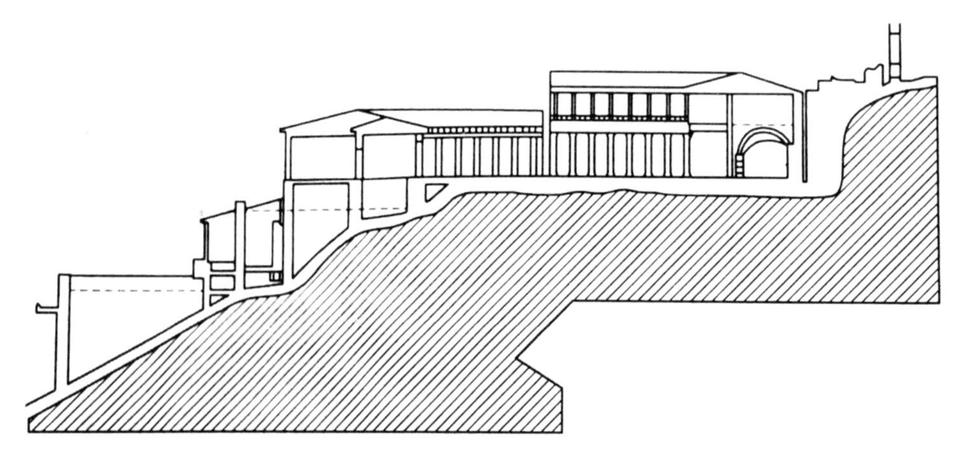

图 8-9　帕加蒙城的季纳西姆体育场剖面图

8.1.3　古罗马园林

8.1.3.1　发展背景

古罗马（公元前 9 世纪—公元 1453 年）位于现今意大利中部的台伯河下游地区，包括北起亚平宁山脉，南至意大利半岛南端的地区。意大利半岛为多山的丘陵地区，山间有少量的谷底，气候条件温和，夏季炎热，是典型的地中海气候。这种地理气候条件对其园林的选址与布局有一定的影响。

曾经称霸一世的古罗马帝国，最初只是一个较小的城市国家，于公元前 853 年立国，后 250 多年废除王政，实行共和，并开始建造罗马城，将其势力范围扩大到了地中海地区。古罗马帝国初期尚武，对艺术和科学不甚重视，几乎没有产生自己的哲学和教育体系，公元前 190 年征服了古希腊之后才全盘接受了希腊文化。古罗马在学习希腊的建筑、雕塑和园林艺术基础上，又进一步发展了古希腊园林文化。在建筑形式的复杂性和外部城市空间的组织上，古罗马人超过了古希腊人。

在古罗马和罗马帝国时代，关于园林的发展有很多文献记载，同时代的作家们写下了不少作为商业用途种植的花，并且有很多有关农村的诗意化描述。在罗马附近发现了花园的壁画，在庞培发现了圆柱式花园，那时有草本学家和百科全书编写人。比如老普林尼的同代人，此外还有诗人，他们有着对田园生活的追求，对景色的欣赏也有很高的灵感。此时期，植物通常被用作装饰，刻在大理石上或是铸在铜质的神的雕像上，这种装饰在园林中的壁炉上、柱廊上，以及长满蕨类的洞穴和长满青苔的罗马式建筑上都可以被发现。通常人们用常春藤和葡萄藤做花环，用长春花、桃金娘和月桂树枝做花冠和王冠，许多罗马的神对肥沃的土地

和特殊的花甚至花的一部分感兴趣。

8.1.3.2　园林类型与风格特征

古罗马园林最初是以生产为主的果园、菜园，种植香料和调料。之后继承和发展古希腊园林艺术、吸收古埃及和西亚的造园手法。古罗马园林在规划上采用建筑的设计方式，地形处理上也是将自然坡地切成规整的台层。园内装饰着各种水体，如水池、水渠、喷泉等；有雄伟的大门、洞府以及笔直和放射形的园路，两边是整齐的行道树，雕像置于绿荫之下，几何形的花坛，修剪整齐的绿篱，以及葡萄架、菜圃和果园，因此其总体风格特征是规则式园林，体现井然有序的人工美。而且重视植物造型的运用，花卉植物也形式多样，有专门的园丁把植物修剪成各种几何形体、文字和图案。

可以分为宫苑、别墅庄园、中庭式庭园（柱廊式）和公共园林四大类型。

1. 宫苑

在共和制后期，执政长官马略、凯撒大帝、庞贝、尼禄王等人都建有自己的宫苑。在距离罗马城不远的蒂沃利（Tivoli）景色优美，成为当时宫苑集中的避暑胜地。其中，尼禄（Nero）的金宫（Golden House）有点像现代独裁者的宫殿，或是亿万富翁的休养所。它是一座拥有湖泊、开敞的林间空地、树林、雕像和众多建筑的“奇异梦幻的风景园”。尼禄死后，在他的人工湖山上修建了斗兽场，在金宫的基址上修建了皇家浴场。今天，金宫的部分残骸已被挖掘出来。

罗马帝国时期，皇帝奥古斯都（Augustus）、提比里乌斯（Tiberius）、卡里古拉（Caligula）和多米提安（Domition）在帕拉蒂尼山建造了宫殿和园林，构筑了带有开敞庭院的宫苑。这些宫苑的建造，为文艺复兴时期意大利台地园的形成奠定了基础。可惜的是，绝大多数的宫苑都毁于战火，只有皇帝哈德良的宫苑还残留着较多的遗迹。

2. 别墅庄园

古罗马人吸收古希腊文化的同时，也热衷于效仿古希腊人的生活方式，但古罗马人具有更为雄厚的财力、物力，而且生活也更加奢华，这就促进了别墅庄园的流行。古罗马别墅庄园多建在罗马城外或近郊，成为古罗马贵族生活的一部分。当时著名的将军卢库卢斯（公元前 106 年—公元前 67 年）被称为贵族庄园的创始人。

古罗马的庄园采用规则式布局，常常是严整对称的。选址常在山坡或海岸边。庄园内既有供生活起居的别墅建筑，又有宽敞的园地，一般包括花园、果园和菜园。花园又可分为三部分，分别供散步、骑马及狩猎使用。建筑旁的台地主要供人们散步使用，这里有整齐的林荫道，有黄杨、月桂形成的装饰性绿篱，有蔷薇、夹竹桃、素馨、石榴、黄杨等花坛和树坛，还有番红花、晚香玉、三色堇、翠菊、紫罗兰、郁金香、风信子等组成的花池。为了避免遮挡视线，一般的建筑物前不会种植高大的乔木。供骑马的部分，主要是以绿篱围绕着的宽阔的林荫道。至于狩猎园，则是以高墙围着的大片的树林，林荫道在林中纵横交错，其中放养了各种动物供狩猎、娱乐，类似古巴比伦的猎苑。

在一些豪华的庄园中甚至建有温水游泳池，或者建有开展球类游戏的绿地。总而言之，在这个时期，庄园的观赏性和娱乐性已经有了明显的增强。无论是庄园还是宅院都采取规则式的布局，尤其是在建筑物的附近，常常是严整的对称。但是，罗马人也十分善于利用自然地形条件，园林选址常常在山坡或者海岸边，以便借景。而在远离建筑物的地方则保持了自然风貌，植物也不再修剪成型了。

3. 中庭式庭园（柱廊式）

古罗马庭园通常由三进院落组成，第一进为迎客的前庭，第二进为列柱廊式中庭，第三进为露坛式花园。这是对古希腊中庭式庭园（柱廊园）的继承和发展，近代考古专家从庞贝城遗址发掘中证实了这一点。潘萨（Pansa）住宅是典型的庭园布局，维蒂（Vettt）住宅前庭与列柱廊式中庭相通；弗洛尔（Flore）住宅则有两座前庭，并从侧面连接；阿里安（Arian）住宅内有三个庭院，其中两个都是列柱廊式中庭。柱廊的使用是在建筑和自然之间建立密切的联系。

古罗马的中庭式庭园（见图8-10）与古希腊的中庭式庭园十分相似，不同的是，在古罗马的中庭里往往有水池、水渠，水渠的上方架有小桥；木本植物种植在很大的陶盆或者石盆中，草本植物则种植在方形的花池或者花坛中；在柱廊的墙面上往往绘有风景画，使人产生错觉，似乎柱廊外是景色优美的花园，这种处理的手法不仅增强了空间的透视效果，而且给人以空间扩大的感觉。

图 8-10　维蒂列柱围廊式中庭

4. 公共园林

古罗马人不像古希腊人那样爱好体育运动，虽然从古希腊接受了体育竞技场的设施，但是并没有用于发展竞技，而是把它变为公共休憩娱乐的园林。在椭圆形或半圆形的场地中心栽植草坪，边缘为宽阔的散步道，路旁种植悬铃木、月桂，形成浓郁的绿荫。园林当中设有小路、蔷薇园和几何形花坛，供游人休息和散步。

在古罗马，沐浴几乎是人们的一种嗜好，因此浴场遍布城郊。浴场也是非常有特色的建筑，除造型富有特色、引人注目外，规模大的浴场还设有音乐厅、图书馆、体育场和室外花坛，实际上已成为公共娱乐的场所，人们可在此消磨时间。

古罗马的剧场也十分壮丽，剧场的建筑无论是功能和形式，还是科技和艺术，都有极高的成就。剧场周围有供观众休憩的绿地，有些露天剧场建在山坡上，利用天然地形和得天独厚的山水风景巧妙布局，令人赏心悦目。

古罗马的公共建筑前都布置有广场，是后来城市广场的前身。这种公共集会的场所也是美术展览的地方。人们在广场上进行社交、娱乐和休憩等，类似现代城市中的步行广场。从共和时代开始，古罗马各地的城市广场就已十分盛行。

8.1.3.3　园林实例

1. 哈德良山庄（Villa Hadrian）（见图 8-11）

哈德良山庄是一座建在蒂沃利（Tivoli）山冈上的大型宫苑。建造时间大约从 118 年到 138 年，历时 20 年，占地面积约 348 公顷，皇帝哈德良本人参与了山庄的规划。

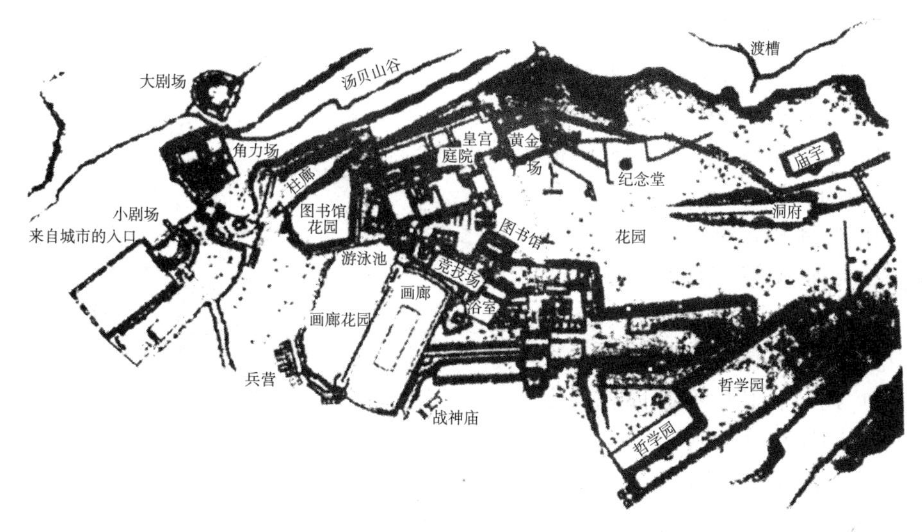

图 8-11　哈德良山庄遗址复原平面图

山庄处在两条狭窄的山谷间，用地极其不规则，地形起伏很大。山庄的中心区为规则式布局，其他区域如画廊、剧场、庙宇、浴室、图书馆、竞技场、游泳池等建筑布局随意，因山就势，变化丰富，分散在山庄的各处，没有明确的轴线。园林部分富于变化，既有附属于建筑的规则式庭园、中庭式庭园（柱廊园），又有布置在建筑周围的花园。花园中央有水池，周围点缀着大量的凉亭、花架、柱廊、雕塑等，饶有古希腊园林的艺术风味。

整个山庄以水体统一全园，有溪、河、湖、池及喷泉等。园中有一个半圆形的餐厅，位于柱廊的尽头，厅内布置了长桌及榻，有浅水槽通至厅内，槽内的流水可使空气凉爽，酒杯、菜盘也可顺水槽流动，夏季还有水帘从餐厅上方悬垂而下。园内还有一座建在小岛上的水中剧场（见图 8-12），岛中心有亭、喷泉，周围是花坛，岛的周边以柱廊环绕，有小桥与陆地相连。

图 8-12　哈德良山庄水中剧场遗址

在宫殿建筑群的背后，面对着山谷和平原，延伸出一系列大平台，设有柱廊及大理石水池，形成极好的观景台。在山庄南面的山谷中，被称为“卡诺普”（Canope）的景点是哈德良举办宴会的场所。哈德良山庄遗址中还保存着运河，尽管水已经干涸了，但是仍然能隐约辨别。运河边有洞窟，过去有塞拉比的雕像，并装饰着许多直接从卡诺普掠夺来的雕像。它是一种全然不同于普通住宅庭院的所谓能浏览周围景色的开放庭院，而哈德良山庄所处的位置及其延伸的露台也刚好能使人环顾其周围乡村的全景画面。另外，哈德良山庄还利用大面积的水体来创造一种神奇的效果，这也成为意大利文艺复兴时期庭院的重要特征之一。

2. 洛朗丹别墅庄园（Villa Laurentin）（见图 8-13）

该庄园建在奥斯提（Ostie）东南约 10 千米的拉锡奥姆（Latium）的山坡上，距罗马约 28 千米。该选址背山面海，自然景观优美，建筑环抱海面，露台上有规则的花坛，可在此观赏海景，交通十分便利。入园后可见美丽的方形前庭，半圆形的小型列廊式中庭，然后是一处更大的庭院。院子尽头是一座向海边突出的大餐厅，从三面可以观赏不同的海景。透过二进院落和前庭回望，可以眺望远处的群山。别墅附近有网球场，两侧是二层小楼和观景台。登临其上，可以远观青山碧波，近瞰美丽的花园。园路围以黄杨，迷迭香环绕着一片片树林，其中有大面积的无花果园、葡萄棚架和桑树园。

图 8-13　洛朗丹别墅庄园透视复原图

3. 托斯卡那庄园（Villa Pliny at Toscane）（见图 8-14）

托斯卡那庄园被群山环绕，林木葱茏，依自然地势形成一个巨大的阶梯剧场。从高处俯瞰，远处山丘上的葡萄园和牧场尽收眼底，景色令人陶醉。

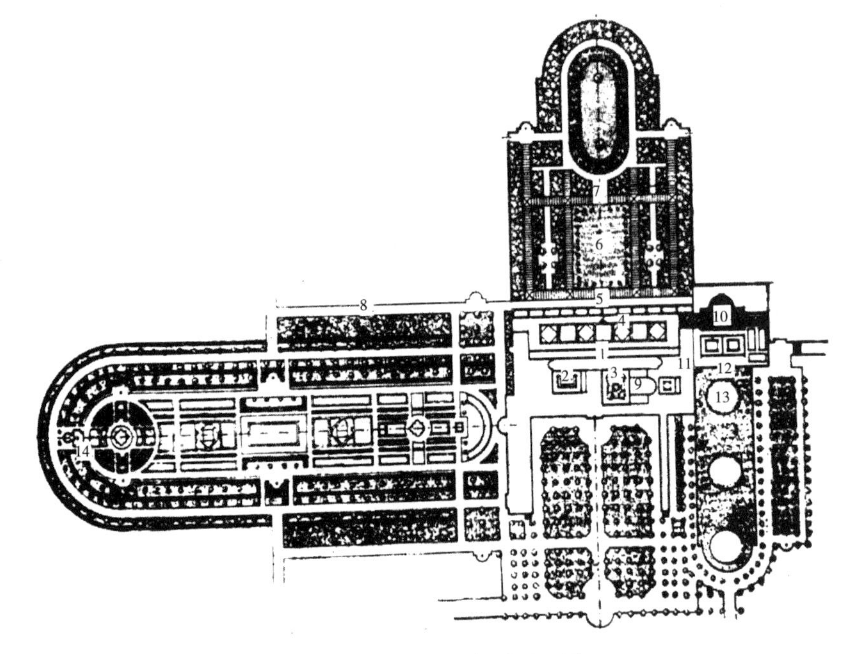

图 8-14　托斯卡那庄园平面图

1—柱廊式中庭　2—前庭　3—四悬铃木庭园　4—露台　5—装饰性坡道　6—老鸦企属植物　7—散步道及林荫道　8—运动场丛林　9—住宅　10—大理石水池　11—大客厅　12—浴室　13—球场　14—工作及休息亭

别墅入口点缀花坛，环以园路，两边有黄杨作篱，外侧斜坡上以黄杨修建出各种动物造型，间杂着各种花卉，整体上呈现模纹花坛的外貌。花坛边缘的绿篱被修剪成各种不同的栅栏状。园路的尽头是林荫散步道，呈运动场状，中央是上百种不同造型的黄杨和其他灌木，周围有墙和黄杨篱。从古罗马时代起，黄杨即作为花园的代表性植物而被广泛运用，而绿色雕刻也成为园林的特色之一。花园中的草坪也经过了精心处理。此外还有果园，园外是田野和牧场。别墅建筑入口是柱廊。柱廊的一端是宴会厅，厅门对着花坛，透过窗户可以看到牧

场和田野风光。柱廊后面的住宅围合出托斯卡那的前庭。还有一处较大的庭园，园内种有四棵悬铃木，中央是大理石水池和喷泉，庭园内阴凉湿润。庭园一边是安静的居室和客厅，还有一处厅堂就在悬铃木下，室内以大理石做墙裙，墙上绘制着树林和小鸟的壁画。厅的另一侧还有小庭院，中央是盘式涌泉，带来欢快的水声。

在柱廊的另一端，与宴会厅相对的是一个很大的厅，从这里也可以欣赏到花坛和牧场，还可以看到大水池，水池中巨大的喷水就像一条白色的缎带，与大理石池壁相互呼应。

园内有一个充满田园风光的地方，与规划式的花园产生强烈的对比：在花园的尽头，有一座收获时休息的凉亭，四根大理石石柱支撑着棚架，下面放置白色大理石桌凳。在这里进餐时，主要的菜肴放在中央水池的边缘，而次要的则盛在船形或水鸟形的碟上，搁在水池中。总之，别墅庄园的观赏和娱乐性已非常显著了。

8.2　中世纪欧洲园林和文艺复兴时期的欧洲园林

8.2.1　中世纪欧洲园林

8.2.1.1　发展背景

中世纪（Middle Ages）一词的由来，是 15 世纪后期人文主义者首先提出的，即指西欧历史上从罗马帝国瓦解灭亡的 5 世纪到文艺复兴开始的 14 世纪这一段时期，历时大约 1000 年。这段时期因古代文化的光辉泯灭殆尽、科技文化停滞、宗教蒙昧主义盛行，所以崇尚古代和文艺复兴文化的近代学者又把这段时期称为“黑暗时期”。由于所处的时代动荡不安，人们自然而然地纷纷投入到宗教中寻求慰藉，或安身立命，或求精神解脱。基督教势力因而长足发展，宗教思想渗透到政治、经济、文化和社会生活等各个方面。因此，中世纪的文化基础主要是基督教文明，文化也可以说是基督教文化。

自 3 世纪起，罗马帝国的奴隶制经济、政治陷入危机，帝国的压迫和剥削激起人们的不满和起义斗争，帝国内部争权夺利，导致内战频繁、国力衰退，最终在 395 年分裂为东、西罗马两部分。东罗马建都于拜占庭，西罗马都城仍为罗马。此后，北欧各民族南侵声势日益浩大，西罗马历经日耳曼、斯拉夫等民族的大举南侵，于 476 年最终灭亡。

随着罗马的分裂，基督教也分为东教会（东正教）及西教会（天主教），教会内部有严格的封建等级制度。在西罗马灭亡后的几百年中，教皇首领同时也是世俗政权的统治者，形成政教合一的局面。教会本身也是大地主，全盛时期拥有着整个欧洲 30% ~40% 的土地。在拥有大量土地财产的主教区内又设有许多小教区，由牧师管理。中世纪另一个重要的社会集团是贵族。大贵族既是领主，又依附于国王、高级教士和教皇。领主们在自己的领地内享有司法、行政和财政等特殊权力，土地亦层层分封、等级森严，形成公、侯、伯爵等不同等级。11 世纪以后，欧洲大部分地区对于爵位和官职采取世袭制，领主权力进一步集中，分封独立，国王的权力相对削弱，从而出现了城堡林立的现象。

中世纪经济贫困、生产落后、政治腐化、战争频繁、社会动荡不安，不利于文化发展。在美学思想上，中世纪虽然仍保留着古希腊、古罗马的影响，但却与宗教神学联系紧密，认为“美”是上帝的创造，把“美”加以神学化和宗教化。除此以外，基督教严重束缚了人们的思想，压抑了人的个性发展，所以中世纪在美学思想上基本处于停滞状态。中世纪的政治、经济、文化、艺术及美学思想对这一时期的园林有着非常明显的影响。

8.2.1.2 园林类型与风格特征

欧洲中世纪数百年政教合一，有着强大、统一的教权，而王权却分散独立，这与中国封建社会皇权至高无上，有着强大的中央集权是截然不同的。因此，中国的封建社会产生了辉煌壮丽的帝王宫苑，而欧洲却没有出现过如中国皇家园林那样壮丽恢宏的建筑，只有以实用性为目的的寺庙园林和简朴的城堡园林。就园林的发展史而言，中世纪的西欧园林可以分为两个时期：前期以教堂庭园为主，是以意大利为中心发展起来的；后期则以城堡庭园为主，在法国和英国留下了一些实例。

1. 教堂庭园

古罗马的和平时代结束以后，是长达几个世纪的动荡岁月。欧洲各民族早已经在罗马帝国的统治下接受了基督教，所以当他们建立了自己的国家后，均以基督教为国教。因此在欧洲，基督教的思想、势力已潜移默化地渗透到了人们生活的各方面，造园也不例外。战乱频繁之际，教堂相对保持一种宁静、幽雅的环境，加之教堂拥有政教一体的权力，又有良田广财，于是人们很自然地投入宗教中寻求慰藉，教堂园林因而得以发展。

早期教堂的建造地点多为人迹罕至的山区，僧侣们常与清风明月相伴，过着极其清贫的生活，他们既不需要也不允许有园林与之相伴。随着寺院进入到城市，这种局面才逐渐有了转变。四五世纪到七世纪至八世纪初可以称为基督教美术时代。基督教徒在修建他们的教堂时，最初是利用罗马时代的一些公共建筑，如市场、大会堂等作为他们进行宗教礼拜活动的场所。以后又效仿称为巴西利卡的长方形大会堂的形式来建造教堂，故而称为巴西利卡教堂（Basilica）。

在罗马的巴西利卡教堂中，建筑物的前面有用连拱廊围成的长方形中庭的露天庭园，称为“前庭”。也有一部分是从这种中庭改造而来的，被命名为“前庭”或“帕拉第索”。它既有顶式，又有露天式，后来人们将前者称为“帕拉第索”，后者则称为“前庭”，以示区别。这类前庭的中央有喷泉或水井，供人们进入教堂时以水净身。

从整体布局上来看，教堂庭园的主要部分是教堂、僧侣住房及其他建筑物围绕而成的露天方形中庭（见图8-15）。为能朝阳，中庭一般都位于教堂的南侧，是僧侣们休息及社交的场所。面向中庭的建筑物前有一圈柱廊，类似古希腊、古罗马的中庭式庭园，柱廊的墙上描绘着各种不同题材和主题的壁画。所绘图案都表现了《圣经》中的故事，也有圣徒的生活写照，以激发僧侣们的宗教热情。

图 8-15 露天方形中庭

稍有不同的是，古希腊、古罗马的中庭式柱廊多是门楣式，柱子之间均可与中庭相通，从柱廊的任何地方都可以进入中庭。而中世纪教堂内的中庭，柱廊多采用拱券式。并且柱子架设在矮墙上，如栏杆一样将柱廊与中庭分隔开，只在中庭四面的正中或四角留出通道，只能从指定位置进入中庭，同时起到保护柱廊后面壁画的作用。另外，中庭内的构造也非常简单，十字形或交叉的园路把庭园分为四个区域，正中的道路交叉处为喷泉、水池或水井，水可饮用，更是僧侣们忏悔和洗涤净化灵魂的象征（见图 8-16）。四块园地上以草坪为主，点缀着果树、灌木和花卉等。教堂内还有数个与此分开的中庭，它们作为一般的公共用途，其中也有作为方丈及高级僧侣所私用的中庭。还有专设的果园、药草园及菜园等。

图 8-16　柱廊环绕的中庭

前期的教堂园林开始都是以实用性为主，但随着战乱平息、时局趋于稳定和生产力的不断发展，园林的装饰性和娱乐性也日趋增强。如有的果园中逐渐增加了观赏树木，铺设草地，种植花卉，点缀凉亭、喷泉、座椅等设施，形成了一种游乐园类型的园林。但由于基督教徒提倡禁欲主义，反对追求美观和娱乐，因此装饰性、游乐性的花园难以在教堂中发展壮大。水通过尽可能的手段导入庭园之中。其中，喷泉、水池更是中世纪庭园的重要组成部分，是庭园的中心装饰品。教堂园林同时兼有学校、医院、病房、药草园等多种实用功能，反映了教堂内自给自足的生活要求。

这一时期的教堂保存至今的已经很少了，即使有些当时的建筑保存下来，但庭园的部分，尤其是种植用地几经改动，早已面目全非了。流传下来的早期具有代表性的教堂只有瑞士的圣·高尔教堂和英国肯特郡的坎特伯雷教堂。除此以外，意大利中世纪中叶以后保留至今的教堂，其布局也保留着当年的痕迹。建筑物保存较完好的有著名的意大利罗马的圣保罗教堂、西西里岛的蒙雷阿莱修道院以及圣迪夸德教堂，它们有些至今仍保留着中世纪的外观。

2. 城堡庭园

中世纪初期，战乱频发、宗教统治、封建割据、社会混乱等因素不仅阻碍了经济和军事文化的发展，而且严重影响了人们的生存和生活方式。王公贵族们建造了大量带有军事防御工事的府邸——城堡。建造城堡首要考虑的是实用，其次才是美观。为了便于防守，中世纪早期的城堡多建于山顶上，由带有木栅栏的土墙和内外干壕沟围绕。当时在王公贵族的庭园中，以实用为主，如栽种果树、蔬菜等植物。11 世纪之后，贵族们开始在城堡的空地上布置庭园，因而逐渐具有了装饰和游乐的性质。十字军东征的贵族和骑士们，把东方文化，包括精巧的园林情趣和一些造园植物带回欧洲，于是庭园中增加了观赏性植物，并开始了观赏树木的修剪。13 世纪之后，由于战乱逐渐平息和受东方文化的影响，享乐思想不断增强，城堡的结构也发生了显著变化。它摒弃了以往的形式，代之以更加开敞、适宜居住的宅邸结构。到 14 世纪末，这种变化更为明显。这时期城堡的面积也更大了，庭园也不局限于城堡之内，而是扩展到了城堡周围。法国的比尤里城堡和蒙塔尔吉斯城堡是这一时期比较有代表性的城堡庭园。

中世纪的城堡庭园布局简单，由栅栏和矮庭园墙维护，与外界缺乏联系。除了方格形的花台之外，最重要的造园元素就是三面开敞的龛座，上面铺着草皮。泉池是不可或缺的，树木修剪成几何形状，与古罗马的植物造型相似。庭园的面积不大，一般设有水池，园子由水渠划分为方块的畦。水井在园子中央，上面用格栅建亭，覆满葡萄或其他攀缘植物。有用格栅构造的拱架覆在小径上，以攀缘植物形成花架式亭廊（见图 8-17）。园子一侧有鱼池，偶尔有鸟笼。

迷园是这一时期比较流行的园林。有的常用大理石铺路，有的用草皮，以修剪的绿篱围在道路两侧，形成图案复杂的通道。此外，还有用低矮绿篱组成图案的花坛。图案或是几何图形，或是鸟兽形象，在其空隙中填充了各种颜色的碎石、土、碎砖等。这种花坛所强调的不是单支花朵的形状色彩，而是整体效果，并且形状也由原来的长方形发展出矩形、方形、圆形和多边形等（见图 8-18）。

图 8-17　花架式亭廊

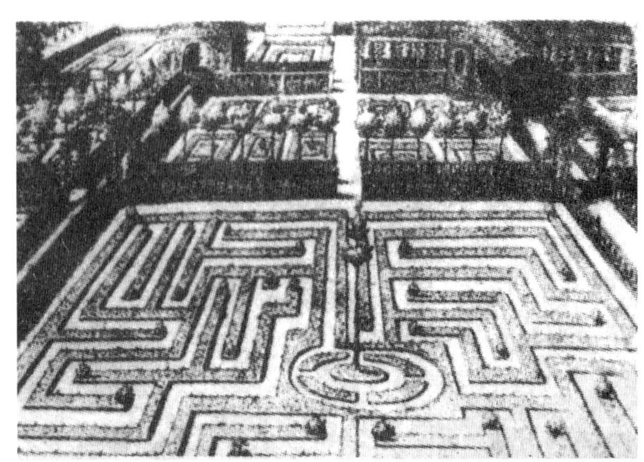

图 8-18　迷园俯视图

8.2.1.3　园林实例

1. 瑞士圣·高尔教堂（见图 8-19）

瑞士圣·高尔教堂是 9 世纪初建于瑞士的康斯坦斯湖畔本尼狄克，占地面积约为 1.8 公顷，僧侣们日常生活所需的一切设施院中都应有尽有。整个教堂主要分为三个部分：第一是中央部分，为教堂及僧侣用房、院长室等；第二的部分是中央的南部和西部，包括畜舍、仓库、食堂、厨房、工场、作坊等附属设施；第三是东部部分，配置有医院、僧房、药草园、菜园、果园及墓地等。中央部分是典型的以教堂、僧房及其他建筑物围绕而成的中庭柱廊园。这是一个方形露天庭院，由常见的前廊环绕着，两条垂直相交的园路中心为水池，同时分为四个部分，周围四块为草地，点缀花卉、灌木之类。第二部分中的柱廊式中庭和天井分别设在校舍和病房、客房等建筑物的中央。这部分值得一提的是在医院及医院宿舍附近规则地配置了实用的药草园、菜园和墓地（果树与墓地相结合）。药草园内有 12 个长条形畦地，分别种植了 16 种草本药用植物，不仅有药用价值还具有观赏价值。墓地内也整齐地种植了实用的果树和灌木，有苹果、梨、李、花楸、桃、山楂、榛子、胡桃及月桂等，周围有绿篱环绕；墓地以南有菜园，其设计与药草园相同，但比后者大得多，18 个畦地排成两行，其中种植了胡萝卜、荷兰防风草、香菜、卷心菜等不同品种的蔬菜。对于以蔬菜为主食的僧侣们来说，菜园的管理是至关重要的，所以在菜园旁有专设的漂亮的园丁房。菜园北侧有两个饲养家禽

的圆形小屋，小屋之间则为看守棚。

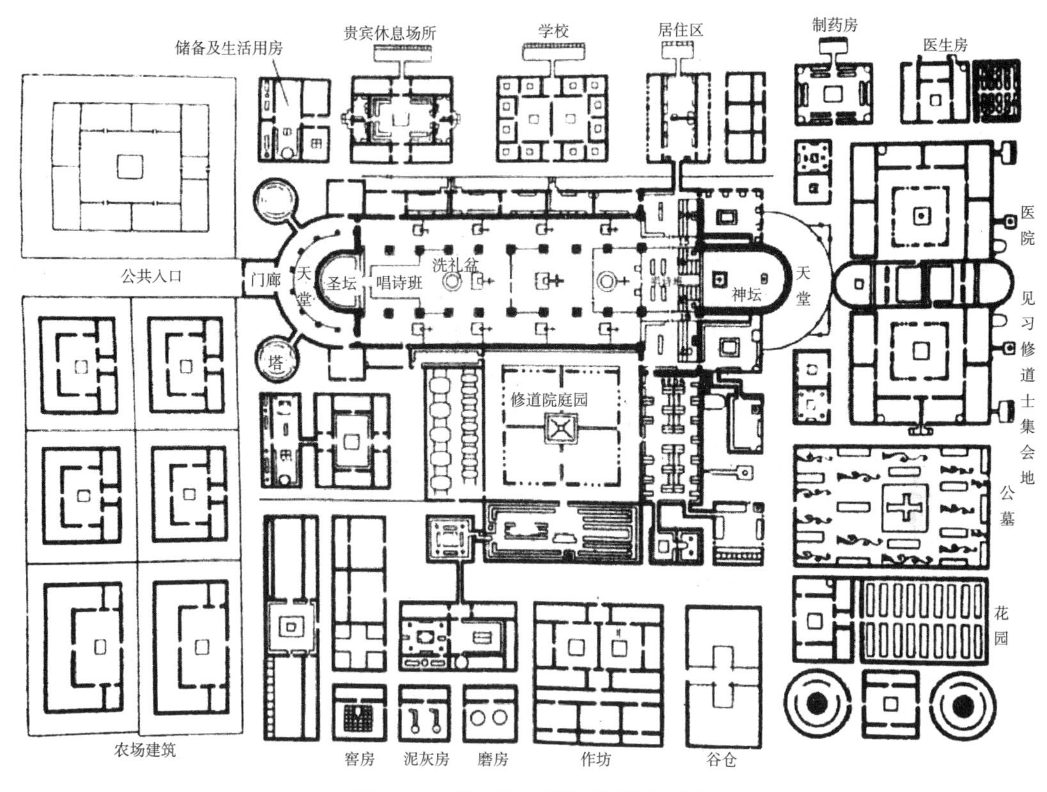

图 8-19　瑞士圣·高尔教堂平面图

教会掌握着文化、教育和医疗大权，内设学校、医院、病房、药草园等多种功能设施。瑞士圣·高尔教堂的规划反映了教会自给自足的特征，在总体规划上功能分区明确，庭园则随其功能而附属于各区，显得井然有序。

2. 蒙塔尔吉斯城堡（见图 8-20）

蒙塔尔吉斯城堡是路易七世为他的女儿蕾妮建造的。蕾妮嫁给了意大利的赫利科斯德斯特，丈夫去世后，蕾妮回到法国，居住在法国城郊的山丘上。路易七世雇请设计专家专门为女儿在居住地建造了城堡，并在城堡围墙之上的斜坡上设计了一个半圆形的花园，整个城堡呈辐射状平面布局，城堡处于中心位置。法国大革命之后，蒙塔尔吉斯城堡基本被拆毁。

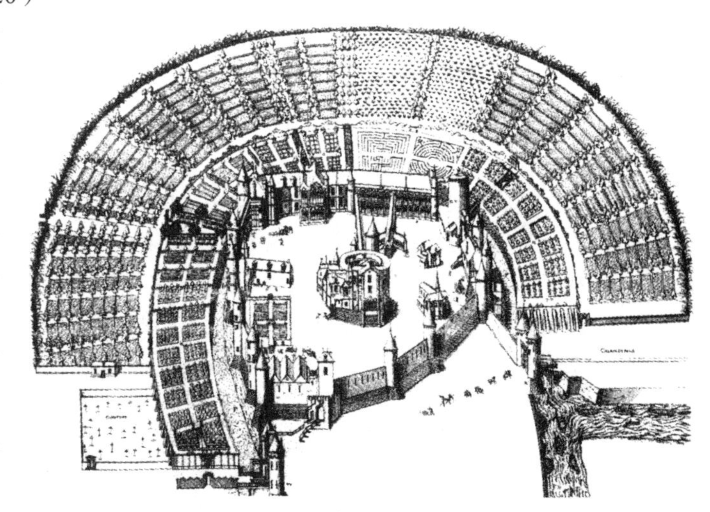

图 8-20　蒙塔尔吉斯城堡平面图

8.2.2 文艺复兴时期的意大利园林

8.2.2.1 背景概况

文艺复兴是盛行于14世纪到18世纪的一场欧洲思想文化运动。文艺复兴最先在意大利各城市兴起，随后扩展到西欧各国，于16世纪达到顶峰，是一段科学与艺术革命时期，揭开了近代欧洲历史的序幕，被认为是欧洲中古时代和近代的分界。

11世纪后，随着经济的复苏与发展、城市的兴起与生活水平的提高，人们逐渐改变了以往对现实生活的悲观绝望态度，开始追求世俗人生的乐趣，而这些倾向是与基督教的主张相违背的。在14世纪城市经济繁荣的意大利，最先出现了对基督教文化的反抗。当时意大利的市民和世俗知识分子，一方面极度厌恶基督教的神权地位及其虚伪的禁欲主义，另一方面想用未成熟的文化体系取代基督教文化，于是他们借助复兴古希腊、古罗马文化的形式来表达自己的文化主张，这就是所谓的“文艺复兴”。

文艺复兴产生的根本原因是生产力的发展，新兴的资产阶级不满教会对精神世界的控制，其本质是正在形成中的资产阶级借助复兴希腊罗马古典文化的名义所发起的弘扬资产阶级思想和文化的运动。它一方面在传播过程中为早期的资本主义萌芽发展奠定了深厚基础，另一方面也为早期的资产阶级积累了原始财富。文艺复兴运动首发于意大利，后由地中海沿岸传播到了大西洋沿岸，出现了一系列著名的新兴城市，如罗马、佛罗伦萨、威尼斯，以及尼德兰等，资本主义工商业开始茁壮发展，资本也开始不断涌入新兴资产阶级的囊中，为同时进行的新航路开辟，宗教改革以及今后的资产阶级革命或改革提供了必要条件。另一方面，文艺复兴使正处在传统封建神学束缚中的人慢慢解放，人们开始从宗教外衣之下慢慢探索人的价值。作为人，这一个新的具体存在，而不是封建主以及宗教主的人身依附和精神依附的新时代。文艺复兴运动充分肯定了人的价值，重视人性，成为人们冲破中世纪层层纱幕的有力号召。

文艺复兴运动对当时的政治、科学、经济、哲学、神学、建筑、音乐、美术等各个领域都产生了极大影响。

意大利位于欧洲南部的亚平宁半岛上，是个三面环海的半岛国家，海域边境线远长于陆地边境线。亚平宁半岛周围的大岛屿有西西里岛和撒丁岛等，在地中海海域中又有星罗棋布的小岛屿。境内山地、丘陵丰富，占国土面积的80%。河流众多，而且流域是肥沃的冲积平原；河网密布，发源于阿尔卑斯山脉的冰雪融化成众多小溪，汇集成波河后再自西北向东南流入地中海。

意大利大部分地区属地中海气候。由于北部有阿尔卑斯山阻挡住寒流对半岛的影响，气候温和宜人：冬季温暖多雨，夏季凉爽少云，四季温度适中，气温变化较小。但是因为地形狭长、境内多山且位于地中海之中的缘故，所以南北气候的差异很大。夏季在谷地和平原上，既闷又热；而在山丘上，哪怕只有几十米的高度，就令人感到迥然不同，白天有凉爽的海风，晚上也有来自山林的冷气流。独特的自然地理、地形地貌和气候特征，对意大利园林风格的形成与发展产生了重要的影响。

作为文艺复兴运动的发源地，刚从中世纪走出的意大利人希望在古罗马的废墟上重现古代文明。佛罗伦萨作为欧洲文艺复兴时期早期的文化中心，是著名的文化古城和艺术天堂。佛罗伦萨的豪门和艺术家皆以罗马人的后裔自居，醉心于罗马的一切，欣赏乡间别墅生活，追求田园牧歌情趣，这为意大利园林的复兴注入了新的活力。1452 年，著名的建筑师和建筑理论家阿尔贝蒂（Leon Battista Aiberti，1404 年—1472 年）用拉丁文著出了《论建筑》（De Architectura）一书，后于 1485 年出版。这是文艺复兴时期第一部完整的建筑理论著作，详细阐述了他对理想园林的构想。阿尔贝蒂被看作是园林理论的先驱者。艺术的古典主义成为园林艺术创作的指针，其艺术水平发展到了前所未有的高度。

8.2.2.2　园林类型与风格特征

根据文艺复兴各个时期的主要园林风格特征的差异，一般把文艺复兴时期的意大利园林分为三个阶段和类型，分别是早期的美第奇式园林、中期的意大利台地园和后期的巴洛克式园林。

1. 文艺复兴早期的美第奇式园林

佛罗伦萨作为欧洲文艺复兴时期早期文化中心，是著名的文化古城和艺术天堂。当时，城市中最有影响的是美第奇家族，文艺复兴初期最著名的别墅庄园都是为美第奇家族的成员建造的，且具有相似的风格和特征，因此这一时期流行的别墅庄园被统称为美第奇式园林。

图 8-21　雕塑与水池相结合

意大利文艺复兴初期的庄园多建在佛罗伦萨郊外的风景秀丽的丘陵坡地上，选址比较注重周围环境，要求有远眺、俯瞰等借景条件。园地依山势建成多个台层，但各台层相对独立，没有贯穿的中轴线。建筑往往位于最高层以借景园外，风格方面尚保留着一些中世纪的痕迹。建筑和庄园比较简朴、大方。喷泉、水池可作为局部中心，并与雕塑相结合（见图 8-21）。水池造型比较简洁，理水技巧不甚复杂。绿丛植坛是常见的装饰，图案花纹很简单，多设在下层台地。此外，这一时期产生了用于科研的植物园，并大量兴建，植物园也逐渐加强了装饰效果和游憩功能。

美第奇式园林的代表作品有卡雷奥庄园（Villa Gareggio）、卡法吉奥洛庄园（Villa Gafaggiolo）和菲埃索罗的美第奇庄园（Villa Medici at Fiesole）等。前两座庄园尚保留着中世纪城堡园林的一些风格，同时也体现出了文艺复兴初期园林艺术的新气象。菲埃索罗的美第奇庄园似乎完全摆脱了中世纪城堡庄园风格的困扰，使美第奇式园林更加成熟、完美，它是迄今为止保留比较完整的文艺复兴初期的庄园之一。

2. 文艺复兴中期的意大利台地园

15 世纪末，由于法兰西国王查理八世入侵佛罗伦萨，以及英国新兴毛纺织业的兴起，佛罗伦萨的政治经济地位受到挑战，逐渐失去了商业中心的位置，美第奇家族也随之衰落。此时，接受了新思想的罗马教皇尤里乌斯二世大力提倡发展文化艺术事业，支持并保护一批从佛罗伦萨逃亡出来的人文主义者，使得罗马成为 16 世纪文艺复兴运动的中心。

随着古典的复苏，许多贵族和富有商人大兴土木，在各地修建花园别墅。而当时罗马城郊的山丘成了别墅的主要建筑场地之一，各式各样的花园别墅依山而起，纷纷涌现出来。当时颇有权势的宗教人士也不甘落后，有很多花园别墅都是这些宗教人士修建的豪华居所。同时还涌现出了多纳托布拉曼特、拉斐尔和维尼奥拉等建筑造园名家。16世纪40年代以后，意大利庄园的建造以罗马为中心进入鼎盛时期，形成了最具特色的意大利台地园。

人文主义者渴望古罗马人的生活方式，向往西塞罗所提倡的乡间住所，这就促使了富豪权贵们纷纷在风景秀丽的丘陵山坡上建造庄园，并且采用连续几层台地的布局方式，从而形成了独具特色的意大利台地园。

台地园的布局为主要建筑物通常位于山坡地段的最高处，在它的前面沿山坡引出的一条中轴线上开辟一层层的台地，分别配置保坎、平台、花坛、水池、喷泉、雕像。各层台地之间以蹬道相联系。中轴线两旁栽植高耸的丝杉、黄杨、石松等树丛，作为本生与周围自然环境的过渡。这是规整式与风景式相结合并以前者为主的一种园林形式。

台地园的平面一般是严整对称的，建筑常位于中轴线上，有时也位于庭院的横轴上，在中轴线的两侧对称排列。庭园轴线有时只有一条主轴，有时分主次轴，甚至还有几条轴线或直角相交，或平行，或呈放射状。在早期的庄园中，各台层有自己的轴线，而无联系各层之间的轴线；至中期则常有贯穿全园的中轴线，并尽力使中轴线富有变化，各种水景，如喷泉、水渠、跌水、水池等，以及雕塑、台阶挡土墙等，都是轴线上的主要装饰，有时以完全不同形式的水景组成贯穿全园的轴线，兰特庄园就是这样处理的一个佳例。轴线上的不同景点能使轴线产生多层次的变化。

植物（尤其是绿篱）是意大利台地园建筑向自然环境过渡的重要手段，其形式的多样性也标志着园林种植技术的高度成熟。通常采用多种花木，色香兼备。草坪、花坛为规则式，多以黄杨包在花坛外围，花木交错种植，不遮挡观赏视线，能看清富有层次的整个花园。

水是意大利园林中极为重要的元素，不同形式的水景是意大利台地园不可缺少的部分。水可以使空气湿润、气候凉爽，这对以避暑为主要功能的庄园是非常重要的，意大利有丰富的山泉，为建园提供了理想的条件，水源是人们造园选址时考虑的重要因素。如果当地缺乏天然水源，园主们便不惜从较远处引水入园，创造水景。由于地形的变化，园中的水体除了可以扩大空间感、使景物生动活泼，产生柔和的倒影之外，还有许多平地上难以达到的效果。

台地园理水的手法已十分娴熟了，远比过去丰富。在台地园的最高层常设蓄水池，有时以洞府的形式作为水的源泉，洞府中有雕像；或布置成岩石溪流，使水源更具真实感，也增添了几分山野情趣。然后顺坡势往下跌水，或平淌，或流水梯，在地势陡峭、落差大的地方，还可利用水位差形成汹涌的瀑布；在下层台地则利用水落差的压力做出各式喷泉，各种各样的喷泉或与雕塑结合，或以喷水的图案花纹优美取胜。这种理水手法做出的水景通常被称为“链式水景”（见图8-22）。

图8-22 链式水景

台地园中常有为欣赏流水声音而设的装置，甚至有意识地利用激水之声构成音乐的旋律，如水风琴（Water Organ）、水剧场（Water Theatre）等，它们利用流水穿过管道，或跌水与机械装置的撞击，产生不同的音响效果。还有突出趣味性的水景处理，产生出其不意的游戏效果。最低一层平台地上又汇聚为水池，其外形轮廓也非常精彩。设计者十分注意水池与周围环境的关系，使之有良好的比例和适宜的尺度。他们也很重视喷泉与背景在色彩、明暗方面的对比，雕塑喷泉如图 8-23 所示。

图 8-23　雕塑喷泉

府邸是意大利庄园中最重要的建筑物，或设在庄园的最高处，作为控制全园的主体，显得十分雄伟、壮观，给人以崇高敬畏之感。在教皇的庄园中常常采用这种手法，以显示其至高无上的权力。或者设在中间的台层之上，可从府邸中眺望园内景色，出入也比较方便，府邸在园中也不占据主导地位，给人以亲近之感。或者由于庄园所处的地形、方位等原因，府邸设在最底层，接近入口，这种方式往往出现在面积较大、地形比较平缓的庄园中。除建筑以外，庄园中也有凉亭、花架、绿廊等，尤其在上面的台层上，往往设置拱廊、凉亭和棚架，既可遮阳，又便于眺望。此外在较大的庄园中，常有露天剧场和迷园。

在花园的周围或一侧，常建有大片的树林，使花园面貌更加清晰，环境更加优美，而且它具有多种实用价值。此外，植物造景日趋复杂。台地园将密集的常绿植物修剪成绿篱、绿墙、迷园、绿荫剧场的舞台背景、绿色的壁龛、洞府等绿丛植坛、树畦，园路富于变化，花坛、水渠、喷泉及细部的线条多由直线变为曲线。

台地园是西方造园史上一个影响深远、有高度艺术成就的重要派别，代表性的作品有教皇尤里乌斯二世的望景楼园（Belvedere Garden）、拉菲尔建造的玛达玛庄园（Villa Madama）、建筑师维尼奥拉建造的罗马美第奇庄园、法尔奈斯庄园（Villa Palazzina France）、埃斯特庄园（Villa d`Este）、兰特庄园（Villa Lante）等。留存至今的代表作是法尔奈斯、埃斯特和兰特这三大庄园，它们充分展示了文艺复兴时期西方造园的最高成就。

3. 文艺复兴后期巴洛克式园林

巴洛克（Baroque）一词原为奇异古怪之意，古典主义者以此称呼那些离经叛道的建筑风格。巴洛克风格的主要特征是反对墨守成规的僵化形式，追求自由奔放的格调；倾向于烦琐的细部装饰，喜欢运用曲线加强立面效果，爱好以雕塑或浮雕作品来形成建筑物华丽的装饰。

16 世纪末至 17 世纪，欧洲建筑艺术进入巴洛克时代，首先是在文化、艺术、建筑等方面开始的，以后才逐渐扩展至园林。巴洛克建筑风格对文艺复兴后期的意大利园林产生了巨大的影响，罗马郊外风景如画的山冈上一时出现了很多巴洛克式园林。

当意大利建筑艺术已进入巴洛克时代时，园林艺术还处于文艺复兴时代的盛期，直至半个世纪以后才出现了巴洛克式园林。受巴洛克风格的影响，园林艺术也出现了追求新奇、

图 8-24　螺旋形水槽柱

表现手法夸张的倾向，并且园中大量充斥着装饰小品，园内建筑物的体量都很大，占有明显的统率地位。巴洛克风格特别明显地表现在台阶的造型上——常设计成流动的曲线形。喜欢运用形体和光影的对比，追求戏剧性效果。花园中都有高大的挡墙，沿墙布置着壁龛和雕像、岩洞和喷泉流水的洞窟。水景在园中起到巨大作用，各种水景、水技巧、水游戏、水装置等令人应接不暇（见图 8-24）。

园中的林荫道纵横交错，甚至采用城市广场中三叉式林荫道的布置方法。植物修剪技术空前发达，绿色雕塑图案和绿丛植坛的花纹也日益复杂精细。花坛图案以回环的曲线为主，有时整个花园为一幅图案，绿墙修剪成波浪形或其他曲线形式，点缀一些绿球，用透视术造成幻觉。

17 世纪下半叶，意大利园林创作从高潮滑向没落。造园愈加矫揉造作，大量繁杂的园林小品充斥整个园林，对植物的强行修剪作为猎奇求异的手段。园林的风格背离了最初文艺复兴的人文主义思想，反映出巴洛克艺术的非理性特征，并最终导致了统治欧洲造园样式长达一个多世纪的意大利文艺复兴式园林的衰落。

8.2.2.3　园林实例

1. 菲埃索罗美第奇庄园（见图 8-25）

菲埃索罗美第奇庄园建于 1458 年—1462 年，由米开罗佐为柯西莫之子乔万尼设计，距佛罗伦萨老城中心约 5 千米。庄园选址巧妙，坐落在海拔 250 米的阿尔诺山腰的一处天然陡坡上。府邸建筑位于陡坡西侧的拐角处，整个庄园坐东北山体面向西南山谷，依山就势，浑然一体。这里视野开阔、景色优美，冬季寒冷的东北风有山体阻隔，夏季清凉的海风自西而来，四季如春。

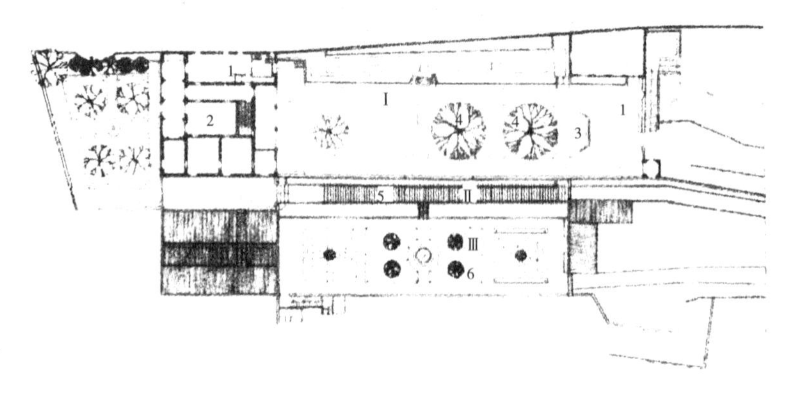

图 8-25　菲埃索罗美第奇庄园平面图

Ⅰ—上台层　Ⅱ—中台层　Ⅲ—下台层　1—入口　2—主建筑　3—水池　4—树畦　5—花架　6—绿丛植坛

为了与外界联系方便，庄园入口设在上台层的东部，入园后，在小广场的西侧设置了半面八角形的水池，背景是树木和绿篱组成的植坛。围墙和树畦使小广场的空间更加完整，导向性也十分明晰。随后的府邸建筑前庭是相对开阔的草坪，角隅点缀着栽种在大型陶盆中的柑橘类植物，这是文艺复兴时期意大利园林中流行的手法，便于户外就餐和活动。建筑设在西侧，但并未建在尽头，其后还有一块后花园，使建筑处在前后庭园包围之中。从建筑内向外看，近处是精致的花园，远处为开阔的风景。后花园形成一个独立而隐蔽的小天地，当中为椭圆形水池，周围为四块绿色植坛，角落里也点缀着盆栽植物。建筑与花园相间布置的方式，既减弱了台地的狭长感，又使建筑被花园所围绕，四周景色各异。

由入口至建筑约 80 米长，而宽度却不到 20 米，设计者的重要任务就是力求打破园地的狭长感。主要轴线和通道采用顺向布置，依次设有水池广场、树畦和草坪三个局部，空间处理上由明亮（水池广场）到郁闭（树畦），再由豁然开朗（草坪）到封闭（建筑），形成一种虚实变化。这样即使在狭长的园地上，人们也仍然能感受到丰富的空间和明暗、色彩的变化。每一空间既具有独立的完整性，相互之间又有联系，并加强了衬托和对比的效果。

由建筑的台阶向入口回望，园墙的两侧均有华丽的装饰，映入眼帘的仍是悦目的画面，处处显示出设计者的匠心。中间台层是一条 4 米宽的长带，也是联系上下台层的通道。其上设有覆盖着攀缘植物的棚架，形成一条绿廊。下层台地采用图案式布置方式，便于居高临下进行欣赏。中心为圆形喷泉水池，内有精美的雕塑及水盘，周围有四块长方形的草地，东西两侧为大小相同而图案各异的绿丛植坛。

2. 法尔奈斯庄园（台地园）（见图 8-26）

法尔奈斯庄园离罗马市中心 40 千米，是罗马庄园建造盛期（16 世纪 40 年代以后）的三大庄园之一。它大约建造于 1547 年，是红衣大主教亚历山德罗 · 法尔奈斯（即保罗三世）委托建筑师吉阿柯莫 · 维尼奥拉为他的家族建造的一座庄园，后来又在庄园内建造了建筑和上部的庭园。维尼奥拉是继米开朗基罗之后罗马最著名的建筑师，曾在法兰西王宫中供职。法尔奈斯庄园是他的第一个大型作品。庄园府邸建于 1547 年—1558 年，建筑平面为五角形，具有城堡般的外观，是文艺复兴盛期杰出的建筑之一，同时也被认为是文艺复兴时期最完美的花园之一。

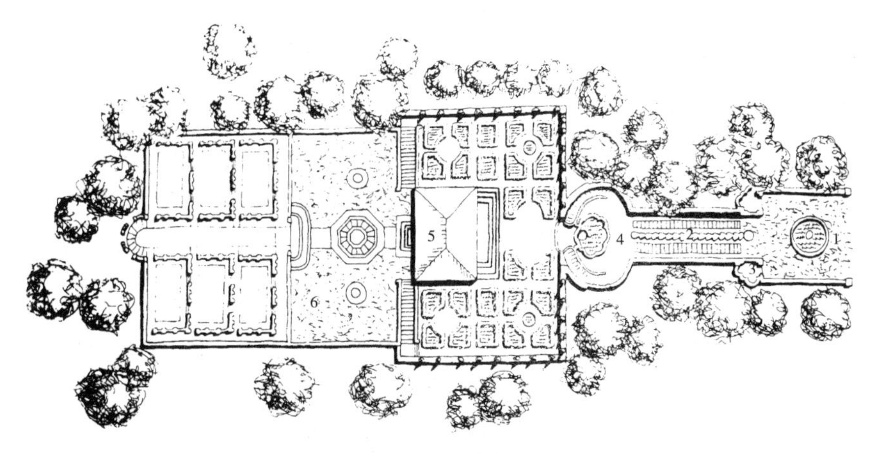

图 8-26　法尔奈斯庄园平面图

1—入口广场　2—坡道及蟆蛤形跌水　3—岩洞　4—第二台层椭圆形广场及水池　5—主建筑　6—第三台层花园

法尔奈斯庄园分两部分：五角大楼府邸与主花园。五角形的城堡是文艺复兴时期杰出的建筑之一。通过狭窄壕沟上的小桥有与大楼两个相连的花园：V字形花园、法尔奈斯主花园。V字形花园是典型的绿色植物雕塑园，已成为挂满橘子的果园。法尔奈斯主花园比V字形花园更加远离五角大楼，是法尔奈斯庄园成为文艺复兴三大园的精彩所在。

从主楼出发，穿过幽静的林荫道，来到主花园的入口——中心有圆形喷泉的方形草坪广场（见图8-27），意大利台地园标签之一的链式水体跃入眼帘，第二层迎宾前庭椭圆形广场，以河神为主体的雕塑喷泉，是文艺复兴雕塑艺术的完美呈现。第三层台地花园上的小楼是教宗精修的住所，法尔奈斯主花园就是以小楼的中轴线来控制各级台地、层层递进、贯穿全园。围绕住所的雕塑廊柱中庭精美、优雅，雕琢出园主显赫、精致的生活画卷。雕塑一直都是意大利台地园的精美标示，法尔奈斯庄园自然毫不例外。花园的后部（露台式花坛后庭）是规整、对称的台地草坪（原为整形花坛），其中轴线上有一个镶嵌着精美雨花石图案的园路和简洁的水盘，台地草坪的挡土墙也由精美的石质雕刻装饰着，中轴线终点是由自然植被围合的一组半圆形的凯旋门式石碑廊柱。

图8-27 法尔纳斯庄园台地草坪

3. 兰特庄园（台地园）

兰特庄园位于罗马北面维特尔博附近的巴尼亚镇，是文艺复兴时期庄园中保存最完好的一座。这座庄园是著名的建筑家、造园大师维尼奥拉于1566年设计的，大约建成于16世纪80年代。

兰特庄园坐落在向北的缓坡山腰处，四周围墙将其与园外的林地分开。整座庄园呈长方形，长约240米，宽约75米，高差约为5米，由四层台地组成，构成四个方形单元空间，分别是平台规整的刺绣花园、主体建筑、圆形喷泉广场和观景台（制高点）（见图8-28）。

庄园四层台地的布局均由一条中央轴线连接而成。中央轴线为一流水线，而各台地在此轴线上都设有水景。花坛、建筑、台阶等均对称布置在轴线两侧。在园路布置方面也顺应轴线两侧布置，再以横向园路连接。整个园虽由围墙封闭，但在横向纵向均设有多个门口方便出入。由于庄园设在台地上，所以台阶的布置

图8-28 兰特庄园俯瞰图

尤为重要。台阶不仅仅是用于连接每层台地，还能引导游人走向园中最美的景色中，所以每一层的台阶布置都有所不同。如连接第二层和第三层的台阶并没有设为纵向连接，而是设为横向上坡，其目的是让客人的目光转向美丽的水景。而连接三四层的台阶也是为了将客人引向水阶梯。第三层中轴线上是长条形石台，中央有水渠穿过，可借流水漂送杯盘，称为餐园。

平台规整的刺绣花园是中轴线上的第一个景观节点，裁剪得规规整整、疏疏朗朗的灌木与细细的沙石组成刺绣地毯般的美丽图案，方方正正的刺绣花园中央是一组由金属和石材精雕细琢的小型古典喷泉。二层台地的设计颇具特色。两座建筑原是主人的书房，所以为了营造一个幽静自然的地方，设计者在建筑的后面自然地种植了几棵高大乔木，形成一个封闭的空间，给予主人一个安静的环境，同时也让人更亲近自然，起到放松的作用。而从二层眺望一层的花坛图案更使人赏心悦目。一层台地为纯规则式园林布局，以平面花坛图案和水景为主要观赏景物。乔木的种植打破了二三四层台地的规整，给人舒适的休息环境和亲近自然的感觉。一二台地以斜坡过渡，配以斜坡花坛；二三级台地过渡则给人与世隔绝之感；三四层台地利用流水阶梯过渡。

图 8-29　兰特庄园底层绿丛植坛与方形水池

水景为联系全园的纽带，所以每一层都设有一大型水景以供观赏。在兰特庄园中，水在它的流动过程中却得到艺术的控制。从顶层台地流下的水，在第三层台地上半段沿位于中轴线的花石边水阶梯而下，而阶梯的末端是一个由两个巨大河神分守两旁的半圆形水池。在这层台地的下半段轴线上，则是一个长条形水渠。之后水流在第二、三层台地之间又形成一个小瀑布，然后再注入位于第二层台地后半段的圆形水池。最后注入底层的方形水池，以喷泉的形式作为高潮而结束。第四层台地中央是一个八角形的海豚喷水池，台地中轴线的末端是一个洞府，它的两边为凉廊。洞府是全园的水源。而在台的四周则布置有对称的树木、绿篱和座椅等。这样的四级台地水景动静结合，极具风趣（见图 8-29）。

除了中轴布局、台地、巴洛克的理水和雕塑外，兰特庄园的植物种植也颇具特色。它从最典型的欧式园林风格——修剪整齐的小灌木刺绣花坛开始，随着层次的变化，植物渐渐有了自然的形态，而到了制高点再以充满野趣的园林森林的环绕结束，实现了完全的人工向自然的过渡，是意大利古典园林中难得一见的人类意识向自然融合的表现。

4. 阿尔多布兰迪尼庄园（巴洛克式）（见图 8-30）

阿尔多布兰迪尼庄园是意大利早期巴洛克园林的代表。它坐落在亚平宁山半山腰的弗拉斯卡迪小镇上，西北距离罗马约 20 千米，是 16 世纪末红衣主教克利门斯八世的外甥、枢密官阿尔多布兰迪尼的夏季别墅，庄园因此而得名。由于处在山林和乡村环境中，因此庄园具有重要的标识性作用。府邸建造在山坡上，充分利用了环境特点。庄园建筑体量很大，室内装饰豪华，一条中轴线贯穿始终，从低处的入口到坡道上的建筑，从建筑后面的水剧场延伸至瀑布。府邸前庭视野开阔，一览无余，两侧平台上是小花园，布局十分华丽而巧妙。厨房的烟道移至平台两侧，成为装饰性的小塔楼，与府邸融为一体。

图 8-30 阿尔多布兰迪尼庄园中轴透视图

别墅的宏伟立面从大门外依稀可见，三条放射式林荫道从门口穿进果园，将视线引向前方。沿中心林荫道可直接来到一对宽阔的弧形坡道前，上到建筑前部的平台。建筑的立面比较朴实，延伸的两翼布置了两个小塔。这座别墅的室内有价值连城的壁饰。

图 8-31 阿尔多布兰迪尼庄园水剧场

别墅的后面是长长的挡土墙，墙的凹处形成一处壮丽的水剧场（见图 8-31）。剧场正面有韵律地设置了表面饰有马赛克贴面和浮石的五个大型壁龛。正中的壁龛中，宇宙神用他那有力的双臂负着地球，泉水落到地球上，从四面哗哗溅下。两侧的壁龛里又有一些小龛，里面放置着海神雕塑。最外侧的壁龛中有吹奏乐器的神像，喷水的时候乐器会发出鸣响。在水剧场的鼎盛期，这里还有各种机关水嬉，会在人毫无防备的情况下，突然喷出水来。

从右面参观者可以上到水剧场的上部台地，沿位于轴线上的链式瀑布两侧的台阶可以通向林园。它的入口有两根螺旋形的大柱子，柱子上有马赛克的装饰和环绕柱子的浅浮雕，此处形成整个轴线的高潮。

阿尔多布兰迪尼庄园是比较纯粹的早期巴洛克园林，平面上三叉戟式的林荫道、链式瀑布利用透视学获得陡峭的效果，这些都是巴洛克的典型手法。它颇有些炫耀、矫饰的风格，已失去了文艺复兴园林亲切怡悦的隐居休闲情趣。

5. 伊索拉·贝拉庄园（巴洛克）（见图 8-32）

伊索拉·贝拉庄园（Villa Isola Bella）建造在波罗米安群岛中的第二大岛上，离马杰奥湖（Lake Maggiore）西岸有 600 多米，距西岸的斯特莱萨（Stresa）镇 1.5 千米，是现存唯一一座意大利文艺复兴时期的湖上庄园。庄园 1632 年开始营造，直至 1671 年才最后完成。设计师有建筑师卡尔洛封塔纳和水工师莫纳，维斯玛拉和西蒙奈塔负责雕塑和装饰工程。小岛东西最宽处约 175 米、南北长约 400 米，庄园用地长约 350 米。在岛的西边 50 米宽、150

米长的用地上有座小村庄，建有教堂和码头。花园部分占地面积约 3 公顷，临空堆叠出九层台地。

从岛西北角的圆形码头拾级而上，即达府邸的前庭。由于该庄园是夏季避暑的别墅，故主体建筑都朝向东北，房间开窗面向湖水。向南延伸的长长侧翼作为客房及画廊，尽端有一椭圆形下沉小院，称为狄安娜庭院。府邸东北边的花园设有两个台层，这里有绿荫笼罩的草坪，点缀着瓶饰、雕塑等。尽头建有赫拉克勒斯（Heracles）剧场，在高大的半圆形挡土墙上，正中是赫拉克勒斯力士的雕像。岛边的下层台地中，有小巧迷人的丛林。

图 8-32　伊索拉・贝拉庄园

台地花园的中轴对着狄安娜庭院（见图 8-33），它与府邸前面的花园轴线，从平面图上看并非一条直线。然而，由于在转折处处理得十分巧妙，因而使人无变化方向之感。在狄安娜庭院前厅的南面，有两侧半圆形的平台和两段弧形阶梯，将人们引至上一台层，使人在不知不觉中改变了方向，从而在全园中形成了一条连贯的主轴线。

图 8-33　狄安娜庭院

上了狄安娜庭院阶梯，是有绿丛植坛的台层。再向上的台层上布置有花坛，南面为连续的三层台地，背面便是著名的巴洛克式水剧场，壁上布满洞窟、贝壳用作装饰，在石栏杆和角柱上有形形色色的雕塑，中间顶上立有骑士像，两侧有横卧的河神像，在石金字塔上点缀着镀金的铸铁顶，形成水剧场辉煌壮丽的外观。从水剧场两边的台阶上到顶层平台，全部是硬质铺装，围以有雕像柱和瓶饰的石栏杆。在此，四周的湖光山色尽收眼底。走至顶层平台的南端，忽然展现在人们眼前的是九层狭长的台地，一直伸到水边。台层上种有柑橘等植物，中间的台地较大，围绕着水池有四块精美的花坛（见图 8-34）。

图 8-34　院内花园

台地下有大型蓄水池，以水泵提升湖水上岛，供全园水景所需。在花坛台层的东西两端，各有八角形的水城堡，其中之一用于安装水工机械，至今仍可使用，花坛两侧有台阶可通至下面临近水面的台层，也作码头之用。在东南角的三角地上布置有柑橘园，其北是矩形花园台地，沿湖有美丽的铁栏杆，在此可凭栏眺望伊索拉·马托勒岛的景色。

这座置身于湖光山色中的庄园，充分展示了人工建造的台地以及人工装饰的魅力。与其说它是一座用于静心居住和游乐的花园，不如说是一种豪华装饰的场所。在这里，建筑和雕塑起着主导作用。大量的装饰物体现出这个时代巴洛克艺术的特征。尽管如此，它仍然是一座充满魅力的巨大的绿色宫殿。

8.2.3 文艺复兴时期的法国园林

8.2.3.1 发展概述

法国位于欧洲西部，地势东南高西北低，国土以平原为主，间有少量盆地、丘陵和高原。除南部地区属地中海气候外，境内大部分地区属温带海洋性气候，全年温和湿润。因而农业十分发达，森林茂盛，约占国土面积的25%。森林分布亦得天独厚，北部以栎、山毛榉林为主，中部以松、桦和杨树林为多，而南部则为地中海植被，如无花果、油橄榄和柑橘等。开阔的平原、众多的河流和大片绿油油的森林构成了法国秀丽的国土景色，也为其独特的园林风格形成提供了重要条件。

15世纪初期，以佛罗伦萨为中心的人文主义运动从意大利北部蔓延到北方各国。法国的文艺复兴运动始于查理八世的“那波利远征”之时。1494年—1495年，法国军队入侵意大利，查理八世及其贵族被意大利文化艺术，尤其是被意大利别墅庄园华丽富贵、充满生活情趣的园林艺术深深吸引。于是查理八世从意大利带回了大批的珍贵艺术品和造园工匠，促进了法国的文艺复兴。从此，意大利造园风格传入法国，在花园里出现了雕塑、图案式花坛以及岩洞等造型，而且还出现了多层台地的格局，进一步丰富了园林的内容。比较有代表性的园子，像东阿府邸的园子、迦伊翁的园子等。虽然形成了意大利台地园林艺术风靡一时的格局，但受法国独特的地理、地形限制，意大利台地园林并没有在法国独占风流。16世纪中叶以后，一批杰出的意大利建筑师来到法国，同时留学意大利的法国建筑师也相继回国。从16世纪50年代起，法国园林艺术家纷纷著书立说、深入实践，希冀开辟有自身特色的法国式园林。如埃蒂安·杜贝拉克（Etienne Du Perac）于1582年出版了《梯沃里花园的景观》，在借鉴意大利园林艺术的基础上，提倡适应法国平原地区的规划布局方法。克洛德·莫莱（Claude，Mollet）开创了法国园林中的刺绣花坛。雅克·布瓦索（Jacques，Boyceau）在1638年出版了《论依据自然和艺术的原则造园》（3卷），论述了造园法则和要素、林木及其栽培养护、花园的构图与装饰等，被誉为法国园林艺术的真正开拓者，为后来的古典主义园林艺术奠定了理论基础。

8.2.3.2 园林类型与风格特征

在接触意大利文艺复兴运动之前，法国园林处于寺院及贵族庄园之中，有高墙及壕沟围绕，是以果园、菜圃为主的实用性庭院。庭院形式简单，用十字形园路或水渠将园地分为四块，中心布置水池、喷泉，或雕像。园中设置覆盖葡萄等攀缘植物的花架、绿廊、凉亭、栅栏、墙垣等。城堡小如宫廷，园林景观在构图上和建筑毫无联系，各层台之间也缺乏联系。

花园大都位于府邸一侧，园林的地形变化平缓，台地高差不大。

法国园林在意大利哥特式影响下，逐渐出现了石质的亭、廊、栏杆、棚架等；有的用大理石铺路，有的用草皮铺路，以修剪的绿篱围在道路两侧，形成图案复杂的通道。总的来看，这一时期的园子除了增加了游憩、观赏的功能外，仍保留着种植、生产的功能，总体规划很粗放，但建筑样式却没有向开敞式转化，外观上仍是带雉堞与壕沟的戒备森严的城堡式。因而，它的庭园在细部上虽然可以见到意大利风格的影响，但整体却还是围着厚墙，保持着规则的形状。

文艺复兴时期，法国全面学习意大利台园造园艺术，并在借鉴中世纪园林某些积极因素的基础上，结合本国的地形、植被等条件，促进了本国园林的发展。这一时期，法国园林主要有城堡花园、城堡庄园和府邸花园三种类型，分别以谢农索城堡花园（Le Jardin du Chateau de Chenonceaux）、维兰德里庄园（Le Jardin du Chateau Villandry）和卢森堡花园（Le Jardin du Luxembourg）为代表。

法国在学习意大利园林的同时，也结合本国特点创作出了一些独特的风格。一是运用适应法国平原地区的布局法，用一条道路将刺绣花坛分割为对称的两大块，有些采用阿拉伯式的装饰花纹与几何图像相结合的图案。二是用花草图形模仿衣服和刺绣花边，形成一种新的园林装饰艺术，称为“摩尔式”或“阿拉伯式”装饰。绿色植坛划分成小方格花坛，用黄杨作花纹；除保留花草外，还使用彩色叶岩细粒或沙子作为底衬，以提高装饰效果。三是花坛是法国园林中最重要的构成因素之一。从把整个花园简单的划分成方格形花坛，到把花园当成一个整体，按图案来布置刺绣花坛，形成与宏伟建筑相匹配的整体构图效果，是法国园林艺术的重大飞跃。

文艺复兴时期的法国园林为早期的古典主义。在倡导人工美，提倡有序的造园理念的影响下，造园布局便注重规则有序的几何构图，这一理念同时在植物要素的处理上也有表现，他们运用植物，以绿墙、绿障、绿篱、绿色建筑等形式出现，而且技艺高超，充分反映了他们唯理主义思想。

8.2.3.3　园林实例

1. 谢农索城堡花园（见图 8-35）

谢农索城堡是法国最美丽的城堡建筑之一，其主体建筑采用廊桥形式，跨越谢尔河两岸，风景美丽宜人。城堡最早是由伯耶在弗朗索瓦一世时建造的，亨利二世将它送给狄安娜 · 波瓦狄埃。国王死后，王太后卡特琳娜 · 美第奇以肖蒙府邸做交换，换回了谢农索城堡。

图 8-35　谢农索城堡花园

谢农索城堡花园有两处花园，分别在城堡前庭的两面和谢尔河的南岸。前者为一个简洁的花坛，中央是圆形水池，带有意大利文艺复兴时期的特点。在水体上，谢农索城堡花园有着很浓的法国味。水渠包围着府邸前庭、花坛，跨河的廊桥，创造出一种令人亲近的环境气氛。现在的花园已经改成简单的草坪花坛，有花卉纹样，边缘点缀着紫杉球，称为“狄安娜—波瓦狄矮花坛”。尽管面积不大，视线也伸展不远，却非常亲切宁静。在城堡前的草坪上，现在布置有一组牧羊人及羊群的塑像，给花园带来欢快的田园情趣。园内还装饰有大量的电动铸铁动物塑像，为这座古老的园林增添了一些现代气息。

2. 维兰德里庄园（见图 8-36）

维兰德里庄园始建于 1532 年，是一座按照法国文艺复兴时期园林特点建造的仿古庄园。园主为当时的财政部长勒布雷东（Jeanlebreton），在任法国驻意大利大使期间，曾研究意大利的建筑及园林，回国后建造了该庄园。维兰德里庄园位于临近谢尔河合流处的山坡上。城堡花园北面，有一段东西向约 150 米长的水壕沟，分割园内外，花园布置在城堡西、南两侧，从南到北，整个花园按地势处理成三层地台，以石台阶联系。中层台地呈拐角形，与府邸的基座等高，布置成装饰性和游乐性花园，由西班牙园林师设计，包括药草园、游乐性花园和装饰性花园三个部分。

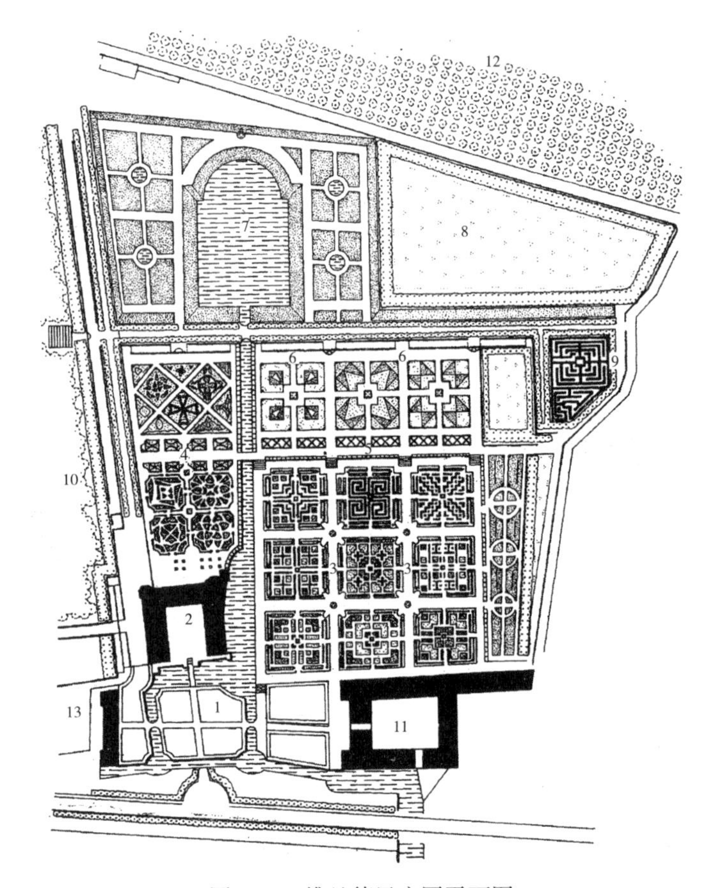

图 8-36　维兰德里庄园平面图

1—前庭　2—城堡庭院　3—菜园　4—装饰性花园　5—棚架　6—游乐性花园　7—水池　8—牧场　9—迷园　10—山坡　11—附属设施　12—果园　13—门卫

府邸是花园中的制高点，从楼上的窗户望去，视线开阔，整个花园尽收眼底（见图 8-37）。在府邸的西侧，一条南北向水渠贯穿全园，它北端连接着水壕沟，南端为上层地台中的水池。水池两边是简洁的草坪花坛，显得简朴、宁静。在台地的一角还设有迷园。游乐性花园是三块方形花坛，为 16 世纪文艺复兴样式，以黄杨篱做图案，其中镶嵌各色花卉。装饰性花园是称为“哥特式”的花坛，共有两组：离府邸较远的，采用菱形和三角形构图；靠近府邸的称为爱情花坛。向北下 15 级台阶，进入底层地台中独特的观赏性菜园。菜园面积约 1 公顷，是完全按照 16 世纪杜 · 塞尔索绘制的版画而建的。排列整齐的畦中种植了各种蔬菜、香料和调料植物，色彩艳丽，是实用与观赏相结合的佳例。井字形园路的四个交点处、有贴近地面的小水池，既是装饰，又便于浇灌（见图 8-37）。

图 8-37　维兰德里庄园花园花坛

维兰德里庄园在整体布局、府邸与花园的结合方式，尤其是喷泉、建筑小品、花架和黄杨花坛中的花卉、香料植物等处理手法，反映了意大利园林的影响。

3. 卢森堡花园（见图 8-38）

该花园是巴黎市的一座超大型府邸花园，是国王亨利四世的王后玛丽·德·美第奇（Marie de medici，1573—1642）建造的，并以原主人的名字命名。玛丽王后在法国生活的十多年中，十分怀念故乡佛罗伦萨美妙的风景与庄园。因此仿照彼蒂宫来建造她的府邸，并希望花园也带有意大利风格。

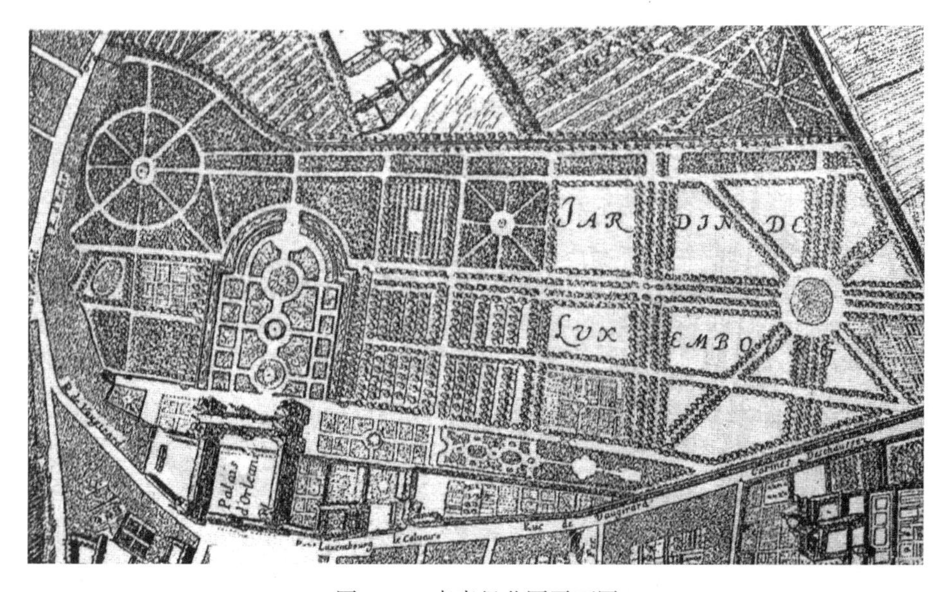

图 8-38　卢森堡花园平面图

设计者在园子中设置了花卉种植带、喷泉、小水渠，以及由紫杉和黄杨组合而成的花坛。在地形上，工人们克服了地势平坦的不利条件，用台阶将园林整体打造得富有立体感和空间感。在建筑前面，出于庄严的效果，特意设计了精美细致的刺绣花坛，并且在花坛中间建造了壮观的八角形水池，使得整体效果庄严、雄伟而又平静。林荫带的渲染是法国园林的传统手法，该园的林荫带坐落在建筑的后面，半围绕着建筑，其西端的尽头修建有一座泉池，池子的中央立着栩栩如生的出浴仙女雕像，尽显欧洲古神话的传奇魅力。在法国的众多园林中，卢森堡花园的中心部分与文艺复兴时期的风格最为接近。

8.2.4 文艺复兴时期的英国园林

8.2.4.1 发展概述

英国是大西洋中的岛国，西临大西洋，东隔英吉利海峡与欧洲大陆相望。国土由英格兰、苏格兰、爱尔兰三大岛及其附属岛屿组成，其中以英格兰面积最大，人口最多，文化最为发达。英格兰北部为山地和高原，南部为平原丘陵，属海洋性气候，雨量充沛，冬温夏润，多雨多雾，为植物生长提供了良好的自然条件。英国历史上是以畜牧业为主的国家，草原面积约占国土面积的 80%，森林面积为国土的面积的 10% 左右。这种自然景观为英国园林风格的形成奠定了天然的环境条件。

15 世纪末期，意大利文艺复兴的一缕春风刮进英伦三岛，英国在接触欧洲文化以后焕发出新的活力。从都铎王朝开始，英国逐渐出现了所谓“羊吃人”的圈地运动，城市工商业兴起意味着中世纪的结束，英国社会开始从封建社会向资本主义过渡。至伊丽莎白一世统治时期国力渐盛，英格兰呈现出一派欣欣向荣的景象。与此同时，英国相继出现了莎士比亚、培根、斯宾塞等著名作家，建筑风格及园林艺术也有很大的变化。

去过欧洲大陆的英国人对意大利、法国园林表现出了极大的兴趣，于是开始模仿。同时，都铎王朝的君主们对花卉、园林也有着强烈的爱好，尤其是在伊丽莎白时代，英国已成为商业强国，君主、贵族、领主和富商们随着财富的增加，越来越憧憬大陆国家豪华的宫廷生活和贵族的习俗，纷纷建造宏伟的宫殿和宅邸。

8.2.4.2 园林类型与风格特征

文艺复兴时期，英国园林模仿意大利和法国台地园林规则式布局风格，出现了中世纪庭园与意大利规则式园林的结合，既有宏伟高大的宫苑园林，又有富丽堂皇的府邸园林。秘园、绿丛植坛、绿色壁龛及其雕像、池园及水喷等无不受到意大利台地园林风格的影响。

此时期的英国造园家们摆脱了中世纪城堡风格的束缚，追求更宽阔、更优美的园林空间，开始将英国过去的传统与从法、意引入的园林风格结合起来，并根据本国天气灰暗的特点，在继续保持绿色的草地、色土、沙砾、雕塑及瓶饰的风格基础上，又以绚丽的花卉增加园林鲜艳、明快的色调。在植物配置上，比较常见的有黄杨属、桧属、冬青、常春藤、报春花、水仙花、荷兰郁金香、土耳其杏树、南欧的紫荆花、金莲花、东欧的丁香等。

8.2.4.3 园林实例

1. 汉普顿宫苑（见图 8-39）

汉普顿宫苑是文艺复兴时期最为著名的规则式园林作品，位于伦敦以北 20 千米处的泰晤士河畔。最初是属于红衣主教沃尔西的庄园，沃尔西去世以后归于国王亨利八世。亨利八世扩大了花园的范围，在园内修建网球场，这也是英国最早的网球场地。1553 年，亨利八世又在花园中建“秘园”，在整形划分的地块上有小型结园，绿篱中填充着五彩缤纷的花卉和彩色的沙砾；另一空间以圆形水池喷泉为中心，两端为图案精美的结园。秘园的一端为长方形的“池园”，以“申”字形道路划分，中心交点为水池及喷泉，纵轴终点用修剪的紫杉围成半圆形壁龛，内有白色大理石的维纳斯雕像。

图 8-39　汉普顿宫苑

2. 农萨其宫苑

农萨其宫苑是国王亨利八世晚年兴建的宫苑，它是一个养有很多鹿类等动物的林苑。园中有大理石柱和金字塔形喷泉，喷泉上面有小鸟装饰，且从鸟嘴中流出水来。园内还设有“魔法喷泉”，将开关设在隐蔽处，当游客走进喷泉时，会出其不意地突然喷薄而出，以此逗人喜爱。这显然是受意大利园林设施的影响。

3. 波维斯城堡园（Powis Castle）

波维斯城堡园是 17 世纪英国典型的贵族府邸花园，它完全吸取了意大利文艺复兴时期台地园的特点，成为英国最为典型的台地园。它建在利物浦与加的夫之间的一片坡地上，主要由台地组成。建筑建在最高层台地上，有窄长的露台，沿建筑中心的中轴线布置层层台地。第二层台地也比较窄长，由花坛、雕像和修剪过的树木组成。最底层的台地十分开阔，规则性水池对称布置在中轴线两侧，池中心有雕像，在侧面还安排有菜园，并种有果树。建筑后面与两侧栽植大片树林。从底层台地水池旁仰望建筑，层层花木，景色丰富。若从建筑前眺望，则可俯视全园和远处山峦，景色更为壮观。

8.3　17 至 19 世纪的欧洲园林

8.3.1　法国勒诺特尔式园林

8.3.1.1　发展概述

经过英法百年战争、侵略意大利的战争和 1562 年爆发的长达 30 年的宗教战争，到 16 世纪末，法国波旁王朝的第一个国王亨利四世继位后极力恢复和平、休养生息，到 1661 年路易十四（Louis XⅣ）亲政时，法国专制王权进入极盛时期。路易十四大力削弱地方贵族权利，政治上采取一切措施强化中央集权，宣称“朕即国家”；经济上推行重商主义政策，鼓励商品出口，建立庞大的舰队和商船，成立贸易公司，促进了资本主义工商业的发展。

法国古典主义园林艺术理论在 18 世纪上半叶已渐趋形成并渐趋完善。到 17 世纪下半叶，王权大盛，文化上以古典主义作为御用文化，因此，古典主义的戏剧、美学、绘画、雕塑、建筑和园林艺术都获得了辉煌的成就。绝对君权专制政体的建立及资本主义经济的发展，使社会得到了安定，人们进而开始追求豪华、有排场的生活，这些都为法国古典主义园林艺术的发展提供了适宜的环境。

法国古典主义园林在最初的巴洛克时代奠定了基础。在路易十四的伟大时代，由安德烈・勒诺特尔（Andre Le Notre）进行尝试并形成了伟大的风格；最后在18世纪初，由勒诺特尔的弟子勒布隆（Le Blond）协助德扎利埃（Dezallierd'Argenville）创作了《造园的理论与实践》一书，被看作是“造园艺术的圣经”，标志着法国古典主义园林艺术理论的完全建立。

勒诺特尔是法国著名的造园家，也是路易十四的首席园林师，被誉为“王之造园师和造园师之王”的天才园林艺术大师，创造性地开创了勒诺特尔式园林，使法国古典主义园林艺术得到巨大的发展。其还作为路易十四的宫廷造园家长达40年。勒诺特尔于1613年出生于巴黎的一个造园世家，其父亲是一位御用园艺师，其祖父也是一名专门为一个皇家花园提供种子的园艺工。他从小便在杜伊勒宫里长大，对园艺耳濡目染，并且有着独特的见解。勒诺特尔一生从事园林事业，13岁起便跟随巴洛克绘画大师伍埃(Simon Vouet，1590—1649)习画。在伍埃的画室里，他结识了许多来访的当代艺术家，这些顶级人物对他的影响极大，不但激发了他的艺术天分，同时还使他对于以后的造园收获颇多。1636年，勒诺特尔离开伍埃的画室，改习园艺。在此后的很多年里，他一直跟随父亲，在丢勒里花园从事一般的园艺工作，在这期间他还学了建筑、透视法和视觉原理。勒诺特尔还研究过笛卡尔（Rene Descatres，1596—1650）的唯理论哲学，这些知识都对他以后的设计有着巨大的影响。他设计或改造了许多府邸花园，表现出了超高的艺术天分，创造了长达一个世纪之久的勒诺特尔式园林。勒诺特尔的成名作品是孚・勒・维贡府邸花园，这是法国园林艺术史上一件划时代的作品，同时也是法国古典主义园林的杰出代表。令其名垂青史的是路易十四的凡尔赛宫苑，此园代表了法国古典园林的最高水平。勒诺特尔的其他重要作品还有枫丹白露城堡花园（1660年）、圣・日耳曼・昂・莱庄花园（1663年）、圣克洛花园（1665年）、尚蒂伊府邸花园（1665年）、丢勒里花园（1669年）、索园（1683年）、克拉涅花园（1684年—1686年）、默东花园（1689年）等。

勒诺特尔是法国古典主义园林的集大成者。法国古典主义园林的构图原则和造园要素在勒诺特尔之前就已成型，但是，勒诺特尔不仅把原则运用得更彻底，将要素组织得更协调，使构图更为完美，而且在他的作品中还体现出一种庄重典雅的风格。这种风格便是路易十四时代的“伟大风格”，同时也是古典主义的灵魂，它鲜明地反映出了这个辉煌时代的特征。更为重要的是，勒诺特尔成功地以园林的形式表现了皇权至上的主题思想。

总之，从16世纪后半叶以来，大约整整一个世纪，法国的造园既受到了意大利造园的影响，又经历了不断的发展过程，直到17世纪后半叶，勒诺特尔的出现才标志着单纯模仿意大利造园形式时代的结束和勒诺特尔造园形式的开始，并成为在欧洲有深远影响的一种形式，法国的造园艺术也得到了极大的发展。勒诺特尔可以说是领导了法国古典主义园林文化，这也是顺应历史潮流的结果，是历史发展的必然趋势。

8.3.1.2 园林类型与风格特点

法国勒诺特尔式园林类型有很多，可以划分为宫苑园林、府邸园林、公共花园等三种类型。宫苑园林主要有凡尔赛宫苑、特里阿农宫苑和枫丹白露宫苑等，其中以凡尔赛宫苑最为有名；府邸花园主要有沃克斯·勒·维康特府邸花园、尚蒂伊府邸花园和索园等；公共花园主要有丢勒里花园等。

1. 宫苑园林

以园林的形式表现以君主为中心的等级制度。宫殿位于放射状道路的焦点上，宫苑中延伸数千米的中轴线，都强烈地表现出唯我独尊、皇权浩荡的思想。花园本身的构图也体现出专制政体中心的等级制度。中轴对称的平面布局是勒诺特尔式园林的空间结构主体，在贯穿全园的中轴线上加以重点装饰，形成全园的视觉中心。沿着中轴线望去，景观深远，严整气派，雄伟壮观，体现出炫耀君王权威的意图。一系列优美的花坛、雕像、泉池等都集中布置在中轴线上，横轴线和一些次要轴线对称地布置在中轴线两侧，直线型道路纵横分布或放射状分布，构成明朗的透景线，丛林或坛植呈方格状、环状或梯形状等。小径和甬道的布置，以均衡和适度为原则。道路分级严谨，整个园林因此编织在条理清晰、秩序严谨、主从分明的几何网格之中（见图 8-40）。

图 8-40　凡尔赛宫阿波罗泉池与国王林荫道

法国古典主义园林，是庄重典雅的贵族气势，是完全人工化的特点。广袤无疑是体现在园林的规模与空间的尺度上的最大特点，追求空间的无限性，因而具有外向性的特征。尽管设有许多瓶饰、雕像、泉池等，却并不密集，丝毫没有堆砌的感觉。相反，却具有简洁明快、庄重典雅的效果。更为重要的是，勒诺特尔成功地以园林的形式展现了皇权至上的主题思想。

巧妙精美的植物景观设计也是宫苑园林的特征。勒诺特尔通常选择以阔叶乔木为主，尤其是当地的乡土树种，如椴树、欧洲七叶树、山毛榉、鹅耳枥等，集中种植在外围边缘的林园中。在园景内部也用花坛与丛林。如凡尔赛宫苑中的柑橘花坛其中种满了柑橘和其他灌木。花坛与丛林之间常用黄杨、紫杉、米心树、疏花、鹅耳栎树等植物构成的树篱作为分割，树篱厚度常为 0.6 米，规则且相互平行，有高度一米的矮树篱到 10 米左右的高树篱。树篱一般种得很密，起到围合的作用。

勒诺特尔十分重视用水，他认为水是造园不可或缺的因素。他仿照法国平原上常见的湖泊、河流的形式，在园景中形成开阔的水景效果。勒诺特尔常常在园林中运用多种水景形式，包括大运河、渠溪、水梯、叠瀑、水池、喷泉、湖池等。在水景的处理上，以水贯通全园，在纵向中轴线上布置连续不断的壮观水景，水景形式丰富且水景技艺已大大超过意大利及其他欧洲国家水平。勒诺特尔还设计了“水花坛”。水花坛是将环抱在草坪、林荫树、花圃之中的泉水集中起来构成的花坛。坛水清澈，不仅把周围的建筑和绿树都映照在水中，还倒映着蓝天白云，给景色凭添了无穷的魅力。

2. 府邸园林

在府邸园林构图中，花园宽敞辽阔，府邸居中心地位，起着控制全园的作用。庭院中建筑总是中心，起着统帅的作用，通常建在地形的最高处，建筑前的庭院与城市中的林荫大道相衔接，其后面的花园在规模、尺度和形式上都服从于建筑。法国园林又是作为府邸的“露天客厅”来修建的，需要很大的场地，并且要求地形平坦或略有起伏，以利于中轴线两侧形成对称的效果。有时需要起伏的地形，但高差不大，整体上平缓而舒缓。法国地势平坦，丘陵和平原地区较多，加上当时法国封建专制的政体形式，为王公贵族成员和达官显贵们搜刮民财提供了条件，使他们可以轻而易举地获得大面积的土地，从而为自己建宫造园提供了极大的便利条件，使法国园林在占地面积上一般都远远大于意大利园林的规模。

在植物种植方面，广泛采用丰富的阔叶乔木，明显反映出四季变化。乔木一般集中种植在林园中，形成茂密的丛林。丛林的尺度与巨大的建筑、花坛比例协调，形成完美统一的艺术效果。府邸近旁的刺绣花坛是法国园林的独创之一，大型刺绣花坛以花卉为主，紫红色砖石衬托着黄杨花纹，图案精致清晰、繁杂华丽并且色彩对比强烈，有时也用黄杨之类的树木成行栽植，形成刺绣图案（见图 8-41）。

图 8-41　刺绣花坛

在水景方面，主要建筑物四周环绕着河道，周边环以石栏杆，这是中世纪城堡建造手法的延续。虽早已失去了防御作用，但在建筑与水面、环境结合方面却取得了较好效果。利用地形的高低变化，在中间的下沉之地，建有洞穴、喷泉，饰以雕塑，挡土墙上装饰着高浮雕、壁泉、跌水和层层下溢的水渠等，形成形状、空间、色彩的对比。草坪花坛周围围绕着水池，还有沿着中轴路方向的水池，水面平静如镜，建筑倒映在水中，形成虚与实的对比，更增添了花园的幽深和神秘。在建筑的平台上可以欣赏到变化丰富的景观。

在功能方面，根据园主的要求，园内能举办堂皇的盛宴、华丽的服装展览，还可进行戏剧演出、体育活动和烟火表演等，完全体现了人工化的特点。追求空间无限性，广袤旷远而外向性。

3. 公共花园

公共花园实现了将城市、建筑、园林三者结合为一体。花园的中轴线十分突出，在轴线两侧布置喷泉、水池、花坛、雕像等，这轴线正对着建筑物的中心，同样体现了君王的威严。花园的视野变得十分广阔，在统一性、丰富性和序列性上也都得到了很大的改善。

8.3.1.3　园林实例

法国勒诺特尔园林最典型的代表作品是孚·勒·维贡府邸花园和凡尔赛宫，其总体布局都远比过去的府邸要大得多。特别是凡尔赛宫，它的布局体现着达到顶峰的绝对君权。

1. 孚·勒·维贡府邸花园（Le Jardin du Chateaue de Vaux-le-Vieomte）

府邸花园（见图 8-42）南北长约 1200 米，东西宽约 600 米，呈长方形，花园四周由茂密的林园相围，高大的树木形成花园的背景，更衬托出其开阔与精美。花园的布置由北向南延伸，由中轴线向两侧过渡，并以规则对称的手法进行规划。中轴线全长约 1 千米，宽约 200 米。

图 8-42　孚·勒·维贡府邸花园鸟瞰图

府邸的地势总体上是平坦的，但东西向略有倾斜，南部也逐渐隆起升高。勒诺特尔巧妙利用地势的不同，有意提高东部的地势，以便可以形成台地。

在南北轴线上采用三段式处理，每一段都独具特色、富于变化。第一段紧邻府邸，由府邸东西两侧的花坛和正面花坛组成。在靠近府邸的台地两侧是顺向长条绣花式花坛，花坛图案丰富生动、精致清晰、色彩艳丽，形成鲜明的对比，强调人工装饰性。在刺绣花坛的两侧又各有一组花坛台地，以花团锦簇，众星捧月的手法构造，象征着园主的高贵与尊严；第二段花园以水景为主，在草地边上密排着喷泉，水柱垂直向上，称为“水晶栏栅”。这一段的重点在喷泉和水镜面。园中以运河作为全园的主要横轴线，是勒诺特尔式园林中最具代表性的水体处理方式。用喷泉、水池和水渠的手法，象征着园主勃勃的生机与梦幻；第三段花园坐落在运河南岸的山坡上，坡脚处理成大台阶。坡顶矗立着“海格力士”（Hercules）的镀金雕像，构成花园中轴的端点。树林形成的篱墙或开或合围合出花园空间，最后在花园的南端收缩并随地形上升，将视线集中于大力神雕像以及身后的茫茫林海之中，透视深远。树木草地为主体，简朴自然，增加了自然情趣，同时也象征着生命的永恒（见图 8-43）。

图 8-43　孚・勒・维贡府邸花园

引水入园
水景艺术

孚・勒・维贡特府邸花园的独到之处便是处处显得宽敞辽阔。整个花园的布局虽然完全是几何式的，但在选址和布局上仍然与原地形相协调。另外，各造园要素布置得合理有序，避免了相互间的冲突和干扰。序列、尺度、规则，这些伟大时代形成的特征，经过勒诺特尔的处理，已经达到了不可逾越的高度。

2. 凡尔赛宫苑（Chateau de Versailles）

凡尔赛宫苑（见图 8-44）位于巴黎西南约 20 千米，整个修建过程动用了 3000 名建筑工人和 6000 匹马——由建筑工人来完成石方工程，马匹来搬运东西。即便如此，修建还是持续了整整 47 年之久。凡尔赛宫苑是著名建筑师勒诺特尔精心设计的。该宫于 1689 年全部竣工，至今已有 300 多年历史。全宫占地面积 111 万平方米。其总体布局是为了体现至高无上的君权，以府邸的轴线为构图中心，沿府邸—花园—林园逐步展开，形成一个完整统一的整体；而且以林园作为花园的延续和背景，可谓构思精巧。园林布局强调有序严谨、规模宏大、轴线深远，从而形成了一种宽阔的外向园林，反映了人们的审美情趣。在平展坦荡中，通过尺度、节奏的安排又显得丰富和谐。其宏大的规模为宫廷举行各种活动提供了合适的场所。

图 8-44　凡尔赛宫苑中轴线鸟瞰图

宫苑的中轴线长约 3 千米，若包括伸向外围及城市的部分则长达 14 千米。整个苑园基本上是采取规则式的设计手法，以宫殿的中轴线为苑园的主轴线，然后以不同形式的纵轴线和若干条放射状轴线，将苑园划分成若干小区（见图 8-45）。

图 8-45 苑园划分

（1）花坛区是苑园中最精美的部分。最初时，勒诺特尔设计的是刺绣花坛，在扩建旧城堡时改为了水花坛。最初的水花坛由一大四小的泉池组成，而现在的水花坛是一对沿中轴线排列的、四角呈圆弧状的长方形水池，常称为水镜面（Mirror of water），池边有大理石砌岸，上面用青铜雕像进行装饰（见图 8-46）。其中还包括了柑橘园和瑞士湖，路易十四偏爱柑橘树，而当时园内的 1250 盆柑橘则全部来自福凯的花园。瑞士湖面积 13 公顷，因由瑞士雇佣军承担挖掘任务而得名，这里原是一片沼泽，地势低洼，排水困难，故就势挖湖。

图 8-46 水花坛

（2）拉托娜区是苑园的中心部分。该区以拉托娜喷泉池为核心。拉托娜和分列在两旁的一对双胞胎儿女及太阳神阿波罗和月亮神阿尔忒弥斯，位于由四层圆台叠加的顶端，面向西方与阿波罗喷泉池遥遥相望。高台下方的喷泉分四层排列，由造型为龟、蛙和人身蛙的不同喷泉组成。这个设计取自罗马神话，拉通娜与天神朱庇特私通生下了孪生兄妹太阳神阿波罗和月亮神阿尔忒弥斯，天神把那些曾经对她有所不公的村民变成了乌龟、癞蛤蟆之类的动物。

（3）国王苑路区是苑园的小林园区，也是苑园中的主要活动小区。这条苑路在勒诺特尔的设计下，由原来的狭窄变成了今日长达 330 米、宽达 45 米的苑路。该区具有象征意义的是阿波罗泉池。在巨大的水池中央，年轻的阿波罗正驾着四马战车跃出水面，前去迎接自东方升起的太阳。因为路易十四被誉为太阳神，所以将阿波罗泉池建在此处是别有意义的。太阳被作为国王的象征，在园林主题中被反复强调。

（4）运河区是水上的活动中心。借鉴枫丹白露宫苑和维贡府邸开挖运河的经验设计为十字形大运河。它的长为 1560 米、宽为 62 米、最宽处为 120 米，横运河长度为 1013 米。它位于阿波罗泉池以西的主轴线上，与国王苑路连为一体，形成一条宽阔的中轴线。这是勒诺特尔的又一杰作。

整个宫殿坐东朝西，建造在人工堆起的台地上，中轴线向东西两边延伸，形成贯穿并统领全局的轴线。东面是三侧建筑围绕的前庭，正中间有路易十四面向东方的骑马雕像。庭院东面的入口处有“军队广场”，从中放射出三条林荫大道向城市延伸。宫殿二楼正中朝东布置国王起居室，眺望穿越城市的林荫大道，象征着路易十四控制巴黎、控制法兰西，甚至控制全欧洲的雄心壮志。朝西的二层中央为著名的“镜廊”，是花园中轴线的焦点。长达 2000 米的林荫大道又分段布置着无数的喷泉、雕塑和绣毯一般的花坛，都按照几何图形严格对称。道路两侧的树林里点缀着山洞、迷宫、剧场以及别墅，形成一系列的景观。

凡尔赛宫是国王君权的象征，整座花园雄浑的气度和雍容华贵的景观令法国人民骄傲，成为欧洲皇家园林的第一典范。

8.3.1.4　法国勒诺特尔式园林对欧洲的影响

凡尔赛宫苑确立了勒诺特尔及勒诺特尔式园林在法国的地位，他承接了无数个庭院的设计和改造工作，作品遍布整个法国。勒诺特尔式园林形成之时，正是欧洲艺术上的巴洛克时代（约 1660 年—1880 年）之初，勒诺特尔式园林给巴洛克艺术带来了高贵典雅的风格。一方面是因为路易十四树立的法国宫廷文化成为欧洲上流社会追捧和模仿的对象；另一方面，自身的宏伟气势也令人震撼。尽管勒诺特尔式园林尺度巨大，但景观变化丰富；尽管一览无余，但空间开合有度；尽管规齐划一，但与自然融合。因此，法国勒诺特尔式园林也随着巴洛克艺术的流行和法国文化在欧洲的影响，迅速传遍了欧洲，影响长达一个世纪之久，且远远超出了宫廷范围，它逐渐代替意大利园林，开始统率欧洲造园的样式。

1. 对意大利的影响

从 16 世纪后半叶以来，大约整整一个世纪，法国的造园既受到了意大利造园技艺的影响，又经历了不断的发展过程，直到 18 世纪后半叶勒诺特尔出现，才标志着单纯模仿意大利造园形式时代的结束和勒诺特尔式园林的开始。而反过来，这种新的园林形式也逐步被意大利人所接受，并逐步风靡起来。勒诺特尔式造园在意大利北部更为流行，因为该地区地势相对平坦，恰恰适合于构造勒诺特尔式园林。从地域上看，意大利属于欧洲南部，地形地貌较法国复杂，山地较多，因而从气势上很难与法国勒诺特尔式园林那种广袤的效果和气势恢宏的壮观景象相比拟。但园林通常能依山就势而建，因而景观空间的处理较为细腻。

2. 对英国的影响

勒诺特尔式园林风靡欧洲之时，英国尽管也受到了一定的影响，但影响程度却远远小于欧洲其他国家。英王查理二世（Charles Ⅱ，1660 年—1685 年在位）即位之后加强了与外界的交流。并且随着勒诺特尔在法国国内名声大震，他的名字也逐渐为英国人所知。勒诺特尔在完成凡尔赛宫苑后受邀访问了英国，在那里传播了勒诺特尔式造园，并改造了许多庭院，如圣詹姆斯园、格林尼治园、布什丘陵园、达哈姆园、素斯凯多园和布雷多比园等。后来，英国方面也积极派遣造园家去法国，创造了研究勒诺特尔式造园的良机。勒诺特尔式园林还通过著作逐步被英国人了解熟知，当时的法国造园书籍在英国传阅甚广，法国著作的英译版本也相继问世，先是 1658 年有伊芙林以《全能的造园师》（Complete Gardener）为题的译本；随后，于 1699 年又有约翰 · 罗斯的弟子乔治 · 伦敦和亨利 · 怀斯的译本。1803 年，詹姆斯翻译了勒诺特尔弟子勒伯朗的著作《园艺理论与实际》（La Theorie et La Pratique du Jardinage）并顺利出版。

3. 对荷兰的影响

荷兰位于欧洲西部，西、北两面临北海，东与德国、南与比利时毗邻。全境均为低地，靠堤坝和风车排水防止水淹。荷兰人素以喜爱花草而闻名于世，15 世纪末就有了城堡庭园和城市居民宅园的建造。当时的园林结构简单，面积也不大，通常由一个或几个庭园组成，适宜家庭生活需要。荷兰人对花草情有独钟，以色彩鲜艳的花卉弥补园内景色的单调。当法国勒诺特尔式园林在西欧国家大面积流行的时候，其影响在荷兰并不是很明显，而且影响较晚。在荷兰的大部分地区，树木生长常受到强风的袭击；并且，由于国土地势低而地下水位高，很难生长根深叶茂的大树，从而无法产生法国式园林中极为重要的丛林及森林的景观效果，这也是勒诺特尔式园林在荷兰难以流行的原因。

荷兰的勒诺特尔式园林少有以深远的中轴线取胜的作品，原因是大多数园林的规模较小、地形平缓，难以获得纵深的效果。荷兰人很喜欢林荫道，一般会在通往住宅的大道两侧栽植心叶椴作为行道树。在林荫道的终点设置嵌着的装饰性铁格子墙体，即漏墙，透过漏墙可以借景于园外的田园、教会尖塔和其他景物。法国式的刺绣花坛很容易被荷兰人接受，但是荷兰人对花卉的喜爱使得他们通常放弃了刺绣花坛，而采用种满鲜花的图案简单的方格型花坛。荷兰勒诺特尔式园林空间布局紧凑。水渠的运用也是荷兰勒诺特尔式园林的特色。

4. 对德国的影响

德国位于欧洲地理位置的中心，北邻北海和波罗的海，能够很容易地吸收各个邻国的文化成果。因此，德国的园林传统来自于意大利、法国、荷兰及英国等国家。德国地势由南向北逐渐低平，中部为丘陵和中等山地，属温带气候，从西北向东南逐渐由海洋性气候转为内陆性气候。从 18 世纪后半叶开始，德国受法国宫廷的影响，君主们开始竞相建造大型园林，法国勒诺特尔式造园样式也随即传入德国。这些园林作品大多是由法国造园师设计建造的，也有一些荷兰造园家的作品。在德国的勒诺特尔式园林中，主要反映的是法国勒诺特尔式造园的原则。

德国勒诺特尔式园林中最突出的是水景的利用。园景中有法国式喷泉、意大利式的水台阶以及荷兰式的水渠，都处理得壮观宏丽，许多水景的设计都达到了青出于蓝而胜于蓝的效果。其次，绿荫剧场在德国园林中较为常见，比法国园林的绿荫剧场布局紧凑，并结合雕像的布置，具有很强的装饰性。建筑物或花园周围设有很大的水壕沟，保留了更多中世纪园林的痕迹。巴洛克透视的运用、巴洛克及洛可可式的雕像和建筑小品又具有文艺复兴的特点，结合古典主义园林的总体布局，使德国园林的风格虽不那么纯净，却富于变化。

5. 对俄罗斯的影响

俄罗斯位于欧亚大陆北部，地跨东欧北亚的大部分土地。境内地势东高西低，80% 的土地是平坦辽阔的平原，河流湖泊众多，河网稠密、水量丰富，沼泽广布，主要分布在北半部。俄罗斯全境多属温带和亚寒带大陆性气候，冬季漫长寒冷，夏季短促凉爽，春秋季节甚短。彼得大帝时期，由于他本人极为崇尚西欧园林，尤其是对法国园林尤为推崇，因此在他的倡导、支持下，法国勒诺特尔式园林在俄罗斯广为流传。

俄罗斯的勒诺特尔式园林在模仿法国园林的同时，也有着自己的特点。在宫苑的选址上以及水体的处理方面，更多地借鉴意大利式园林，宫苑选址于水源充沛之地，并依山而建，形成一系列的台地和叠水，并且结合精美的雕塑，使得整个园林景观既有辽阔、开敞的空间效果，又具有丰富的景观层次。在园林功能方面，由过去以实用为主，转向以娱乐、休息为主，规模上日益宏大。另外在植物的选用上，俄罗斯人的植物种植以乡土树种为主，如栎、复叶槭、榆、白桦形成林荫道，以云杉、落叶松等常绿植物构成丛林，使得俄罗斯园林具有强烈的地方特色和俄罗斯风情。

6. 对西班牙的影响

西班牙人很喜欢园林，但长期以来，造园主要是照搬其他国家的模式，并未根据自身的自然地理与气候条件创造出独具风格的园林形式。西班牙勒诺特尔式园林在因地制宜上有所欠缺。由于西班牙地形起伏很大，很难开辟法国式园林所特有的平缓舒展的空间，也缺少广袤而深远的视觉效果，所以在构图法则上过多的模仿法国使西班牙勒诺特尔式园林失去了因地制宜的原则，结果使得西班牙勒诺特尔式园林从平面构图上观察与法国园林十分相像，但从立面效果看，空间效果就大相径庭了。但西班牙勒诺特尔式园林在水景的处理上较成功，能充分利用园址中起伏的地形变化和充沛的水源，加上西班牙传统的处理水景的高超技巧和细腻的手法，制作了大量的喷泉、瀑布、跌水和水台阶等，使得园林中的水景多种多样。在铺装材料上仍然采用大量的彩色马赛克贴画，同时在造园中融入了许多浓郁的地方特色和传统情感。

7. 对奥地利的影响

传统的奥地利园林与西欧中世纪庭院相近，规模不大，但很实用。勒诺特尔式园林流行后，奥地利的统治者们也纷纷按照法国园林的模式进行宫苑重建。但因奥地利多山，所以勒诺特尔式园林多集中在维也纳这样的大城市及其周边。由于地形的限制，奥地利无法像法国那样创造大面积且开阔平坦的园林景观。但奥地利园林很讲究植物的修剪，尤其是树篱的应用，树篱常被修剪成闭和形式，结合雕塑布置，深绿色枝叶作为背景，与白色大理石雕塑形成鲜明对比；有时还利用树篱设计绿荫剧场，进行露天演出。

8.3.2 英国自然风景式园林

8.3.2.1 发展概述

英国自然风景园林指英国在 18 世纪发展起来的自然风景园。进入 18 世纪后半叶，在法国勒诺特尔式园林风靡百年之后，英国另辟蹊径地开创出了一条崭新的造园之路，那就是干净利落抛弃规则的几何式园林，创造不规则的自然式风景园林。

自然式风景园林的形成既受到英国自然条件、经济、文化艺术的影响，也受到了中国山水写意园林的影响。英国南部平缓舒展，北部地区丘陵起伏，境内多雨湿润，对植物生长，尤其是草本植物生长十分有利，因而草坪、地被植物无须精心浇灌即可碧绿如茵。这种特殊的地理、气候和植被条件成为英国风景式园林形成的自然基础。16 世纪中叶，欧洲传教士纷纷来华，他们游览了中国皇家宫苑和江南山水写意园林之后，为中国园林“虽由人作，宛自天开”的精湛技艺所折服。从此，中国园林艺术开始在欧洲传播。

进入 18 世纪，英国造园艺术开始追求自然，有意模仿克洛德和罗莎的风景画。到了 18 世纪中叶，新的造园艺术成熟，几何式的格局没有了，再也不搞笔直的林荫道、绿色雕刻、图案式植坛、平台和修筑得整整齐齐的池子了。花园就是一片天然牧场的样子，以草地为主，生长着自然形态的老树，有曲折的小河和池塘。18 世纪下半叶，浪漫主义渐渐兴起，尤其是在中国造园艺术的影响下，英国造园家不满足于自然风景园那种过于平淡的风格，而是追

求更多的曲折、更深的层次、更浓郁的诗情画意，对原来牧场景色的加工多了一些，自然风景园发展成为图画式园林，具有了更浪漫的气质，有些园林甚至保存或制造废墟、荒坟、残垒、断碣等，以造成强烈的伤感气氛和时光流逝的悲剧性。18 世纪下半叶，自然风景园成为英国的代表性艺术，并对整个欧洲产生了极大的影响，完全取代了古典主义园林，成为统帅整个欧洲造园的新形势。

18~19 世纪的英国自然式风景园林的形成与发展主要分为三个时期：

1. “庄园园林化”时期

“庄园园林化”时期是英国自然式风景园林第一个阶段（18 世纪 20 年代至 80 年代），造园艺术对自然美的追求，集中体现为一种“庄园园林化”风格。主要概括为以下几个特点：①因地制宜，使园林具有环境特征，力图改变古典主义园林千篇一律、千人一面的形象；②抛弃围墙改用兼具灌溉和泄洪作用的“干沟”（干沟通常指黄土地区较大的、经常无水的沟谷）来分隔花园、林园、牧场，把自然景观迎进了花园，加强了视线的渗透和空间的流动性；③对结合兼具生产性的牧场和庄园进行景观设计，大大降低了维持一个精致的几何式花园的经济负担。

2. “画意式园林”时期

就在勃朗把自然风致园林洁净化、简练化，把庄园牧场化的时候，随着 18 世纪中叶浪漫主义在欧洲艺术领域中的风行，出现了追随肯特的一些造园师，他们是以钱伯斯（William Chambers，1723—1796）为代表的画意式自然风致园林。钱伯斯游历过中国，收集了许多中国建筑方面的资料，又在巴黎和罗马留学。认为当时的英国风景园林不过是田园风光，而中国的园林才是源于自然却高于自然的杰作。钱伯斯的声名显赫及其大力的推崇和提倡，使追求中国园林高雅情趣之风吹遍英伦半岛。

这一时期的英国园林主要有以下几个特点：①缅怀中世纪的田园风光，喜欢建造哥特式的小建筑和模仿中世纪的废墟和残迹；②喜欢用茅屋、村舍、瀑布和山洞等具野性的景观作为造园元素，使园林具有不规则、粗犷和变化的美；③大胆采用具有异域情调的元素，如丘园的中国式塔及其他画意式园林中使用的中国式山洞。此时的英国自然风景园林的风尚越过英吉利海峡，传遍欧洲大陆并盛极一时。欧洲大陆的风景园林传统也是从模仿这一时期的英国风景园林开始的。

3. “园艺派”时期

自然风景园成为英国的代表性艺术，并对整个欧洲产生了极大的影响，完全取代了古典主义园林，成为统帅欧洲园林的新形势。英国式自然风景园林的影响逐步渗透到了整个西方园林界。在这一过程中，具有现代色彩的职业造园家逐渐成为一个专门和固定的职业。同时也使得造园艺术逐渐受到商业利益的控制和驱使，并使生活的丰富和信息交流的日益简便。但是基本风格、大的布局，经过半个多世纪的创作已经成熟定型，很难突破。

影响自然风景式园林形成的主要人物不仅有造园界人士，还有政治家、思想家及文人等。他们借助于社会影响，为风景式园林的形成奠定了基础。影响力较大的人物主要有：

（1）威廉 · 坦普尔（William Temple，1628—1699）英格兰的政治家和外交家，于 1685 年出版了《论伊壁鸠鲁的花园》一书。他认为英国过去只知道园林应该是整齐的、规则的，却不知道另有一种完全不规则的园林是更美且更引人入胜的。他认为，中国园林的主要成就在于创造出了一种难以掌握的无秩序的美，可惜他的理论对于当时正处在勒诺特尔式热潮中的英国园林并没有产生明显的影响。

（2）沙夫茨伯里伯爵三世（Anthony Ashley Cooper Shaftesbury Ⅲ，1671—1713）受柏拉图的影响，他认为人们往往对于未经人手玷污的自然有一种崇高的爱。他的自然观不仅是对英国，而且对法国、意大利等国的思想界都有巨大的影响。并且，他对自然美的歌颂是对园林的欣赏、评价相结合的。因此，他的思想是英国造园界新思潮的一个重要支柱。

（3）约瑟夫·艾迪生（Joseph Addison，1672—1719）文艺家及政治家，于1712年发表《论庭院的快乐》。他批评英国园林作品不是力求与自然相融合的。他认为造园应以自然为目标，这正是风景园林在英国兴起的理论基础。

（4）亚历山大·蒲柏（Alexander Pope，1688—1744）一位著名的诗人和园林理论家，曾发表《论绿色雕塑》一文。对当时流行的植物造型进行了尖锐批评。由于他的社会地位和在知识界的知名度，因此其造园应立足于自然的观点对英国的风景园林有很大的影响。

（5）布里奇曼（Charles Bridgeman）积极从事造园活动的改革，被誉为自然式风景园林的鼻祖，留下了不少园林作品。他首创称为“哈哈”的隐垣（The ha-ha ditch），即在园边不筑墙而挖一条宽沟，不仅能起到限定园林范围的作用，又可防止园外的牲畜进入园内。而在视线上，园内与外界却无隔离之感，极目所至，远处的田野、丘陵、草地、羊群均可成为园内的借景。此外，他还擅长利用基址内原有的植物和设施。他设计的不规则园路也使当时的人们耳目一新，受到很高的称赞。斯陀园（Stone）是布里奇曼的代表作之一。斯陀园虽然没有完全摆脱规则式园林布局的影响，但已经从对称的束缚中走了出来，园中有非行列式不对称的植物栽种方式，并完全抛弃了之前普遍存在的植物雕刻；园中的道路不是直线，而是设计成了自然曲线，增加了游线长度，扩大了园林的空间。斯陀园是规则式园林向不规则式园林过渡的代表作品，被称为不规则园林。虽然布里奇曼的作品只是整体几何布局框架下的园林要素的一些变化，但与古典主义园林相比，已经有了很大的突破，如弯曲的小路、自然的植物，为真正的风景式园林开辟了道路，是自然风景园林的前奏。

（6）威廉·肯特（William Kent 1685—1748）是摆脱了规则式园林的第一位造园家，是真正的自然风景园林的创始人。他也是卓越的建筑师、室内设计师。他造园时抛弃了修剪的绿篱、笔直的园路、排列整齐的行道树、人工的喷泉等。他擅长用细腻的手法处理地形，对肯特来说，新的造园准则就是完全模仿自然、再现自然。经他设计的山坡和谷底，高低错落有致，宛若天成。肯特还是一位画家，他认为画家是以颜料在画布上作画，而造园师是以山石、植物、水体在大地上作画。他的这一观点对当时的风景园林有极大的影响。

（7）胡弗莱·雷普顿（Humphry Pepton，1752—1818）是18世纪后期最有名的风景园林大师，主张风景园林要由画家和造园家共同完成，给自然风景园林增添了艺术魅力。他认为自然式园林中应尽量避免直线，但也反对无目的且任意的曲线；在种植方面，采用散点植，更接近于自然生长中的状态。雷普顿还创造了一种值得赞赏的设计方法，即在设计前先画一幅园址现状透视图，然后在此基础上再画设计透视图，最后将二者都画在透视纸上。

8.3.2.2 园林类型与风格特点

英国自然风景园林可以划分为宫苑花园、别墅庄园、府邸花园等三种园林类型。宫苑花园代表作品主要有邱园和布伦海姆宫风景园（见图8-47）。别墅庄园的代表作品有查滋沃斯风景园（Chatsworth Park）和斯托园（Stone Park）。府邸花园的代表作品有霍华德庄园

（Howard Park）和斯托海德花园（Stourhead Park）（见图 8-48）。

图 8-47　布伦海姆宫风景园　帕拉迪奥式的桥梁

图 8-48　斯托海德花园　花神庙

英国自然风景园林的风格特点是模仿自然、再现自然、回归自然，是自然风光的再现。强调园林中应尽量不用直线，排除几何形水体和花坛，中轴对称布局和等距离的植物种植形式，尽量避免人工雕琢痕迹；应按自然种植树林，开阔的缓坡草地散生着高大的乔木和树丛，起伏的丘陵生长着茂密的森林，以自由流畅的湖岸线、动静结合的水面、缓缓起伏的草地上高大稀疏的乔木或丛植的灌木而取胜。

英国自然风景园林注重因地制宜，努力在景观营造中找寻“当地的魂灵”，使园林具有环境特征，力图改变古典主义园林千篇一律、千人一面的形象。

8.3.2.3 园林实例

1. 邱园（Royal Botanic Garden，Kew）（见图 8-49）

邱园为英国皇家植物园，位于伦敦西部的泰晤士河畔，18 世纪中叶后得到了较大发展。尤其是著名园林建筑大师威廉·钱伯斯对邱园的改造。此园与其他风景园不同，也一直是世界上令人瞩目的植物园之一，兼具科学性和艺术性。该园当时留下了大量的中国塔及孔庙、清真寺、亭、桥、假山、岩洞、废墟等，体现了中国园林风格对英国园林的重大影响。

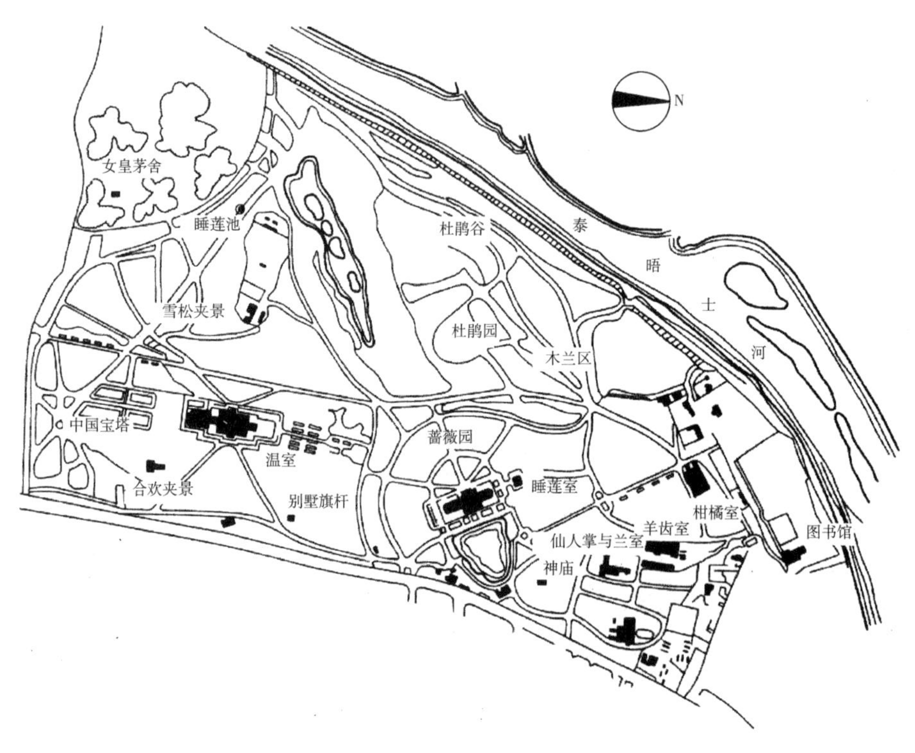

图 8-49 邱园平面图

邱园的建造时期正是英国风景园盛行之际，欧洲园林正处在追求东方趣味的热潮之中。两个世纪以来，邱园一直是世界瞩目的植物园之一，其园林景观也体现了英国园林发展史上不同阶段的特色。作为一个植物园，无论是在科学性上还是在艺术性上，邱园都是十分杰出的，是各国植物学家、园艺学家和园林学家的向往之地，也是一处美丽的游览胜地。

邱园的建筑首先是以邱宫为中心（见图 8-50），以后在其周围建园，又逐渐扩大面积，增加不同的局部，客观上形成了多个中心。因其主要内容是植物园，所以其规划又不同于完全以景观效果为主的一般花园。邱园以邱宫、棕榈温室等在中心形成局部环境（见图 8-51），并拥有自然的水面和草地，姿态优美的孤植树、树丛和树群，内容丰富又绚丽多彩的月季园、岩石园等种种景色，这些使邱园不仅在植物学方面在国际上具有权威地位，而且

在园林艺术方面也达到了很高的水平；另外，具有中国风格的宝塔、废墟等也为园林增色不少。至今，邱园仍是国际上享有盛誉的园林之一。

图 8-50　邱园邱宫

图 8-51　棕榈温室与中国石狮

1831 年威尔士亲王腓特烈（Freaderiek）开始居住于此，称为邱宫。其妻热衷于在此收集植物物种。1861 年建了中国塔，还有孔庙、清真寺，以及岩洞、废墟等。之后毁掉了一些，而塔和废墟保留至今。这些建筑标志着中国园林风格对英国园林的影响。1763 年，乔治三世用王室经费出版了《邱园的庭园和建筑平面、立面、局部及透视图》一书，使更多的人对邱园有所了解。负责此书出版的就是威廉・钱伯斯。

2. 查兹沃斯风景园（Chatsworth House）（见图 8-52）

查兹沃斯风景园坐落于德比郡层峦起伏的山丘上，德文特河从中间缓缓流过。查兹沃斯花园始建于 1555 年，由伯爵夫人 Elizabeth Hardwick 以及她的第二任丈夫威廉・卡文迪什（William Cavendish）兴建。查兹沃斯花园因其长达 4 个世纪的变迁史以及丰富的园景而著称。在随后的 4 个世纪中，庄园的景观经过多次改造，融合了许多时代和许多设计师个人的艺术风格，现存的景观是 4 个半世纪以来各种造园风格的混合产物，随着不同景观潮流的兴起，许多的造园形式都曾经在这里做过尝试，而且往往是由该景观潮流的领导者来担纲设计。可以说，查兹沃斯花园见证了英国园林艺术的发展历史。自 1580 年以来，各个时代的园林艺术风格在此园交汇、调整、改造，具有多样性特征，使这里成为世界上最著名、最迷人的园林之一。

图 8-52　查兹沃斯风景园

查兹沃斯花园 1850 年以后，园林大师兰斯洛特布朗大力提倡模仿自然景色的园林风格，用浪漫主义风格的手法彻底改变了花园的结构，并于 1860 年完成。布朗指挥风景园林改建工程，重点是改造沼泽地，同时，也涉及一部分原有花园的改造，重新塑造地形，铺种草坪。布朗拆掉了大量的直线型的元素，取而代之的是开阔的草坪和自然曲折的线条。但布朗没有毁掉园内所有的巴洛克式景点，他保留了“大瀑布”。布朗最关注的是将河流融入风景构图中，并付诸了实际行动。他首先采用比较隐藏的堤坝将德文特河（Derwent）截流，从而形成一段可以展示在人们眼前的水面。随后在河道的一个狭窄处创作弯曲的河流，两岸林园的扩展以及堆叠的土山，以使人们更好地欣赏德文特河流的美好风光。布朗将梯式瀑布西线有喷泉点缀的几何式花园改建为索尔兹伯里草坪。草坪的单调和空洞用树丛来弥补，间或出现的浓荫使景色富有变化，并充分利用自然地形的起伏，形成连绵的小丘、曲折的山路、溪流和池塘，最终形成史诗般的大气风格。查兹沃斯花园周边的整座村庄也由于布朗对于目力所及范围内极度纯净的追求，而被迫迁移到花园视野之外，这也是如今查兹沃斯花园领地的美丽山林范围内没有人烟的原因。总之，经过帕克斯顿的精心改造，使查兹沃斯花园焕发了新的光彩，成为满足19世纪人们审美要求的新式风景园。当时，任法国丢斯里公园总监的查尔斯，就曾将查兹沃斯花园的艺术成就与凡尔赛宫苑相提并论。该园被誉为当时的花园之王。

8.3.2.4 英国自然风景式园林对欧洲园林的影响

18世纪英国自然风景园的出现，改变了欧洲由规则式园林统治长达千年的历史，这是西方园林艺术领域内的一场极为深刻的革命，给欧洲园林带来了新气象。欧洲诸国群起而效法，从意大利到德国，从法国到俄罗斯，到处都掀起了风景式园林高潮，英国的自然式的造园派成了19世纪的主要流派，推动了法国“英中式”园林、俄罗斯风景园、德国风景园的产生。

1. 法国“英中式园林”

18世纪初期，法国绝对君权的鼎盛时代一去不复返了，古典主义艺术逐渐衰落，洛可可艺术开始流行。随着英国出现了自然风景园并逐渐过渡到绘画式风景园以后，在法国也掀起了绘画式风景园林的热潮。由于法国的风景式园林借鉴了英国风景式园林的造园手法，又受到了中国园林的影响，所以称为“英中式园林”。法国风景式园林造园思想的先驱者建议向英国和中国学习，这就导致了大量介绍中国园林的书籍和文章的出现，一些英国人的造园著作很快被译成了法文。18世纪70年代之后，法国又涌现出一批新的造园艺术的倡导者，致力于将新的造园理论细致化。同时也出现了一批典型的法国“英中式园林”，如埃麦农维勒林园和小特里阿农王后花园（见图8-53）。

图8-53 小特里阿农王后花园

法国的“英中式园林”与勒诺特尔式园林相比，园林的规模和尺度都缩小了，在一个更加局促的环境中，借助于更加细腻的装饰，改变庄重典雅的风格，使花园更富有人情味；小型纪念性建筑则取代雕像，开始在花园中出现。同时，由于法国风景画家经常在作品中表现田园风光，这种创作思想也反映在风景园建造中，园林中常有“小村庄”，产生一种田园趣味。与此同时，由于受到中国园林的影响，法国“英中式园林”出现了塔、桥、亭、阁之类的建筑物和模仿自然形态的假山、置石，园路和河流迂回曲折地穿行于山冈和丛林之中；

湖泊采用不规则的形状，驳岸处理成土坡、草地，间以天然石块。

法国“英中式园林”在 18 世纪下半叶曾风行一时，但随着法国大革命的爆发带来了更新的思潮，“英中式园林”不再流行了。

2. 俄罗斯风景园

18 世纪中期以来，俄罗斯也深受英国自然风景园的影响，开始进入自然式园林的历史时期。俄罗斯风景园林的形成和发展是与当时俄罗斯造园理论的发展分不开的。18 世纪末开始，俄罗斯出现了一系列造园理论方面的著作，为自然风景式园林的创作大造舆论，其中最著名的人物是安德烈・季莫费耶维奇・波拉托夫。波拉托夫的主要论点在于，提倡结合本国的自然气候特点，创造具有俄罗斯风格的自然风景式园林，他主张不要简单地模仿英国或中国，以及其他国家的园林，强调师法自然，探索园林中的自然之美。

俄罗斯最著名的风景园是位于圣彼得堡郊外的巴甫洛夫园（见图 8-54）。它始建于 1777 年，占地面积达 543 公顷，是俄罗斯自然风景园的典范，最初是作为皇村近郊的狩猎场而存在。巴甫洛夫园是在大片森林地带与流经的斯拉维扬卡河所形成的自然景观的基础上，历经 50 余年建造而成。虽历经几代设计师，却看似一气呵成，使其在造园艺术上达到了很高的水准。

图 8-54　巴甫洛夫园

巴甫洛夫园分为七个景区：宫殿区、斯拉维扬卡河区、大星形与红河谷水池区、老西尔维亚区、新西尔维亚区、大原野区、白桦林区。每个景区都有独特的艺术气质与景观风貌。而所有这些区域都隶属于一个公共的艺术创作思想，即建造俄罗斯北方大自然的形象。

七个景区无论是在空间格局上还是在平面构图上，都相互联系、浑然一体，构成了和谐有序的园林系统：大星形与红河谷水池区，老、新西尔维亚区环绕着斯拉维扬卡河谷；大原野区和白桦林区则形成了景色如画的林缘；大星形与红河谷水池区的林荫道以及老西尔维亚区的数条小路最终以斯拉维扬卡河岸的风景作为终结。在这里，风景画卷沿着河床而下，徐徐展开，被更广阔的全景所环绕。最终，对着主区方向，大宫殿在各个不同的取景点均清晰可见。

巴甫洛夫园的规划特色在于，依照景点与公园边界的距离长短进行处理，一系列景观元素自边缘地界，朝着园中的主要建筑物——大宫殿而缓缓融入风景之中，距离主宫殿越近，道路系统越密，种植构图也越丰富；随着与宫殿距离的不断加大，建筑物越来越少，风景越加借助自然成分而构成，宽阔的河谷渐渐收缩，森林靠河岸越来越近，园林好似与大自然越来越交融到一起了。这种规划手段后来被沿用到了苏联的公园规划设计中。

3. 德国风景园

由于受英国风景园的影响，从 18 世纪中叶开始，德国大规模地出现了自然风景园，德国园林史上一个最重要的时期也随之开始了。1750 年后，英国开创的自然风景园思想在欧洲大陆广泛传播，德国的园林设计师纷纷赴英学习，并且在短时间内把这种新的思想及设计手法带回了德国，在德国设计自然风景园或把历史上的几何园林改为自然风景式园林。风景园使德国园林发生了彻底的改变，绝大多数文艺复兴和巴洛克时期的几何园林都在这场变革中全部或部分地被改为了自然风景园。

风景园出现在德国以前，也是在文学、绘画等艺术领域中首先有了崇尚大自然的思想。18 世纪初就已出现了歌颂大自然的文学作品，英国文学对德国文学中这种思潮的产生起着直接的推动作用。自然风景园进入德国的时间大致是 1770 年左右，和英国的情况一样，风景园并非一下子就出现了，它是一个过程，一个旧的根深蒂固的园林设计思想被打破的过程。

早期的风景园主要以两种形式出现，一是渐渐地侵入原有的几何园中，使之自然风景化；二是新设计的自然风景园。从 1770 年开始，德国历史上众多的巴洛克园林就大部分或全部地被改为自然风景园了，不过绝大多数几何园并没有彻底改变其基本骨架，特别是中轴线、水渠等多保留着。几何式园林转变成自然风景园的主要作品有波茨坦的无忧宫（Sans souci Palace）、卡塞尔的威廉山（Wilhelm shohe）和曼海姆附近的什未钦根（Schwetzingen）。

无忧宫是 18 世纪的德意志王宫和园林，位于德国波茨坦市北郊，为普鲁士国王腓特烈二世模仿法国凡尔赛宫所建。宫名取自法文的“无忧”或“莫愁”。整个王宫及园林面积为 90 公顷，因建于一个沙丘上，故又称“沙丘上的宫殿”。无忧宫是 18 世纪德国建筑艺术的精华，全部建筑工程延续时间达 50 年之久。虽经战争，但从未遭受炮火的攻击，至今仍保存十分完好（见图 8-55）。

图 8-55　无忧宫

无忧宫是一座巴洛克及洛可可混合式园林。园林的主轴线是一条东西向的林荫大道，它始于园林入口，从宫殿前穿过，延伸到新宫（Neue Palais）。在严谨的轴线上有喷泉、雕像，但整座园林并不是中轴对称的。花园内有一座六角凉亭，采用中国传统的碧绿筒瓦、金黄色柱、伞状盖顶、落地圆柱结构，被称为“中国茶亭”。亭内桌椅完全仿造东方式样制造，亭前矗立着中国式香鼎。这是德国园林中较早的中国式建筑，它尺度较大，在镀金柱廊内有一圈中国人物雕像，不过除了室内陈列着中国瓷器外，整座建筑与中国传统建筑相差甚远，外观上更像一座蒙古包，雕像也如同是穿着中国服饰的西方人。1770 年在园的北部建了龙塔，它是受钱伯斯 1762 年在邱园中所建的中国塔的影响而建的。与钱伯斯的塔一样，龙塔也犯了个大错误，即塔的层数是偶数，并且建筑风格不伦不类。1772 年，无忧宫的中轴线旁建造了规模较大的自然式的狍园，从而打破了中轴线，改变了巴洛克几何园的面貌。

8.4　欧洲近现代园林

8.4.1　欧洲近代新型园林

8.4.1.1　欧洲近代新型园林的诞生

西方古典园林从远古的美索不达米亚庭园和古希腊、罗马的柱廊式庭院开始，历经西班

牙的伊斯兰庭园，意大利的台地园和法国的勒诺特尔式宫苑，再到英国的自然风景园林后，开始了崭新的历史征程。

欧洲近现代园林在继承了英国风景式园林风格特点的基础上，吸收了文艺复兴及古典主义时期的优秀园林传统，从而使欧洲近代园林为人们提供了更加舒适、快乐的游憩环境。18 世纪后期至 19 世纪初，工业革命和早期城市化造成了城市中人口密集、与自然完全隔绝的单一环境，引起了一些社会科学家的关注。城市问题的出现，冲破了古老的欧洲园林格局，解放了人们的传统思想，也赋予园林以全新的概念，产生了与传统园林内容、形式差异比较大的新型园林。除原属皇族的园林对平民开放以外，城市公共绿地也相继诞生，出现了真正为居民设计，供居民游乐、休息的花园，甚至大型公园。

为了适应生产力发展和城市建设的需要，历史保留下来的宫苑、庄园绝大多数改为公园。城市广场、街道、滨水地带、公共建筑、校园、住宅区等场所的绿地也成为城市中一道道亮丽的风景线。此外，植物引种和大型植物园也是近代园林发展趋势。随着园林内部植物的丰富，不仅出现了按分类布置植物以科学的体现植物的进化过程，而且还按照植物的自然生态习性布置植物，以科学地反映植物的自然区域分布。在一些植物园，甚至一般的公园中，也随园内地势、方向、地质及气候不同而种植适生植物。植物配置符合自然环境、生态条件和植物生长发育的特点，在花叶色彩、树木体型、轮廓等方面既有对比，又有协调，并且强调植物风格与建筑造型的配合，以获得最佳的绿化、美化和观赏效果。

8.4.1.2　欧洲新型园林的类型

新型园林的出现是近代园林发展的一个亮点。欧洲新型园林可分为城市公园、动物园、植物园和城市公共绿地等部分。其中，城市公园的兴起和传播是欧洲近现代园林发展的最显著特征。

1. 城市公园

在中世纪及其之前的城市并不存在任何城市花园，那时城市最重要的功能是防卫。文艺复兴时期，意大利人阿尔伯蒂首次提出了建造城市公共空间应该创造花园用于娱乐和休闲，此后花园在提高城市和居住质量的重要性方面开始被人们所认识。城市公园作为大工业时代的产物，从发生来讲有两个源头：一个是贵族私家花园的公众化，即所谓的公共花园。18 世纪中叶，英国爆发了资产阶级革命，武装推翻了封建王朝，建立起了土地贵族与大资产阶级联盟的君主立宪政权，宣告资本主义社会制度的诞生。不久，法国也爆发了资产阶级革命，革命的浪潮继而席卷全欧。在“自由、平等、博爱”的口号下，新兴的资产阶级没收了封建领主及皇室的财产，把大大小小的宫苑和私园都向公众开放，并统称为公园。1843 年，英国利物浦市动用税收建造了公众可免费使用的伯肯海德公园，标志着第一个城市公园正式诞生。英国伯肯海德公园建成之后，在欧洲兴起了城市公园建设的热潮，出现了一批著名的城市公园。如英国摄政王公园（Regent’s Park，London）、海德公园（Hyde Park，London）、肖蒙山丘公园（Parc de Buttes Chaumouts ）、蒙苏里公园（Parc Montsourie），巴黎东郊的万尚林苑（Bois de Vincennes ，Paris）和西郊的圃龙林苑（Bois de Boulogne.）等。

城市公园的另一个源头是社区或村镇的公共场地，特别是教堂前的开放草地。早在 1643 年，英国殖民者在波士顿购买了 18.225 平方千米的土地为公共使用地。自从 1858 年纽约开始建立中央公园以后，全美各大城市都建立了各自的中央公园，形成了公园运动。

从城市公园出现至19世纪期间，城市公园主要以田园风格为主。最初的大部分城市公园，主要是利用原有的皇家园林改造而成，而这些园林本来就是自然式的，呈现一派田园风光。19世纪末，城市公园的田园风格逐渐被对称的几何布局所代替。这类公园在形式上受到来自法国文艺复兴时期规则式园林风格的影响，通过明确的轴线组织宽大的草坪、规则的花圃、整齐的林荫道和纪念性喷泉等景观元素，形成了逻辑清晰的序列空间，并创造出了一系列宽敞的露天场所，为市民提供更多的休闲娱乐设施和集体活动场地。

2. 动物园

动物园多由原皇家猎苑改为向市民开放游览的公园，也有一部分国家在野生动物聚栖至交通便利之地新建的供人们观赏的动物园。代表性作品有：布劳涅林苑（Bios de Boulogne）、德国的梯尔园（Tiger Garden）。

3. 植物园

植物园是利用原来的各种园林或新建园林，以观赏各种植物景观，兼有教学科研的功能，并向公众开放的园林。代表性的园林有英国的巴家特尔公园。

4. 城市公共绿地

城市公共绿地包括：各类园林以外的广场、街心花园、绿岛、滨水绿地、赛场或者游乐场、居住区小型绿地、工矿绿地等。

8.4.1.3 园林实例

1. 伯肯海德公园（Birkinkesd Park）（见图 8-56）

1843年，英国利物浦市政府动用税收建造了公众可免费游览的伯肯海德公园，标志着第一个城市公园正式诞生。伯肯海德公园由帕克斯顿（Joseph Paxton）负责设计，1847年工程完工。公园由一条城市道路（当时为马车道）横穿，方格化的城市道路模式被打破，同时大大方便了该城区与中心城区的联系。蜿蜒的马车道构成了公园内部的主环路，沿线景观开合有致、丰富多彩。步行系统则时而曲径通幽，时而极目旷野，在草地、山坡、林间或湖边穿梭。四周住宅面向公园，但由外部的城市道路提供住宅出入口。

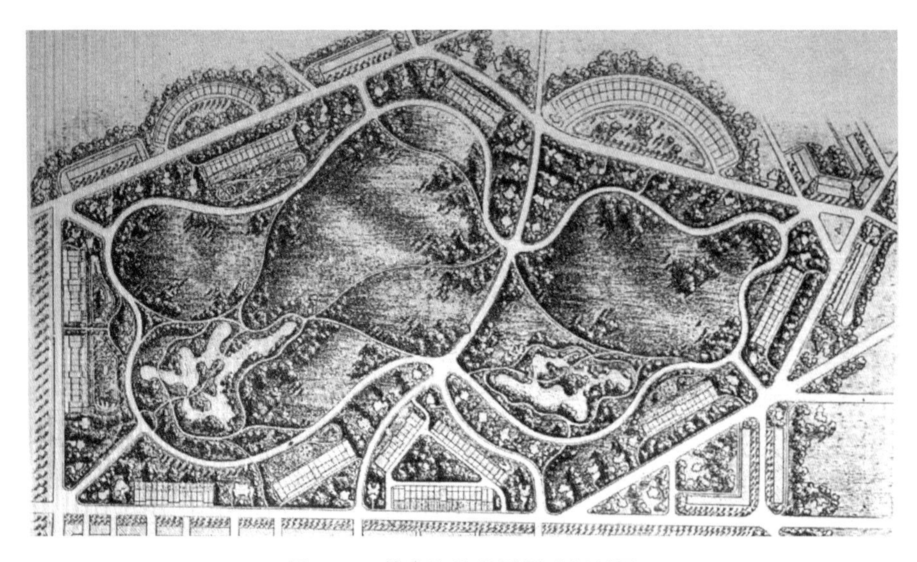

图 8-56 伯肯海德公园景观规划图

2. 肯辛顿公园（Kensington Park）（见图 8-57）

肯辛顿公园从前是王家园林，现在与海德公园相连向公众开放。公园被流经两处的九曲湖分成南北两岸，南岸有著名的小说人物彼得·潘（Peter Pan）的塑像，他面朝湖水、两腿叉开，一手翘起短笛，一手召唤更多的孩子同来玩耍。北边则是肯辛顿宫。肯辛顿宫曾是威廉三世到乔治二世等君王的官邸，维多利亚女王就出生在这里。它的外观看起来很不起眼，但里面很气派。肯辛顿宫的一部分对外开放参观，包括维多利亚女王受洗的房间和自 1860 年至今的皇室宫廷服饰展览。肯辛顿宫提供免费的录音导游设备，每个房间都有详细的解说，其中丰富的皇室服饰收藏让人大开眼界。

图 8-57　肯辛顿公园

3. 布劳涅林苑（见图 8-58）

布劳涅林苑是巨大的鲁伍莱（Rouwray）森林的残存物。布劳涅林苑位于巴黎西北部，面积约为 883 公顷。由拿破仑三世进行自然式风景园的改造设计。后由阿尔方和巴里叶 - 德尚接手继续设计的林苑。他们用自由弧线取代了法国古典式的放射形的公园格局。园林以树丛、瀑布、河流、岩洞及假山为主要景物。

图 8-58　布劳涅林苑

8.4.2　美国近代园林

8.4.2.1　发展概述

美国是一个地域辽阔，而历史却很短的国家，直到 1776 年才摆脱了殖民统治，宣布独立。美国是个多种族的移民国家，居民多为欧洲，尤其是英国移民的后代，移民文化带来了丰富多样的风格和特点。由于美国与英国之间存在的历史渊源，使得美国园林的发展不可避免地受到英国园林的影响。

早在殖民时期，来自欧洲的殖民统治者们就在府邸四周建有一些简洁质朴、小规模地反映出殖民者本国园林特点的宅园，无豪华壮丽可言，形式上基本反映了殖民地各宗主国园林的特征。18 世纪之后，在一些经过规划而兴建的城镇中，出现了公共园林的雏形。如当时的英国殖民统治者在波士顿的城镇规划中，要求保留公共园林建设用地，用于兴建供居民开展户外活动的公共场所。如在费城的独立广场等地也出现了大片的城市绿地。18 世纪后，出现了一些经过规划而建造的城镇，才有了公共园林的雏形。

维农山庄是美国前总统乔治·华盛顿的家，它是一座始终广受欢迎且激发着大众想象力的殖民时期花园。美国总统乔治·华盛顿 20 岁时继承了种植园主父亲的弗吉尼亚州（Virginia）的维尔农庄园（MountVernon），他曾把经营农庄和钻研农学当作自己的一大乐趣，认为“农业是使人愉快的职业”。在阅读了英国造园家贝蒂·兰利的著作《造园新原则》（*New principles of gardening*，1728）后，华盛顿扩建了自己坐落在波多马克河（Potomac River）畔的维尔农庄园中的花园，改造了一些严谨的规则式植物种植，增加了自然式植物群落，形成了更为优美的植物景观。但不管从哪个角度看，维农山庄都不属一处精雕细琢的庄园，它只是一个简洁的乡村之家。值得注意的是，从总体而言，殖民地时期的维农山庄在美国历史上具有较高的声誉，并对众多的艺术领域产生了相当大的影响。殖民时期的建筑、家具和花园都属于受影响的类型；而且，它们对于再造革命前期简洁、尊严的古式家居氛围也做出了巨大贡献。

1865 年，南北战争以北方获胜而结束。这场胜利不但使美国恢复统一，而且在全国各地废除了奴隶制度，为资本主义在美国的迅速发展扫清了障碍。南北战争可以看作是美国城市和园林发展的分水岭。北方军队在这场持续了 4 年之久的战争中获胜，这对美国政治、经济、社会、艺术等方面的发展，都有着积极的意义。一方面，奴隶制在全国遭到废除，“平等自由”的思想得到了巩固，社会民主化进程迈进了一大步，促进了公共园林的兴建；另一方面，社会制度的变革为资本主义的发展扫清了道路，美国进入工业化快速发展时期，生产力和经济实力得到了极大的提高。在随后不到 50 年间，美国从一个农村化的共和国，转变成城市化的国家，为兴建园林提供了雄厚的资金保障。随着城市公园运动传播到美国，美国的城市公园运动也迅速开展起来。

1791 年，华盛顿总统邀请军事工程师和建筑师朗方（Pierre Charles L’Enfant，1754—1825）对首都进行规划。朗方生于巴黎，1771 年在皇家绘画雕塑学院学习。美国独立战争期间，郎方在 1776 年作为法国志愿者参加了美国革命军。后来他在纽约定居，从事建筑业务。朗方借鉴凡尔赛宫苑的格局，试图把华盛顿建成“一个庞大帝国的首都”。将国会大厦和总统府置于高处，俯瞰波托马克河；其间是 120 米宽的林荫大道，构成城市的主轴线。随后以国会大厦为中心，用放射性街道将城市内部的主要建筑物和用地连接起来。最后在放射性街道系统上覆盖网格状街道系统，形成一个内部有序、功能分明的道路体系，间有一些圆环及公园。华盛顿市中心宽阔的林荫道令人想起凡尔赛宫苑中的国王林荫道，两侧的花坛、草地、行道树都是勒诺特尔式园林惯用的手法。放射性街道汇集的广场，如同凡尔赛宫苑中的皇家广场。此外，道路交叉口设有各种形状的广场和小游园，装饰着雕像及喷泉，同样借鉴并吸收了当时欧洲城市的特点。

19 世纪初，美国其他城市的发展同样充满了投机性，由于缺乏整体规划的指导，为了便于土地的划分和买卖，城市道路系统主要采用了网格状布局。19 世纪上半叶，美国园林还处在谨小慎微的发展阶段。而工业革命促进了城市化进程的加快，在不足半个世纪的时间里，美国的 110 多座城市发生了翻天覆地的变化。然而，城市规划的缺失和城市的无序扩张，导致城市环境日益拥挤和杂乱，带来了诸如空气、饮用水和垃圾等环境问题。在欧洲城市绿化思想的影响下，美国一些有识之士也在积极呼吁城市改革，推进致力于改善城市环境的“城

市美化运动”（City Beautiful Movement），希望借助城市公共空间的发展来抑制城市的急剧扩张；同时，植物具有的吸附尘埃、维持空气清新的功能，使人们开始重新审视城市开敞空间的营造手法，将植物作为城市空间营建的主体。于是，城市中渐渐出现了一些城市广场和街头小游园，点缀着树木花草，并装饰着水池和喷泉。

这一时期，出生于苗木商家庭的园艺师唐宁（Andrew Jackson Downing，1815—1852）对美国园林的发展做出了重大贡献。唐宁的父亲是专营苹果和梨树的苗木商，他从小就帮助哥哥经营父亲的苗圃，几乎没有受过正规的教育。凭着自学，唐宁成为园艺师、作家、建筑师及园林师，出版专著《园林理论与实践概要》，成为美国近代风景园林师先驱。1850 年，他去英国访问，唐宁从雷普顿的作品中受到了很多启发。他高度评价大地风光、乡村景色，强调师法自然的重要性。他主张给树木以充足的空间，充分发挥单株树的效果，以表现其美丽的树姿及轮廓。此时正值英国城市公园发展的全盛时期，在城市中兴建公共开放空间成为一股热潮，被社会学家们看作是社会文明和进步的表现。从英国城市与园林的发展历程中，唐宁也意识到美国城市改造和公园建设的热潮即将来临。在英国期间，唐宁还结识了建筑师卡尔维特・沃克斯（Calvert Vaux），并说服他一道回美国从事建筑与园林设计。唐宁回到美国后，积极呼吁在城市中兴建公共开放空间。提出在城市中兴建一座大型公园，作为城市居民体验乡村舒适生活的场所，因而唐宁被誉为美国近现代景观园林风格的创造者、美国景观园林的鼻祖。

1851 年，纽约市长金斯兰德（Ambro Se C. Kingsland）非常支持公园的建设，并提议州立法机构授权纽约市购置公园建设所需的土地。当时由于土地私有制和严重的投机行为，使政府获得大规模公园建设用地尚存在法律上的难题。1851 年，纽约州议会通过了《公园法》，授权纽约市购买土地用于兴建中央公园（Central Park）。唐宁与沃克斯便着手制订了中央公园的初步设计方案。1852 年唐宁在与家人从纽堡到纽约的途中，因蒸汽船爆炸起火而溺水身亡，年仅 36 岁。

唐宁去世后，沃克斯承接了公司的全部业务。1865 年，布鲁克林（Brooklyn）自治区邀请沃克斯为“展望公园”（Prospect Park）做一个初步设计方案，沃克斯独自开始方案设计工作。1868 年，沃克斯应邀为港口城市布法罗（Buffalo）设计大型的特拉华公园（Delaware Park），首次提出了“公园式道路”（parkways）系统的概念，以类似林荫大道的宽阔道路，将 3 个大型公共活动场地联系在一起。沃克斯还设计了一些用于美化公园式道路系统的构筑物，如纽约的晨曦公园（Morningside Park）和布鲁克林的格林堡公园（Fort Green Park）。沃克斯还设计兴建了大量的私人住宅、公寓、公共建筑和公共机构等建筑物。美国自然历史博物馆（American Museum of Natural History）和大都会艺术博物馆（Metropolitan Museum of Art）都是沃克斯的代表性作品。

1857 年，美国经济大萧条造成大量工人失业，政府将劳动密集型的城市公园建设作为失业人员再就业的手段之一，这在一定程度上使公园建设被政府纳入了公共复兴计划。此时，园林建设正在渐渐摆脱为少数富裕阶层服务的局限，设计师也突破了小尺度的庄园和公共墓地的限制，开始将工作重点转向公共园林建设和城市综合整治。随着城市公园建设运动的兴起，美国出现了一批杰出的园林师，奥姆斯特德（Frederick Law Olmsted）便是其中之一。

奥姆斯特德是唐宁之后美国又一杰出的园林大师，他继承发展了唐宁的思想，1854 年他与沃克斯合作，以“绿草地”为题赢得了纽约中央公园设计方案竞赛的大奖，从此名声大噪。

自从纽约中央公园问世以后，美国掀起了一场城市公园建造运动。奥姆斯特德科学预见到由于移民成倍增长，城市人口急剧膨胀，必将加速城市化进程。因此，城市绿化日将重要，而建设大型城市公园可使城市居民享受城市中的自然空间，是改善城市生态环境的重要措施。

1883 年，奥姆斯特德离开纽约来到了马萨诸塞州，并开始规划布鲁克林和波士顿的公园系统。他在波士顿的工作一直持续到 1893 年，最终以数条公园式道路将 5 座公园连接在一起，构成了一个城市公园系统，被称为“翡翠项链（Emerald Necklace）”。1895 年的芝加哥世界博览会（World's Fair in Chicago）会址是奥姆斯特德的关门之作，园址在博览会后又被改建成公园，称为“杰克逊公园”。在奥姆斯特德近 30 年的职业生涯中，他的事务所总共承担了大约 500 个规划设计项目，包括约 110 个公园和娱乐场，作品几乎遍布美国及加拿大。其中城市公园以纽约中央公园、布鲁克林展望公园和波士顿富兰克林公园（1885 年）最为著名；此外，布鲁克林的格林堡公园（1868 年）、布法罗的特拉华公园（1869 年）、纽约的里弗塞德公园（1875 年）和晨曦公园（Morningside Park，1873 年及 1887 年）、底特律的贝尔岛（Belle isle，1881 年）、蒙特利尔的皇家山（MountRoyal，1877 年）、纽堡的唐宁公园（1887 年）、罗切斯特的杰纳西谷公园（Genesee Valley Park，1890 年）和路易斯维尔的切罗基公园（Cherokee Park，1891 年）也是他的代表作。大量的作品不仅记录下了奥姆斯特德不断完善的公园设计理论，还是美国城市公园发展的历史见证。

根据纽约地标保护委员会（New York City Landmarks Preservation Commission）的总结，奥姆斯特德式的城市公园可以归纳为以下特征：第一，它们是以英国浪漫式自然主义风格为基础的艺术创作，反映出了英国维多利亚时代的影响；第二，娱乐、运动和科普等功能多样，园内既有湖泊、山岩、翠林、草原等自然景观，又有亭、台、楼、榭、古堡等人文景观，还辟有各种各样的球场及娱乐活动场地。设计采用了大胆的平面形式，变化丰富；第三，公园采用人车分离的交通组织，将配套服务设施引入公园之中，并将建筑融入风景之中；第四，公园设计在草地、树林和水体等要素之间取得一种平衡，种植设计突出艺术性构图；第五，每个公园都设计了均衡统一的视觉元素，形成了一系列精心设计的空间，产生连续性体验；第六，公园景色与城市景观形成鲜明对比，城市远景往往成为公园中的景观元素之一。

奥姆斯特德常用的几个设计原则如下：自然式为主，尽可能避免规则式。因地制宜，尊重现状，功能多样；设计风格十分简洁，主题是水、草坪与树林，即首先保护自然景观前提下，布置多样化景观，并加以恢复或进一步加以强调自然景观；保持公园中心区的草坪或草地，大量选用本地的乡土树。城市干道与园路交叉立体设计，避免相互干扰，并利用植物软化桥梁等；全园靠主要道路划分不同区域，四周有许多出入口，方便人们进出，四周用绿化带隔离机动车等干扰；环形道路体系及曲线园路，即大路和小路的规划应成流畅的弯曲线，所有的道路成循环系统；信息系统简洁明了，主要由数据组成，综合运用了围合、分割、对景、视觉走廊等手法。

尽管奥姆斯特德并没有留下多少有关风景园林理论的著作，但他依然是被公认的美国近代风景园林的创始人。他所强调的将自然引入城市、以公园环绕城市的观点，对当时的城市和社区产生了重大影响。他不仅是美国城市美化运动最早的倡导者和最伟大的实践者之一，也是第一个将近郊发展的概念引入美国风景之中的风景园林师。

8.4.2.2　园林类型与风格特征

美国园林从类型上可以分为城市公园、城市园林绿地系统和国家公园三个类型。

1. 城市公园

美国城市公园属于自然风景式：开阔的水体与曲折的水岸线，中心区域牧场式的起伏草地、蜿蜒的园林小径，天然的乔、灌木树林，给人以悠闲舒适之感；丰富多样的娱乐设施更符合不同居民的游憩需要，使城市公园成为真正意义上的公园。与欧洲城市公园产生的背景不同，最早的欧洲城市公园大部分是由原来的皇家园林改建的，而美国的城市公园多是由政府利用公共土地为普通市民规划创建的休闲娱乐场所。除了奥姆斯特德设计的纽约中央公园之外，还有蒙特利尔的芒特罗亚公园、波士顿的富兰克林公园以及布鲁克林的普罗斯博客特公园等。

2. 城市园林绿地系统

城市公共绿地，如城市广场、滨水绿地和学校周围等公共绿地起源于欧洲，但是把城市园林绿地作为一个系统考虑却是美国人开创的先河。城市园林绿地系统创新于美国并从美国开始流行开来。绿地系统规划的发展促进了城市生态规划的产生，对欧洲产生了巨大影响。

美国的城市绿地系统中，波士顿公园“绿色宝石项链”规划最为典型。蓝色的水面是宝石，绿色的树木是项链，城市河道与公共绿地，构成了闻名遐迩的城市绿色廊道，大大推进了城市生态系统的良性循环。

3. 国家公园（National Park）

国家公园是 19 世纪诞生于美国的又一种新型园林。19 世纪末，随着工业高速发展，大规模地敷设铁路、开辟矿山，美国西部的大片草原被开垦，肆意砍伐使茂密的森林遭受到了严重破坏，之前生活在这片土地上的动物失去了栖息空间，植物群落也被破坏。当时，一些有识之士因预感会出现可悲后果而大声疾呼，阐述自然保护的重要性，引起了政府重视。1872 年，时任美国总统格兰特签发了世界上第一个国家公园——“黄石国家公园”。建立国家公园的主要宗旨在于对未遭受人类重大干扰的特殊自然景观、天然动植物群落、有特色的地质地貌加以保护，维持其固有面貌，并在此前提下向游人开放，为人们提供在大自然中休息的环境。同时也是认识自然，进行科普教育与研究的场所。

美国著名的国家公园有黄石国家公园、大峡谷国家公园、夏威夷火山国家公园和红杉国家公园，其中黄石国家公园最为有名。至今，美国已有 50 多个国家公园，占地面积约 20 万平方千米。

总的来说，美国园林是以西欧自然式园林为主体发展而成的，属于世界三大园林的西方园林。美国园林的产生和发展历史始于 17 世纪初至美国独立以前，是通过私家庄园、公共墓地及小广场发展而来的，绝大多数私园是模仿的英国自然式风格。因此美国园林的特色之一，就是风格上的多样性，主要属于欧洲的英国自然式。但是美国独立以后，美国园林在吸收借鉴英国自然风景式园林风格的基础上又结合本国的自然地理环境条件，加以独特创造，形成了美国特色的园林风格。

美国园林的主要特点有：①近代美国园林不仅为观赏园艺艺术之美而创造，更重要的是为公众的身心健康而造。美国在公园建设方面表现出独特性，率先兴起的国家公园，与传统欧洲园林有较大差异。②美国在城市园林绿地规划建设中，把公园和城市绿地纳入一个体系进行系统规划，从而产生了城市生态规划，这对欧洲乃至世界城市绿地园林建设的发展具有重大的意义。③美国国家公园以冰川、火山、沙漠、矿山、水体、森林和野生动物、植物等自然资源保护为主，兼有对人文资源的保护。美国国家公园不论是产生背景、立意，还是内容、形式和功能，都与传统欧洲园林有较大差异，没有明显的继承性。④美国城市公园周边大都为大面积的森林带，以乡土树种为主调，引进世界各国的优良树种，形成了独特的植物景观。

8.4.2.3 园林实例

1. 纽约中央公园（见图 8-59）

纽约中央公园位于美国纽约市曼哈顿区，于 1858 年开始建设，1873 年建成，历时 15 年。它南起 59 街，北抵 110 街（南北距约 4000 米），东西两侧被著名的第五大道和中央公园西大道所围合（约 800 米），面积为 340 公顷，占 150 个街区，是世界上最大的人造自然景观之一。

图 8-59 纽约中央公园鸟瞰图

纽约中央公园的设计风格受到当时英国田园风光与乡村风景的影响较大，英国风景式花园的两大要素——田园牧歌风格和优美如画风格，都为设计师奥姆斯特德所用，前者成为他公园设计的基本模式，如纽约中央公园的 Greensward Plan（“草坪”规划）；后者被他用来增强大自然的神秘与丰裕。起伏的地势，大片的草地、树丛与孤立木，在此基础之上，加上池塘、小溪和一些人工创造的水景，如瀑布、喷泉、小桥等，形成一种以开朗空间为基调的多变景观。

中央公园内有总长度约 93 千米的步行道，同时根据地形高差，采用立交方式构筑了 4 条横贯公园的马路。马路下沉到地下，由藤蔓围绕的石拱桥连接两边的土地。人们行走在公园里，很难觉察到这些下沉的交通道路，由此保持了公园在视觉上的完整性。公园主入口设在南面，面向当时即将开发的城市新区；公园东南角的道路扩大成为出入口，并接以弯曲的园路和小径；公园西南角也有一个出入口，后来被军队大广场（Grand Army Plaza）和第 5 大街、第 8 大街、第 59 街相交的哥伦布交通环岛所取代，并成为公园正式的主入口。

随后以一条斜向的长达 1600 米的中央大道打破用地的规则形状，构成联系湖泊与周围自然景观的视觉走廊。中央大道两旁以美国榆为行道树，尽头是贝塞斯达（Bethesda）滨湖广场，这是由沃克斯构想的开敞式迎宾空间，湖畔的台阶与高大的天使造型喷泉构成了这条观景长廊的视觉焦点。贝塞斯达喷泉广场（Bethesda Terrace）是富有活力的聚会场所，湖面供人们夏季泛舟或冬季滑冰。从湖边的台阶或邻近园路的天桥上，可以望见称为“漫步”（Ramble）的假山，大块的岩石堆叠出高山般的效果，有着强烈的人工雕饰痕迹。为了点明这座假山的田园意味，在入口处还有意识地突出了乡村气息。掩映在乔灌木丛中的建筑小品以及跨越山谷的小桥都给人以乡村形象。游人或沿湖漫步，或经过如画的“鲍桥”（Bow Bridge），或荡起双桨，便可进入这个与公园和城市的喧闹隔绝的假山之中。即使处在如今四周高楼大厦环抱之中，这个由岩石和树木形成的封闭空间也依然犹如与尘世隔绝的乡村森林。沃克斯在假山旁按照任务书的要求，设计了一座类似城堡的观景塔，成为公园中的制高点。随着树木的生长，观景塔渐渐融入了椭圆形“广袤草地”的绿茵之中。公园中有近 9000 个座椅和 6000 棵树木；有绿茵的草地、葱郁的树林和波光粼粼的湖面，以及露天剧场、网球场、溜冰场、美术馆和动物园等文化娱乐设施。广阔的面积使中央公园与自由女神、帝国大厦等共同成为纽约，乃至美国的象征。110 多年后的今天，纽约中央公园依然是普通公众休闲、集会的场所。同时，数十公顷遮天蔽日的茂盛林木也成为城市孤岛中各种野生动物最后的栖息地。总之，纽约中央公园的建设既开了现代景观设计学之先河，又标志着普通公众享受公共景观时代的到来。

中央公园实行免费游览。公园每年游览人数达到 2500 多万人。中央公园四季皆美，春天嫣红嫩绿、夏天阳光璀璨、秋天枫红似火、冬天银白萧索（见图 8-60）。

图 8-60　纽约中央公园林荫道四季景色

纽约中央公园特点：①与城市关系密切。位于纽约曼哈顿岛中心，既改善了城市中心的环境，又便于市民来往。②保护自然。总体布局为自然式，利用原有地形地貌和当地树种开池植树。③视野开阔。中间布置有几片大草坪，游人可以观赏到不断变化的开敞景观（见图 8-61）。④隔离城市。在边界处种植乔、灌木，不受城市干扰，进入公园就到了另外一个空间环境。⑤曲路连贯，公园道路随景观变化做成曲线型，且曲路连通可游览整个公园。

图 8-61　纽约中央公园大草坪

纽约中央公园的问世，标志着美国城市建设新时代的来临。政府把公园建设与社会和政治目标相结合，将公众利益通过城市公园这一载体置于城市公共空间之中。同时，设计师希望借此唤起公众尊重自然、回归自然的社会责任感、参与感和归属感。园林也不再是普通民众生活的奢侈品。此后，美国各地城市公园建设大量涌现，人们将这一时期称为“城市公园运动”时期。

2. 黄石国家公园（见图 8-62）

黄石国家公园是全世界第一个国家公园，也是美国设立最早、规模最大的国家公园。位于美国西部爱达荷、蒙大拿、怀俄明三个州交界的北落基山之间的熔岩高原上，绝大部分在怀俄明的西北部。园内平均海拔 2000 多米，面积达 8956 平方千米，建于 1872 年。1872 年 3 月 1 日，美国第 18 任总统格兰特签署了“黄石公园法案”，美国第一个国家公园就此诞生。黄石公园以保持自然风光而著称于世。园内的森林占全国总面积的 90% 左右，水面面积占 10% 左右。公园内森林稠茂，主要为红松、冷杉和云杉。园内最大的湖是黄石湖，最大的河流是黄石河。黄石河、黄石湖纵贯其中，还有峡谷、瀑布、温泉以及间歇喷泉等，景色秀丽，引人入胜。园内森林茂密，并牧养了一些残存的野生动物如美洲野牛等，供人观赏，园内设有历史古迹博物馆。

图 8-62　黄石国家公园峡谷瀑布

黄石国家公园还是美国最大的野生动物庇护所和著名的野生动物园，这里有 300 多种野生动物（包括 60 多种哺乳动物）、18 种鱼和 225 种鸟。灰熊、美洲狮、灰狼、金鹰、麋鹿、白尾鹿、美洲大角鹿、野牛、羚羊等 2000 多种动物在这里繁衍生息。1978 年，黄石国家公

园被联合国教科文组织列入世界遗产名录。

黄石国家公园自然景观分为五大区，即玛默区、罗斯福区、峡谷区、间歇泉区和湖泊区。五个景区各具特色，但有一个共同的特色——地热奇观（见图 8-63）。黄石国家公园内有温泉 3000 处，其中间歇泉 300 处，许多喷水高度超过 30 多米。“狮群喷泉”由 4 个喷泉组成，水柱喷出前发出像狮吼的声音，接着水柱射向空中；“蓝宝石喷泉”水色碧蓝；最著名的“老忠实泉”因很有规律地喷水而得名。从老忠实泉被发现到现在的 100 多年间，每隔 33~93 分钟喷发一次，每次喷发持续四五分钟，水柱高 40 多米，从不间断（见图 8-64）。园内道路总长 800 多千米，小径总长 1600 多千米，黄石湖、肖肖尼湖、斯内克河和黄石河分布其间。

图 8-63　黄石公园地热奇观

图 8-64　黄石公园老忠实泉

8.4.3　20 世纪以来西方园林的发展

8.4.3.1　20 世纪景观设计思想与园林发展

西方城市公园从产生以来，逐渐成为世界园林发展的主流。随着社会经济的发展，科学技术水平的提高，以及各种艺术思潮的影响，人们对城市公园的认识也在不断发展，使得城市公园的形式、风格发生了多次变革。20 世纪上半叶，公园的设计者们更注重公园的综合性和实用性，并且更加注重公园的生态平衡和经营管理。设计通常由一个团队合作完成，其中包括园林专家、植物学家、生物学家、工程师、建筑师、社会学家和城市规划师等。

到 20 世纪六七十年代，西方各国面临日益严重的生态危机，人们对城市生态环境日益关注，生态主义设计思想逐渐兴起，开始重视城市生态设计理论研究和实践活动。同时，这一时期伴随西方城市工业的逐步衰败，为解决弃置工业厂区的改造和再利用问题，其中的有些工业厂区被改造成工业遗址公园，通过对已经破坏的生态环境进行恢复，并增加游憩设施，使其成为市民休息活动的场所。

20 世纪 60 年代到 80 年代的这段时间里，大地艺术、解构主义、极简主义、后现代主义等设计思想对公园设计的影响开始逐渐显现出来，并且与其他的艺术思潮一起推动着现代园林的发展。自 20 世纪 90 年代以来，城市公园呈现出多元化的发展，充分借鉴了各种艺术形式，体现着艺术性的设计，功能从最初单纯的田园风景直至今天集休闲、娱乐、运动、文化、

生态和科技于一身的大型综合公园，城市公园的功能内涵越来越丰富，形式也越来越多样。

1. 生态主义和现代园林

西方景观设计的生态主义思想可以追溯到18世纪的英国风景园，其主要原则是“自然是最好的园林设计师”。19世纪奥姆斯特德的生态思想使得城市中心的大片绿地、林荫大道、充满人情味的大学校园和郊区，以及国家公园体系应运而生。进入20世纪以来，随着科学量化的生态学工作方法的应用，生态主义设计思想主要集中在自然式设计、乡土化设计、保护性设计和恢复性设计四个方面。

生态主义的代表景观设计师有伊恩·麦克哈格（Lan Lennox McHarg）、约翰O.西蒙兹（John Ormsbee Simonds）。麦克哈格教授是英国著名的景观设计师、规划师和教育家。因运用生态学原理处理人类生存环境方面的独特视角和特殊贡献，曾多次获得荣誉。《设计结合自然》是麦克哈格的代表作，在很大意义上扩展了传统“规划”与“设计”的研究范围，并将其提升至生态科学的高度，使之真正向着包含多门综合性学科的方向发展。麦克哈格提出以生态原理进行规划操作和分析的方法，使理论与实践紧密结合。西蒙兹早期的现代主义景观设计师，在当时也是最有影响力及知名度的设计师之一，曾任美国风景园林师协会主席，1973年获美国风景园林师协会最高荣誉奖——ASLA奖章。1953年，西蒙兹因设计匹兹堡市梅隆广场而一举成名。这个有“喷泉、鲜花、明亮色彩的都市绿洲”，被誉为现代风景园林改善城市环境的代表作。1955年—1967年，西蒙兹应邀在卡内基梅隆大学做客座教授，期间出版了《风景园林学：人类自然环境的形成》。该书总结了西蒙兹多年的设计与考察心得，全面论述了现代风景园林的基本理论和设计方法，成为美国现代风景园林史上具有里程碑意义的著作。西蒙兹的设计思想是遵循自然法则，改善人居环境。他发展了麦克哈格的设计理论，从生态学出发，综合多种自然学科，科学利用与保护土地；并主张从东方文化对自然的态度中汲取营养，把自然看作是风景园林艺术的源泉。

生态园林是现代园林建设的发展趋势，它是以保护生态平衡、美化环境、减少生态环境灾害为主要目的，主张因地制宜、适地适树、遵循生态学原理，其主要特征有：①生态园林的主体是自然生物群落或模拟自然生态群落，实行园林类型的多样化和园林景观的生物多样化，以保持园林景观的稳定和协调发展。②强调利用生态系统的循环和再生功能，构建城市园林绿地系统。③设计中多运用乡土植物，尊重场地上的自然再生植被，有节制地引用外来物种。

生态园林的代表作品是德国杜伊斯堡景观公园，原先是一个集采煤、炼焦、钢铁于一身的大型工业基地，现在则被设计师彼得·拉茨（Peter Latz）改造为以煤—铁工业背景为主的大型工业旅游主题公园（见图8-65）。

图8-65 德国杜伊斯堡景观公园金属广场

2. 极简主义和现代园林

极简主义（Minimalist），又称最低限度艺术，是在早期解构主义的基础上发展而来的一种艺术门类。最初在20世纪60年代，它主要通过一些绘画和雕塑作品得以表现，后逐渐

渗透到园林景观设计中去。几何规则式是现代极简主义景观最常使用的手法。西方的园林设计最早从古埃及就是沿着几何式的道路开始发展的，经过古罗马时期、中世纪和文艺复兴时期，园林在各时期都有各自的特点，但规则式的造园手法一直得到使用。“极简主义景观”是从彼得·沃克（Peter Walker）处开始的，他融合极简艺术、勒诺特古典主义和早期现代主义艺术思想创作出了极简主义景观。如今，极简主义已成为当代景观设计中最具代表性的和普遍的艺术追求，为人们了解和认可。

彼得·沃克是将极简主义艺术风格运用到景观设计中的代表人物，是当今美国最具影响的园林设计师之一。作品注重人与环境的交流，人类和地球、宇宙神秘事物的联系，隐喻巨大的力量，强调大自然的特性。其代表作品有：哈佛大学唐纳喷泉（见图 8-66）、《看不见的花园：寻找美国景观的现代主义》、福特·沃斯市伯纳特公园（Burnett Park）、日本兵库县高科技中心、IBM 研究中心园区、慕尼黑机场凯宾斯基酒店（Hotel Kempinski）景观等。彼得·沃克将极简主义解释为：物即其本身。所有的设计首先要满足功能的需要。即使在最具艺术气息的设计中，还是要秉承功能第一的理念，然后才是实现它的形式。

图 8-66 哈佛大学唐纳喷泉

极简主义的本质是理性主义，是用数学的、几何的方法作为艺术构成的手段，是将物体形态的通俗表象提升凝练成为一种高度概括的抽象形式。主要特征表现为：追求无内容、无主题的表现，作品直接与公众沟通；形式简约、明晰，多用简单的几何形体，条带、圆形、方形网格、锥形体是最常用的，具有纪念碑式的风格；手法则大多是采用单体元素的系列方式，在构成中推崇非关联构图，只强调整体，重复、系列化地摆放物体单元；在材料上多为现代工业材料，常用钢材或其他工业废弃产品；在制作上多运用工业生产方式，突出现代工业文明特征；颜色极力简化，色彩均匀平整（见图 8-67）。

图 8-67 IBM 公司索拉纳园区

3. 大地艺术与现代园林

大地艺术又称“地景艺术”“土方工程”，是指艺术家以大自然作为创造媒体，将艺术与大自然有机结合，创造出的一种富有艺术整体性情景的视觉化艺术形式。大地艺术诞生于20世纪60年代的美国，大地艺术家以一种批判现代都市生活和工业文明的姿态主张返回自然，以大地作为艺术创作的对象。大地艺术贴近了景观，改变着人们的生态观念和自然观念，其触角深入到风景园林专业涉及的领域，对当代西方园林的设计产生了重要的影响。主要代表人物有尼尔斯乌多、安迪戈兹沃西、帕特里克多尔蒂。

图 8-68　大地艺术园林景观

大地艺术（见图 8-68）的主要特征表现为：①材料的艺术。材料与基地紧密结合，土壤、石头、木条、冰雪、砂石都成为设计师们常用的材料；沙漠、森林、农场、工业废墟成为设计师关注的对象和创作场地。②抽象的艺术。从创作手法上看，大地艺术的作品多采用减法和几何元素的组合，用简洁的元素表现深奥的思想。点、线、环、螺旋、金字塔是最频繁使用的形式，表现出一定的抽象性。③四维空间艺术。大地艺术强调过程的体验，这种体验不仅是三维空间的，还有第四维时间上的。为了表现时间这种不可视的非物质空间，往往要通过加入不连续的片段和具有象征主义的元素来暗示瞬间性。④对工业废墟的关注。大地艺术家们通过对工业废墟的彰显，对工业生产的副作用进行揭示和批判，吸引人们关注生态和社会问题。

4. 解构主义与现代园林

解构主义作为一种创作方法和设计美学，其成就和影响主要表现在建筑创作之中。解构主义原本是20世纪60年代后期起源于法国的一种哲学思潮。20世纪70年代之后，一些前锋派建筑师开始将解构主义理论用于建筑实践。

简单地说，解构主义就是采用解析的方法，将传统结构分解成一系列要素并重新组合，组合的原则却不再遵循传统的均衡与稳定，而是更加强调因地制宜和随机性。解构主义强调建筑是一种即兴创作，一种随意的拼凑，一种在搬运中损坏的模型，一种支离破碎的古怪堆积，各类景观设施充满了矛盾和冲突，杂乱无章，又深具匠心、出奇制胜，在偶然、巧合和不协调、不连续的设计过程中，把一种不稳定、不连续和分拆的张力释放出来。解构主义注重对建筑中心的解构，认为这种空间等级的划分是不合理的，代之以更具前瞻性和更富有弹性的空间组织形式。总之，解构主义不仅张扬了思想比形式重要这一价值，同时也从反造型和反美学角度张扬了一些反价值，比如错置比秩序重要、差异比同质重要、残破比完整重要、狂怪比优美重要、过程比结局重要。

解构主义园林景观设计的代表人物是伯纳德·屈米。他突破传统城市园林和城市绿地观念的局限，而是把园林当作一个综合体来考虑，强调文化的多元性、功能的复合性以及大众的行为方式。屈米认为，公园应该是多种文化的汇合点，在设计上要实现三种统一的观念，即都市化、快乐（身心愉悦）、实验（知识和行动），并提出了“园在城中，城在园中”的城市公园模式，力求创造一种公园与城市完全融合的结构，改变园林和城市分离的传统。其代表作品有法国巴黎拉· 维莱特公园（见图 8-69）。在公园设计过程中，屈米抛弃传统的构图形式中诸如中心等级、和谐秩序和其他一些形式美规则，通过“点”“线”“面”三个不同系统的叠合，来有效处理整个错综复杂的地段，使设计方案具有很强的伸缩性和可塑性，叠加成拉维莱特公园的布局结构。

图 8-69　法国巴黎拉 · 维莱特公园

屈米设计的“疯狂物”——folie（见图 8-70），消解了具体功能，在功能意义上具有不确定性和交换性。它造型奇特，不具有特定功能，消解了传统构筑物的结构形式以及功能的互换性和因果关系。在这里，形式没有服从功能，功能也没有服从形式，“建筑不再被认为是一种构图或功能的表现”，空间成为一种“诱发事件”。

图 8-70　拉 · 维莱特公园 folie

5. 后现代主义与现代园林

后现代主义是在进入信息时代的后工业社会基础之上产生的，是工业文明发展到后工业社会的必然产物。在 20 世纪 50 年代末，美国社会学家丹尼尔 · 贝尔就产生了后工业社会的思想，出版了《后工业社会的来临》。后现代化的核心目标是使个人幸福最大化，追求生活质量和生活体验。后现代主义作为一种社会思潮和文化运动，从意识形态的各个方面影响了社会的各个领域，甚至影响了整个世界，改变了人们的意识形态、思维方式和价值观念。它的影响力广泛而深远，延续至今。

后现代主义园林设计风格与以往相比，手法更加多样，呈现出一种多元化的设计风格，更为注重形式创新方面的探索，以及设计内涵和意义的表达。主要特征有：①多元化的设计形式，反对传统审美原则，采用冲突的布局和构图，体现出一种超现实主义的意境和趣味，形成不同以往的空间体验。②创新运用新材料和新技术。由于科技发展使得许多新材料和新技术得到开发和应用，使设计达到独特的质感、色彩、透明度、光影等特征，造园素材的内涵和外延都得到了极大的扩展与深化。③色彩处理大胆、对比强烈，力求运用最少的元素创造出最具冲击力的景观，呈现与传统审美不同的效果（见图 8-71）。④丰富的设计内涵。

后现代主义注重对传统历史文化的继承与延续，试图通过对于历史符号和形式的运用得到人们的文化认同，但又不是简单复古，而是将历史的片段、传统的语汇用于新的创作之中，带有明显的现代意识，强调新的创作过程和新的艺术内涵。

图 8-71　后现代主义园林景观

后现代主义园林景观设计的代表人物有查尔斯·金克斯、查尔斯·穆尔、罗伯特·文丘里、玛莎·舒瓦茨、野口勇；代表作品有苏格兰宇宙沉思花园（见图 8-72）、巴黎雪铁龙公园、美国华盛顿西广场、新奥尔良意大利广场等。宇宙沉思花园是查尔斯·金克斯最著名的作品，位于苏格兰西南部的邓弗里斯，占地面积 12 英亩。设计灵感源自于科学和数学，并以此为主题设计了许多的雕塑和景观，如黑洞和分形。公园里并非到处都是植物，而是将数学公式、科学现象和自然地貌特征巧妙地结合在了一起。

图 8-72　宇宙沉思花园

8.4.3.2　当代风景园林发展趋势

国际当代风景园林设计发展趋势表现在以下几个方面：

（1）以自然为主体。当代风景园林设计所追求的是减少，甚至是没有人类参与而由自然形成的真正的自然场所，即所谓的虽由人作，宛自天开。随着自然生态系统的严重退化和人类生存环境的日益恶化，西方社会对人与自然的关系认识发生了根本变化。人类从过去作为自然界的主宰，转变为现在成为自然界的一员。与此相适应的是，风景园林师过去将自然看作是原材料，现在则倾向于将自然作为设计的主体。传统园林被看作是人类对征服自然的炫耀，是人与自然的作用在相互竞争，而城市中出现的荒地则被看作是人类征服自然能力的衰退。当人们认识到植物同人类一样在发展过程中要不断迁徙，自然会运用各种方式将荒地变成各种迁徙植物的竞争地之后，荒地就成为风景园林展示的热点景观类型之一。

（2）以生态为核心。生态学的重要意义之一在于，使人们普遍认识到将各种生物联系起来的各种依存方式的重要性。就风景园林设计而言，所有的景观元素也都是相互关联的。设计就如同植物嫁接一样，如果砧木、接穗和嫁接方法等选择不当，嫁接就很难成功。同样，如果风景园林师在设计中随意去掉一些景观元素，或破坏了各景观元素之间的联系方式，就

极有可能在许多层面上影响到原先错综复杂、彼此连接的景观格局。如前所述，这类设计手法对于非自然环境而言，造成的后果还不是很严重，只不过是原有景观类型的消失而已。然而，对于那些以生物为核心的自然环境来说，这样的风景园林设计方案就会造成破坏自然的恶果，而且设计本身也难以获得成功，强行实施后要么遭到原有景物的排斥，要么代价昂贵。

（3）以地域为特征。地域性景观是指一个地区自然景观与历史文脉的总和，包括气候特点、地形地貌、水文地质、动植物资源等构成的自然景观资源条件，以及人类作用于自然所形成的人文景观遗产等。风景园林设计的主旨就是要再现本地区的地域景观特征，包括自然景观和人文景观。

在某个地区中，各个景观元素彼此之间是相互联系的，并与周围的自然与人文特征相结合，构成人们所观察到的景观类型。景观设计应从大到一个区域、小到场地周围的自然和人文景观类型及特征出发，充分利用当地独特的自然和人工景观元素，营造出适合当地自然和人文条件的景观类型，以及适应当地生活习俗的观察和利用景观的方式。风景园林师应是坚定的“完美主义者”和“扩张主义者”，不应满足于场地本身的景观塑造，而应追求本地区地域景观的完整性。

以场地为基础。任何场地都具有大量显性或隐性的景观资源。作为风景园林师，不仅要具备各种相关的专业知识，尤其还要具备对景观敏锐的观察能力，以及对景观变化机理的洞察能力。风景园林师首先要深入细致地了解并理解场地，努力把场地所包含的各种信息都收集、归纳并联系起来，将场地的重要特征加以提炼并运用于设计之中。同时，风景园林师应该能够预见场地整治的变化方向，始终明确场地的改变过程。实际上，与发现一样，风景园林师的眼光本身就是设计过程。

（4）以空间为骨架。景观是由实体和空间两部分组成的，空间是风景园林设计的核心。所有景物都属于某个彼此紧密相连的空间体系，并以此把景观空间与实体区分开来。空间的特性来自该空间与其他空间的相互关系。在一个空间内部，如果继续以该空间的边界为参照的话，还应存在着一些亚空间，又与其亚边界相联系。因此，风景园林设计不能轻易破坏各种景观边界在空间中存在的形态。景观空间具有一定的扩展能力，它们以某种方式与邻里空间共同存在、同被欣赏，形成某种空间联合体。地平线是景观空间的边界，随着观察者的运动，它也在不断地运动变化。因此，风景园林设计不仅要关注空间本身，更要关注该空间与周边空间之间的联系方式，即一个空间以何种方式转换到邻里空间？然后再以何种方式转换到下一个邻里空间？如此由近至远，逐渐抵达遥远的地平线，从而形成相互之间有机联系的整体性景观。

（5）以简约为手法。简约的设计手法就是要求用简要概括的手法，突出风景园林设计的本质特征，减少不必要的装饰和拖泥带水的表达方式。简约应该是风景园林设计的基本原则之一，简约手法至少包括三个方面的内容：一是设计方法的简约，要求对场地进行认真研究，以最小的改变取得最大的成效；二是表现手法的简约，要求简明和概括，以最少的景物表现最主要的景观特征；三是设计目标的简约，要求充分了解并顺应场地的文脉、肌理、特性，尽量减少对原有景观的人为干扰。所谓最优秀的设计作品就像没有经过设计一样。国际风景园林设计师们越来越倾向于用简约的方法去整治空间，正如老子说的：无为而无不为。实际上并没有一无是处的空间，它同样在演变，同样具有某种吸引力。最低劣的空间在某种程度上也可能具有一些积极的方面。中国风景园林师更应注重简约的设计风格，不要轻易地去改变空间，而应充分认识并展示空间的个性特征。

思考与练习

1. 简述古埃及园林的类型与主要特征。
2. 简述古希腊园林的类型与风格特征。
3. 古罗马园林的类型有哪些？各有什么特点？
4. 欧洲中世纪庭院的类型与风格特征有哪些？
5. 结合实例说明中世纪欧洲城堡庭园的产生背景及功能特点。
6. 简述文艺复兴时期意大利台地园发展的三个阶段及其特点。
7. 结合实例说明意大利台地园的风格特征。
8. 简述文艺复兴时期意大利造园对英国和法国的影响。
9. 简述法国古典主义园林的产生原因、发展过程及其类型特征。
10. 以凡尔赛宫为例，分析法国古典主义造园要素与方法。
11. 分析法国勒诺特尔式园林对欧洲各国的影响。
12. 简述英国自然风景式园林是怎样形成的？
13. 英国自然风景式园林代表人物与代表作品有哪些？
14. 分析英国自然风景式园林的发展过程，以及各个阶段的特点是什么。
15. 简述法国“中英式”园林的形成及特征。
16. 简述西方近代新型园林形成背景、主要类型与风格特征。
17. 简述美国城市公园运动的发展历程。
18. 美国的“国家公园”是怎么形成的？
19. 简述奥姆斯特德原则。
20. 简述 20 世纪哲学思潮对风景园林设计的影响。
21. 简述当代风景园林发展趋势。

第9章 西亚及伊斯兰园林

思政箴言

文明因多样而交流，因交流而互鉴，因互鉴而发展。西亚及伊斯兰园林通过融合吸收多种文化精神创造了属于自己的辉煌。习近平总书记强调“对待不同文明，我们需要比天空更宽阔的胸怀”。开放包容是一种文化和文明体系保持旺盛生命力的重要条件，是一种文化和文明体系生机蓬勃、自信从容的重要标志。我们必须深化文明交流互鉴，推动中华文化更好走向世界。

9.1 伊斯兰园林的渊源

伊斯兰园林是世界三大园林体系之一，是古代阿拉伯人在吸收两河流域和波斯园林艺术基础上创造的，以幼发拉底、底格里斯两河流域及美索不达米亚平原为中心，以阿拉伯世界为范围，以叙利亚、波斯、伊拉克为主要代表，影响到了欧洲的西班牙和南亚次大陆的印度，是一种模拟伊斯兰教天国的高度人工化、几何化的园林艺术形式。7世纪，随着阿拉伯人的伊斯兰教的兴起，建立了横跨欧、亚、非的阿拉伯帝国，形成了以巴格达、开罗和科尔多瓦为中心的伊斯兰文化，伊斯兰园林形式随之遍及整个伊斯兰世界。它与古巴比伦园林、古波斯园林有十分紧密的渊源关系。

9.1.1 古巴比伦园林

9.1.1.1 背景概述

广义上的古巴比伦文明指古巴比伦王国和新巴比伦王国所创建的文明。古巴比伦王国位于美索不达米亚南部，是底格里斯河和幼发拉底河流域的文明古国，古巴比伦文化也是两河流域的产物。在两河冲积出的平原上，林木茂盛，气候温和湿润，使这一地区十分美丽富饶。

古巴比伦最初不过是幼发拉底河边一个不知名的小城市。约公元前1894年，来自叙利亚草原的闪米特民族的一支——阿摩利人雅赫茹茹姆部落在首领苏姆阿布的带领下攻占了这座小城，建立了国家。骁勇善战、争强尚武的阿摩利人以此为中心，南征北讨，四处征战，最终建立了一个强大的巴比伦王国，历史上称为“古巴比伦王国”。都城设在幼发拉底河下游的巴比伦城，这是当时两河流域的文化与商业中心。阿摩利人也因此被称为巴比伦人。巴比伦人继承了苏美尔人和阿卡德人的文明成果，并发扬光大，把美索不达米亚文明发展到了顶峰。人们喜欢用“巴比伦”三个字来概括古代两河流域文明，足以表明巴比伦文明所创造的辉煌业绩和对世人所产生的魅力。

著名的汉谟拉比（公元前 1792 年—公元前 1750 年在位）是巴比伦第一王朝的第六位国王，他统一了分散的城邦，疏浚沟渠、开凿运河，使国力日益强盛。同时也大兴土木，建造了华丽的宫殿、庙宇及高大的城墙。汉谟拉比死后，古巴比伦国力日衰。北部的亚述人乘机摆脱了巴比伦的控制，宣告独立，并在公元前 9 世纪征服了巴比伦，统一了两河流域。以后，迦勒底人又打败了亚述人，建立了迦勒底王国。国王尼布甲尼撒二世（公元前 604—公元前 562 年在位）统治时期为其鼎盛时期，巴比伦城再度兴盛起来，成为西亚的贸易及文化中心，城市人口曾高达 10 万人。尼布甲尼撒二世大兴土木，修建宫殿、神庙，在他死后国力渐衰。公元前 539 年，波斯人占领两河流域，建立了波斯帝国（今伊朗境内）。公元前 331 年，罗马的亚力山大大帝最终使巴比伦王国解体。

9.1.1.2 园林类型与风格特征

1. 园林类型

古巴比伦园林也包括亚述及迦勒底王国时期在美索不达米亚地区建造的园林，大致包括受自然条件影响的猎苑、受宗教思想影响的圣苑和受工程技术影响的宫苑三种园林类型。

（1）猎苑。古代的两河流域气候温和、雨量充沛，有着茂密的天然森林。猎苑园林就是以天然森林为基础，再经过人工的改造所形成的。在进入了农业社会以后，因为人们仍眷恋着过去的渔猎生活，所以出现了以狩猎为娱乐目的的猎苑。

公元前 900 年之后，对亚述国王们的猎苑不仅有文字记载，而且宫殿中的壁画和浮雕也描绘了狩猎、战争、宴会等活动场景，以及以树林为背景的宫殿建筑图样。从这些史料中可以看出，猎苑中除了原有森林以外，人工种植的树木主要有香木、意大利柏木、石榴等，苑中除了生存着许多种野生动物外，还饲养着一些动物供帝王和贵族们狩猎，并引水在苑中形成转水池，供动物饮用。此外，苑内还堆叠土丘，上建神殿、祭坛等（见图 9-1）。这和中国古代的囿有相似之处，而且二者产生的年代也比较接近。

图 9-1 古巴比伦的壁画和浮雕

（2）圣苑。因为古埃及园林中缺少森林所以将树木神化；而古巴比伦虽有郁郁葱葱的森林，但对树木的崇敬也毫不逊色于古埃及。在远古时代，森林就是人类用来躲避自然灾害的理想场所，这或许是人们神化树木的原因之一。

古巴比伦人出于对树木的尊崇，常常在庙宇周围呈行列式地种植树木，形成圣苑园林。

这与古埃及圣苑的环境十分相似。据记载，亚述国王萨尔贡二世（公元前 722 年—公元前 705 年在位）的儿子圣那克里布（公元前 705 年—公元前 680 年在位）就曾在裸露的岩石上建造神殿，祭祀亚述历代守护神。从发掘的遗址看，其占地面积约为 1.6 公顷，建筑前的空地上有沟渠及很多成行排列的种植穴，这些在岩石上挖出的圆形树穴深度竟达 1.5 米。可以想象，树木幽邃，绿荫环抱中的神殿，是何等的庄严肃穆。

（3）宫苑——“空中花园”。“空中花园”（Hanging Garden，又称架空园），被誉为古代奇迹之一。“空中花园”是古巴比伦园林中最显著的风格特点，有点类似于当今的屋顶花园。作为古巴比伦宫苑代表作品的空中花园，就是建造在数层平台上的屋顶花园，反映出当时的建筑承重结构、防水技术、引水灌溉设计和园艺水平等，都发展到了相当高的水平（见图 9-2）。

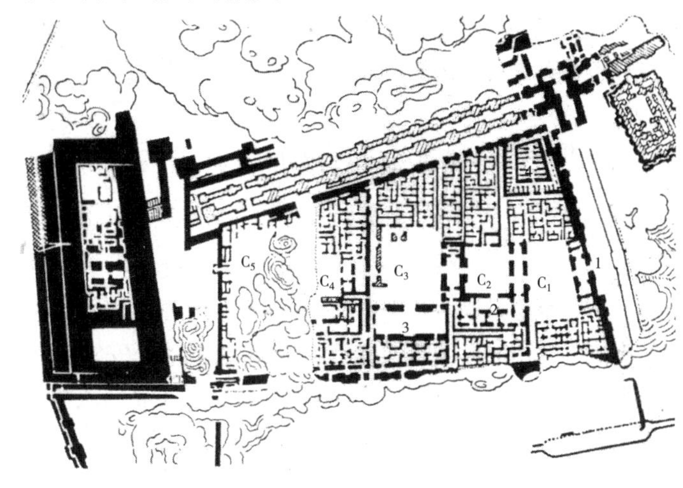

图 9-2　巴比伦空中花园平面图

2. 风格特征

古巴比伦园林的形式及其特征与古埃及一样，同样是其自然条件、社会发展状况、宗教思想和人们的生活习俗的综合反映。

首先，从古巴比伦园林的形成及其类型来看，有受当地自然条件和生活习俗影响而产生的猎苑，还有受宗教思想影响而建造的神苑。至于宫苑和私家宅园所采用的屋顶花园的形式，则既有地理条件的影响因素，又有工程技术发展水平的保证，如提水装置、建筑构造等，拱券结构正是当时两河流域地区流行的建筑样式。

其次，两河流域雨量充沛、气候温和，茂密的天然森林分布广泛，自然条件十分优越。进入农业社会以后，人们仍眷恋过去的渔猎生活，所以将一些天然森林人为改造成供狩猎娱乐为主要目的的猎苑。苑中增加了许多人工种植的树木，品种主要有香木、意大利柏木、石榴、葡萄等。同时，猎苑中还豢养着各种用于狩猎的动物，缺少猛兽。此外，由于两河流域多为平原地带，因此，人们十分热衷于在园内堆叠土山。猎苑中通常堆叠着数座土丘，用于登高瞭望，观察动物的行踪。有些土山上还建有神殿、祭坛等建筑物。在高地上设建筑，既是突出主景的手段，又能开阔视野。在洪水泛滥之时，高地也是更为安全的地方。人们还引水在猎苑中形成蓄水池，既可供动物饮用，又是造景要素。

同埃及人一样，古巴比伦人也对树木有着极高的崇敬之情。在缺少天然森林的埃及，人们将树木加以神化而大量植树造林。而在拥有郁郁葱葱森林的古巴比伦，在古巴比伦神庙周围的圣苑中，树木也是行列式种植，与古埃及圣苑的情形十分相似。矗立在树木幽邃、绿荫森森之中的神殿，不仅周边环境良好，气氛也更显庄严肃穆。在远古时代，森林就是人类赖以生存、躲避自然灾害的理想场所，这或许就是古巴比伦人将树木神化的原因之一。

9.1.1.3　园林实例

新巴比伦王国国王尼布甲尼撒二世（公元前 604 年—公元前 562 年在位）曾以兴建宏伟

的城市和宫殿建筑闻名于世，他在位时主持建造了巴比伦的“空中花园”，亦称“悬苑”。相传，他娶波斯国公主赛米拉米斯为妃。公主日夜思念花木繁茂的故土，郁郁寡欢。国王为取悦爱妃，即下令在都城巴比伦兴建了高达 25 米的花园（见图 9-3）。

图 9-3　古巴比伦悬苑

空中花园建在层层叠叠的平台上，每一台层的外部边缘都是石砌的、带有拱券的外廊，其内有房间、洞府、浴室等；台层上覆土，种植树木花草，台层之间有阶梯联系。如果拱券结构厚重结实得足够承受深厚的泥土的话，那么很可能环绕这些平台的就不是柑橘类植物了，而是种类和层次都很丰富的植物群落了。台层的角落处安置有提水的辘轳，将河水提到顶层台层上，逐层往下浇灌植物，同时形成活泼动人的水帘或跌水。

巴比伦的空中花园现已全部被毁，其规模、结构等均是从古希腊、古罗马史学家们的著作中了解到的。据称，空中花园最下层的方形底座边长约 140 米，最高层距地面约 22.5 米。这些覆盖着植物，越往中心越升高的台园建筑，如绿色的金字塔般耸立在巴比伦的平原上，蔓生和悬垂的植物及各种树木花草遮住了部分柱廊和墙体，万紫千红，远远望去，仿佛挂在天空中，空中花园由此得名。

9.1.2　古波斯园林

9.1.2.1　背景概述

公元前 6 世纪，古波斯兴起于伊朗西部高原、波斯湾东岸。公元前 559 年，波斯南部的一个部落王，用了大约 5 年时间统治了整个波斯帝国，在此 20 年后的短时间内，创建了一个偌大的波斯帝国。公元前 539 年，波斯人攻占巴比伦，随后继续征服埃及北部和印度旁遮普，在大流士一世（公元前 522 年—公元前 486 年在位）统治时期，波斯成为古代最大的横跨亚非拉三洲的庞大帝国。公元前 4 世纪，波斯国势转衰，公元前 330 年，被马其顿亚历山大所灭。

古波斯地跨亚非两大洲，影响至欧洲西部，它充分吸收埃及文化和两河流域文化的优秀成果，并完美创立了灿烂的波斯文化。古代波斯人信琐罗亚斯德教，对天国充满向往，将天国想象成有金光闪闪的苑路，其间种满果树、花卉，还有金刚石和珍珠建造的园亭，至此他们随即又把天国想象成一个连着的大庭园。可以看出，中世纪波斯的庭园里栽有各种的果树和盛开的花卉，并设立园亭，几个小庭园的连接。在举行仪式中的许多阶梯上都镌刻着别致的浅浮雕，且这些浅浮雕上又雕刻一排排整齐的玫瑰、荷花、柏树和棕榈树等图案。

古波斯文化最突出的特点是文化的折中性。例如，古波斯的建筑模仿流行于两河流域的高起月台和阶梯式建筑风格，以及美索不达米亚建筑的其他装饰图形，但营造法式却有所不同，不吸取拱门和圆顶，而是从埃及吸取圆柱和柱廊结构以代之。而上面的图案及下面涡旋纹又吸收希腊的风格。它又有自己独有的结构形式，独有的纯世俗性质使波斯的大型建筑

不是神庙而是宫殿。此外，公元前 6 世纪到公元前 4 世纪，正是《旧约》逐渐形成的过程，因此古波斯园林除受埃及、美索不达米亚地区的影响外，还受《创世纪》中伊甸园的影响，出现了一些与伊甸园有关的山、水、动物、果树，以及亚当、夏娃采禁果等方面的内容。

9.1.2.2　园林类型与风格特征

1. 园林类型

波斯园林的模式深受当地自然条件、风俗和宗教的影响。除了古代埃及、美索不达米亚地区的建筑传统之外，《创世纪》中伊甸园、古代波斯的拜火教和历史传说、伊斯兰教的文化，都为构建波斯园林提供的灵感和源泉，反映了波斯人对于天国的想象和向往。古波斯园林大致包括游猎园、宫苑、天堂园等园林类型。

（1）游猎园。波斯奴隶们的祖先经历过原始的狩猎生活方式，当他们进入原始的农耕文明时期之后，仍然怀念过去的狩猎和牧渔生活。他们为了使原始且淳朴的生活方式不至流失，一直保留祖先流传下来的生活方式，随即就出现了与古巴比伦的猎苑非常相似的游猎园。游猎园四面有隔墙，与外面的世界隔绝，留有大面积的林地与草地，供王公贵族射猎和骑马，享受自己的世界。

（2）宫苑。波斯的大型园林建筑不是神庙，而是宫苑。这些宫苑不是用来赞美神，而是用来颂扬“王中之王”，体现出波斯建筑的纯世俗性质。其中最著名的属于大流士和薛西斯在波斯波利斯的王宫。这座王宫是模仿卡纳克神而建造的，建筑大多由土坯和砖块堆砌而成，以院墙和荒漠隔绝，形成院落。中间是一座接见贵族百官用的宏伟的百柱大厅，周围则有数不清的房间供官衙办事及宦官、后妃居住之用，并设有水池、喷泉等景观小品等设施。波斯宫苑建筑采用带槽沟的圆柱和浮雕，前者源于希腊，后者则与亚述人的浮雕相似。其最著名的宫苑就是大流士和薛西斯在波斯波利斯的王宫。

（3）天堂园。古波斯园林最出名的属于天堂园。它的面积一般不大，呈矩形，四面被围墙围着，四角有望守卫塔，外观显得较为封闭，类似建筑围合的中庭。内部则是由十字形的林荫路构成中心轴线将园林分割成四个部分。在十字形的交汇处设立中心水池或凉亭，象征天堂。在周围种植遮阴树林带，栽培大量的香花。伊甸园的传说和古代美索不达米亚神话中说生命中有四条河流，因此古波斯园林的特征就是以四条河分成的十字形水系布局。河边绿树成荫、穹顶建筑掩映其中，象征天堂和尘世的统一。它代表着波斯人对天堂的向往，也表现了他们渴望自由独立。

2. 风格特征

古波斯地处荒漠高原，气候条件恶劣，土壤干旱使得水尤其珍贵，不仅种植需要水，而且降低温度、增加空气湿度也需要水；而在夏季的时候，水更受到波斯人民的青睐。因此在波斯园林中，水和树是最主要的元素，水的设施支配了庭园的构成，蓄水池、沟渠、喷泉在园林中起支配作用。在古波斯的庭园里，水的作用被发挥得淋漓尽致，其理水的技法更是独特，因而波斯形成了千年独有的引水灌溉的方法——将山上的雪水，通过地下隧道引入城市和村庄，以减少地表水的蒸腾，在适当的地方安置水井以便于人们取水饮用。蓄水池、沟渠、喷泉等设施便成为庭园的主要部分。由于古波斯的地理环境条件，水极其珍贵，园子里一般不采用大型水池或跌水，而是采用盘式涌泉的方式，水池之间以狭窄的明渠连接，坡度很小。

古波斯园林建筑有着纯世俗性和折中性。波斯建筑模仿古巴比伦和亚述的高起月台和阶梯式建筑风格，仿制有翼公牛、光泽鲜艳的玻璃砖等。美索不达米亚建筑的其他装饰图形还同时吸收了埃及的圆柱和柱廊结构，内部布局以及棕榈纹、莲花纹装饰柱基础的手法，反映出古埃及文化的影响。在最高处都塑有一弯新月——既是国家信仰的标志，又象征着吉祥和幸福。

古波斯民族非常酷爱庭荫树，在庭园的土墙内侧都密植葱绿的绿荫树。主要的树木有蔷薇、悬铃木、橡树、柏树、松树、箭杆杨、合欢等。园中的遮阴树的栽植方式是对称排列。波斯人喜欢露天纳凉，因此设计者们在设计园林时，注重花草树木的枝繁叶茂，以打造有一定遮阴乘凉游玩作用的空间。干旱时，筑渠沟引水，以方便灌溉并滋润空气。而这些水资源都是天然的水，如雪水、冰川水等，一切来源自然，归还于自然，形成自由循环系统。水量不充裕，便只能涓涓细流，因此这些有限的条件也同时铸就了波斯园林精致、亲切、静谧的设计风格。

9.1.2.3 园林实例

波斯波利斯王宫位于伊朗扎格罗斯山区的一盆地中，其遗址发现于设拉子东北 52 千米的塔赫特贾姆希德附近。这座显赫一时的都城规模宏大，始建于公元前 522 年，即大流士一世开始其统治的时候，前后共花费了 60 年的时间，历经三个朝代才得以完成。大流士一世时期只完成了大流士一世的宫殿、宝库、觐见大殿、三宫门等建筑，其余部分则是在大流士一世之后的两位君主统治期间逐渐修建完成的。薛西斯一世时期建造了大部分的波斯波利斯城。到了阿尔塔薛西斯一世时期，这座象征着阿契美尼德帝国辉煌文明的伟大城邦终于完成，从此它庄严地耸立在波斯平原上，不仅是世界上最强大帝国的心脏，还是存储帝国财富的巨大仓库。一直到 130 多年以后，即公元前 330 年，亚历山大大帝攻占了这里，在疯狂地掠夺之后无情地将整个城市付之一炬。传说“他动用了 1 万头骡子和 5000 匹骆驼才将所有的财宝运走”。然后那些用黎巴嫩雪松制作的精美圆柱、柱头和横梁熊熊燃烧起来，屋顶坠落，烟灰和燃屑像雨点一样纷纷落在地上。大火过后，只剩下石刻的柱子、门框和雕塑品依然完好。波斯波利斯王宫就这样毁于一场大火（见图 9-4）。

图 9-4 波斯波利斯王宫遗址

波斯波利斯王宫依山而建，先用一块块大石堆砌起巨大的基座平台，再在其上建造整个王宫，王宫中主要建筑物包括大会厅、觐见厅、宫殿、宝库、储藏室等。全部建筑用暗灰色大石块建成，外表常饰以大理石。王宫西城墙北端有两处庞大的石头阶梯，其东边是国王薛西斯所建的四方之门。大会厅在城市中部西侧，边长 93 米，中央大厅和门厅用 72 根 20 余米高的大石柱支撑，柱础覆钟形，柱身有 40 ~ 48 条凹槽。柱头有公牛雕饰，柱高 21 米，其中的 13 根至今依然屹立，雄伟壮丽。大流士一世的宫殿在玉香殿之南，门道和两壁装饰有对称的巨型翼兽身人面浮雕石像（见图 9-5），这两壁雕像不仅大小、形象一模一样，就连每一条纹路都是对称的。觐见厅在城市中部偏东，是有名的“百柱厅”。城西南角为阿尔塔薛西斯一世和薛西斯一世的王宫，东南角是宝库和营房。

图 9-5　波斯波利斯王宫门柱浮雕

9.2　中世纪伊斯兰园林

9.2.1　背景概况

阿拉伯半岛是世界上最大的半岛，位于亚洲的西南部，是伊斯兰教国家的集中地。在 6 世纪以前，阿拉伯人主要分成两类：都市阿拉伯人和贝多国人。其中都市阿拉伯人主要生活在麦加、雅特里布等城市里，从事小手工业或经商，极其富有；贝多国人多半是游牧人，意为“荒原上的游牧民”，随着季节迁移，靠游牧生活，常常为水源和绿洲而战，没有任何有组织的政权，氏族和部落代替了国家。

在 610 年前后，伊斯兰教先知穆罕默德（约 570 年—632 年）创立了伊斯兰教，并利用宗教的力量建立了阿拉伯国家，以麦地那为首都，其国家权力范围不到阿拉伯半岛的三分之一。632 年，穆罕默德死后，伊斯兰教在不到 100 年的时间里迅速扩大。637 年，阿拉伯人征服了波斯，又先后征服叙利亚、巴勒斯坦、埃及、非洲北岸及西班牙等地，并深入到中亚西亚，占领了阿富汗、印度西北部；至 8 世纪中叶，成为一个横跨亚、欧、非的封建军事大帝国。其版图东起印度河流域，西临大西洋，北起黑海和里海南岸，南到尼罗河下游，地域十分辽阔，但气候大体一致，都是干热少雨。当时，文化处于蒙昧状态的阿拉伯人还游牧在赤日炎炎的无边沙漠中，生活极其艰辛。所以他们每征服一地，便大量吸收当地的文化，并使之与自己民族的文化相融合，从而开辟了一种独特的阿拉伯文明。

古代阿拉伯人在吸收两河流域文化和波斯园林艺术的基础上创造了中世纪伊斯兰园林，这是一种受宗教影响非常大的艺术形式，也是世界三大园林体系之一。它有着悠久的历史和天人合一的传统，不仅反映了民族信仰和思维，园林设计独具匠心，而且体现了人对大自然的热爱。

9.2.2　园林类型与风格特征

1. 园林类型

在吸收了拜占庭、波斯、印度等国家文明之大成的基础上，阿拉伯帝国形成了独具民族特色的阿拉伯文明，中世纪伊斯兰园林类型在保持本民族文化特色的基础上，还吸收了古巴比伦及古波斯的圣苑、游猎园、空中花园、波斯庭园、王宫等园林风格，形成了“波斯伊斯兰式”的园林类型，并影响到了其他阿拉伯地区，被称为阿拉伯式园林。主要园林类型有：水法园、王宫庭园、别墅园、城堡等。

2. 风格特征

（1）波斯伊斯兰园林与伊甸园传说模式有关，主要体现在：十字形水系布局，有规则的种树，在周围种植遮阴树林，栽培大量香花，筑高围墙，四角有了望守卫塔，用地毯代替花园。

（2）从空间布局看，庭园的整体格局是几何规则式的，以十字形水渠为中轴线，将长方形庭园划分成大小一样的四块花圃。或者以此为基础，再分出更多的几何形部分。伊斯兰园林因面积较小而显得比较封闭，总是被高墙包围着，类似建筑围合出的中庭，与人的尺度非常协调。而在宏伟的宗教建筑的前庭则配置与之相协调的大尺度的园林。即使面积很大，园林也常由一系列的小型封闭院落组成，院落之间只有小门相通，有时也可通过隔墙上的栅格和花窗隐约看到相邻的院落。园内的装饰物很少，仅限于小水盆和几条坐凳，体量与所在园林空间的体量相适宜。

（3）从建筑风格看，阿拉伯人的建筑艺术源于拜占庭和波斯。其建筑结构如圆屋顶、拱门等来自前者，复杂而抽象的图案源于波斯，这些图案几乎成为阿拉伯艺术装饰的基调，将方与圆联系起来。阿拉伯人建筑的杰作不仅限于清真寺或礼拜堂，许多宫殿、学校、图书馆、私人宅邸和医院也是阿拉伯人建筑的范例。这些建筑风格对中世纪的伊斯兰园林产生了深远的影响。

（4）在装饰方面，阿拉伯人喜欢用装饰覆盖整个建筑表面，大多以琉璃砖贴面。琉璃砖以蓝绿两色为主，用黄色做装饰图案，有几何图案，有阿拉伯铭文，有花草形象等，呈现出华丽细腻的风格（见图 9-6）。在庭院装饰上，彩色陶瓷马赛克的运用非常广泛，如贴在水盘和渠底部的马赛克，在流动的水下富有动感，在清澈的水下如镜子一般；它们还被用在水池池壁及地面铺砖的边缘，装饰台阶的踢脚板及坡道，效果更胜于大理石；甚至大面积地用于坐凳的表面，成为经久不变的装饰。在围绕庭园的墙面上也有马赛克墙裙，有的园亭的内部从上到下都贴满了色彩对比强烈的马赛克图案，形成极富特色的装饰效果（见图 9-7）。

图 9-6　建筑琉璃砖贴面

图 9-7　圆亭内部马赛克装饰

（5）由于伊斯兰园林面积不大，水又十分珍贵，自然不会采用大型水池和巨大跌水，而往往采用盘式涌泉的方式，几乎是一滴一滴地跌落。在小水池之间，以狭窄的明渠连接，坡度很小，偶有小水花。其中，喷泉是中世纪波斯庭院的重要设施（见图 9-8）。方角圆边式水池是阿拉伯花园里最有特征的因素，它大体有八个角。

（6）伊斯兰园林中采用特殊的灌溉方式，就是利用沟、渠定时地将水直接灌溉到植物的根部，而不是通常的由上向下的浇灌方式，目的是避免在烈日下叶片上的水珠蒸发而灼伤叶子。植物种植在巨大的、有隔水层的种植池中，以确保池中的水分供植物慢慢吸收。而铺砖园路就由种植池的矮墙支撑，高出池底。

（7）伊斯兰庭院中惯用的植物种类多是常绿且易塑形的植物，如松柏类、黄杨、桃金娘等，这些绿荫树也有调节温度的作用，还具有防御外部入侵的功能。绿荫树常沿高墙内侧成排栽植或沿主园路列植，形成整齐安静的林荫大道。林荫大道常是全园的主轴，对庭院的整体结构起着主导作用。沿林荫道布置的凉亭、喷泉则形成整个庭院或局部的焦点（见图 9-9）。同时重视花卉的栽培，而且比意大利和法国的花园都鲜艳得多，因此庭园里的花卉种类繁多且芳香扑鼻。庭园里的植物种植首推蔷薇，其次是郁金香、银莲花、鸢尾属植物、百合、睡莲、水仙、风信子、藏红花等；果树有石榴、核桃、葡萄等；蔬菜有甜瓜、西瓜、黄瓜等。

图 9-8　波斯庭院中的喷泉

图 9-9　伊斯兰庭院内的林荫大道

（8）伊斯兰园林的观赏以坐观式为主，这种构思与波斯人习惯席地而坐有关系。波斯人并不像我们一样喜欢在花园中散步，而是喜欢坐着心满意足地看着他们所有的东西，呼吸新鲜空气。他们一到花园就在一个地点坐下来，直到离去。这种习惯也几乎传遍了整个伊斯兰世界。在这种以坐观式为主的较封闭的小庭院里，景物自然不能高耸挺拔，而是以低平为主。

9.2.3　园林实例

1. 柴哈尔园与四十柱宫

苏菲王朝的阿拨斯一世移居伊斯法罕城（今伊朗境内），建造了马依坦公园广场。广场两边为有名的“柴哈尔园”（见图9-10）。根据17世纪法国旅行家夏尔丹的记述，沟渠在其大路的中央，逐级登临低而宽的台地分布在沟渠的两侧，在各个台地上部都有宽阔的水池，水池的形态和大小各异。在沟渠和水池的边沿上，用石头镶嵌边沿，成瀑布状的水从高处台地向低处落下。在栽着行道树的大路两端各置一个园亭，成为路的终点。在马依坦公园广场和柴哈尔园之间，有宽广的方形宫殿区，各种园亭位于庭园四周，其中称作“四十柱宫”的，是有名的建筑。

图 9-10　柴哈尔园

伊斯法罕四十柱宫（见图9-11）建于1647年，是阿巴斯二世处理国事和接见外国使节的地方。宫殿的前面是一个巨大的门廊，门廊由20根柏木做的独木巨柱支撑。门廊前面有一个长110米、宽16米的水塘，水从安放在塘底的四头狮子的口中喷出。塘水清澈见底，波光粼粼。木柱倒映在水中，又有20根同样的柱子浮现，故得名“四十柱宫”。

图 9-11　四十柱宫门廊

水在四十柱宫的空间联系方面扮演着很重要的角色。在门厅的下面一个有喷泉的水池，通过一条地下水流与位于柱廊下面的第二个水池相连。通过微小的标高的调整，与园林的水平面取得联系。水流通过一个小小的瀑布流到第二个水池，然后经过一条狭窄的水道流到主水池旁边，最终遍布花园的水网之中。

宫殿的柱子高为14.6米，装饰有镜面马赛克。中间的圆柱位于带有喷泉的水池的四周，底下是由四头狮子的群像构成的底座。柱廊的深处放着国王的宝座，另外还有一座圆顶龛，龛顶上装饰了玻璃镜。宫内的四壁和天花板上镶嵌有镜子、彩色玻璃和壁画，有的展现波斯人同乌兹别克人、莫卧儿人、土耳其人交战的历史场景，有的反映国王接见外国使臣的隆重场面，有的描绘男伴女舞的社交图景，还有的是动物和植物的装饰图案。大多数壁画都采用工笔细画技法，线条清晰柔美。

2. 费恩花园（Fin Garden）

费恩花园（见图9-12）位于伊朗的卡尚，是伊朗现存保持最完好的一座传统波斯园林，最早修建于萨法维王朝，是为国王阿巴斯一世修建的行宫。之后又经多个朝代的整修和扩建，因而融合了萨法维王朝、赞德王朝和恺加王朝的建筑风格。花园占地面积2.3公顷，四周被圆塔包围，园内布满大大小小的水池和十字形分布的水渠，长型水池一直延伸到建筑（王宫）

内，有用大理石板为泉水流经的小溪铺砌的水道，因而泉水顺着这些水道流向各处，在酷夏格外令人清爽。独具匠心的供水设计显示了古波斯人的智慧。费恩花园以中间长长的水池为中心轴，两边对称分布着方形的草坪和花圃。泛着蓝色的池水和满园葱郁的柏树为花园营造了一份清凉和宁静。费恩花园内种植有多种果树，如苹果树、樱桃树、李树等，此外，还有百合、野蔷薇、玫瑰、茉莉、紫罗兰、水仙、郁金香等色彩艳丽的花儿。费恩花园以青葱的树木、碧绿的草地、蓝色的浴池、具有历史韵味的建筑和高高的城墙，使其成为伊朗极具观赏价值的花园之一。

图 9-12　费恩花园

9.3　印度伊斯兰园林

9.3.1　背景概况

印度是世界四大文明古国之一。公元前 2500 年—公元前 1500 年之间创造了印度河文明。公元前 1500 年左右，原居住在中亚的雅利安人中的一支进入南亚次大陆，征服了当地土著，建立了一些奴隶制小国，确立了种姓制度，婆罗门教兴起。公元前 6 世纪末期，波斯阿契美尼德王朝国王大流士一世征服了印度河平原一带，随后马其顿国王亚历山大大帝侵入印度。亚历山大撤出印度之后不久，印度建立了历史上的第一个帝国式政权孔雀王朝。孔雀王朝随后赶走了希腊人在旁遮普的残余力量，逐渐征服北印度的大部分地区，并获得了对阿富汗的统治权。后在阿育王时期到达巅峰。从公元前 2 世纪初开始，大夏希腊人、塞人和安息人先后侵入印度；大月氏人成为最成功的侵入者，他们在北印度建立了强大的贵霜帝国。

贵霜帝国分裂之后，印度又出现了由印度人建立的最后一个帝国政权笈多王朝，这是孔雀王朝之后印度的第一个强大王朝，也常常被认为是印度古典文化的黄金时期。5 ~ 6 世纪，笈多王朝解体。在 8 世纪初，阿拉伯人征服了印度西北部的信德，揭开了穆斯林远征印度的序幕。9 世纪起，萨拉森人一度侵入印度西北部。1000 年时，他们又一次来势凶猛地侵入这个国家，同时也将伊斯兰教传入此地，印度国内由此出现了一些伊斯兰教教徒建立的王朝，自此伊斯兰文化也被移植到了整个印度。11 世纪，中亚的突厥人入侵印度，建立苏丹国，定都德里。1526 年，突厥人帖木儿的直系后代巴卑尔从中亚进入印度，占领了德里并被尊为“印度斯坦的皇帝”，建立了莫卧儿帝国。1600 年英国侵入，建立东印度公司。1757 年印度沦为英殖民地。

印度的伊斯兰教建筑园林基本上可分为两个阶段，即古典时期和莫卧儿王朝时期。4 世纪末，一座印度贵族府邸的花园曾被希腊人记述过。随着穆斯林进入印度，原来的印度文化受到伊斯兰文化的影响，逐渐发生变化，出现了印度的造园文化与伊斯兰文化相融合的时代，那就是在伊斯兰王朝之后兴起的莫卧儿帝国时代。从第一代的巴布尔时代到第三代的亚克巴大帝时代，印度的建筑与园林仍然保持着本国的特征，真正的印度伊斯兰园林到16~17世纪才处于鼎盛时期。其中今印度阿格拉（Agra）和德里（Delhi）以及今巴基斯坦的拉合尔（Lahore）和克什米尔（Kashmir）地区是园林兴建较为集中的地区。

莫卧儿帝国的创始人巴布尔带来了波斯风格的园林。巴布尔是帖木儿的后裔。他侵入北印度，建都于恒河的支流舒姆纳河畔的亚格拉。此处由于多次战乱而成为荒芜的不毛之地。巴布尔在此定居后，便首先计划营造园林。巴布尔的《回忆录》中提到，同古代庭园一样，这个时代的庭园主要有浴池与新式花坛，如扎哈拉宫苑和忠实园（瓦法园）。

巴布尔死后，由胡马雍继承。经历了被阿富汗贵族的驱逐后，胡马雍借助波斯人之力收复失地。不久逝世，由其子亚格柏继承王位。在这匆忙短暂的胡马雍王时代，史籍仅记载德里造有一些灵园，并未像前王那样建造庭园。胡马雍是第一个在印度下葬的莫卧儿王，其灵庙是莫卧儿时代最早的纪念性大建筑，位于德里南面。

胡马雍死后，亚格柏继承了其事业。征服阿富汗人及中印度北区，成功完成了莫卧儿帝国的建设伟业。他为了巩固政治统一，促进宗教融合；并开辟道路、另辟新都，将从巴布尔执政以来的首都阿格拉市换为法捷布尔西克利，并在那里建造许多宫殿和庭园。

紧随其后的查罕杰是亚格柏大帝之子。查罕杰的园林多与其爱妃纽·查罕杰有关。“夏达纳园”便是其中一例。在舒姆纳河的对岸，有一座美丽的灵庙，是王妃为纪念其父而建造的，命名为“伊狄马德乌德达拉”。查罕杰与爱妃每年都到克什米尔避暑，这是一处风景优美的避暑胜地，现存“里夏德园”“夏利玛尔园”“阿奇巴尔园”等遗迹。其中，“里夏德园”和“夏利玛尔园”最为闻名。

查罕杰之后，沙杰汗继位。他崇拜艺术和美，是历代莫卧儿王中才能高超的人，统治时间达30年之久。这个时代是印度建筑的鼎盛时期，以印度为主风格的时代一去不复返，伊斯兰式印度园林正式形成。与沙·贾汉王有关的园林很多，如拉合尔的夏利马园、亚格拉的泰姬陵、德里的夏利马园、克什米尔的达拉舒可园等。

9.3.2 园林类型与风格特征

1. 园林类型

印度的伊斯兰园林类型主要有陵园、宫苑和别墅庭园 。由于伊斯兰世界地域广阔，所以园林风格也随地域而存在差异，但造园艺术大体一致。印度伊斯兰园林除宫苑、庭园外，从莫卧儿帝国（1526年—1857年）起，伊斯兰建筑又以清真寺和陵墓为主，印度园林随之发展成熟。其中成就最高的是莫卧儿人在印度建造的宫苑和陵园。

（1）陵园。在莫卧儿园林中，陵园占有十分重要的地位，多在平原上建造，且按《古兰经》中描绘的“天国”样式建造。按照阿拉伯造园艺术的基本思想，陵园的入口被视为天堂的入口，将天堂与人间相连接。除泰姬陵外，陵园平面都是方形，中心位置是取代水池和凉亭的陵墓建筑。陵墓四周有沿轴线部置的十字形路，把陵园分为四大块花园，然后再将每块分成小块，设有水渠，规模宏大，肃穆庄严。陵园中的树木花卉非常茂盛。巴布尔（Babur，1483年—1530年）之后的几个国外的陵墓全都是伊斯兰花园式陵园，如胡马雍、阿克巴（Sikandra）、查罕杰等人的陵园。

（2）宫苑。莫卧儿宫苑多建于河流流域或溪谷之中，依山傍湖，地势富于变化，场址

规划因地制宜，遇高差建台地，遇水体建池渠。此外，与陵园不同的是，园中水景丰富了许多，且采用活泼多样的形式。这种庭园中的水体比陵园更多，且通常不似反射水池般呈静止状态。德里红堡是莫卧儿帝国最著名的宫苑。

（3）别墅庭园。别墅庭园主要是皇帝和贵族为休闲、游乐、居住而建造的园林，又称游乐园，其中“里夏德园”和“夏利玛尔园”最为闻名。游乐园中的水景多采用跌水或喷泉的形式。游乐园也有阶地形式，如克什米尔的夏利马庭园即是莫卧尔游乐园的典型一例。布置有动态水，如跌水、喷泉等；局部由于地形因素甚至设置较大型的瀑布。莫卧儿帝国的创建者巴卑尔爱好园林，他建了许多花园，最著名的是“诚笃园”，这是一个典型的伊斯兰园林。在细画的记载中，描绘了巴布尔在忠实园亲自指导建园的情景。园中有两位工匠师在测定路线，一位建筑师拿设计图给巴布尔看。花园中央是一个方形水池，向四方引出水渠，四块花圃是下沉式的，是典型的伊斯兰式花园。巴布尔在回忆录中说：“园的西南角有一个水池，10米见方。它四周种着柑橘树和少量石榴树，它们整个又被大片草地包围……柑橘金黄的时节，景色再美不过了……”

2. 园林风格特征

印度伊斯兰园林沿袭了波斯伊斯兰园林的造园法则，园林布局呈规则式，布局简单，为典型的伊斯兰庭院。位于中心的十字形水渠把整个园林平均分成四部分，形成四块下沉式绿地。正中央是一个喷泉，泉水从地下引来，喷出后随水渠向四方流去，造园艺术与其他各地的伊斯兰园林大体一致。平面布局是几何图案式的，分割或进一步分成许多小的几何图形。典型的莫卧儿园林的平面一般是正方形或长方形，分成四块，四周围以高墙，入口宏伟壮丽，大门由珍贵木材制成，布满装饰。高墙是为了挡住外界的热风。花园和建筑部分没有严格的区分，两者非常协调地融合在一起。但在宫廷花园内，因为功能的需要，举行宫廷仪式的区域就渐渐地与闺房等区域严格分开了。

借鉴了波斯园林开筑沟渠和蓄水池的做法。初期的莫卧儿园林的渠、池又浅又窄，如胡马雍陵园；后期则变得很宽，如泰姬·玛哈尔陵的水渠有5.5米宽。和波斯人一样，莫卧儿人也用蓝色瓷砖装饰水池。印度伊斯兰园林的一个重要特征是把地形改造成几层台地，这种做法始于巴布尔。因为莫卧儿人来自多山地区，所以把花园做成台地是山地园林的当然做法。巴布尔把这种形式带到了平原地区，并被后来的莫卧儿园林所继承。上层台地和下层台地之间用美丽的水坡过渡，水坡由大理石或玉石制成，上面雕有精美的图案，水流经过时，水花飞溅，波光粼粼，在白色石材的映衬下美丽非凡。

在伊斯兰园林中占有重要地位的另一个是陵园。陵园空间相对开阔，延续了伊斯兰的造园观念。伊斯兰园林大多呈现为独特的建筑中庭形式，沉静而内敛。巴布尔之后的墓陵园都采用伊斯兰园林风格。

莫卧儿王朝统治时期的印度建筑式样最完美地反映了印度教风格与穆斯林风格相融合的结果，体现在其大量采用了大理石、彩色的光滑地面、精美的石雕窗以及镶嵌装饰。印度伊斯兰教建筑形式的特征体现在四个方面，一是建筑材料大都用大理石和红砂石；二是纪念性建筑的建筑群体总体布置和谐完美；三是会在穹顶之上安置窣堵顶上的相轮华盖；四是普遍设小圆塔、小亭子或小穹顶，与中央穹顶相呼应。园亭是庭园不可缺少的设施，兼有装饰和实用两种用途，既是极好的避暑凉台，又是庭园生活舒适的休息场所。

印度伊斯兰园林和其他伊斯兰园林的一个重要区别在于不同植物的选择上。由于气候条件不同，伊斯兰园林通常如沙漠中的绿洲，因而具有多花的低矮植株； 而印度伊斯兰园林中则有多种较高大的植物，而开花植物较少。此外，莫卧儿园林中还植有许多果树，园林中的花卉品种也是多种多样。

9.3.3 园林实例

1. 胡马雍陵

胡马雍陵（见图 9-13）位于印度首都新德里的东南郊亚穆纳河畔，是莫卧儿时代最早的纪念性大建筑。这座陵墓于 1569 年年初建成，是印度现存最早的莫卧儿式建筑。它巧妙地融合了伊斯兰建筑和印度教建筑的风格，开创了伊斯兰建筑史上的一代新风，成为阿克巴时代莫卧儿建筑风格发展中一个突出的里程碑，也是此后印度莫卧儿陵墓建筑的样本。

图 9-13　胡马雍陵

这组建筑群规模宏大、布局完整。整个陵园坐北朝南，平面呈长方形，四周环绕着长约 2 千米的红砂石围墙。陵园内前后左右沿轴线的路呈十字形，把陵园分成四大块，然后每块再分成小方块。通往陵园中心的四条主道旁边都有水渠，象征着伊斯兰天堂的四条河流在这座陵墓处汇合。道路相交的地方是矩形或花朵形的水池。在沿主轴的正方形水池中修建了四座喷泉。沿着外围墙种着高大的印度楝树，围墙内则种植了柠檬树和橘树（这是胡马雍最喜欢的树种），以及开花的灌木。陵园园内四季常绿、芳草如茵、喷泉四溅、果树荣茂、花卉灿烂美观、景色优美。陵园门楼用灰石建造，是一个八角形的楼阁式建筑，表面用大理石和红砂石的碎块，镶嵌成一幅幅绚丽的图案。

陵园正中是其主体建筑——高约 24 米的正方形陵墓，它耸立在 47.5 米见方的高大石台上。陵体四周有 4 座大门，门楣上方呈圆弧形，线条柔和；四壁是分上下两层排列整齐的小拱门，陵墓顶部中央有优雅的半球形白色大理石圆顶。这种圆顶是由两个单独的拱顶组成的，一个在上，一个在下，上下之间留有间隙；外层拱顶支撑着白色大理石外壳，内层则形成覆盖下面墓室的穹窿。外层拱顶中央竖立着一座黄色的金属小尖塔，光芒四射。寝宫内部呈放射状，通向两侧高 22 米的八角形宫室，宫室上面各有两个圆顶八角形的凉亭，为中央的大圆顶做陪衬，宫室两面是翼房和游廊。

胡马雍陵外表大量使用白色大理石也是印度的风格，而没有波斯建筑所惯用的彩色砖装饰。整个陵墓给人一种威严、宏伟而又端庄明丽的感觉，一扫过去伊斯兰陵墓灰暗的风格。显然，它和整个莫卧儿时期的建筑一样，是伊斯兰教建筑的简朴和印度教建筑的繁华的巧妙融合。

2. 泰姬陵

泰姬陵（见图 9-14）全称为“泰姬・玛哈尔陵”，是莫卧儿皇帝沙贾汗为纪念他心爱的妃子蒙泰姬（Mumtaz Mahal）营造的陵墓，位于印度北方邦亚格拉城郊的舒姆纳河南岸。

泰姬陵占地面积约17万平方米，于 1631 年动工，1653 年完成，历时 22 年。

泰姬陵是印度穆斯林艺术最完美的瑰宝，是世界遗产中的经典杰作之一，被誉为“完美建筑”，又有“印度明珠”的美誉。它由殿堂、钟楼、尖塔、水池等构成，全部用纯白色大理石建造，用玻璃、玛瑙镶嵌，具有极高的艺术价值。印度诗人泰戈尔称泰姬陵是“历史面颊上挂着的一颗泪珠”。

图 9-14　泰姬陵

泰姬陵开创了墓园布局新形式：主要建筑不在庭院中央，墓穴置于墓园一端，整个花园展现在墓前。突破了以往印度陵园的传统，也突破了阿拉伯花园的向心格局，使花园本身的完整性得到保证，同时也为高大的陵墓建筑提供了应有的观赏距离。

泰姬陵全园为长方形，两进院落，主轴线突出；东西长约 590 米，南北宽约 305 米。泰姬陵三面都有围墙，开口通向圣河亚穆纳河。园林布局是传统的四分布局，花园用十字形水渠分成四块，水渠交叉处有水池，花圃低于地面，种植着高大茂盛的树木花卉，不加修剪，保持了自然形态。园林中央是一座隆起的蓄水池，水中可以倒映出泰姬陵的穹顶，池中的水流向园林中四个种植区。最初，园林里应该种着果树和柏树，用于给树下行走的人遮阴，后来莫卧儿园林的正式布局逐渐被栽种的园景树破坏，而这也可能是为了满足欧洲贵族的品位。喷泉从雕刻着莲花花蕾的底座中喷出，这是典型的印度建筑细节，喷泉中的水体都受控制地喷向同一高度。每座喷泉下有一个黄铜水钵，只有当水钵里充满了水时，喷泉才开始喷水。

陵墓的主体建筑是一圆顶寝宫，建于一座高 7 米、边长 5 米的正方形石基座的中央，寝宫总高 74 米，下部呈正方形，每条边长约 57 米，四周抹角，优雅匀称的圆顶安置于正方形鼓状石座上。屋顶四角有塔和小穹顶，建筑总体布局呈对称式，里面中央是大凹龛的门洞，透过门洞形成框景，可远观居与中轴线末端的陵墓。陵墓前面还有方形的草地。泰姬陵墓前是一条水渠，水渠两旁种植有果树与柏树，分别象征着生命与死亡。陵墓东西两侧又有两座红砂石建造的清真寺，彼此呼应，衬托着白色大理石的陵墓，色彩对比十分强烈。陵墓前的正方形花园被缎带般的池水和两旁的数条石径切割成整整齐齐的花坛，展现了伊所兰几何式的园林美。

3. 夏利玛尔园

夏利玛尔园在梵语中意为“爱的住家”，据传是斯利那加尔市的创建人普纳瓦尔塞纳二世在湖的东北隅建造的别墅。查罕杰王在访问一位圣人时，途中常在此别墅歇脚。随着时间的流逝，附近建了村庄，宫苑完全消失，但“夏利玛尔”这个名字被保留至今。1619 年，查罕杰又在这有历史意义的地方建造了夏季别墅，即“夏利玛尔园”。长约 1 英里（约 1.6 千米）、宽 12 码（约 11 米）的河渠，流过沼泽地、柳树林和水田，连接着庭园。河渠两侧种植着高大的悬铃木覆盖着广阔的夏利玛尔园，路通向远方。昔日园门的位置如今被河渠入口处的石块所代替，曾经围筑水路的石堤的一些片段还有残留。

“夏利玛尔园”被分为三个部分，第一部分是外侧庭园部分，是一开放性的公共庭园。自湖源通向大沟渠，止于最初的大圆亭“狄文依阿姆”。沟渠穿过建筑物，流进下方的蓄水池，沟渠中央的瀑布上安置着黑大理石的玉座。第二部分是中央的帝王庭园部分，由两个低台地组成，较为宽广；中央有私人接见室“狄文依卡斯”。该建筑物已坏，但地基和用喷泉围成的美丽的平台地仍保存着。王的浴室建于此处的西北处。第三部分是王妃及妇人们使用的最美丽的内院部分。入口处的守卫室是克什米尔式建筑，重建在原来的石基上。这里最精彩的部分，是沙杰汗建造的美丽的黑大理石园亭，至今仍屹立在喷泉飞溅出的水花之中。在有光泽的大理石上，映现着水花的闪光，更有古柏树衬托出浓重的色调。庭园的全部色彩和芳香与马哈狄克的雪景，都集结在这园亭的周围。这座无与伦比的园亭四面还环抱着一排小瀑布。

4. 德里红堡（见图 9-15）

德里红堡位于印度德里，亚穆纳河西岸，17 世纪，莫卧儿帝国时建为皇宫。沙杰汗统治时期，莫卧儿首都自阿格拉（Agra）迁址于此，1639 年继续扩建。德里红堡因大量用红砂岩材料，整个建筑主体呈红褐色而得名红堡，属于典型的莫卧儿风格的伊斯兰建筑。建筑呈八角形，亭台楼阁都是用红砂石和大理石建造，金碧辉煌。

图 9-15　德里红堡

德里红堡围墙长约 2.5 千米，堡内两条轴线相互垂直，相交于开阔的场地，并分别伸向两个主要入口。德里红堡分为外宫和内宫两部分。外宫主要是勤政殿，是当年皇帝召见文武百官和外国使节的地方；内宫包括色宫、枢密殿、寝宫、珍珠清真寺、祈祷寺、浴室、花园等。德里红堡包含公众厅和贵宾厅。公众厅四角顶部都装饰有漂亮的小亭子。大厅用拉毛粉饰，建筑正立面为九波状拱，一系列金柱围合国王的王座空间，并有栏杆隔离，厅后宽敞的庭院也被几处建筑围合。贵宾厅由白色大理石修建，雕刻精美，厅内为矩形内庭，柱墩支撑波形拱，柱上镀金，并有花纹设计。德里红堡中央具有完整的庭院和水系设计，水渠、水池、喷泉等不同形式有机组合，几乎贯穿整个王宫的主要建筑和庭院。

堡内最豪华的白色大理石宫殿叫枢密宫，是国王与大臣商议国家大事之地，素有“人间天堂”之称，全部用白色大理石建造。三面是方形组成的拱门，一面为透雕方形窗户，外形像一座雕饰华美的凉亭。宫内原有一座世界闻名的“孔雀王座”，长约 2 米、宽 1 米多，用 11.7 万克黄金制成，上面镶嵌钻石、翡翠、青玉和其他宝石，下部镶嵌着黄玉，背部是一棵用各种宝石雕成的树，树上站着一只用彩色宝石嵌成的孔雀。底座砌有 12 块翡翠色石头，台阶用银子铸造。如今，这个王座已不复存在，只在王座上方的墙上还能看到当年国王夏杰罕下令雕刻的波斯文诗句：“如果说天上有天堂，那天堂就在这里。”

9.4　西班牙伊斯兰园林

9.4.1　背景概况

西班牙位于欧洲西南部的伊比利亚半岛之上，境内地理环境较为复杂，气候多样，因此各地呈现出了不同的景观风貌。7 世纪初，伊斯兰教势力在阿拉伯半岛迅速崛起，并随之席卷了欧、亚、非三大洲，建立起了庞大的伊斯兰帝国。9 世纪初，信奉伊斯兰教的北非摩尔人从直布罗陀海峡侵入西班牙，占领了伊比利亚半岛，平定了半岛的大部分地区，建立了以科尔多瓦（Cordoba）为首都的西哈里发王国，从此开始了对西班牙长达 700 多年的统治。在此期间，伊比利亚半岛始终处于信奉基督教的西班牙人和信奉伊斯兰教的摩尔人的割据战之中，史称“收复失地运动”。摩尔人在这样的形势下仍然创造出了高度的人类文明，城市经济得到了迅猛发展，人口剧增。当时欧洲最文明的都市，正是摩尔人统治下的科尔多瓦。摩尔人在这里大力移植西亚的文化艺术，尤其是波斯、叙利亚的伊斯兰文化，并在建筑与造园艺术上，创造了富有东方情趣的西班牙伊斯兰样式。建造了许多宏伟壮丽，带有鲜明伊斯兰艺术特色的清真寺、宫殿和园林，可惜留存至今的遗迹并不多。

伴随着伊斯兰帝国的逐渐解体，摩尔王朝也在西班牙迅速失势。基督教文明的兴盛，同时标志着伊斯兰文明的衰落。到了 13 世纪，摩尔人在西班牙已只能偏安一隅了。1492 年，信奉天主教的西班牙人攻占了摩尔人在伊比利亚半岛上的最后一个据点，建立了西班牙王国。不过摩尔人的造园水平大大超过了当时的欧洲人，使得摩尔式园林在西欧一度盛行，并对西欧中世纪的造园风格产生了很大的影响。不仅如此，后世的欧洲园林在造园要素和装饰风格方面也受到过伊斯兰园林的影响，如 17 世纪的欧洲花坛曾经流行过摩尔式的装饰风格。

西班牙的伊斯兰园林也称摩尔式园林，在中世纪曾盛极一时，其水平大大超过了当时欧洲其他国家的园林，体现出了西方文明与伊斯兰文明之间的融合。在西方建筑史和园林史上，西班牙的伊斯兰园林艺术占有重要地位，其成就具体表现在：由厚实坚固的城堡式建筑围合成内庭院，利用水体和大量植被来调节庭院和建筑的温度，兴建大型宫殿和清真寺。通过研究和实验，摩尔人的农业和园艺知识已有长足进步，创造了用灰泥墙体分隔的台地花园。

摩尔人在西班牙建造的伊斯兰园林作品大多毁于战乱，幸存下来并保留至今的并不多。其中最著名的有格拉纳达城的阿尔罕布拉宫和格内拉里弗园，以及塞维利亚的阿尔卡萨尔宫等作品。早在 9 世纪阿卜德·拉赫曼一世在位时，就以其祖父在大马士革的园林为蓝本，在首都科尔多瓦造园。他还派人从印度、土耳其和叙利亚引种植物，如石榴、黄蔷薇、茉莉等都是当时引进的。他的后继者们也像他那样，热衷于造园。因此，到 10 世纪时，科尔多瓦的花园曾多达 5000 个，如繁星一般点缀在城市内外。

9.4.2　园林类型与风格特征

1. 园林类型

西班牙伊斯兰园林是摩尔人在继承罗马人造园要素和造园手法的基础上，引入了伊斯兰传统的建筑与园林文化，并吸收两河流域和波斯园林艺术的基础上创造的，是一种模拟伊斯兰教天国的高度人工化、几何化的园林艺术形式。

主要类型是西班牙伊斯兰宫苑庭园和别墅花园。

（1）宫苑庭园。西哈里发王国兴盛时，在科尔多瓦、托莱多、塞维利亚、格拉纳达、塞哥维亚等城镇也都建有许多伊斯兰风格的宫苑庭园。这些宫苑庭园典型的形式是方形或矩形的院落，周围是装饰华丽的阿拉伯（伊斯兰）式拱廊，在庭园的中轴线上，有一个方形或矩形水池，并设有喷泉，在水池和周围建筑之间，种植灌木、乔木，并夹杂着花草。其代表作有格拉纳达城的阿尔罕布拉宫、阿尔卡萨尔宫。

（2）别墅花园。摩尔人在建造宫苑的同时，在科尔多瓦周围及达尔基维尔河岸，建造了许多别墅，其中以国王阿布杜拉曼三世的“阿扎拉”别墅最为宏大。别墅建在台地上，最低处有宽广的庭园、果园、鸟兽园等。庭园里有铺着马赛克的园路，在路的两旁栽植着月桂以及香桃木修剪成的绿篱，还有攀藤作顶的园亭、喷泉、人工池塘和沟渠及装饰华丽的小品。

2. 风格特征

西班牙伊斯兰园林其特征主要体现在庭园的空间布局、装饰风格、水的运用和植物配置等造园手法方面。当时的摩尔人从罗马人遗留下来的庄园中借鉴其材料、结构以及做法，甚至有些庄园的建筑材料是直接来自古罗马的建筑物。受古罗马人的影响，他们也把庄园建在山坡上，将斜坡辟成一系列的台地，围以高墙，形成封闭的空间。在墙边种上成行的大树，形成隐秘的氛围,这也是伊斯兰园林所追求的效果。墙内往往布置交叉或平行的运河、水渠等，以水体来分割园林空间，运河中还有喷泉。笔直的道路尽端常常设置亭或其他建筑。有时还在墙面上开有装饰性的漏窗，墙外的景色可以收入窗中，这与我国清代李渔（1610年—1680年）创造的无心画十分相似。

在庭园装饰方面，繁复的几何图案和亮丽的马赛克是最常见的主题和材料，由此形成的装饰效果，在摩尔人看来更胜于花卉的装饰。这些手法由于造价不高，特色鲜明，因而在庭园中得到较为广泛的运用，酷似中国园林中的花街。园中地面除留下几块矩形的种植床以外，所有地面、台阶的踢脚板和坡道、铺地的边线、水池的池壁、栏杆以及围墙的墙裙，甚至在坐凳的凳面上，都可以见到彩釉或者无釉的马赛克贴面，整体都显得十分华丽。在清澈的流水下，马赛克贴面可以产生动感十足的幻影，格外吸引人的眼球。

在植物材料的运用上，西班牙伊斯兰园林也有着与后世欧洲园林不同的特点。由于气候条件的影响，摩尔人在造园时非常注重树木的遮阴效果。通常在庭园的边缘、水渠的两侧和植坛的内部都种植着高大的庭荫树，浓荫蔽日的庭园空间不仅更加舒适宜人，还可以减少水池中水分的蒸发。常绿树木多用在花园的入口处以形成框景。黄杨、香桃木、月桂等常绿灌木多修剪成绿篱，用以组成图案或者分隔空间，形成数个局部庭园。摩尔人喜爱在庭园中大量运用芳香植物，不仅可以消除庭院中的异味，还可使花园夜晚的气氛更加令人陶醉。此外，葡萄、常春藤、迎春等攀缘植物也常与建筑或小品结合在一起，它们或爬满棚架，或覆盖墙面，使整个花园都笼罩在一片绿荫之中。在西班牙伊斯兰园林中，最常见的植物有柏木、松树等大乔木，还有香桃木、月桂、夹竹桃、黄杨等灌木，以及月季、鸢尾、紫罗兰、百里香等花草和芳香植物。

此外，来自远处的雪山或附近河流的水源在园内形成大量的水景。因为摩尔人对水有着天然的崇拜心理，将水作为园林的灵魂，所以水系成为划分并组织空间的主要手段之一，运河、水渠或水池往往成为庭园的主景。在伊斯兰园林中，通常不会看到大型的跌水或是喷泉，相反，那些精细的喷泉、水池和水渠突出了水的价值，从而形成了更加引人注目的水景效果。

9.4.3　园林实例

1. 阿尔罕布拉宫

阿尔罕布拉宫（见图 9-16）位于西班牙南部格拉纳达山谷底的一座海拔 700 多米的山丘上，建于 1249 年—1359 年，又名红宫，因为它的宫墙是由红土夯实而成，且宫殿周围的山丘也都是红土。它原是摩尔人作为要塞的城堡，建成之后，其神秘而壮丽的气质无与伦比，成为伊斯兰建筑艺术在西班牙最典型的代表作品，也是格拉纳达城的象征。后来由于遭到破坏和改造，它的大部分已经失去了昔日的壮观。

图 9-16　阿尔罕布拉宫鸟瞰图

1249 年，摩尔国王开始在阿尔罕布拉山上大兴土木，渐渐地形成了一个规模巨大的宫城，面积达 130 公顷，外围有长达 4 千米的环形城墙和 30 个坚固的城堡要塞。100 年后，尤塞夫一世和其子穆罕默德五世建成了宫城中的核心部分——桃金娘宫和狮子宫庭院，以及无数华丽的厅堂、宫殿、庭园等，最终形成了极其华丽的阿尔罕布拉宫苑。

1492 年，斐迪南德二世收复格拉纳达，但他并没有将摩尔人完全从西班牙赶走，也没有改变阿尔罕布拉宫原有的建筑，只是在其基础上另建了文艺复兴风格的宫殿。拿破仑征服欧洲之际，也在阿尔罕布拉宫的花园中增添了一些具有鲜明法国风格的景物。

在阿尔罕布拉宫中，有四个主要的“Patio”（中庭或称为内院）：桃金娘中庭、狮庭、达拉哈中庭和雷哈中庭。环绕这些中庭的周边建筑的布局都非常精确而对称，但每一中庭综合体的自身空间组织却较为自由。就这四个中庭而言，最负盛名的当属桃金娘宫庭院和狮子宫庭院。

图 9-17　桃金娘宫庭院

桃金娘宫庭院（见图 9-17）建于 1350 年，是一个极其简洁的，东西宽 33 米、南北长 47 米，近似黄金分割比例的矩形庭院。中央用白色大理石堆砌成的大水池，水面几乎占据了庭院面积的 1/4。池水紧贴地面，显得开阔又亲切，建筑倒映在水池之中，形成恬静的庭园气氛。水池南北两端各有一个小喷泉，与池水形成静与动、竖向与平面、精致与简洁的对比。在水池两边各有 3 米宽的整形灌木桃金娘种植带，“桃金娘”庭院之名正是由此而来。桃金娘宫庭院的正殿是国王朝见大使举行仪式的地方，庭园南北向，两端柱廊是由白色大理石细柱拖着精美阿拉伯纹样的石膏块贴面的拱券，轻快活泼。南面的柱廊为双层，原为宫殿的主入口，从拱形门券中可以看到庭院的全貌。北面有单层柱廊，其后是高耸的科玛雷斯塔。庭院的东西两面是较低的住房，与南北两路的柱廊连接，构图简洁明朗。桃金娘宫庭院虽然由建筑环绕，但却并没有封闭感，总体上显得简洁、优雅、端庄、宁静，充满空灵之感。

狮子宫庭院（见图 9-18）是阿尔罕布拉宫中的第二大庭院，也是最精致的一个，建于 1377 年，是后妃的住所。庭院东西长 29 米、南北宽 16 米，四周是 124 根大理石柱拱券的回廊。其柱大致可分为三种类型，即单柱、双柱和三柱组合式，整体都十分精美。东西两端柱廊的中央向院内突出，构成纵轴上的两个方亭，这些林立的柱子给深入其境的游人以进入椰林之感。复杂精美的拱券上的透雕则恰似椰树的叶子一般，十字形的水渠将庭院四等分，交点上有着近似圆形的十二边形水池喷泉。中心是圆形盛水盘及向上的喷水，四周围绕着 12 座石狮雕像，由狮口向外喷水，象征沙漠中的绿洲。水从喷泉流下，连通十字形水渠，石狮喷泉是庭院的焦点，“狮子宫庭院”的名字也是由此而来。

图 9-18　狮子宫庭院

柏木庭院建造于 16 世纪中期，是边长只有十多米的近似方形的庭院，其空间小巧玲珑，北面有轻巧而上层空透的过廊，由此可以观赏到周围的美景，另外三面是简洁的墙面。庭院中的植物种植十分精简，在黑白卵石嵌成图案的铺地上，只有四角耸立着 4 株高大的意大利柏木，中央则是八角形的盘式涌泉。

另外还有一座院子原为女眷的内庭，四周有建筑环绕，院中原为规则式种植的意大利柏木和柑橘，但现在已经成为自然散生的了。中心的喷泉可能是文艺复兴时期重建的。在宫殿的东面，还有古树和水池相映的花园，一直延伸到地势较高的夏宫，这里有花草树木及回廊凉亭，曾是历代摩尔国王避暑度夏之处。

阿尔罕布拉宫不以宏大雄伟取胜，而是以曲折有序的庭院空间见长。狭小的过道串联着一个个或宽敞华丽，或幽静质朴的庭院，穿堂而过时，无法预见到下一个空间，给人以悬念与惊喜。在庭院造景中，水的作用突出，从古老的输水管引来的雪水遍布阿尔罕布拉宫，有着丰富的动静变化，而精细的墙面装饰又为庭院空间带来了华丽的气质。

2. 格内拉里弗花园

格内拉里弗花园（见图 9-19）是西班牙另一个宫廷花园，建造在格拉那达城的一座称为塞洛·德尔·索尔的山坡上，它与其西南面的阿尔罕布拉宫隔着一条山谷，相对而立。这

两座宫殿距离很近，有着密切的联系，而在功能上，格内拉里弗花园则被看作是城外的游乐性质宫苑。

格内拉里弗花园是西班牙最美的花园，同时也是欧洲，甚至是世界上最美的花园之一。它的规模并不大，采用的是典型伊斯兰园林的布局手法，由成荫的树木、鲜艳的花卉、悦耳的音乐和流水的响声这四大要素构成，并利用了以少胜多的用水技巧，既达到了观赏的效果，又能倾听流水的声音。全园与阿尔罕布拉宫互为对景，整体和谐，而且在一定程度上具有文艺复兴时期意大利园林的特征。

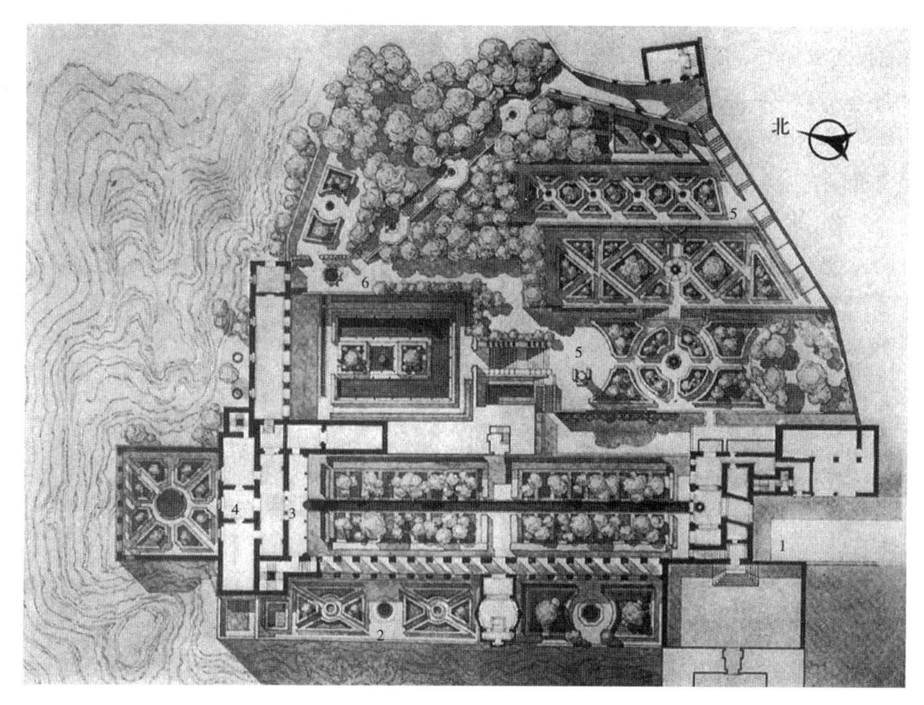

图 9-19　格内拉里弗花园平面图

1—入口　2—低处台层　3—水渠　4—亭　5 —上台层　6 —跌水

花园的建造充分利用了原有的地形，将山坡辟成了 7 个台层，依山势而下，在台层上又划分了若干个主题不同的空间。这个花园比阿尔罕布拉宫高 50 米，可以总览阿尔罕布拉宫和周围的景色。这也是该园的一大特点。在水体处理上，将斯拉 · 德尔 · 摩洛河水引入园中，形成大量的水景，从而使花园充满了欢快的水声。该花园已拥有大型庄园必须的大多数要素，如花坛、水景、秘园、丛林等。

沿着一条两墙夹峙、长 300 多米的多姿多彩的柏木林荫道，即可进入园中。在建筑门厅和拱廊之后，便是园中的主庭园——水渠中庭。此庭由三面建筑和一面拱廊围合而成，中央有一条长 40 米、宽不足 2 米的狭长水渠纵贯全庭，水渠两边各有一排细长的不同形状的水池喷泉，水喷成拱门的形状，在空中形成拱架，然后落入水渠中；水渠两端又各有一座莲花状喷泉。当年，花园内的种植以意大利柏木为主，现在水渠两侧则布满了花丛（见图 9-20）。

从水渠中庭西面的拱廊中，可以看到西南方 150 米开外的阿尔罕布拉宫的高塔。拱廊下方的底层台地，是以黄杨矮篱组成图案的绿丛植坛，中间的礼拜堂将其分为两块。水渠中庭的北面也有精巧的拱廊，后面是十分简朴的府邸建筑，从窗户中也可以欣赏到西面的阿尔罕布拉宫。府邸的地势较高，其下方低几米处有方形小花园，四周围合着开有拱窗的高墙。这是一块面积仅 100 多平方米的蔷薇园，米字形的甬道，中心则是一圆形大喷泉。

图 9-20　格内拉里弗花园水渠中庭

府邸前庭东侧的秘园是一个围以高墙的庭院，这里布局非常奇特，一条两米多宽的水渠呈 U 形布置，中央围合出矩形“半岛”，“半岛”中间还有一块方形水池。与水渠中庭一样，U 形水渠的两岸也有排列整齐的喷泉，细水柱呈拱状射入水渠中。两个庭院的水渠是相互连接的。方形水池两边是灌木及黄杨植坛，靠墙种有高大的柏木，使庭园既有高贵的气质，又有一种略带忧伤的肃穆感。

南面的花园是层层叠叠的窄长条花坛台地，许多欢快的泉池，形成阴凉湿润的小环境。小空间的布局方式及色彩绚丽的马赛克碎砾铺地，都是典型的伊斯兰风格。顶层台地上方有一座白色望楼，居高临下，可眺望远处景色。台地花园的南北两端，各有一条蹬道联系上下，并与望楼相接。

格内拉里弗花园空间丰富、景物多变，尽管没有华丽的饰物及高贵的造园材料，甚至做工都有些粗糙，但其成功之处在于细腻的空间处理手法以及具有特色的景物。虽然只是由几个台层组成，但各空间均有其特色，既具独立性，构图上又很完整；以柱廊、漏窗、门洞以及植物组成的框景等，使各空间相互渗透、彼此联系。园中水景也多种多样，犹如人体的血液一般遍布全园，起到统一园景的效果。

思考与练习

1. 伊斯兰园林的渊源是什么？发展过程中受到哪些文化思想的影响？
2. 天堂园出现的历史背景及其特征是什么？
3. 波斯伊斯兰园林的类型与特征有哪些？
4. 结合园林实例，试述西班牙伊斯兰园林的类型与特征。
5. 结合园林实例，试述印度伊斯兰园林的类型与特征。

第10章 日本园林

思政箴言

开放的文化交流是中华民族精神包容性的鲜明体现。中国缔造的辉煌文明，直接塑造了东亚文明圈，这是直到现代社会，也能与创造现代文明的欧美文明圈并雄的、能给人类带来重大影响与贡献的文明圈。日本园林正是由于对中华文化上千年的学习借鉴中，不断创新转化，形成了自己独特的艺术风格。

日本，古称大和国，位于亚洲东部太平洋上，面积约为37.7万平方千米。日本境内多山地、少平原，67%为山地，可耕地面积只占国土面积的15%。日本气候温暖、雨量充沛、植被丰富，孕育了日本人热爱大自然的文化因子。从汉末开始，日本不断向中国派出汉使，从汉末到平安时期，期间600多年全方位学习中国文化。由于受到中国文化的影响，日本古代园林的造园思想与园林艺术理论都与中国的园林艺术一脉相承，同属于东方园林体系，在园林布局上都偏重于自然山水园林和自然式建筑庭园形式，园林风格大多属于写意园林，追求风景如画的效果，景观偏于静态，有阴郁朦胧的特色。但是到了后期，日本人开始将中国文化进行本土化，通过结合日本的自然条件和文化背景，形成了独特的风格并自成体系，在艺术旨趣、造型风格、景物配置、花木修剪、叠山理水等诸多方面具有独特魅力，日本所特有的山水庭园，精巧细致，在再现自然风景方面十分凝练，并讲究造园意境，极富诗意和哲学意味，形成了极端“写意”的艺术风格。

10.1 日本园林的发展历程

日本历史一般可分成古代、中世、近世和现代四个时代，每个时代又分成若干朝代。据此，日本园林也可分成古代园林、中世园林、近世园林和现代园林四个阶段。古代园林指大和时代、飞鸟时代、奈良时代和平安时代的园林；中世园林指镰仓时代、室町时代和南北朝时代的园林；近世园林指桃山时代和江户时代的园林；现代园林指的是明治时代以后的园林，包括明治、大正、昭和及平成时代的园林。

10.1.1 古代园林

1. 大和时代园林（300年—592年）

大和时代正值中国的魏晋南北朝时期，故园林在带有中国殷商时代苑囿特点的同时，也带有自然山水园风格，属于池泉山水园系列；而且园中有游船，表明日本园林一开始就与舟游结下了不解之缘。从源流上看，日本园林一开始就很发达，并未经过像中国那样长久的苑囿阶段，而且园中活动也很丰富和时髦，进一步表明了日本园林源于中国的史实。从技术上看，当时的日本园林就有池、矶，而且是纯游赏性的。从活动上看，曲水宴的举行和欣赏皆是文人雅士所为，显出当时上层阶级的文化层次之高足以达到审美的境界。

该时期日本园林为古代宫苑园林，属于池泉山水园系列，特点是宫馆环池、环墙或环篱，苑内更有池、泉、游、岛及各种动植物。穿池起苑，池内放养鲤鱼，苑内奔走禽兽，天皇在园内走狗试马、远足田猎。主要的代表作品有掖上池心宫、矶城瑞篱宫、泊濑列城宫等。

2. 飞鸟时代园林（593 年—710 年）

此时期日本造园艺术水平较之大和时代有较大提升。从技术源流上看，依旧来源于中国并经朝鲜传入。从内容上看，依旧是以池为中心，增设岛屿、桥梁和建筑，环池的滨楼是借景之所，也是池泉园的标志之一。从文化上看，在池中设岛，与《怀风藻》中所述的蓬莱神山是一致的，表明园林景观受到中国神仙思想的影响已在园林中表现。还有，在水边建造佛寺及须弥山都表明，佛家开始渗透至园林中。从类型上看，不仅皇家有园林，私家园林也已出现；不仅自城内有园林，自城外的离宫之制已初见端倪。从传承上看，池泉式和曲水流觞与前朝一脉相承。从手法上看，该时代还首创了洲浜的做法（藤原宫内庭），成为后世的宗祖。另外，植物的橘子和动物的灵龟都因其吉祥和长寿而登堂入室。主要代表作品有：藤原宫内庭、飞鸟岛宫庭院、小垦宫庭园、苏我氏宅园等。其中，苏我氏宅园是日本园林史上第一个私家园林，园林依旧是池泉园。

3. 奈良时代（711 年—794 年）

奈良时代历时不过 84 年，相当于中国唐睿宗李旦景云二年到唐德宗李适贞元十年，历元明、元正、圣武、孝谦、淳仁、称德、光仁和桓武八帝。此期间，日本全面吸取中国文化，整个平城京就是仿照当时中国的首都长安而建，史载园林有平城宫南苑、西池宫、松林苑、鸟池塘和城北苑等，另外还有平城京以外的郊野离宫，如称德天皇（718 年—770 年）在西大寺后院的离宫。城外私家园林还有橘诸兄（684 年—757 年）的井手别业、长武王的佐保殿和藤原丰成的紫香别业等。从造园数量上看，奈良时代建园超过前朝。从喜好上看，还是热衷于曲水建制。从做法上看，神山之岛和出水洲浜并未改变。从私园上看，朝廷贵族是建园的主力军。

4. 平安时代园林（794 年—1192 年）

平安时代，是以平城京（即京都）为都城的时代，依然还是以贵族文化为主，他们憧憬中国的文化，喜作汉诗和汉文，汉代的“三山一池”仙境也继续影响着日本的文学和庭园。且这个时期受海洋景观的刺激，池中之岛兴起，还有瀑布、溪流的创作，庭园建筑也有了发展。

图 10-1　京都神泉苑

这一时代是日本自身民族文化形成的时代。与奈良时代园林尽毁不同的是，平安时代的园林还有部分遗存至今，如京都城内的神泉苑、冷然苑、淳和院、朱雀院及城外的嵯峨院、云林院等。最著名的就是神泉苑（见图 10-1），它是平安时代第一代天皇桓

武天皇建造的宫苑。

神泉苑位于日本京都市中京区御池通神泉苑町，是日本平安时代桓武天皇迁都京都后所创立的庭园，创立时间大概与平安京（京都）同时，约在 794 年前后，最早的游园记录是 800 年桓武天皇的游幸。全园中心是水池，名神泉，以神泉为名，表明当时园林以泉为上，封为神格。水池中建有中岛，水池的来水口在东北。全园有一条南北轴线，池北轴线上建乾临阁，两侧建东阁、西阁，阁南面临水建钓殿，乾临阁、东西阁和钓殿间由曲廊相连。

在模仿皇家园林的过程中，国风时期创造了私家园林的寝殿造园林。国风时期的人物代表是藤原氏，寝殿造园林主要是藤原氏一族的宅邸庭园。从面积上看，私家园林比皇家园林小，形式依旧是中轴式，轴线方向为南北向。园中设大池，池中设中岛，岛南北用桥连通；池北有广庭，广庭之北为园林主体建筑寝殿；池南为堆山，引水分两路，一路从廊下过，一路从假山中形成瀑布流入池中；池岸点缀石组，园中植梅、松、枫和柳等植物，园游以舟游为主。

佛教重要的流派净土宗对日本园林的影响逐渐加深。佛家按寝殿造园林格局演化为净土园林，流行于寺院园林之中。多舍宅为寺的寺园和皇家敕建或贵族捐建的寺院大多体现了净土园林特点。园林格局依旧是中轴式、中池式和中岛式，建筑的对称性明显保留了下来。另外，净土庭园中一定种植荷花。平安时代的现存园林大多以寺院园林形式净土庭园保存下来，其中以法成寺、法胜寺和平等院（见图 10-2）最为典型。

图 10-2　京都平等院

平等院位于日本京都府郊区，是平安时代池泉舟游式的寺院园林，由嵯峨天皇的儿子、左大臣造园家源融（822 年—895 年）据此开创别墅。其后，阳成天皇、宇多天皇、朱雀天皇先后在此构建别庄。平等院依佛教末法之境，在水池之西建造阿弥陀堂，水池之东则建构象征今世的拜殿，打造“净土庭园”之喻的代表建筑，其规格更为后来日式庭园的参考标准。古刹的平等院最具代表性的建筑是面对阿字池而建，初期因置奉“阿弥陀如来”与 51 尊“云中供养菩萨像”得名的“阿弥陀堂”，后因“阿弥陀堂”外形似欲振翅而飞的禽鸟，便更名为“凤凰堂”。

总之，平安时代的园林总体上是受唐文化影响十分深刻，中轴、对称、中池、中岛等概念都是唐代皇家园林的特征，在平安初的唐风时期表现得更为明显，在平安中后的国风时期表现得更弱，主要变化就是轴线的渐弱，不对称地布局建筑，自由地伸展水池平面。所以说，由唐风庭园发展为寝殿造庭园和净土庭园是平安时代的最大特征。而且在平安时代后期也诞生了日本最早的造庭法秘传书《前庭秘抄》（又名《作庭记》），作者为橘俊纲（1028 年—1094 年）。

10.1.2　中世园林

1. 镰仓时代（1185 年—1333 年）

镰仓时代是以镰仓为全国政治中心的武家政权时代。如果说飞鸟时代和奈良时代是中国山水自然园的引进期，平安时代是日本化园林的形成时期和三大园林（皇家、私家和寺院园林）的个性化分道扬镳时期，那么中世的镰仓时代、南北朝时代和室町时代是寺院园林的发展期。该时期，在武家政治之下，建筑上引进南宋的天竺样，而后又形成新和样。园林上倒是没有引进太多的中国的东西，而是沿着自己的佛化道路前进。因此，园林的设计思想也是寝殿园林的延续，寺院园林也是净土园林的延续。

图 10-3　枯山水庭园

而禅宗的兴起则相应地产生了以组石为中心，追求主观象征意义的抽象表现的写意式山水园，这种写意式山水园的方向与当时中国园林的写意式山水园是不同的。它追求的是自然意义和佛教意义的写意，而中国的写意园林是追求社会意义和儒教意义（以文学、艺术为主）的，最后发展、固定为枯山水形式（见图 10-3）。

这一时期，日本园林中的造园家是知识阶层的兼职僧侣，他们被称为立石僧。其中最有成就的就是国师梦窗疏石。他通过枯山水来表达禅的真谛。这些园林形式常用象征的手法来构筑“残山剩水”，也就是提取景观的局部。枯山水的出现，因符合当时人们的社会心理和审美需求，所以迅速在日本全国传播开来。枯山水庭园首先在寺院园林中崭露头角，然后对皇家园林和私家园林进行渗透。枯山水的出现虽然不是占据镰仓时代的全部历程，而只是经历镰仓时代的很短的一段时间。但是，它的出现是在原有自然景色的基础上“组织进了大自然原有的精神的自然观照心”，使园林的“自然原生”升华为“自然观照”，再升华为“佛教(禅宗)观照”。由于园林的表现是以原生自然的局部和片面为基础的自然观照和枯寂表达，与当时南宋和元初病弱的文人园的社会观照和情意表达相似，因而体现出了厌世和弃世心态。

2. 南北朝时代园林（1334 年—1392 年）

南北朝时代，庄园制度进一步瓦解，乡间武士阶层抬头；同时，各地守护大名纷纷扩大自己势力范围，建立独立王国，大名之间激烈征战。人们在不安和惊慌中寄托于佛教世界，寺院及其园林与前朝相比，更加受到各阶层同样的欢迎。这一时期，园林最重要的特点是枯山水的实践，枯山水与真山水（指池泉部分）同时并存于一个园林中，真山水是主体，枯山水是点缀。池泉部分的景点命名常带有禅宗意味，喜用禅语，枯山水部分用石组表达，主要用坐禅石表明与禅宗的关系，如西芳寺庭园用多种青苔喻大千世界。

3. 室町时代（1393 年—1573 年）

室町时代，日本园林风尚发生了本质的变化；到了室町时代，政治中心又回到了美丽的京都。由于财富和权力的扩大，统治阶级内造园的风气盛行。此时的造园技术发达，著名造园家辈出，不仅是在京都，在其他许多地方都出现了一些非常有艺术价值的园林作品。日本的造园进入了自己的黄金时代。

从造园主人上看，武家和僧人的造园数量远远超过皇家。从类型上看，前期产生的枯山水在时朝得到广泛应用，独立枯山水大量出现。室町末期，茶道与庭园结合，初次走入园林，成为茶庭的开始。书院建造在武家园林中崭露头角，为即将来临的书院造庭园拉开了序幕。从手法上看，园林的日本化更加成熟，表现在：一是中轴线消失，中心式为主，以水池为中心成为时尚；二是枯山水独立成园，枯山水立石组群的岩岛式、主胁石成为定局。从传承上看，枯山水与池泉并存，或以池泉为主，只设一组枯瀑布石组，多种形式都存在，表明枯山水风格已形成并且独立出来，特别是枯山水本身的式样，由前期受两宋山水画的影响到本国岛屿模仿和富士山模仿，都是日本化的表现。从景点形态上看，池泉园的临水楼阁和巨大立石均显示出武者风范。室町时代的回游式池泉庭园也有了新的发展，即在池岸的重要部位建造美丽的殿阁，作为统一园林的要素。寝殿造庭园是将建筑正面朝向湖，在室内静止地观赏园林主景；而此时则可以在水边的殿阁中眺望四周的风景，同时，从园林的各个角度来欣赏建筑的各个侧面。从游览方式上看，舟游渐渐被回游取代，园路、铺石成为景区划分与景点联系的主要手段。从人物上看，这一时代涌现出的造园家如善阿弥祖孙三人、狩野元信、子健、雪舟等杨、古岳宗亘等都是禅学造诣很深、画技很高的人物，有些人还到中国留过学。从理论上看，增圆僧正写了《山水并野形式图》，该书与《作庭记》一起被称为日本最古的庭院书；另外，中院康平和藤原为明还合著了《嵯峨流庭古法秘传之书》。

10.1.3　近世园林

1. 桃山时代（1573 年—1603 年）

该时代的园林有传统的池庭、豪华的平庭、枯寂的石庭和朴素的茶庭。桃山时代不长，而武家园林中人的力量的表现却有所加强，书院造建筑与园林结合使得园林的文人味渐浓。这一倾向也影响了后来江户时代的皇家园林和私家园林。但是，皇家园林和武家园林仍旧以池泉为主题，这一时期持续时间不长，只露出个苗头就灭亡了。而且从茶室露地的形态看来，园林的枯味和寂味仍旧弥漫在园林之中，与中国明朝的以建筑为主的诗画园林相比，显而易见的是自然意味和枯寂意味重多了。

此时代的茶庭一般顺应自然，面积不大，单设或与庭园其他部分隔开。四周围以竹篱，有庭门和小径通到最主要的建筑，即举行茶汤仪式的茶屋。茶庭面积虽小，但要表现自然的片断，寸地而有深山野谷般幽美的意境，能使人默思沉想，一旦进入茶庭就好似远离尘凡一般。庭中栽植主要为常绿树，洁净是首要的，庭地和石上都要长有青苔，使茶庭形成“静寂”的氛围。忌用花木，一方面是出于对水墨画的模仿；另一方面，是用无色表现幽静、古雅，感情方面也有其积极意义。茶庭中对石灯、水钵的布置，尤其是飞石敷石有了进一步发展（见图 10-4）。

图 10-4　京都醍醐寺三宝院

这一时代产生了造园名家有：贤庭、千利休、古田织部、小堀远州等，理论著作有矶部甫元的《钓雪堂庭图卷》和菱河吉兵卫的《诸国茶庭名迹图会》。

2. 江户时代（1603 年—1867 年）

江户时代的日本园林，完成了自己独特风格的民族形式，并且确立起来。从园主来看，表现为皇家、武家、僧家三足鼎立的状态，尤以武家造园为盛，佛家造园有所收敛，大型池泉园较少，小型的枯山水多见，反映了思想他移、流行时尚转变、经济实力下降等几方面的因素。从思想来看，儒家思想和诗情画意得以抬头，在桂离宫及后乐园、兼六园等名园中显见。从仿景来看，不仅有中国景观，还有日本景观。从园林类型上看，茶庭、池泉园、枯山水三驾马车齐头并进，互相交汇融合，茶庭渗透入池泉园和枯山水，呈现出交织状态。从游览方式上看，随着枯山水和茶庭的大量建造，坐观式庭园出现，虽有池泉但观者不动，但因茶庭在后期游览性的加强，以及武家池泉园规模扩大和内容丰富等诸多原因，回游式样在武家园林中一直未衰，只是增添坐观式茶室或枯山水而已。从技法上看，枯山水的几种样式定型，如纯沙石的石庭、沙石与草木结合的枯山水。型木、型篱、青苔、七五三式、蓬莱岛、龟岛、鹤岛、茶室、书院、飞石、汀步等都在此时大为流行。从造园家上看，小堀远州、东睦和尚、贤庭、片桐石州等取得了令人瞩目的成就，尤以小堀远州为最。从园林理论上看，有北村援琴的《筑山庭造传》前篇，东睦和尚的《筑山染指录》、离岛轩秋里的《筑山庭造传》后篇、《都林泉名胜图》《石组园生八重垣传》，石垣氏的《庭作不审书》，以及未具名的《露地听书》《秘本作庭书》《庭石书》《山水平庭图解》《山水图解书》《筑山山水传》等，数量之多、涉及之广，远远超过桃山时代。

此时代综合性的武家园林代表作品有：小石川后乐园、六义园、金泽兼六园、冈山后乐园（见图 10-5）、水户的偕乐园、高松的栗林园、广岛的缩景园、彦根的玄宫乐乐园、熊本的成趣园、鹿儿岛的仙岩园（见图 10-6）和白河的南湖园。

图 10-5 冈山后乐园

图 10-6 鹿儿岛的仙岩园

综合性的皇家园林代表作品有：修学院离宫（见图 10-7）、仙洞御所庭园、京都御所庭园、桂离宫（见图 10-8）、旧浜离宫园和旧芝离宫园。

寺观园林代表作品有：金地院庭园、大德寺方丈庭园（见图 10-9）、孤蓬庵庭园、东海庵庭园、曼殊院庭园、妙心寺庭园、圆通寺庭园、高台寺庭园、桂春院庭园、南禅寺方丈寺庭园（见图 10-10）、真珠庵庭园、当麻寺庭园、圆德院庭园、善法院庭园等。

茶庭的代表作品有：不审庵庭园、今日庵庭园、燕庵庭园、管田瘪庭园、慈光院庭园（见图 10-11）等。

图 10-7 修学院离宫浴龙池

图 10-8 桂离宫月波楼与古书院

图 10-9 大德寺方丈庭园

图 10-10 南禅寺方丈寺庭园

图 10-11 慈光院庭园

10.1.4 现代园林

1. 明治时代（1868 年—1912 年）

图 10-12 无邻庵庭园

明治时代是革新的时代，因引入西洋造园法而产生了公园，大量使用缓坡草地、花坛喷泉及西洋建筑，许多古典园林在改造时加入了缓坡草地，并开放为公园，举行各种游园会。此时的寺院园林因受贬而停滞不前，神社园林得以发展，私家园林以庄园的形式存在和发展起来。这一时代的造园家以植冶最为著名，他把古典和西洋两种风格进行折中，创造了人们能够接受的形式，在青森一带产生的以高桥亭山和小幡亭树为代表的造园流派。武学流则严格按照古典法则造园。此时代著名的园林作品代表有：平安神宫庭园、御用邸庭园、无邻庵庭园（见图 10-12）、依水园、天王寺公园、日比谷公园等。

2. 大正时代（1912 年—1926 年）

大正时代由于只有 15 年，故在园林方面没有太多的作为，田园生活与实用庭园结合，公共活动与自然山水结合，公园作为主流还在不断地设计和指定，形成了以东京为中心的公园辐射圈。

在公园旗帜之下，出于对自然风景区的保护，国立公园和国定公园的概念即是在这一时代提出的，正式把自然风景区的景观纳入园林中，扩大了园林的概念，这是受美国 1872 年指定世界上第一个国家公园影响的产物。国立公园是指由国家管理的自然风景公园，而国定公园则是由地方政府管理的自然风景公园。

大正时代传统园林的发展主要在于私家宅园和公园，一批富豪与造园家一起创造了有主人意志和匠人趣味的园林、传统的茶室、枯山水与池泉园任意地组合，明治时代的借景风、草地风和西洋风都在此时得以发扬光大。人们从寺园走出，进入宅园之后，奔入西洋式公园里，最后回归于大自然，这是一个人类与大自然分合历史上的里程碑。园林研究和教育在此时期亦发展迅速，一批自己培养的造园家活跃于造园领域，代表作品有光云寺庭园。

3. 昭和时代（1926 年—1989 年）

昭和时代的园林发展分为战前、战时、战后三个时期。战前，日本园林发展迅速；1937 年，全面侵华战争开始，所有造园活动停止，全民投入战争；1946 年战争结束后，日本开始了全面建设公园的热潮。

从总体来看，昭和时代历史较长，共 63 年，政体上仍保存君主立宪制，在园林上也是既有传统精神，又有现代精神。特别是 20 世纪 60 年代后的造园运动更是以传统回归为口号，给日本庭园打上了深深的大和民族烙印。1957 年，日本的《自然公园法》出台。此时期建成的园林有栃木县中央公园、南乐园和东京迪士尼乐园（见图 10-13）。

图 10-13　东京迪士尼乐园

4. 平成时代（1989 年至今）

平成天皇在昭和天皇 1989 年 1 月 7 日去世后即位，这是日本后现代建筑和造园的时代，日本造园家把传统精髓进一步整合到园林之中，渗透进各个领域的各类建筑形式之中，得到广泛称赞。日本的主题公园在 20 世纪 90 年代进入科技时代，科幻类主题公园随着科学技术的进步，把宇宙、神话、幻想、科技和建筑综合于一个园林中，使趣味性、刺激性、冒险性大大增强，比较知名的有日本海贼王主题公园、格列佛主题公园等。

10.2　日本园林的造园要素

日本园林常见的造园要素包括：石组、飞石和延段、潭和流水、石灯笼、石塔、植物、手水钵、竹篱和袖篱、庭门和庭桥

10.2.1　石组

所谓石组，是指在不加任何人工的修饰加工状态下的自然山石的组合。石的表示含意有多种，最常见的是象征着“山”，其中包括从印度传入的须弥山。另外还有永恒不灭的象征、精神寄托的象征等。石组的种类又可分为以下几种：

（1）三尊石。即一般用三块石头配成的三石景，象征佛教三尊，是模拟中国的一佛二菩萨，中间大石叫中尊石，两边靠前各一块侧尊石（见图 10-14）。

（2）须弥山石组。景石分作九个山头来象征须弥山。佛教的宇宙观倡导天动说，据说须弥山被视为世界中心的高山，按风轮、水轮、金轮的顺序叠为三层。相传它是一座了不起的圣山，可以保佑万物的平安（见图 10-15）。

图 10-14　三尊石

图 10-15　须弥山石组

（3）蓬莱石组。中国的神仙学说把海上仙人住的地方称为三神岛，中国和日本的庭园中把池中的三岛比喻为三神岛，其中很多庭园中都用一个岛来表示，称为蓬莱岛。而蓬莱岛用在枯山水庭园中就被称为蓬莱石组。

（4）鹤龟石组。由六尊矮石按龟首、龟足、龟尾的形式组成龟岛。六景石（一鹤首石、两鹤羽石、两鹤足石、一鹤尾石）组成一个抽象鹤岛。据说，中国战国时期的帝王、霸王和武将都期望自己能成为仙人——能像仙鹤一样自由飞翔，像海龟一样潜入海底，并且还能长生不老。后来，这些愿望就作为象征寄托在龟鹤身上，以龟岛为例的虚幻想象以及对它的憧憬，成为一种神话传入日本。

（5）七五三石组。在水中按七块一组、五块一组、三块一组，共立着 15 块石头。

（6）五行石。传统的基本五行石：五行之金木水火土五种物质。基本上，五行石可以按一块、两块一组，三块一组，五块一组或数块一组，用来点缀庭院。三块组合可以按五行石的组合，也可以是天地人石组，“天”最高，“地”最低，“人”居中（见图 10-16 和图 10-17）。

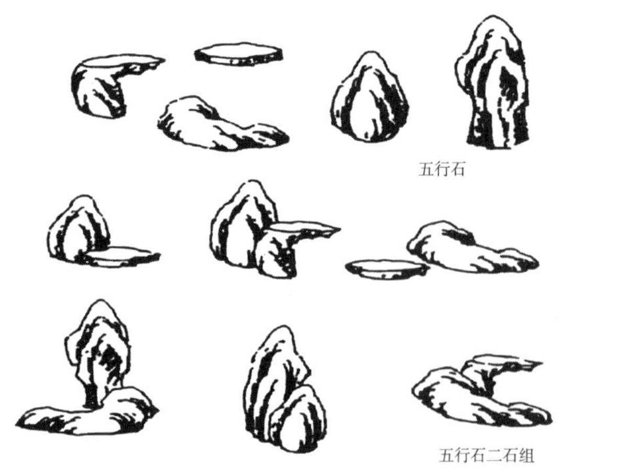

图 10-16　五行石与五行石二石组

图 10-17　五行石三石组与五石组

（7）役石。通过石头形状和配置的不同组合来命名最确切的名称，这些石头就被称为役石，如守护石。

10.2.2　飞石与延段

日本庭园中的园路有用砂、沙砾、玉石、切石、飞石、延段等做成的，特别是茶庭中有很多飞石和延段。

飞石一般用作园路，在茶庭中居多。“飞石”从桃山时代开始出现，石间保持一定的距离，最终目的是要创造一种能够更好地展示庭园空间的路。根据不同排列方式可分为四三连、二三连、千鸟打、雁鸣打、二连打、三连打。飞石分歧点一般放有体量较大的伽蓝石等踏分石，与飞石形状和大小进行组合（见图 10-18 和图 10-19）。

图 10-18　飞石 1

图 10-19　飞石 2

延段与飞石连接组成园路，相对于飞石有固定的组合，延段的组合相对比较随意。一般分为真延段、行延段和草延段。

10.2.3　潭和流水

日本庭园中的潭分为天然的潭和人工的潭，也就是中国庭园中常出现的叠水和瀑布。日本早在平安末期《作庭记》中就对潭的存在形式进行了详细介绍。例如，按潭落水形式分为向落、片落、传落、离落、系落、重落、左右落和横落等十余种（见图 10-20）。此外，日本庭园中常可见到溪流通过，形状十分自由随意、崇尚自然。在溪流中，庭石多出现在潭口周围或溪流中的小岛和转弯处（见图 10-21）。

图 10-20　水潭

图 10-21　毛越寺流溪

10.2.4　石灯笼

石灯笼最初是寺庙的献灯，因为它造型独特，故作为园中的添景物被广泛地应用在日本庭园中。当然还有它的照明作用，所以在园中，石灯笼不光具有点景的作用，同时还需要考虑到它的照明功能。日语中有“净火”一词，是指神前净火，意味着用火去净化万物。每当人们在保留火种时，就更能感到火具有的神奇魅力。人们不愿让这神圣的火种熄灭，就用笼去罩住它。石灯笼罩住的圣火一般被放置在寺庙内，它后来演化为日本园林景观中的重要元素，预示着光明和希望，会给人带来好运。

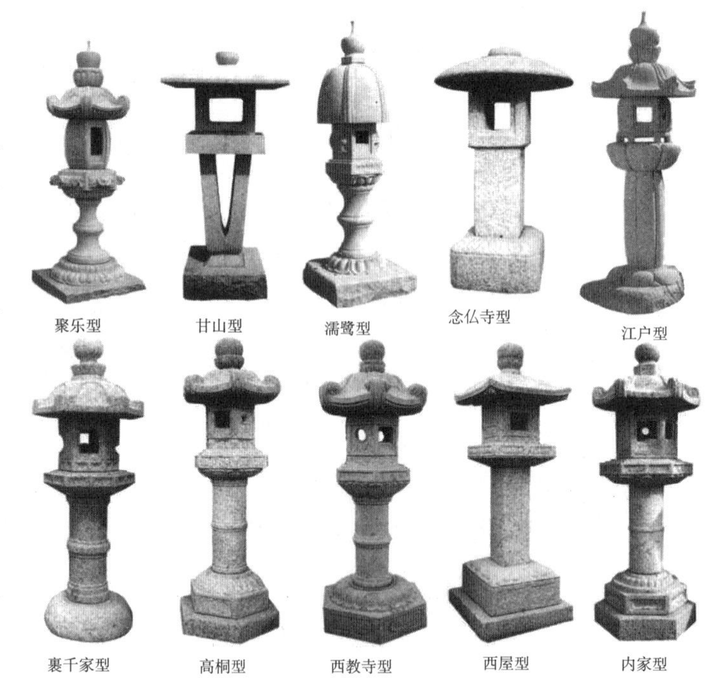

图 10-22　石灯笼

石灯笼的种类包括：春日形、莲华寺形、柚木形、昭鸥形、织部形、雪见形、奥院形、二月堂形、三月堂形等，另外还有像玉手、三光、袖型等“石灯笼”（见图 10-22）。

石灯笼的设置需要根据庭园的样式、规模以及配置的场所来选择它的种类和形状，最早作为庭园用的石灯笼出现在茶庭、在茶道的景趣中，其选形和位置确定是十分重要的。石灯笼一般放在十分协调的自然石的台上，主要是作为路标来使用；另外，也有眺望景点（见图 10-23）。奥院、泰平等体量较大的石灯笼一般都放在回游式大庭园的广场，视线的焦点

等主要的景点上。春日、西屋等中型的石灯笼一般放在平庭中。而小石灯笼，例如：绍鸥、织部等，一般都用在小庭、茶庭中。另外，石灯笼周边还配置役石和役木（见图 10-24）。

图 10-23　自然石台上的石灯笼

图 10-24　灯笼周边配置役石和役木

10.2.5　石塔

石塔可分成五轮塔、多宝塔、三重塔、五重塔和层塔等，其中层塔又可分为五层塔、七层塔、十三层塔等。较为常见的是五轮塔（见图 10-25），属于五层塔的一种，由空轮、风轮、火轮、水轮和地轮组成，象征宇宙中的一切存在都融会在五轮塔之中。体量较大的五重塔、多层塔等可以成为独立的借景，一般设置在山的中腹和岛上，形成一个眺望的景观。体量较小的多宝塔、五重塔多用作禅庭和石庭的添景，设置在草庵和低矮的灌木丛中，创造出一种幽泽的感觉。还有，在园路的拐弯处、分叉口、中门的两旁等稍微离视线的地方也适合配置石塔。一般会尽量避开正面设置石塔。

图 10-25　五轮塔

10.2.6　手水钵

手水钵是日本庭园不可缺少的造园要素之一，从桃山时代开始就被广泛使用，而手水钵与周边的役石的总称是蹲踞。手水钵的常见种类有见立物手水钵、创作形手水钵、自然石手水钵、社寺形手水钵。手水钵的构成一般有以下三种类型：

1. 蹲踞手水钵

蹲踞是指对于低矮的手水钵来说，为了合理地使用而添加各种必要的役石，并把包括役石在内的手水钵整体称为蹲踞手水钵。除手水钵以外，还有前石、相手石、舍石、汤桶石、手烛石、水挂石等（见图 10-26 和图 10-27）。

图 10-26　汤桶石

图 10-27　水挂石

2. 立手水钵

立手水钵是指在茶庭中站立着使用手水的形式，这种形式早在桃山时代就已出现，江户时代最为盛行，但现在很少有使用的。

3. 缘先手水钵

缘先手水钵是指与建筑相连接使用的手水钵的总称。这样形式从镰仓时代就已十分盛行。除手水钵外，还包括清净石、水汲石、水杨石、水挂石等役石（见图 10-28）。

图 10-28　水汲石

10.2.7　植物及配置

日本园林中的植物是园林景观的主要构成要素。园内的植物主景经常使用整形树木，即主要树木大都经常修剪整形。而作为主景的树木又被称为“役木”，分为独立形役木和添景形役木两种。

1. 独立形役木

独立形役木一般单独成景，可分为下面几种类型：①正真木：作为庭园的主木，常用的针叶树有黑松、罗汉松、日本榧、日本扁柏、圆柏等，常绿阔叶树包括柯树、细叶冬青、厚皮香、波缘冬青等（见图 10-29）。②景养木：一般配植在中岛上，当正真木是针叶树时，景养木为常绿阔叶木，总之是要保持与正真木的对比，增加园中的景趣。③见返木：种植在入口的附近，作为标志树种，常用的有细叶冬青、厚皮香、日本榧等（见图 10-30）。④寂然木：南面的庭中靠东侧的配景植物，常用的有厚皮香、细叶冬青、罗汉松、日本柳杉等。⑤夕阳木：与寂然木相反，靠南庭西侧配植的花灌木，红叶树类，常用的有鸡爪槭、樱花、梅花等。⑥流枝木：水面与地表之间的过渡树种，枝条垂落在水面，常用的有矮松、黑松、鸡爪槭等。⑦见越木：一般种植在山丘的后面或是绿篱的外侧等位置，主要是作为背景树，常用的有松、青栎类和梅花等。⑧见附木：正对着门对面的视线交点处的树，常用的有日本榧、厚皮香、细叶冬青等；另外，茶庭中的直干黑松等也属于这一类。⑨袖摺木：种植在茶庭及内花庭的飞石旁，作为一种配景，常用的有黑松等。

图 10-29　黑松

图 10-30　日本榧

2. 添景形役木

添景形役木一般与独立形役木、水潭、流溪、石灯笼、石塔等其他园林要素一起，共同构成园林景观。从配置的位置和类型来分，主要有以下几种类型：①潭围木：作为烘托潭口的深度和落差的树木。除常绿树外，还有作为添景的红叶树（见图 10-31）。②飞泉障木：也可以称作潭障木，好像潭被枝条覆盖。除常绿树外，还有枫和槭类等。③灯笼控木：作为灯笼背景的树，常用的有柯树、细叶冬青、厚皮香、罗汉松、日本榧等。④灯障木：在灯笼的前面作为障景的树木，常用的有鸡爪槭、落霜红、卫艾等。⑤钵前木：手水钵的配景植物，常用的有矮生紫杉、日本榧、落霜红、梅花、乌竹、南天竹等；草木的有蝴蝶花、雀舌花等。⑥钵请木：蹲踞的配景植物，常用的有马醉木（见图 10-32）、柃木、南天竹、卫予等。⑦桥元木：桥旁的添景，种在桥挟石的旁边，常用的有柳、枫槭类等。⑧庵添木：亭、架等处的配景树。⑨井口木：井口周边的配景树，常用的有黑松、小叶罗汉松、柯树等。⑩木下木：配植在高大乔木、庭石的根基部，植物多为低矮的灌木和地被类。另外，还有一种与木下树很相似的篱下树，一般配植在绿篱的根部。⑪门冠木：门前的配景或框景植物，常用的有黑松、小叶罗汉松、柯树等。

图 10-31　红叶树

图 10-32　马醉木

10.2.8 墙篱和庭门、庭桥

墙篱是日本园林空间划分和围合的有效手段之一。墙篱一般有两种，一种是把某一处围起来，把空间内外隔离或遮蔽起来，这种是实隔的手法，属于围墙性质的墙篱；另一种是墙篱中间留有空隙，可透过墙篱欣赏园内风景，这种是虚隔的手法，属于篱笆性质的墙篱。日本多竹，竹篱十分盛行，做工也十分考究（见图 10-33），编制的方法也五花八门，劈、削、排、弯、编，纵横交错，错落有序。墙篱的命名一般比较随意，往往是根据地名或者寺院名来命名的。

庭门和庭桥形式比较独特，种类也很丰富。庭门一般开在垣墙上，在外围墙上的门称表门，在内围墙上的门称院门。日本园林中的园门较为朴素，有筒瓦葺的，也有竹木做的。编笠门很有特色（见图 10-34）。

图 10-33 竹篱

图 10-34 编笠门

在日本的园林中，所用的桥按材料可分为土桥和石桥，按平曲可分为拱桥和平桥，按拱数可分为单架桥或多架桥。在大型园林中多用土桥、拱桥和多架桥，而在小型园林中则多用石桥、平桥和单架桥。从应用地点上看，在表现深山谷涧的地方多用石梁，在表现荒村野渡的地方多用土桥，在表现田园景象时则用板桥或石桥。在小园林的池泉水口或岸岛相接的地方多用两架的石板桥（见图 10-35~ 图 10-38）。

图 10-35 木质多架桥

图 10-36 木质拱桥

图 10-37　石质单架桥

图 10-38　石质平桥

10.3　日本园林的风格类型

日本园林经过漫长的演化发展，到现在主要有枯山水庭园、茶庭、池泉园、筑山庭、平庭、寝殿造庭园、净土式庭园、书院造庭园这几种类型，或这几种类型的组合。

10.3.1　枯山水庭园

1.“枯山水”的由来

枯山水又称假山水（镰仓时代又称乾山水或乾泉水），源于日本，是日本园林独有的园林类型，堪称日本古典园林的精华与代表，多见于禅宗寺院。顾名思义，枯山水并没有水，是干枯的庭院山水景观，有些枯山水甚至排除了草木。它以各种形态的天然块石代表山岩、岛屿，地上铺设白砂（一种从河滩中采来的石英砂），砂面上耙出水波纹的图形，以象征江河湖海。通过块石的排列组合白砂的铺衬，形成山峰、岛屿、涧谷、溪流、湖海、瀑布等多种山水景观。园中有时也点缀一些常绿的树木和花卉，或苔藓、微蕨等，或者根本没有花木。在枯山水中，庭园中所用的石头不同于中国的湖石，它不求瘦、皱、漏、透，而求气势浑厚；置石方法也不是叠掇，而是利用石头本身的特点，单独或成组地点布。象征水面的白砂常被耙成一道道曲线，犹如万重波澜；石块根部的砂石耙成环形，似惊涛拍岸。花木疏简而矮小，精心控制树形而又尽力保持它们的自然形态，以求与整个枯山水的风格相协调一致。这种以凝思自然景观为主的审美方式，突出地表现了禅宗的美学思想，同时也反映了日本特有的民族审美意向。

538 年的时候，日本开始接受佛教，并派一些学生和工匠到古代中国学习艺术文化。约 11 世纪以后，“以一木一石写天下之景”为指导思想的写意式庭园在日本得到发展。枯山水之名最早见于平安时代的造园专著《作庭记》，不过这时所言的枯山水并非现在通常所指的那种以砂代水、以石代岛的枯山水，而仅仅是指无水之庭。不过那时的“枯山水”已经具有了后世枯山水的雏形，开始通过置于空地上的石块来表达山岛之意象。13 世纪，从中国传入了禅宗和南宋山水画。反映禅宗修行者所追求的苦行及自律精神，加上中国南宋山水画的写意技法，再次对日本园林产生了重大影响，日本园林开始摈弃以往的池泉庭园，而是使用一些如常绿树、苔藓、沙、砾石等静止和不变的元素来营造枯山水庭园，园内几乎不使用任何开花植物，以期达到自我修行的目的。14 世纪下半叶至 17 世纪，是日本写意庭园的极盛时期，并产生了最具特色的园林样式——真正的枯山水。

日本古典园林深受禅宗美学的影响，几乎各种园林类型都有所体现，无论是舟游、回游的动观园林，还是枯山水、茶庭等坐观庭园，都或多或少地反映了禅宗美学枯与寂的意境。不过在这些庭园形式当中，将禅宗美学的各种理念发挥到极致的，还是当属枯山水庭园。枯山水庭园是禅宗哲理与园艺相结合的园林艺术形式。他们赋予此种园林以恬淡出世的气氛，把宗教的哲理与园林艺术完美地结合起来，把“写意”的造景方法发挥到了极致，也抽象到了顶点。

日本人好做枯山水庭园，无论大园小园、古园今园、动观坐观，到处可见枯山水的实例。“枯山水”早已经不囿于禅寺，它迈向了更广阔的天地。在日本，一般的公园时常能够见到枯山水，还被推广到了学校、企业、政府部门、剧场、展览馆、图书馆等场所。可见，这种审美情趣已经浸透到了日本人的骨髓里边，成为日本文化的一种符号和一种挥之不去的情结。

2. 枯山水的构景手法

枯山水是一种非常富有禅意的景观样式，是一种缩微式园林景观，它把禅理、画理、园理集中体现于园林之中。枯山水的基本构景方法是以细细耙制的白砂石铺地，并有致地叠放岩石。这是其最基本的构景方法。枯山水对于意境的表达是以一种写意画的方式呈现的。枯山水庭园在起初，以岩石、绿树、苔藓、砂石等静止元素象征山水，以助僧人自我修行。树木、岩石、天空、土地等都是简单几笔，而入于修行者眼中，就是海洋、山脉、岛屿和瀑布，这正好体现了佛家“一花一世界”的旨趣。于是，这种枯山水就变成一种精神空间（见图 10-39）。

枯山水很讲究置石，主要是利用单块石头本身的造型和它们之间的配列关系。石形务求稳重，低广顶削，不做飞梁、悬挑等奇构，也很少堆叠成山，这与中国的置石很不一样。枯山水庭园内也不栽置高大的观赏树木，都很注意修剪树的外形姿势而又不失其自然生态。虽然日本禅宗庭园的另外一大分支——茶庭也简洁、纯粹、意味深远，在表现禅宗枯寂的哲学意境和极少主义的美学精神上也堪称绝妙，但在写意手法上却并不突出，其庭池花木的布置是为了营造一种淡泊宁静的“悟境”，而非隐喻自然山水。在枯山水的发展过程中，逐渐剔除了乔灌木、小桥、岛屿以及必不可少的水体元素，只留下岩石和耙制的沙砾，以及自然生长在荫蔽处的苔地。而这种简单的构景，却能给人巨大的精神震撼（见图 10-40）。

图 10-39　枯山水写意画图

图 10-40　岩石和耙制的沙砾

3. 园林实例

（1）龙安寺枯山水庭园。建于 15 世纪日本京都龙安寺的枯山水庭园（见图 10-41），是日本最为有名的园林景观精品。它表面呈矩形，面积仅 330 平方米，庭园地形平坦，由 15 尊大小不一之石及大片灰色细卵石铺地所构成。石以二、三或五为一组，共分五组，石组以苔镶边，往外即是耙制而成的同心波纹。同心波纹可喻雨水溅落池中或鱼儿出水。看似是白砂、绿苔、褐石，但三者均非纯色，从此物的色系深浅变化中可找到与彼物的交相调谐之处。而砂石的细小与主石的粗犷、植物的“软”与石的“硬”、卧石与立石的不同形态等，又往往于对比中显其呼应。因其属眺望园，故除耙制细石之人以外，无人可以迈进此园。而各方游客则会坐在庭园边的深色走廊上——有时会滞留数小时，以在砂、石的形式之外思索龙安寺布道者的深刻含义。

若仅从美学角度考虑，该枯山水庭园亦堪称绝作；它对组群、平衡、运动和韵律等充分权衡，其总体布局相对协调，以至于稍微移动某一块石便会破坏该庭园的整体效果。

（2）大德寺大仙院。在 16 世纪古岳禅师设计的大德寺大仙院的方丈东北庭，则通过巧妙运用尺度和透视感，用岩石和沙砾营造出了一条“河道”。这里的主石，或直立如屏风，或交错如门扇，或层叠如台阶，理石技艺精湛，当观者远眺时，分明能感觉到“水”在高耸的峭壁间流淌，或在低浅的桥下奔流（见图 10-42）。

图 10-41　龙安寺枯山水庭园

图 10-42　大德寺大仙院方丈东北庭

10.3.2　茶庭

1. 茶庭的起源与发展

茶庭，即茶道庭园或茶室庭园，也叫露地或露路。15 世纪，随着日本茶道的盛行而出现了把茶道融入园林之中，为进行茶道的礼仪而创造的一种园林形式——茶庭。茶道是以品茶为题的一套礼仪，由禅宗僧侣所倡导，武士、豪绅们附庸风雅而竞相效仿。茶室为举行茶道的场所，茶庭即茶室所在的庭园。

日本室町末期至桃山初期是中国禅茶文化的传入和日本茶道的创立期。禅僧村田珠光及其弟子武野绍欧创立了茶道和进行禅茶仪式的茶室，并将其茶道称为佗茶（佗即幽寂闲寂的含义）。而武野绍欧的弟子千利休，则以一种简素美的意识创立了草庵茶室的原型——京都妙喜庵茶室待庵，成为后世效仿的范本，也是现存最早的草庵茶室。千利休造园讲究六分实用、四分景致，其以飞石为中心进行环形线路设计，认为茶庭中的所有景致都是出于实用的需要，而非供赏玩之用。由于当时的日本社会受到中国禅宗的影响，因此千利休的茶庭也力求创造一种幽静、枯寂的意境，追求茶禅一味的顿悟空间，其提倡茶庭的设计以精神为本位，强调去掉一切人为的装饰，追求简素的情趣，感受观空如色、观色如空的禅宗理念。

大约在日本桃山时代到江户初期，大名茶的创始人古田织部继承了其师傅千利休茶道侘寂的精神，将简素美进一步发展，同时让茶道和茶室在日本武士阶层中普及开来。当时很多的大名都竞相效仿建造茶庭，这时期的作品主要有古田织部设计的京都薮内家燕庵茶庭，以及千利休的后代所创立的茶庭等。古田织部造园讲究四分实用、六分景致，茶庭的造景往往采用以自然界的某些片断来表现整个大自然的精神，提倡茶庭是自然的凝缩，追求的是曲折渐悟的空间感受，其茶庭多为二、三重露地，露地包括露地门、中潜、蹲踞、雪隐（厕所）等多重设施。来客需要按照设定好的路线行进游览，庭院中的飞石曲曲折折地朝向茶室方向铺设，蜿蜒的小路不仅增加了庭院的深邃感，还同时使人绕遍了庭院的每一个角落。露地中间还经常设置各种障碍物，使来访的人无法看到露地的全貌，让一个极小的庭院空间变得迂回曲折且意味深长。茶庭设置曲折路线的目的就是将人与世俗中的杂念分离，使人的心灵得到净化，进而寻找人生的真谛。这一时期，日本的茶道在禅宗空的基础上加入了道教的虚的理念，茶庭的布置中也逐渐融入了道家道与器、虚与实相对的思想，追求道法自然、物我为一、返朴归真的境界。

到了江户时代，品茶之风开始向整个日本社会弥漫，不仅皇家与武家在自己的居所中设立茶室，连僧人也竞相在禅院中建造茶室和茶庭。小堀远州就是这一时代最优秀的造园巨匠。其师从于古田织部，创立了茶道远州流，设计了日本最著名的园林——桂离宫书院，其茶庭的设计以蹲踞（洗手钵）为本位，追求茶室的精致美，强调庭院的趣味性和艺术性。同时将枯山水与池泉式园林相结合，设计了大量的书院式枯山水茶庭，创造了虽有池泉但观者不动的坐观式庭院，将园林作为一件完美的艺术作品，并取景于各地的名胜，如京都大德寺孤蓬庵忘筌庭就是仿京都近江八景而设计的。这一时代，由于儒家思想的兴盛以及茶道中人文精神的崛起，茶庭造景开始追求中常之道、和谐共生，以及不同风格之间的相互融合。于是，在儒家的中庸之道和道家的天人合一思想的影响下，茶庭逐渐与池泉式园林、枯山水园林相结合，成为一种综合的园林艺术。

总之，日本茶庭自诞生以来，逐渐吸收中国的禅、茶、画中的多种思想形态，进而演化为一门独特的艺术。由于日本早期园林大多为净土式园林和枯山水式园林，有很强的宗教色彩，因此影响到了千利休等人对于禅茶空间意境的营造，将其塑造成为一种近似于灵修的禅意空间。而茶庭发展到后期，由于茶庭需适应各个阶层的需求，其世俗性及观赏性逐渐增强，使其逐渐发展成为娱乐休闲和陶冶情操之所，开始从对向内心精神世界的关注逐渐地转向对外界物质世界的塑造，重视修禅过程中通过与外界自然的交流而到达悟禅的境界。日本室町到江户时代茶庭造园思想的发展，经历了从人对人的心授到人对物的冥思，从封闭回归自我意识到与自然万物的交流，从纯粹的精神追求到物质，从对充满禅意的简素美的追求到对艺术作品般精致美的诉求，从千利休禅意的进入式茶庭空间到古田织部流动式茶庭空间，再到小堀远州坐观式枯山水茶庭空间。

2. 茶庭的艺术风格与类型特征

（1）茶庭的艺术风格

1）枯寂幽静的空间意境。茶庭要求环境清雅、幽静，便于沉思冥想，追求的是禅茶一

味的枯寂的空间环境氛围，形成的是与尘世不同的另外一个世界，所以为了营造茶庭的静寂和顿悟的氛围。一般是在进入茶室前的一段空间里，布置各种景观来表现自然的片段，其间以拙朴的飞石象征崎岖的山间石径，以地上的矮松寓指茂盛的森林，以蹲踞式洗手钵隐喻清冽的山泉，以沧桑厚重的石灯笼来营造和、寂、清、幽的茶道氛围，使之产生寸地而有深山野谷幽美的意境，使人默思沉想，一旦进入茶庭就好似远离尘世一般。这是茶庭不同于其他庭园形式的一个重要的特点。

2）高雅悠远的宗教格调。茶庭紧紧围绕日本的茶道文化而建造，这就注定了其建造目的不是供人参观玩赏。日本茶道有着非常严格的程序，从参与人的衣着仪表、言谈举止，到饮茶的器具以及环境氛围都有着非常严格的规定。比如茶道过程中谈及的话题不能涉及物欲、女色等庸俗的内容，而必须紧紧围绕艺术、哲学等高雅的话题而展开。作为茶道文化的一个组成部分，设计者对茶庭的视觉效果非常的审慎，不仅要具有视觉的美感，更重要的是还要完成其营造氛围的主要责任，通过这种过程使参与者达到一种禅宗的悠远境界。日本茶文化从产生伊始就受到禅宗思想很大程度的影响，而茶庭正是茶道的创始人村田珠光和尚为了修行顿悟而创立的，它紧紧围绕佛教禅宗文化而行，始终体现出一种和、静、清、寂的精神。

3）简约朴素的布局设计。茶庭的面积比池泉筑山庭小，可设在筑山庭和平庭之中。茶庭犹如中国园林的园中之园，但空间的变化没有中国园林层次丰富。园林的布局完全依照茶道的仪注要求来安排，一般划分为“外露地”和“内露地”两部分，以“中门”隔开。露地中一般都设置有供客人整理衣冠仪容的地方以及厕所、休息处等设施，内露地一般设置有休息处、厕所、蹲踞和茶室等，二者之间的分界线是一道篱笆墙，中间是一扇被称为中潜的竹门。庭中栽植主要为绿树，洁净是首要的，庭地和石上都要长有青苔，使茶庭形成“静寂”的氛围。一般不会栽种色彩绚丽、五彩缤纷的鲜花，避免斑斓的色彩干扰人们的宁静情绪，一方面是出于对水墨画的模仿，另一方面是用无色表现幽静、古雅感情也有其积极的意义。园内草地上一般铺设石径，散置几块山石并配以石灯和几株姿态虬曲的小树，茶室门前设石制洗手盆。

4）虚实动静的营造手法。茶庭将自然精神融于园中的一草、一木、一沙、一石当中，它融功能、审美、宗教、设计、文化和自然于一体，是一种高度典型化、再现自然美的写意庭园。从茶庭的规模来看，它使用象征的手法将山川、河流、大地、森林微缩成为精致的道路、树木、小溪，充满智慧的情趣；其次从茶庭周边环境来看，它往往选择环境优美、远离闹市、依山傍水的僻静之所，取“闹中取静”之意。从庭院中的小品来看，它们处处体现的是一种别具匠心的趣味。以洗手钵为例，从形态来看，它们根据不同的环境而不拘一格。有的取形于石块的自然形态，充满野趣；有的取民间水井形式，简单质朴；还有的尽人力穿凿之能，构思巧妙。茶庭中踏石的摆放和铺设方法有很多种类，大多使用具有自然形态的石块，看似很随意和随性，但实际上是严格按照一定的规律进行设计的，设置的目的是为了让参加茶道的人不被潮湿的地面打湿木屐，影响茶道的进行；同时必须根据庭园整体设计的均衡性来考虑。但是不论如何设计，有一个原则是必须遵守的，就是踏石的铺设要以人的步距为基本原则，即一定要使行人走起来方便。踏石最基本也是最常见的铺设和摆放方式是按照路径的前进方向，左一块、右一块、左一块、右一块如此铺设；还有就是按照一条直线或曲线铺设；再有就是以两块山石为一组，或者以三块、四块为一组连成一条直线，间断摆放，其间的其他石块则随意铺设；后来还演变出来一种铺设形式，就是块石和长条形的板石相间铺设的形式，以此形成有一定韵律和美感的步行小路。

（2）茶庭的类型及其实例。茶庭因区划不同而有一重露地、二重露地、三重露地三种分类，三重露地则又有外、中、内三区庭园。按照建构特点，则大体可分为禅院式茶庭、书院式茶庭、草庵式茶庭三种。其中以草庵式茶庭最具特色。

1）禅院式茶庭。最早在寺社中兴起，为寺社园林的组成部分。以山石布置为突出特色，庭园中往往建龟岛、鹤岛和“七、五、三”石组。因茶道最初是在僧侣中传播，既可提振精神，又可在饮茶仪注中体味深刻丰富的禅宗思想，因而日本的茶室、禅院式茶庭是出现最早的茶庭形式。在寺社之中，茶庭以真山水或枯山水作为引导参修者的心灵通路，其代表作品是大德寺的孤蓬庵茶庭（见图 10-43）。

图 10-43　孤蓬庵茶庭

孤蓬庵茶庭是茶庭与枯山水结合的形式，是著名茶人小堀远州的自家宅院，始建于 1612 年。孤蓬庵从总体到细部设计都尽量避免左右对称，景物、白砂分别集中于一侧。在近景的处理上，以碎石和飞石模仿岸边的小路；中景配以留出较大空间的白砂，模仿江面的浩瀚辽远之感，以发挥观者的想象；最远处以大石堆砌假山，仿近江八景，并大面积运用背景树，营造枯寂的意境。其构图类似中国画中对景物的处理方法，使得三维空间平面化、唯美化，像一幅水平展开的山水画卷轴，创造了以坐观式为主的茶庭，体现了江户时代特有的造园思想和人文气息。

孤蓬庵的建筑部分大致可分为本堂和书院。“忘筌”是这两个部分的连接处，建筑周围被赤土庭院所环绕。园中有“忘筌茶室”（见图 10-44），布置精妙，属于将早期的茶室空间扩大而形成的书院型茶室。室内面积为 12 张榻榻米大小，与早期茶室采用木材及竹子等作为结构体的做法不同，“忘筌茶室”用规整的矩形截面的木材作结构构件，故形态十分整齐。忘筌茶室的一侧为礼间，另一侧为水屋。在檐廊部位，木格栅糊纸的屏只有上面一半，下面通透，可见庭前的白砂露地、二重绿垣和牡丹型篱，实现了室外的庭院景观与室内空间的相互渗透，极富有禅意，显示了精妙的空间处理手法。

图 10-44　忘筌茶室

2）书院式茶庭。特点是在庭园的各茶室间用“回游道路”和“露路”连通，适用于较大规模的综合园林建造。庭园景观较草庵式茶庭大大丰富，茶室、书院、亭、轩、涉石、水滨卵石滩、绿篱、草坪等都成为组成部分。修学院离宫茶室、桂离宫茶室（见图 10-45 和图 10-46）等就是书院式茶庭的典型代表。书院式茶庭用“回游道路”和“露路”和各茶室相连通，古朴又诗意，体现了日本的茶道文化。

图 10-45　修学院离宫茶室

图 10-46　桂离宫茶室

图 10-47　表千家茶庭

3）草庵式茶庭。由桃山时代的茶道鼻祖千利休创造，既有中国士大夫所追求的山野隐逸之气，又有日本的风土之情。草庵式茶庭四周建有围篱，院门至茶室之间设有一条园路，园路两侧用植被或白砂敷于地面，并栽植树木、置石布景，亦作实用之用。沿路设有待客所需设备：寄付（门口等待室）、中门、待合（等待室）、雪隐（厕所）、灯笼（照明用）、手洗钵（洗手用）、飞石（即步石）、延段（石块、石板混合铺成的路段）等。其中“寄付”在外露地，是客人初进园后的整衣、安定情绪之处。“待合”在内露地，客人在此再一次整衣、换鞋，然后到石水钵旁用竹勺舀水，净手、漱口，最后进入茶室。草庵式茶室往往采用民居的泥墙草顶、落地格窗，建筑材料使用的都是原始的土墙壁，表现的是一种简朴、脱俗、静寂和孤高的性格，意在陶冶情操、启迪灵性。此类茶室常选址于山野之郊，依山傍水随形就势而筑，它讲究动静之变，且又自然潇洒。京都的表千家茶庭（不审庵）露地为草庵式茶庭的代表作（见图 10-47）。它富有山陬村舍的气息，用材平常，景致简朴而有野趣，表现了茶庭和、敬、清、寂的灵魂。

10.3.3　池泉园、筑山庭、平庭

池泉园、筑山庭和平庭是一组在剖面上进行区分的园林风格概念。池泉园是以表现水池和泉流为主的园林形式，筑山庭是以表现土山为主的园林形式，平庭是在平地上布置园林景观的园林形式。

1. 池泉园

池泉园是从中国传承到日本最原始的园林模式。在日本经过漫长的演化，到江户时代初期，日本完成并确立起了自己独特的民族形式——池泉园。池泉园是以池泉为中心的园林构景，是日本园林中重要的一种。园中常以水池为中心，布置岛、瀑布、土山、溪流、桥、亭、榭等真山真水。

池泉园构成的园林景观往往都是比较大面积的，因此要想游览这样的庭园，就不可能像

枯山水庭园那样，一眼尽收眼底。所以池泉园根据其游览方式又分成了舟游式、回游式和观赏式三种类型。舟游式池泉园就是庭院里没有回路，只能借助小舟来游览；回游式池泉园是园中有路，在路边布置景观；观赏式池泉园只能从固定视角进行观赏，这种园相对较小，是为了静观以思索顿悟的。

从园林角度来讲，池泉园主要是园的部分，而非庭的部分。而枯山水是属于庭的部分。日本园林中，庭的部分常常都是假山假水，池泉园却是真山真水。池泉园有山有水，体现出了智仁相合、刚柔相济、动静相生的乐水乐山思想；同时很好地体现了日本园林景观的本质特征，也就是岛屿国家的特点。池泉园最著名的代表作是桂离宫庭园。

2. 筑山庭

筑山庭（见图 10-48）是指在庭园内堆土筑成假山，缀以石组、树木、飞石、石灯笼的园林构成。筑山庭中的园山称为“筑山”或“野筋”，一般要求有较大的规模，以表现开阔的河山，常利用自然地形加以人工美化，达到幽深丰富的景致。日本筑山庭中的园山在中国园林中被称为岗或阜，日本称为“筑山”（较大的岗阜）或“野筋”（坡度较缓的土丘或山腰）。日本庭院中一般有池泉，但不一定有筑山，即日本是以池泉园为主、筑山庭为辅。

图 10-48　池泉园中的筑山庭

3. 平庭（坪庭）

在平坦的基地上进行规划和建设的园林，一般在平坦的园地上表现出一个山谷地带或原野的风景，将各种岩石、植物、石灯和溪流配置在一起，组成各种自然景色，多用草地、花坛等。根据庭内敷材不同而有芝庭、苔庭、砂庭、石庭等。平庭和筑山庭都有真、行、草三种格式。

4. 园林实例

（1）桂离宫庭园。桂离宫（见图 10-49），原名桂山庄，位于京都市右京区桂清水町桂川岸边，全园面积 58 210 平方米，为茶庭与池泉园的结合，是日本三大皇家园林的首席，也是日本古典园林的第一名园。桂离宫是智仁亲王和智忠亲王父子创立的。智仁亲王于 1620 年开始建造桂离宫，1625 年建成；智忠亲王于 1645 年重修增筑；今日之格局是智忠亲王完善后的景观。从造园风格上看，桂离宫是多种风格的综

图 10-49　桂离宫平面图

合体，既是池泉园，又是书院造庭园，还是池泉园、茶庭和文人园。

桂离宫的建筑和庭园布局堪称日本民族建筑中的精华。桂离宫的主要建筑有书院、松琴亭、笑意轩、园林堂、月波楼和赏花亭等。庭园中心为水池，池中布置五个岛屿，岛屿之间用桥相连。这五个岛屿和水池即是日本国土的象征。岛上堆土山，山上建亭子，有些中国山水园的影子。中心小岛上立石灯笼，小石板拱桥相缀，沿水岸边用鹅卵石铺成洲浜，岛间有桥相连。池苑周围的主要苑路环回引导到茶庭洼池以及亭轩院屋等建筑前，全园主要建筑是古书院、中书院、新书院相错落的建筑组合。池岸曲折，桥梁、石灯、蹲配等别具意境。

桂离宫是舟游与回游相结合的园林，既可依园路步行，徜徉穿梭于山水之间，又可坐船穿梭于洲岛之间。所有建筑的正立面都面向水池，通船的水路上架起高大的土桥，水湾处架设石梁。平面布局不是轴线式，而是中心式，所有景点都环水而建。从建筑形式上看，有书院的大式建筑，也有茶室的草庵风建筑，有盖瓦的，有盖草的。从取名上也可以看出，有书院、亭子、轩、堂、楼。不过，月波楼虽称为楼，其实不过是单层建筑而已，只是建筑一边临水，石砌护坡较高，从对面的松琴亭看过去，倒是有点像城楼的感觉。临水伸出一个观月的木平台，称为见月台，这一做法在日本后续的许多园林建筑中都可以见到，成为日本园林的典范。

（2）仙洞御所庭园。仙洞御所在京都上京区的京都御苑内，是三大皇家园林之一。它是后水尾天皇退位后慕庄子之意所建的修炼之所，又名仙院、绿洞、藐姑射山等。1626 年，后水尾天皇因不满幕府的公家法令和紫衣事件，突然宣布退位，决意隐居修行，于是命时任作事奉行的大造园家小堀远州造园，于次年建成。后水尾上皇之后，一直作为灵元院、中御门院、樱町院、后樱町院、光格院的居所。仙洞御所在 1661 年—1856 年间遭受 7 次火灾，今日格局为 1744 年—1747 年改造后的面貌。

仙洞御所总面积约 49 140 平方米，由园区和宫区组成。其中北池面积为 21 780 平方米，南池面积为 27 357 平方米，是一个水面占很大部分的大池庭。庭园的南池被八之桥藤架等分为两部分；包括北池在内，庭园由三个部分组成。宫区在西北角，用土墙与园区分开。宫门名表门，为唐式牌坊门，正殿和车寄都是唐式风格，屋顶曲线优美、庄重典雅。殿前后全铺以白砂，殿后植白梅、红梅、松树、吴竹（指中国竹），堆土山，引泉水，铺园路。

园区在东面，从御殿的东南门进入，园门内有一亭子，名又新亭。此亭是茶亭，环以竹篱，有中门、休息亭（外腰挂）和茶室。南北两个水池把全园分为北、中、南三个景区，从造园细腻度上可分为真、行、草三部分，即北面为真，做得很细；南部做得较野，为草；中部介于两者之间，称行。延享四年（1747 年），樱町上皇命歌人冷泉为村创作仙洞十景歌，这些景观大多遗存至今。

北景区在北池北面，有六枚桥、阿古濑渊、码头、纪氏碑、镇守社、御田社等。阿古濑渊最古，是平安初期纪贯之的宅园涌泉遗址，置石矶若干，形成水湾，外绕以六个石板铺成的六枚桥。站在桥上南望可见中部景区的码头。阿古濑渊的北面以土堆山，山上立纪氏石碑，碑北山腰曾有田舍屋风格的茶亭，成“茅葺时雨”一景，但现毁。北区最大面积的是御田遗址，是仿照桂离宫的笑意轩远眺农田景观而作，在御田边建御田社以祈风调雨顺，成“寿山早苗”一景，现毁。现在御田遗址边上开辟菖蒲池，建立镇守社，左右立石灯笼，祭祀当地神灵。

中部景区夹于两池之间，以东西两个半岛接以红叶桥。两个半岛各堆土山，东面半岛的南北双向各做一个瀑布，北瀑泻向北池，称雌瀑；南瀑布泻向南池，称雄瀑。一雄一雌，一阴一阳，刚柔相济。池西土山成两主峰，北峰植红叶类树木，称红叶山；南峰植苏铁，称苏铁山。红叶山的北面临池铺几个石条，做成简易码头。北池中堆一岛，南北与陆地续以八石桥和土桥。雄瀑布边立有景石，名洗草纸之石。南池东北角成水湾，架石板桥，石板为巨大长石条，与雄瀑布和池边的切石（棱角分明的巨石）共同形成雄健的形象（见图 10-50）。

图 10-50　仙洞御所庭园红枫

南部景区分为池中景观和陆上景观。南池中原有二岛，灵元上皇改成三岛，成一池三山之象。岛上曾建有泷殿和钓殿，一观雄瀑布和红叶，二为钓鱼台。如今殿皆毁，曾经的“钓殿飞萤”和“泷殿红叶”二景已失，但此处仍可观红叶和雄瀑。北桥为石桥，桥上架设以藤架。南岛最小，以岩堆成，称葭岛。池西岸铺以鹅卵石洲浜，是皇家园林中最大的一处洲浜，当年小田原的藩主以每石一升米代价铺成，十分珍贵，故又名一升石。

南岸临围墙堆土山，东山砌石，顶名悠然台，典出陶渊明的“悠然见南山”之句。登台可借景园外的修学院、伏见城、山崎、八幡等景。西山为土山，是古坟所在，名荣螺山。两山之间建醒花亭，内额有文征明题的李白诗句，其中有“夜来月下卧醒花”之句，故名。此亭集酒店、饭店、茶店为一体，称为三店式，环亭有洗手钵、飞石、苔地、石灯笼等。

10.3.4　寝殿造庭园、净土式庭园、书院造庭园

日本庭院还可以根据建筑与庭院的关系分为寝殿造庭园、净土式庭园和书院造庭园这三种庭院形式。

1. 寝殿造庭园

寝殿造庭园是在平安时代（794 年—1192 年）产生于皇族和贵族中间的园林形式，因以寝殿为主体建筑而得名。寝殿造庭园属池泉园系列，由建筑、露地、池岛三部分组成（见图 10-51）。一般寝殿造庭园的南面是大片花园，而被称为“寝殿”的建筑一般多放在庭院中央，其左右或是后方的附属建筑物被称为“对屋”，寝殿和对屋分别为一家之主和家族其他成员的寝室。寝殿的南方是主要庭园，有用石子铺成的园路，再往南是人工挖的湖和用挖湖的土堆成的山。湖中一般设置中岛，用小桥进行连接。另外，从对屋通过回廊可以到达南侧的湖岸，那里有被称为“泉殿”或者“钓殿”的庭园建筑，作为夏季纳凉、钓鱼和欣赏风景的场所。

寝殿前与水池之间的一片平地叫作露地，地上满铺白砂，用于举行各种仪式。砂庭南为水池，池中三岛鼎列则是“一池三山”的模式。水池中最大的为中岛，砂庭与中岛间架以木拱桥，桥上朱漆勾片栏杆，称反桥。中岛上建屋舍，以利于演奏音乐，中岛与南岸间及其余二岛均架以较小的平桥，池中漂浮龙头鹢首舟。园池之水来源于东北，经轩廊而入池中。在涌泉之处建泉殿，以观赏泉景。花木种植在露地的边缘以外以及环池的岸边和岛上。池中可泛舟，水道可设曲水宴。

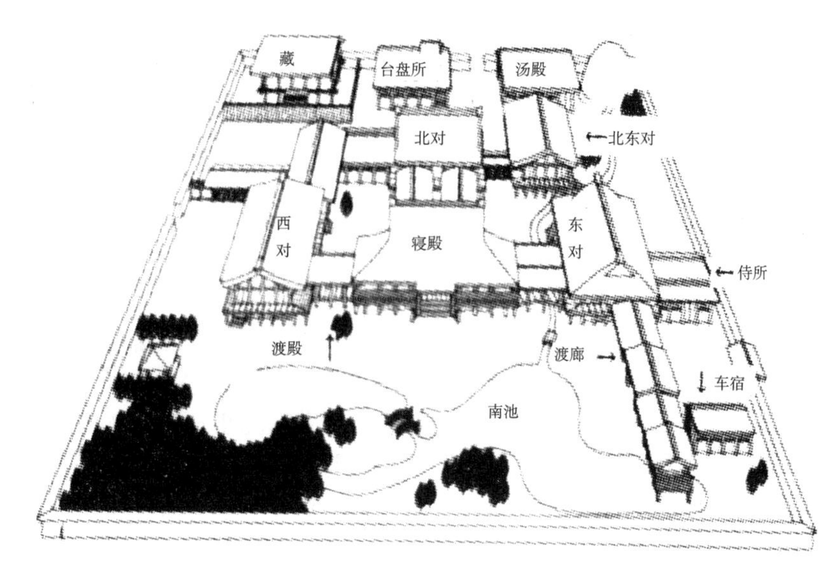

图 10-51　寝殿造园林经典布局

2. 净土式庭园

寝殿造园林是平安时代世俗园林的主流，净土园林则是日本寺院园林具有佛教特色的开始。在佛教进一步巩固地位的过程中，末期（12 世纪 70 年代），源空开创净土宗。净土宗的佛寺把殿堂建筑与园林结合起来，以表现“净土”的形象，并利用造园艺术的手段把西天极乐世界具体地复现于人间。于是，寺院开始按寝殿造园林格局演化，殿堂与园林因融为一体而逐渐形成一种具有宗教意境的园林——净土庭园，并流行于寺院园林之中。当然，净土园林的来源也有说是源于净土变的院前池沼的佛画，但不管如何，它还是与寝殿造园林有着十分相像的格局，只不过是把寝殿改为了金堂而已。许多舍宅为寺的寺园和皇家敕建或贵族捐建的寺院都体现了净土园林特点。园林格局依旧是中轴式、中池式和中岛式，建筑的对称性明显保留了下来。另外，净土庭园中一定种植有荷花。后期的寺院净土庭园受到世俗的寝殿造庭园的影响，象征七宝楼阁的正殿已从中岛移至水池的北岸，并仿效寝殿造庭园的布置而突出两翼回廊环抱的形势，还在回廊的端部分别建置钟楼和藏经楼。水池本身则更多地强调天然海景的意趣，但仍保留着“接引桥”的宗教色彩。1117 年建成的平泉县毛越寺即是典型的一例。

3. 书院造庭园

书院造庭园与园林结合使得园林的文人味渐浓。而当时寺院住持的禅僧一般都有很高的文化素养，他们在朴素、通透、空灵的书院内吟诵禅诗，悬挂起水墨山水卷轴画，同时也在檐廊的前面，相当于寝殿造庭园的那块神圣的“露地”上营造具有禅宗风格的、有如立体水墨山水画的庭园。山水画、书院、庭园三者珠联璧合，这就形成了“书院造庭园”。

10.4　日本园林的艺术特色

日本是个具有得天独厚自然环境的岛国，气候温暖多雨、四季分明、森林茂密，丰富而秀美的自然景观孕育了日本人民顺应自然、赞美自然的美学观，甚至连姓名也大多与自然有关，这种审美观奠定了日本民族精神的基础，从而使得各种不同的作品中都能反映出返璞归真的自然观。

10.4.1 自然

日本园林与中国园林一样都很崇尚自然，但它有别于中国园林“人工之中见自然”，而是“自然之中见人工”。它着重体现和象征自然界的景观，避免人工斧凿的痕迹，创造出一种简朴、清宁的致美境界。在表现自然时，日本园林更注重对自然的提炼和浓缩，充分利用造园者的想象，从自然中获得灵感，创造出一个对立统一的景观，注重选材的朴素、自然，并以体现材料本身的纹理、质感为美。造园者把粗犷朴实的石料和木材，竹、藤砂、苔藓等植被，以自然界的法则加以精心布置，使自然之美浓缩于一石一木之间，使人仿佛置身于一种简朴、谦虚的至美境界之中，从而创造出能使人入静入定、超凡脱俗的心灵感受。由此也使日本园林具有了耐看、耐品、值得细细体会的精巧细腻、含而不露的特色，具有突出的象征性，能引发观赏者对人生的思索和领悟。

10.4.2 写意

日本园林讲究写意，意味深长。日本园林常以写意象征手法表现自然，构图简洁、意蕴丰富。其典型表现便是多见于小巧、静谧、深邃的禅宗寺院的“枯山水”园林。大者不过一亩余，小者仅几平方米，日本园林就是用这种极少的构成要素达到了极大的意韵效果。在其特有的枯寂而玄妙、抽象而深邃的环境气氛中，细细耙制的白砂石铺地、叠放有致的几尊石组，便能表现大江大海、岛屿、山川；不用滴水却能表现恣意汪洋，不筑一山却能体现高山峻岭、悬崖峭壁。它同音乐、绘画、文学一样，可表达深沉的哲理，体现出大自然的风貌特征和含蓄隽永的审美情趣。日本园林虽早期受中国园林的影响，但在长期的发展过程中却形成了自己的特色，尤其是在小庭院方面建造出了颇有特色的庭园。

10.4.3 清寂

日本的自然山水园具有清幽恬静、凝练素雅的整体风格，尤其是日本的“茶庭”，“飞石以步幅而点，茶室据荒原野处。松风笑看落叶无数，茶客有无道缘未知。蹲踞以洗心，守关以坐忘。禅茶同趣，天人合一。”小巧精致，清雅素洁；不用花卉点缀，不用浓艳色彩，一概运用统一的绿色系。为了体现茶道中所讲究的“和、寂、清、静”和日本茶道歌道美学中所追求的“佗”美和“寂”美，便在相当有限的空间内，表现出深山幽谷之境，给人以寂静空灵之感。空间上，对园内的植物进行复杂多样的修整，使植物自然生动、枝叶舒展，体现出天然本性。

10.4.4 植物

日本园林的四分之三都由植物、山石和水体构成的，因此，从种植设计上，日本园林植物配置的一个突出特点是：同一园中的植物品种不多，常常是以一二种植物作为主景植物，再选用另一二种植物作为点景植物，层次清楚、形式简洁、十分美观。选材以常绿树木为主，花卉较少，且多有特别的含义，如松树代表长寿，樱花代表完美，鸢尾代表纯洁等。

10.4.5　佛禅印象

早期日本哲学思想的发展比较滞后，没有出现过像希腊从泰勒斯到亚里士多德的时代和古代中国的诸子百家时代，因而不得不移植别国思想。中国和日本是一衣带水的邻邦，有着共同的肤色和类似的文字，因而中国的传统文化及其哲学思想便成了日本发展本国思想的借鉴。从隋唐、宋明等朝代中日文化交流的事实中，可以清楚地看出中国传统文化对日本哲学思想的深远影响。在中国众多的哲学思想中，佛学对日本文化及其思想产生了巨大的影响。538 年的时候，日本开始接受佛教，并派一些学生和工匠到古代中国学习艺术文化。13 世纪时，源自中国的另一支佛教宗派禅宗对日本产生了深远的影响，追求一种远离尘世，超凡脱俗的境界。为了反映禅宗修行者所追求的这样一种苦行及自律精神，日本园林开始摈弃以往的池泉庭园，而是使用一些如常绿树、苔藓、砂、砾石等静止和不变的元素。特别是后期的枯山水庭园，竭尽其简洁，竭尽其纯洁，园内几乎不使用任何开花植物，只用几尊石组和一块白砂便凝缠成一方净土，以期达到自我修行的目的。

思考与练习

1. 简述日本园林的历史沿革与发展阶段。
2. 简述禅宗思想对日本园林发展的影响。
3. 简述日本枯山水庭园的兴起与特点。
4. 简述日本茶庭的形成、演变过程与特点类型。
5. 日本庭园的造园要素有哪些？
6. 简述日本池泉园的发展历程及其类型与特点。
7. 日本园林的整体艺术特征有哪些？
8. 中国园林对日本园林的影响主要体现在哪里？

参考文献

[1] 计成 . 园冶注释 [M]. 2 版 . 北京：中国建筑工业出版社，2005.
[2] 毕沅 . 关中胜迹图志 [M]. 西安：三秦出版社出版，2004.
[3] 陈寅恪 . 金明馆丛稿二编 [M]. 上海：上海古籍出版社，1980.
[4] 汪菊渊 . 中国古代园林史纲要 [M]. 北京：林业大学，1980.
[5] 童寯 . 造园史纲 [M]. 北京：中国建筑工业出版社，1983.
[6] 周维权 . 中国古典园林史 [M]. 北京：清华大学出版社，1990.
[7] 游泳 . 园林史 [M]. 北京：中国农业科技出版社，2002.
[8] 郭风平，方建斌 . 中外园林史 [M]. 北京：中国建材工业出版社，2006.
[9] 陈植 . 中国造园史 [M]. 北京：中国建筑工业出版社，2006.
[10] 韩欣 . 中国名园：上、下卷 [M]. 北京：东方出版社，2006.
[11] 李嘉乐 . 园林绿化小百科 [M]. 北京：中国建筑工业出版社，1999.
[12] 潘谷西 . 江南理景艺术 [M]. 南京：东南大学出版社，2001.
[13] 张家骥 . 中国造园史 [M]. 哈尔滨：黑龙江人民出版社，1986.
[14] 安怀起 . 中国园林史 [M]. 上海：同济大学出版社，1991.
[15] 刘少宗 . 中国优秀园林设计集（1~4）[M]. 天津：天津大学出版社，1999.
[16] 刘敦桢 . 中国古代建筑史 [M]. 北京：中国建筑工业出版社，1984.
[17] 陈从周 . 园林丛谈 [M]. 上海：上海文化出版社，1980.
[18] 孟兆桢 . 避暑山庄园林艺术 [M]. 北京：紫禁城出版社，1985.
[19] 同济大学城市规划教研室 . 中国园林史 [M]. 北京：中国建筑工业出版社，1982.
[20] 孙祖刚 . 西方园林发展概论——走向自然的世界园林史图说 [M]. 北京：中国建筑工业出版社，2003.
[21] 王向荣，张晋石 . 西方现代风景园林设计师丛书——布雷・马克斯 [M]. 南京：东南大学出版社，2004.
[22] 王向荣，林箐 . 西方现代景观设计的理论与实践 [M]. 北京：中国建筑工业出版社，2002.
[23] 王浩 . 园林规划设计 [M]. 南京：东南大学出版社，2009.
[24] 伊丽莎白・巴洛・罗杰斯 . 世界景观设计（Ⅱ）——文化与建筑的历史 [M]. 韩炳越，译 . 北京：中国林业出版社，2005.
[25] 彼得・伯克 . 欧洲近代早期的大众文化 [M]. 杨豫，王海良，译 . 上海：上海人民出版社，2005.
[26] 王英健 . 外国建筑史实例集 1（西方古代部分）[M]. 北京：中国电力出版社，2006.
[27] 王瑞珠 . 世界建筑史西亚古代卷（上、下）[M]. 北京：中国建筑工业出版社，2005.
[28] 刘庭风 . 中日古典园林比较 [M]. 天津：天津大学出版社，2003.
[29] 史仲文，胡晓林 . 世界全史：世界古代中期艺术史 [M]. 北京：中国国际广播出版社，1996.
[30] 刘卿子 . 两河文明——逝去的辉煌 [M]. 北京：百花文艺出版社，2004.
[31] 戴尔・布朗 . 苏美尔 . 伊甸园的城市 [M]. 王淑芬，译 . 桂林：广西人民出版社，2002.
[32] 故宫博物院，凡尔赛宫博物馆 ."太阳王" 路易十四 [M]. 北京：紫禁城出版社，2005.
[33] 林箐 . 理性之美 . 法国勒・诺特尔式园林造园艺术分析 [J]. 中国园林，2006（4）：9-16.

[34] 郦芷若 . 古代埃及与巴比伦园林 [J]. 国外城市规划，1988（3）.
[35] 胡运骅 . 世界园林艺术博览——园林篇 [M]. 上海：上海三联书店，2002.
[36] 大桥治三 . 日本庭园——造型与源流 [M]. 王铁桥，张文静，译 . 郑州：河南科学技术出版社，2000.
[37] 升野俊明 . 日本庭园心得 [M]. 东京：每日新闻社，2003.
[38] 王毅 . 园林与中国文化 [M]. 上海：上海人民出版社，1990.
[39] 刘滨谊，周晓娟 , 彭锋 . 美国自然风景园运动的发展 [J]. 中国园林，2001（5）：89-91.
[40] 陈蕴茜. 论清末民国旅游娱乐空间的变化——以公园为中心的考察 [J]. 史林 . 2004（5）：93-100.
[41] 杨乐 . 朱建宁 . 熊融. 浅析中国近代租界花园——以津、沪两地为例 [J]. 北京林业大学学报：社会科学版，2003.（1）：17-21.
[42] 刘庭风 . 晚清园林历史年表 [J]. 中国园林，2004（4）：68-73.
[43] 刘庭风 . 民国园林特征 [J]. 建筑师，2005（1）：42-47.
[44] 杨锐 . 美国国家公园规划评述 [J]. 中国园林，2003.19（1）：44-47.
[45] 曹康等. 老奥姆斯特德（Frederick Law Olmsted）的规划理念——对公园设计和风景园林规划的超越 [J]. 中国园林，2005（8）：37-42.
[46] 苏杨，等. 美国自然文化遗产管理经验及对中国有关改革的启示 [J]. 中国园林，2005（8）：46-52.
[47] 卡尔·斯坦尼兹（Carl Steinitz）. 景观设计思想发展史——在北京大学的演讲 [J]. 中国园林，2002（5）：92-95；2002（6）：82-96.
[48] 俞孔坚，吉庆萍 . 国际“城市美化运动”之与中国的教训 [J]. 中国园林，2000（1-2）.
[49] 俞孔坚 . 从世界园林专业发展的三个阶段看中国园林专业所面临的挑战和机遇 [J]. 中国园林，1998（1）：17-21.
[50] 骆天庆 . 近现代西方景园生态设计思想的发展 [J]. 中国园林，2000（3）：81-83.
[51] 朱建宁 . 法国风景园林大师米歇尔·高哈汝及其苏塞公园 [J]. 中国园林，2000.19（6）：58-61.
[52] Andersson，Sven-Ingvar & Lund，Annemarie.Landscape Art inDenmark [M].Copenhagen：Arkitektens Forlag，1990.
[53] Buendia，Palomar，Eguiarte.The Life and Work of Luis Barragán [M].1997，New York.
[54] Kassler，Elizabeth B.Modern Gardens and the Landscape [M].The Museum of Modern Art，New York，1994.
[55] Walker，Peter and Simo，Melanie.Invisible Gardens [M].The MIT Press，1994.
[56] Attilio Petruccioli.Gardens in the time of the great Muslim empires：theory and design[M].E.J.Brill，1997.

教材使用调查问卷

尊敬的教师：

您好！欢迎您使用机械工业出版社出版的“高职高专园林专业系列教材”，为了进一步提高我社教材的出版质量，更好地为我国教育发展服务，欢迎您对我社的教材多提宝贵的意见和建议。敬请您留下您的联系方式，我们将向您提供周到的服务，向您赠阅我们最新出版的教学用书、电子教案及相关图书资料。

本调查问卷复印有效，请您通过以下方式返回：

邮寄：北京市西城区百万庄大街22号机械工业出版社建筑分社（100037）
时 颂 （收）

传真：010-68994437（时颂收） E-mail：2019273424@qq.com

一、基本信息

姓名：________ 职称：________ 职务：________

所在单位：________

任教课程：________

邮编：________ 地址：________

电话：________ 电子邮件：________

二、关于教材

1. 贵校开设土建类哪些专业？

□建筑工程技术 □建筑装饰工程技术 □工程监理 □工程造价

□房地产经营与估价 □物业管理 □市政工程 □园林景观

2. 您使用的教学手段： □传统板书 □多媒体教学 □网络教学

3. 您认为还应开发哪些教材或教辅用书？________

4. 您是否愿意参与教材编写？希望参与哪些教材的编写？

课程名称：________

形式： □纸质教材 □实训教材（习题集） □多媒体课件

5. 您选用教材比较看重以下哪些内容？

□作者背景 □教材内容及形式 □有案例教学 □配有多媒体课件

□其他________

三、您对本书的意见和建议（欢迎您指出本书的疏误之处）________

____

____

四、您对我们的其他意见和建议________

____

____

请与我们联系：

100037 北京市百万庄大街22号

机械工业出版社·建筑分社 时颂 收

Tel：010-88379010（O），6899 4437（Fax）

E-mail：2019273424@qq.com

http：//www.cmpedu.com（机械工业出版社·教材服务网）

http：//www.cmpbook.com（机械工业出版社·门户网）

http：//www.golden-book.com（中国科技金书网·机械工业出版社旗下网站）